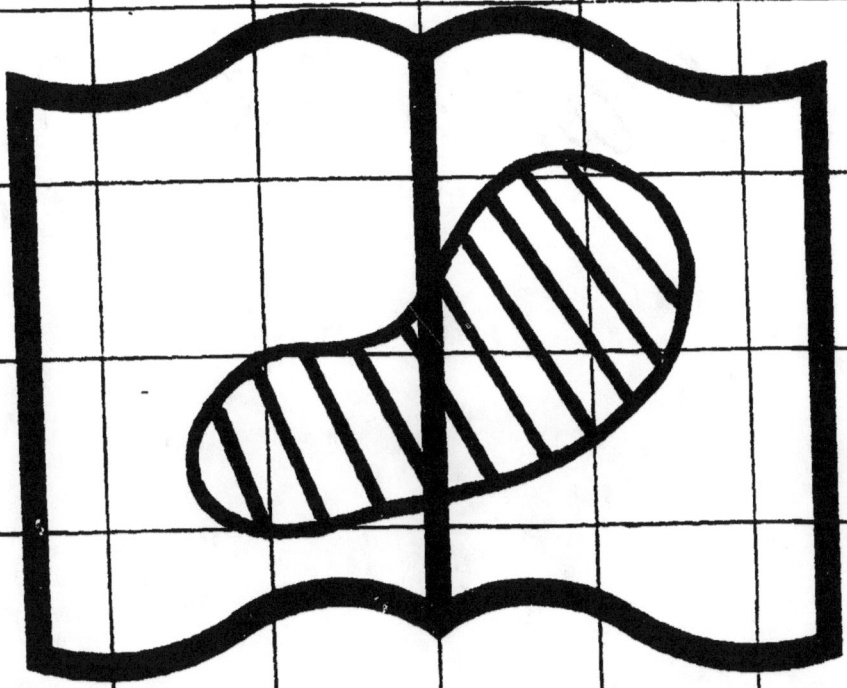

L'Affaire *** Impl. IV
3196

ENCYCLOPÉDIE

DES

TRAVAUX PUBLICS

Fondée par **M.-C. LECHALAS**, Inspr génal des Ponts et Chaussées.

Médaille d'or à l'Exposition universelle de 1889.

PORTS MARITIMES

PAR

F. LAROCHE

INSPECTEUR GÉNÉRAL

PROFESSEUR DU COURS DE TRAVAUX MARITIMES

A L'ÉCOLE NATIONALE DES PONTS ET CHAUSSÉES

TOME PREMIER

TEXTE

PARIS

LIBRAIRIE POLYTECHNIQUE

BAUDRY ET Cie, LIBRAIRES-ÉDITEURS

15, RUE DES SAINTS-PÈRES

MÊME MAISON A LIÉGE

1893

ENCYCLOPÉDIE DES TRAVAUX PUBLICS

PORTS MARITIMES

ERRATA

	Lignes	au lieu de :	lire :
18	27	textérieure	extérieure
49	8	vase plus on moins liquide	vase fluente
52	1	et détermine	et à déterminer
63	25	to le	toile
67	3	sur 50,ᵐ25 à 0,0	0ᵐ,25 à 0ᵐ,50
67	16	qui s'élève auu desss	qui s'élève au-dessus
73	20	(p. 65)	(p. 66)
108	11	quelquefois e poteau	quelquefois le poteau
160	16	; largeur	; la largeur
173	2	contruire	contenir
258	2	Ianvier	janvier
356	12	à double effet et deux cylindres	à double effet et à deux cylindres
369	22	$\dfrac{l-l'}{2}=\dfrac{l}{5}=\dfrac{5}{5}=\dfrac{L}{8}$	$\dfrac{l-l'}{2}=\dfrac{l}{5}=\dfrac{\frac{5}{8}L}{5}=\dfrac{L}{8}$
371	20	$\dfrac{F_v}{F_n}=\dfrac{V}{H}\times\dfrac{\frac{l-l'}{B}}{2}$	$\dfrac{F_v}{F_n}=\dfrac{V}{H}\times\dfrac{\frac{l-l'}{2}}{b}$
405		le croquis doit être renversé de 180°	
417	11	exéédent	excédant
464	croquis	talus de 1/4 à 1/2 pour 1	talus de 1 1/4 à 1 1/2 pour 1
467	5	suivantes	suivants
475	33	atisfait	satisfait

ENCYCLOPÉDIE

DES

TRAVAUX PUBLICS

Fondée par **M.-C. LECHALAS**, Inspr génal des Ponts et Chaussées.

Médaille d'or à l'Exposition universelle de 1889.

PORTS MARITIMES

PAR

F. LAROCHE

INSPECTEUR GÉNÉRAL

PROFESSEUR DU COURS DE TRAVAUX MARITIMES

A L'ÉCOLE NATIONALE DES PONTS ET CHAUSSÉES

TOME PREMIER

TEXTE

PARIS

LIBRAIRIE POLYTECHNIQUE

BAUDRY ET Cie, LIBRAIRES-ÉDITEURS

15, RUE DES SAINTS-PÈRES

MÊME MAISON A LIÈGE

1893

TABLE DES MATIÈRES

CHAPITRE I

DARSES, PORTS D'ÉCHOUAGE, BASSINS A FLOT

CHAPITRE II

ÉCLUSES DES BASSINS A FLOT

§ 1er. — Dispositions générales et dimensions des écluses.

DIMENSIONS PRINCIPALES D'UNE ÉCLUSE

CHAPITRE III

PORTES D'ÉCLUSE

§ 1er. — **Considérations générales.**

ANNEXES DES CHAPITRES II ET III

CHAPITRE II. — *Écluses des bassins à flot.*
CHAPITRE III. — *Portes d'écluse.*

ANNEXE N° 1

ÉTABLISSEMENT DES GRANDS BATARDEAUX
POUR FOUILLES PROFONDES

I. — BATARDEAUX EN TERRE A TALUS COULANTS PLUS OU MOINS RAIDIS.

II. — BATARDEAUX EN TERRE DANS UN COFFRAGE DE PIEUX
ET PALPLANCHES.

III. — BATARDEAUX EN MAÇONNERIE.

ANNEXE N° 2

CALCUL D'UN VANTAIL PAR LA MÉTHODE DE CHEVALLIER

PORT DE DIEPPE : PORTES MÉTALLIQUES DE L'ÉCLUSE AVAL DU BASSIN DE MI-MARÉE.

ANNEXE N° 3

CALCUL D'UN VANTAIL PAR LES FORMULES DE LAVOINNE, ET CALCUL DES CRAPAUDINES ET DU COLLIER

PORT DE CALAIS : PORTES D'ÈBE DES ÉCLUSES DU BASSIN A FLOT.

ANNEXE N° 4

CALCUL DES DIMENSIONS PRINCIPALES DES PORTES, DU BORDÉ ET DE LA FLOTTABILITÉ SOUS PRESSION

PORTES MÉTALLIQUES DE ROCHEFORT

ANNEXE N° 5

VANNE CYLINDRIQUE BASSE POUR ÉCLUSE DE BASSIN A FLOT.
PROJET

CHAPITRE IV

PONTS MOBILES

§ 1er. — Considérations générales.

§ 2. — Des ponts tournants.

§ 3. — Manœuvre des ponts tournants.

COMPARAISON DES PONTS SUR COURONNE DE GALETS ET DES PONTS SUR PIVOTS

PIVOTS FIXES

ANNEXES DU CHAPITRE IV

CHAPITRE IV. — Ponts mobiles.

ANNEXE N° 6

CHAPITRE V

MOYENS D'OBTENIR ET D'ENTRETENIR LES PROFONDEURS A L'ENTRÉE DES PORTS

§ 1er. — Entretien des profondeurs à l'entrée des ports à marée
débouchant sur des plages mobiles.

§ 2. — Chasses artificielles : fondation, construction
et défense des ouvrages.

PORTS MARITIMES

CHAPITRE PREMIER

DARSES, PORTS D'ÉCHOUAGE, BASSINS A FLOT

§ 1er. *Considérations générales.* — § 2. *Des quais.*
§ 3. *Fondations des quais.*

§ 1er

CONSIDÉRATIONS GÉNÉRALES

1. Définitions. — Quand un navire a pénétré dans un port sans marée, il peut rester à son poste de mouillage ou d'amarrage sans crainte de s'y échouer.

Les bassins d'un port sans marée s'appellent des *darses*, dans la Méditerranée.

Au contraire, beaucoup de ports à marée n'offrent pas, à mer basse, une profondeur d'eau suffisante pour que les navires puissent y demeurer à flot. On les appelle alors des *ports d'échouage*.

Or, l'échouage est toujours un inconvénient, même pour les navires qui peuvent le supporter; et il est un danger pour les bateaux en fer, à formes fines, d'une grande longueur et lourdement chargés. Pour éviter l'échouage, on crée artificiellement des bassins où l'on maintient une hauteur d'eau convenable; on les appelle des *bassins à flot*.

2. Bassins à flot. — Un bassin à flot est isolé du port d'échouage par un pertuis éclusé.

Les navires arrivent dans le port à mer haute, traversent le port d'échouage, que, pour ce motif, on appelle aussi quelquefois l'*avant-port*, et entrent dans le bassin à flot par le pertuis éclusé, dont les portes sont alors ouvertes; puis on ferme les portes et les navires restent ainsi dans une eau d'une profondeur suffisante.

Dans un bassin à flot, le niveau de l'eau n'est pas aussi constant que dans un port sans marée; il peut varier de la différence qui existe entre la hauteur des plus grandes hautes mers de vive eau et celle des plus faibles hautes mers de morte eau.

Cette différence est quelquefois considérable, comme à Saint-Malo, par exemple, où elle atteint 5^m,84.

Dans ce cas, on maintient le niveau du bassin à flot à une hauteur intermédiaire entre celle de la vive eau et celle de la morte eau.

On peut être conduit aussi à construire des bassins à flot par des motifs autres que celui d'éviter l'échouage des navires.

Ainsi, par exemple, la Tamise, à Londres, offrait de grandes profondeurs; mais, par suite de l'extension du commerce, l'emplacement destiné à recevoir les nombreux navires qui y mouillaient devint bientôt insuffisant; on a pris alors le parti d'ouvrir, sur les rives, des bassins, qu'on peut multiplier autant qu'il est nécessaire. Cette solution a été

adoptée à peu près partout dans les grands ports
des fleuves à marée.

En effet, lorsque des navires sont mouillés dans
une rade ou dans un
fleuve, ils exigent un
grand espace pour évo-
luer au courant ou au vent
autour de leur amarre. Le
cercle d'évolution d'un
navire a pour rayon une
fois et demie à deux fois la longueur de ce navire. On peut, il est vrai, diminuer cet espace perdu
en mouillant les navires sur quatre amarres, à l'aide
de bouées ou corps morts dont les chaînes sont
fixées au fond ; mais
cette manœuvre en-
traîne de nombreu-
ses sujétions, et
quelquefois de sé-
rieux dangers, en cas de rupture d'une chaîne, par
exemple.

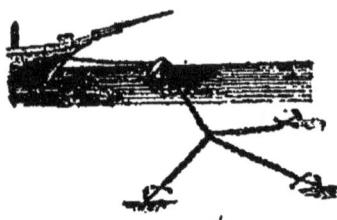

En tout cas, les navires, même sur quatre
amarres, occupent beaucoup plus de place que dans
un bassin absolument calme, où l'on peut les ranger
les uns contre les autres.

Quelquefois on amarre les navires à des groupes
de pieux ou *ducs-d'Albe* [1], comme à Hambourg,
notamment.

Les opérations d'embarquement et de débarquement à quai se font plus facilement et plus écono-
miquement dans un bassin, où le niveau est à peu

1. Voir le croquis d'un duc-d'Albe dans le profil des murs de quai du
port de Libau, page 14 ci-après.

près constant, que lorsque l'amplitude des variations du niveau des eaux y est considérable.

Toutefois, l'obligation de pénétrer dans un bassin à flot est toujours une gêne pour les navires et quelquefois une cause de perte de temps et d'argent. Si un grand paquebot n'a besoin de faire, dans un port, qu'une courte escale, de quelques heures seulement, la durée de son séjour pourra être prolongée inutilement par les manœuvres assez lentes du passage aux écluses, où il court d'ailleurs certains risques, par les précautions qu'il devra prendre pour évoluer dans le bassin, etc.

Aussi ne fait-on de bassins éclusés, qui coûtent du reste fort cher, que lorsqu'on ne peut pas adopter une autre solution.

Une de ces solutions consiste, par exemple, à creuser et à entretenir dans le port d'échouage une souille assez profonde pour que les paquebots d'escale n'y échouent jamais; c'est ce qu'on se propose de faire à Calais et à Boulogne-sur-Mer.

Il est vrai que les navires, accostés à quai, doivent alors surveiller attentivement leurs amarres pour les mollir ou les raidir, suivant les variations du niveau de la mer; mais cette sujétion peut être quelquefois moins gênante et moins onéreuse que celle du passage aux écluses, surtout si la marée a peu d'amplitude dans le port.

3. Quais. — Quand un navire entre dans un port, il y vient presque toujours pour faire certaines opérations d'embarquement, de débarquement et autres, qui l'obligent à se mettre en communication avec la terre.

Le moyen le plus généralement adopté pour faciliter ces opérations consiste à créer, le long du rivage, des quais où le navire puisse accoster.

Aujourd'hui, un grand développement de quais est jugé indispensable dans tous les ports de quelque importance.

Dans les ports sans marée, on obtient un développement d'accostage aussi grand que possible au moyen de traverses, qui s'avancent des quais de rive vers l'intérieur du port et le découpent ainsi en darses. Ces traverses contribuent aussi à augmenter le calme des eaux dans les darses. La même disposition peut être également adoptée dans les bassins à flot des ports à marée.

Les dispositions et dimensions des traverses et des darses dépendent essentiellement des circonstances locales, de la nature du trafic, des conditions d'exploitation du port, etc. ; elles seront étudiées à l'occasion de la construction de certains ouvrages, des écluses, par exemple, et à propos de l'aménagement et de l'outillage des ports.

Nous nous occuperons tout d'abord de la construction des quais, dont l'établissement est partout utile, quel que soit le port que l'on envisage.

§ 2

DES QUAIS

4. Définition. — Un quai est essentiellement une paroi, à peu près verticale, le long de laquelle accoste le matériel flottant; au sommet règne une plate-forme où l'on prend ou dépose les marchandises à embarquer ou à débarquer. Ainsi, un appontement en charpente peut servir de quai, et c'est quelquefois la solution la plus simple, la plus rapide et la plus économique à adopter.

5. Des appontements. — Les appontements peuvent être construits entièrement en bois, si l'on n'a pas à redouter l'attaque des tarets.

Dans le cas contraire, le pilotis est en fer et la plate-forme seule est en bois.

Dans un terrain de sable peu ou point vaseux, les pieux en fer peuvent être mis en place comme des pieux en bois, soit par battage, soit par injection d'eau, et ils offrent une résistance suffisante à tout enfoncement ultérieur, pourvu que la charge de la plate-forme ne soit jamais excessive.

Si le sol est vaseux ou manque de solidité eu égard à la charge qu'il doit supporter, les pieux sont armés d'un sabot à vis en fonte, qu'on fait pénétrer par rotation [1].

Bien que la plate-forme en bois se conserve assez longtemps au-dessus de l'eau, surtout si les bois sont créosotés ou coaltarés et entretenus avec soin, on peut lui substituer au besoin une plate-forme en poutres de fer, recouvertes d'un simple platelage en bois, ou entre lesquelles on construit de petites voûtes soit en briques, soit en béton, comme on le

---

1. Notice sur les pieux et corps morts à vis de M. Mitchell, par Chevallier, ingénieur en chef des ponts et chaussées. *Annales*, 1855, 1er semestre. Voir, pour la manière d'enfoncer les pieux à vis, la figure 8 de la planche XXXIV de l'Atlas (brise-lames) joint à l'ouvrage sur les *Travaux maritimes* (phénomènes marins, accès des ports), par M. Laroche, ingénieur en chef des ponts et chaussées.

fait pour le plancher de certains ponts métalliques.

En Amérique, l'usage des appontements (*piers*) est adopté presque exclusivement pour l'accostage des navires dans les ports.

Certains piers y prennent des proportions énormes

Plancher d'un pier à New-York.

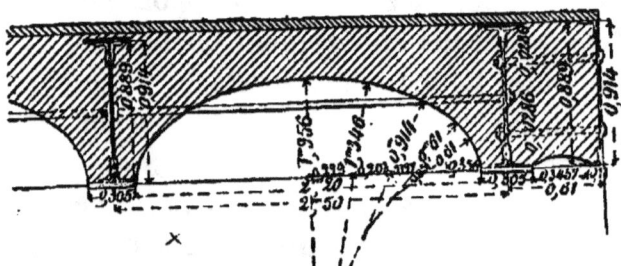

et sont capables de supporter les charges les plus lourdes.

Toutefois, le prix de premier établissement du mètre carré d'un appontement revient toujours assez cher, et d'autant plus cher qu'il doit être plus solide. En outre, ce genre d'ouvrage exige des frais annuels d'entretien qui ne sont pas négligeables. De plus, aujourd'hui, on veut non seulement avoir un grand développement de quais, mais encore, en arrière des quais, une grande surface de plate-forme ou de terre-plein, sur laquelle on puisse déposer des masses d'un poids considérable. Il en résulte que, en France et dans presque tous les pays d'Europe, on trouve géné-ralement avantage et économie à constituer le terre-plein au moyen d'un remblai qu'on soutient du côté de l'eau par une paroi appropriée.

6. Des quais en charpente. — Dans les ports

d'échouage de peu d'importance, où le pied des
quais assèche à mer basse, on a souvent constitué
la paroi à l'aide de fermes en charpente, placées à
une faible distance l'une de l'autre (à 1 mètre
par exemple), et derrière lesquelles on dispose des
madriers assez épais pour résister à la poussée des terres.

Quai en charpente au Tréport.

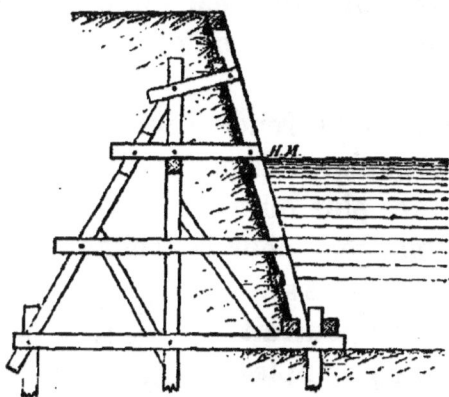

Ces fermes offrent, dans leurs dispositions générales,
une assez grande analogie avec les fermes des jetées en
charpente; elles doivent être bien triangulées; on y évitera
les tenons et les mortaises ; elles seront solidement
fixées au pilotis sur lequel elles reposent et reliées entre
elles par des moises ou des longrines dans le sens de la
longueur du quai.

Ancien quai en charpente à Dieppe.

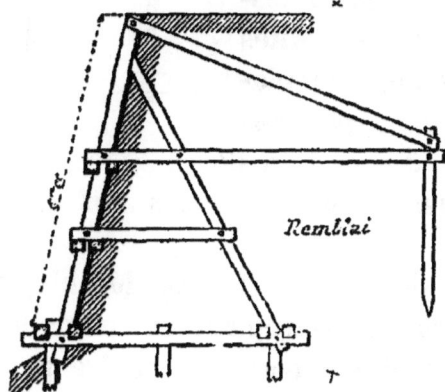

Si la tête des fermes a une tendance à être chassée par la poussée du
terre-plein, on la retient à l'aide de tirants formés
par des moises rattachées, d'une part, à la ferme et,
d'autre part, à des pieux enfoncés en arrière dans
le remblai.

Les croquis ci-contre représentent, à titre d'exemples, deux types de quais en bois.

Ce genre d'ouvrage est encore presque exclusivement employé aujourd'hui quand on veut établir un quai provisoire.

Mais les parois en bois s'altèrent si vite que les dépenses annuelles de leur entretien représentent bientôt plus que l'intérêt du capital qu'eût exigé une construction durable.

De plus, ces réparations qui rendent inutilisables, à un moment donné et quelquefois pendant un temps assez long, des étendues plus ou moins grandes de quais, sont toujours une gêne pour le commerce.

Tout en conservant le même système de construction, on pourrait le rendre plus durable en remplaçant les pieux en bois du quai par des poutres en fer à T, entre lesquelles on construirait de petites voûtes en briques et en remplaçant les moises en bois par des tirants en fer. Une disposition de ce genre a été adoptée pour quelques quais des Docks Victoria à Londres [1].

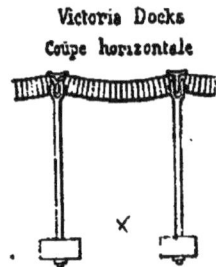

Mais si l'ouvrage devient ainsi plus durable, il devient, par contre, beaucoup trop coûteux pour une installation provisoire, d'une part, et, d'autre part, pour un travail définitif, il offre difficilement toute la sécurité désirable, car un pieu peut fléchir, un tirant peut casser sous la pression ou la traction qu'exerce

---

1. Voir *Description of the Entrance, Entrance Lock, and Jetty Walls of the Victoria (London) Docks*, par W.-J. Kingsbury, dans les *Proceedings of the Institution of civil Engineers*; London, vol. XVIII.

Port de Rouen. — Quai de la Bourse.

Pente 0,03

Tirant de référence (100,00)

(100,50)

(100,00)

(98,00)

(98,00)

Massif d'arrière

Mur de pierres sèches

Mur de maçonnerie

Mur de tête

Puit perdu

(96,57)

Haute mer d'équinoxe. (97,50)

Plus basses eaux observées (23 Août 1904) (101,3C)

Terrain au pied des quais mobiles — (106,?0)

(113,93)
(114,00)   Crète étang

Echelle de 0,005 pour 1 mètre ($\frac{1}{200}$)

NOTA. Les files de pieux sont distantes de 3,50 d'axe en axe
Les tirants sont posés de 79,60 m 10,10

un bateau dans les oscillations inévitables auxquelles il est soumis le long d'un quai. Un navire y est exposé, en effet, à l'action du vent, à l'agitation de l'eau, etc.; les manœuvres d'accostage ou de démarrage ne se font pas toujours sans efforts plus ou moins énergiques, parce que la masse d'un navire de fort tonnage, animée d'une vitesse même faible, représente une grande quantité de mouvement et, par suite, exerce un grand effort sur l'obstacle qui l'arrête un peu brusquement.

Pour ces divers motifs: durée, solidité et économie, on est généralement conduit à faire, en totalité ou en partie, avec de la maçonnerie la paroi des quais, qu'on appelle alors un mur de quai.

7. Des murs de quai en bois et maçonnerie. — Il y a quelquefois avantage à ne faire en maçonnerie que la partie supérieure de l'ouvrage, c'est-à-dire celle qui est située au-dessus du niveau que les eaux ne découvrent jamais, et à supporter cette maçonnerie par des pieux en bois dont la file antérieure (côté de l'accostage) forme à peu près le prolongement du parement du mur. C'est la solution adoptée à Rouen, notamment[1]. Mais, pour qu'elle soit applicable, il faut, d'un côté, que les bois ne soient pas exposés à l'attaque des tarets, c'est-à-dire que les eaux soient suffisamment douces, et, d'un autre côté, que les pieux ne soient pas exposés à la pourriture sèche, c'est-à-dire qu'ils soient constamment immergés et, par suite, recépés au-dessous du

1. Exposition universelle à Paris en 1878 : Notices sur les modèles, cartes et dessins réunis par les soins du ministère des Travaux publics.

niveau le plus bas que les eaux puissent atteindre.

Le quai peut être alors assimilé à un appontement en charpente dont la plate-forme, arasée au-dessous de l'eau, supporterait un terre-plein bordé par un mur en maçonnerie.

Dans d'autres cas, le parement en maçonnerie n'est pas directement accostable par les navires, il n'a pour but que de soutenir le terre-plein ; les bateaux sont alors amarrés à une estacade en charpente qui règne le long et en avant du mur. On a

Port de Libau.

Profil en travers des murs de quai en bois construits en 1861-1868.

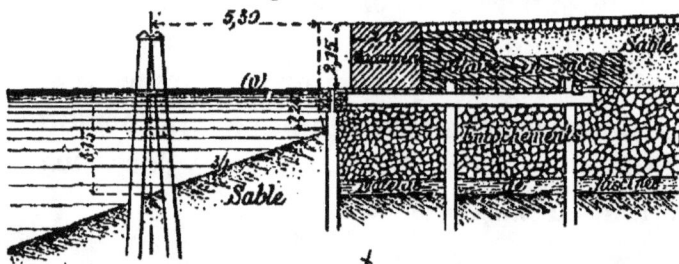

adopté une solution de ce genre aux nouveaux quais de Bordeaux, sur la rive droite de la Garonne [1].

On conçoit qu'on puisse, suivant les circonstances locales et par diverses considérations, notamment par raison d'économie, construire des quais où l'emploi du bois et de la maçonnerie soit combiné de différentes façons.

Ainsi, en Russie [2], la partie sous-marine est souvent faite au moyen de charpente remplie d'enrochements jusqu'au niveau de l'eau, au-dessus de laquelle s'élève la maçonnerie du quai, comme on le voit au port de Libau.

1, Voir planche XIV, figure 6, tome II.
2. Voir *Annales des ponts et chaussées*, cahier d'août 1890, port de Marioupol.

Certains quais dans des ports d'échouage servent à l'accostage de bateaux transportant presque exclusivement des voyageurs. Il convient alors que le quai offre, à diverses hauteurs, des planchers facilement accostables, quel que soit le niveau de la marée. On satisfait à cette condition au moyen d'une construction en charpente, et cette charpente peut reposer sur un quai bas en maçonnerie, comme, par exemple, au quai de marée Nord-Est de Calais[1].

Mais, le plus souvent, les murs de quai sont construits entièrement en maçonnerie, depuis leur fondation jusqu'au niveau du terre-plein.

Quel que soit le système qu'on adopte, tous les quais doivent satisfaire à un certain nombre de conditions, qui vont être analysées à l'occasion des murs tout en maçonnerie.

8. Des murs de quai en maçonnerie. — Un mur de quai est, en réalité, un mur de soutènement, mais placé dans des circonstances différentes de celles qu'on rencontre habituellement pour ce genre dans les travaux d'ouvrages à terre.

Aussi, un mur de quai doit-il non seulement satisfaire à toutes les conditions qu'on observe dans un mur de soutènement, mais en remplir d'autres encore.

Ainsi : 1° la fondation d'un mur de soutènement reste à peu près toujours dans les conditions mêmes où elle a été construite, de sorte que, si elle a été établie, d'une part, de façon à résister au poids du

---

1. Exposition universelle de Paris en 1889 : Notice sur les modèles, cartes et dessins réunis par les soins du ministère des Travaux publics.

mur, et, d'autre part, de façon à ne pas chasser sous la poussée des terres, on peut être assuré, en général, qu'il ne surviendra aucun fait de nature à modifier d'une façon appréciable la résistance du sol sur lequel elle repose, ou la poussée des terres que supporte le mur.

Il n'en est pas de même pour un quai dans un port; en effet, la fondation peut être exposée à être affouillée par des courants; il est même arrivé, à Toulon, qu'un quai, près duquel on faisait des expériences sur le fonctionnement de l'hélice d'un bateau, s'est écroulé parce que sa fondation avait été bouleversée par l'agitation violente et tumultueuse de l'eau projetée par l'hélice.

Dans les ports d'échouage, les variations du niveau de l'eau devant le quai peuvent avoir une grande amplitude; ces variations se produisent également derrière le quai, mais dans d'étroites limites. Il en résulte que l'eau a une tendance à passer sous la fondation, tantôt dans un sens, tantôt dans l'autre, de sorte que, si le sol est affouillable, quand il est composé de sable fin par exemple, il est exposé à être entraîné en partie par ces passages alternatifs et fréquents des eaux. Cet enlèvement du sol est de nature à compromettre la solidité de la fondation dans le sens vertical. De plus, les eaux, en traversant ainsi le sol meuble, lui enlèvent de la consistance, le rendent plus ou moins fluent et diminuent, par conséquent, sa résistance à la poussée des terres dans le sens horizontal; ou, autrement dit, affaiblissent l'ancrage du quai dans le sol. Dans les ports où règne une houle notable, la fondation peut être affouillée par le ressac.

Ainsi, la fondation d'un quai doit être protégée contre toutes les causes accidentelles qui peuvent en altérer la solidité, soit dans le sens vertical, soit dans le sens horizontal, et, notamment, contre les courants, le ressac, le passage alternatif des eaux, etc.

Nous verrons plus loin comment on satisfait, dans chaque cas, à ces différentes conditions.

2° Derrière un mur de soutènement, la poussée des terres reste à peu près constante, et cette poussée peut être calculée avec un assez grand degré d'exactitude.

Il est, au contraire, à peu près impossible d'apprécier, même approximativement, la poussée derrière certains quais de ports d'échouage qu'on appelle aussi quais de marée.

Le remblai du terre-plein d'un quai de marée est assez souvent de médiocre qualité; il contient de la vase, par exemple; les eaux de marée qui viennent derrière le mur et les eaux pluviales qui s'infiltrent à travers les couches supérieures du terre-plein du quai détrempent plus ou moins les couches inférieures vaseuses, qui conservent ainsi un certain degré de plasticité sur une hauteur variable, et poussent alors le mur comme le ferait un liquide très dense. De plus, le terre-plein est exposé à recevoir en dépôt, près du quai, des masses indivisibles d'un poids considérable sous un petit volume: des canons de 100 tonnes, par exemple, dans les arsenaux maritimes.

Si des masses moindres, bien que d'un grand poids encore, sont soulevées par des grues jusqu'à

2

la hauteur des plates-formes des wagons, et que la chaîne de suspension vienne à se rompre par accident, ces masses, en retombant sur le sol, détermineront sur le mur des efforts anormaux qu'il est impossible d'apprécier.

On a déjà vu que les navires amarrés à quai peuvent quelquefois exercer sur le mur des tractions ou des poussées énergiques.

Pour ces divers motifs, on peut dire que c'est l'expérience seule qui, à la suite d'une série d'accidents, a déterminé les dimensions à donner à un mur de quai pour qu'il soit solide.

3° Dans un mur de soutènement, le fruit peut être aussi grand que le permettent les circonstances locales; et l'on est souvent libre de tracer le mur de façon que la courbe des pressions se maintienne constamment à peu près vers le milieu de l'épaisseur.

Un mur de quai, au contraire, doit avoir un parement à peu près vertical pour faciliter l'approche des navires, de sorte que l'arête extérieure (A), (côté de l'eau) de la base du mur est toujours particulièrement fatiguée.

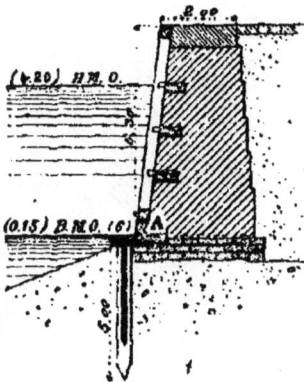

Anvers : Mur de quai des anciens petits bassins.

Dans les anciens quais, remontant à l'époque où on ne disposait pas de bons mortiers hydrauliques, la partie extérieure de la première assise du mur était souvent formée de pierres de taille.

9. Épaisseur d'un mur de quai. — La règle pratique et empirique adoptée en France pour fixer l'épaisseur d'un mur de quai consiste à prendre, en moyenne, pour cette dimension les 40 centièmes de la hauteur, mesurée depuis la fondation jusqu'au sommet de la maçonnerie.

Cette proportion peut être réduite à 35 p. 100 pour les quais des bassins à flot établis sur un sol résistant, et être portée de 45 p. 100 à 50 p. 100 pour les quais de certains ports d'échouage.

10. Fruit des murs de quai. — Ordinairement, le parement des murs de quai est plan et légèrement incliné.

Il y a évidemment avantage, au point de vue de la résistance du mur, à adopter pour cette inclinaison le maximum compatible avec les convenances ou les habitudes du commerce. En France, si l'on s'en rapporte à certains ports, le maximum admissible paraît être de 1 de base pour 6 de hauteur [1].

Port de Calais.
Quai (bassin à flot).

Généralement, on adopte un fruit d'un huitième à un dixième.

Les fruits trop raides, d'un vingtième par exemple, ont un inconvénient qui tient aux causes suivantes. Les quais sont presque toujours en ligne droite sur de grandes longueurs, et il est à peu près impossible

---

1. Le fruit du quai des pilotes, à Fécamp, est d'un sixième. A Brest, le fruit du mur de la cale aux bois atteint un quart.

d'être absolument assuré que, dans certains terrains, la fondation offrira partout une égale stabilité ; si la

Port de Saint-Nazaire.

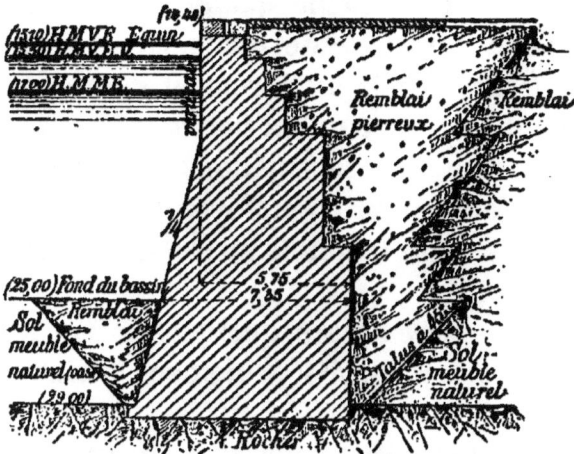

fondation subit en quelque point un mouvement ir-régulier, le mur se déversera et présentera des faux-à-plomb d'autant plus inquiétants à voir que le parement sera plus rapproché de la verticale.

Port des Sables, mur de quai du bassin à flot

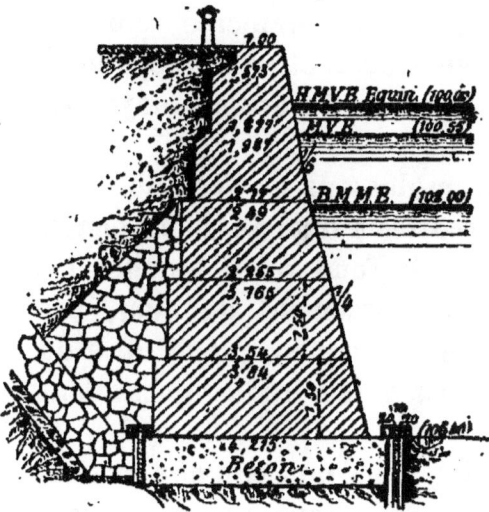

Tout en se tenant dans la limite des inclinaisons moyennes admissibles, on conçoit qu'on puisse faire le parement non pas droit, mais courbe, et lui donner, par exemple, une tangente presque verticale au sommet.

On réalise ainsi une certaine économie de maçonnerie par mètre courant de mur, et cette économie
peut devenir appréciable quand on a à construire
une grande longueur de quais, dans un bassin à
flot notamment. Mais un parement courbe coûte généralement plus cher qu'un parement droit ; en tout
cas, il entraîne plus de sujétions de construction, à
cause de l'obligation d'employer des gabarits, d'incliner diversement les joints successifs des assises du
parement, etc.

Aussi a-t-on remplacé quelquefois la courbe par
deux alignements droits seulement (Saint-Nazaire,
Les Sables).

Le fruit de la partie inférieure du parement peut
alors atteindre un quart.

11. Hauteur d'un quai — Dans les mers sans
marée, les convenances du commerce conduisent à placer le couronnement du quai de 2
mètres à 3 mètres au-dessus du niveau moyen de
l'eau.

La hauteur du mur au-dessous de l'eau doit être
telle que les navires accostés à quai ne soient jamais
exposés à talonner sur le fond ou à toucher les
parties saillantes du soubassement du quai, par
exemple sa base en enrochements, quand on a dû
la constituer ainsi, ce qui a lieu fréquemment dans
la Méditerranée.

Or, un navire flottant dans une eau non absolument calme subit des oscillations verticales dont
l'amplitude prend le nom de levée.

Cette levée, bien qu'inférieure à la hauteur des
ondulations de l'eau, peut cependant devenir notable

dans des bassins où l'agitation de la mer se fait
sentir, et il y a lieu d'en tenir compte.

Il faut donc que, la mer étant à son plus bas
niveau connu et la levée des navires ayant le maximum d'amplitude constaté dans le port, sous l'action
de la houle, il reste encore une certaine profondeur
d'eau sous les parties les plus profondes de la coque
des navires.

Or, c'est à l'arrière que les navires chargés ont le
plus d'enfoncement dans l'eau, ou, en terme de
marine, ont le plus de calaison ou de tirant d'eau.

C'est ce qu'on exprime en disant qu'un bateau
navigue en différence, parce que la calaison avant
est différente de la
calaison arrière, et
toujours plus petite.
Il faut donc qu'il reste
une certaine hauteur
d'eau sous la quille, à
l'arrière du navire, et
cela dans les circons-
tances les plus défa-
vorables. Cette hauteur d'eau supplémentaire s'appelle communément le *pied de pilote*; elle est, en
effet, habituellement d'une trentaine de centimètres
et peut varier de 0^m,25 à 0^m,50.

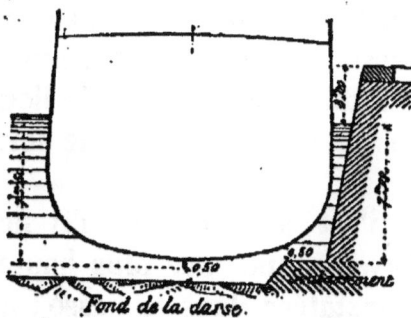

Il faut, en outre, que la plus grande section transversale du navire ne puisse jamais toucher les saillies du soubassement ; cette plus grande section,
qu'on appelle le *maître-couple* ou le *maître-bau*, est
placée vers le milieu de la longueur du navire. Il
doit donc y avoir toujours aussi une hauteur libre
de 0^m,25 à 0^m,50 entre le point le plus saillant du

soubassement et le point du maître-couple qui s'en rapproche le plus, dans le sens vertical.

Aujourd'hui, les plus grands paquebots calent au maximum de 7^m,50 à 8^m,50 à l'arrière, de sorte que la profondeur des darses doit être, pour ces navires, de 8 mètres à 9 mètres et que, eu égard à la forme du maître-couple de ces bateaux, la paroi à peu près verticale du mur peut n'avoir, sous l'eau, que de 7 mètres à 7^m,50 de hauteur.

Dans les mers sans marée, la hauteur totale du mur de quai varie donc, en général, de 10 mètres à 12 mètres.

Dans les mers à marée, le couronnement du mur doit être toujours au-dessus des plus hautes mers connues, car le terre-plein du quai, qui sert de lieu de dépôt temporaire pour les marchandises, ne doit pas être submersible.

Malheureusement, on n'est jamais sûr qu'il ne se produira pas dans l'avenir une mer plus haute que celles qui ont été constatées dans le passé ; il convient donc de profiter de toutes les circonstances locales permettant de relever autant que possible le couronnement du quai.

Ordinairement, on place l'arête du quai à une cinquantaine de centimètres, au moins, au-dessus des plus hautes mers, en tenant compte en outre, s'il y a lieu, de la hauteur de la houle.

Dans les bassins à flot, la hauteur totale du mur peut être considérée comme comprenant trois parties, savoir :

1° Le relèvement de l'arête du quai au-dessus des

plus hautes mers, dont on vient de parler, soit
0^m,50 environ ;

2° La différence de hauteur qui existe entre les
plus hautes eaux connues et les pleines mers de
morte eau les moins hautes connues ; différence qui
dépend du régime local des marées.

Cependant, pour certains ports, comme Saint-
Malo par exemple, où l'on maintient, dans le bassin
à flot, l'eau à un niveau intermédiaire entre celui
des plus fortes et celui des plus faibles pleines
mers, cette seconde partie de la hauteur du quai ne
dépend que des variations de niveau admises dans
le bassin à flot.

3° La hauteur nécessaire pour que les navires
restent toujours à flot dans le bassin, même par les
plus faibles hautes mers. Cette dernière hauteur se
détermine par des considérations analogues à celles
qui ont été présentées pour les quais des mers sans
marée. Toutefois, certains bassins à flot s'envasent
assez rapidement, comme à Saint-Nazaire par exemple,
et, dans ce cas, il y a lieu de tenir compte du relèvement possible du fond dans l'intervalle de deux
curages successifs.

En France, ce n'est qu'exceptionnellement que la
différence entre les plus fortes et les plus faibles
pleines mers dépasse 2 mètres, de sorte que la hauteur totale des murs de quais des bassins à flot ne
dépasse pas, en général, 10 à 12 mètres, même pour
les plus grands paquebots ; elle est donc à peu près
égale à celle des quais de la Méditerranée.

Dans les ports en libre communication avec la mer,
dans les ports d'échouage notamment, la hauteur du
mur au-dessous des plus hautes mers dépend de la

profondeur à laquelle le sol se maintient naturellement ou peut être maintenu artificiellement.

12. Arête du couronnement des quais. — L'arête
supérieure d'un quai est exposée au frottement des
chaînes des navires qui y sont amarrés, au choc
des colis lourds qu'on manœuvre, au heurt des
navires, etc. Elle est presque toujours formée par
des pierres de taille
d'une dureté aussi
grande que possible,
des pierres de granit,
par exemple, ou de
calcaire très dense.
Chaque pierre doit
avoir de grandes di-
mensions et, par suite,
un grand poids, pour
résister aux chocs par
sa masse [1].

Ordinairement, ces
tablettes n'ont pas
moins de 0^m,30 à 0^m,50
d'épaisseur, 0^m,70 à 1
mètre de largeur per-
pendiculairement à l'arête, 1 mètre à 1^m,20 de
longueur

Quelquefois même on les relie entre elles au moyen
de clefs en pierres, ou de scellements, ou de joints
en grain d'orge, etc.

Clefs

Scellements.

Grains d'orge

---

1. Si cette arête est en bois, elle doit être formée par de grosses pièces
d'essence dure et résistante, de chêne par exemple, solidement assemblées et protégées au besoin contre le frottement des amarres par des
plaques de tôle ou de fonte.

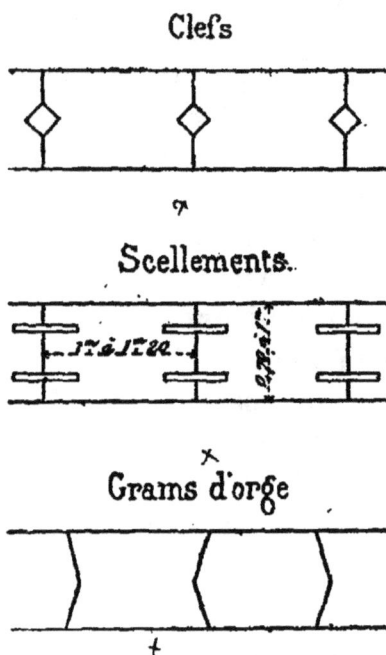

13. Largeur du couronnement de la maçonnerie.
—— L'assise de maçonnerie ordinaire sur laquelle repose l'arête en pierre de taille a naturellement plus
de largeur que la pierre de taille la plus large qu'elle
supporte, soit, par exemple, un excédent de largeur
de $0^m,20$ à $0^m,40$.

Mais, le plus souvent, cette largeur doit être encore
augmentée, parce qu'il faut construire le long et en
arrière de la partie supérieure du quai des aqueducs dans lesquels on loge des conduites d'eau
potable ou d'eau sous pression, etc.

Enfin, de distance en distance, cette largeur est
encore accrue pour former des massifs de maçonnerie où l'on scelle les poteaux ou canons d'amarrage, dont on parlera plus loin, auxquels les navires
attachent leurs chaînes ou leurs câbles.

En fait, la largeur de la maçonnerie au-dessous de
la tablette de couronnement est rarement de moins
de $1^m,50$ à $2^m,50$.

La section transversale du mur de quai sera complètement déterminée, si on ajoute que le profil du
côté des terres est formé par des redans qui diminuent progressivement l'épaisseur de la maçonnerie
de la base au sommet. La hauteur de ces redans
varie dans de larges limites, de $0^m,60$ à 3 mètres par
exemple ; ordinairement, elle est de $1^m,50$ à $2^m,50$.

§ 3.

FONDATIONS DES QUAIS

FONDATIONS EXÉCUTÉES A SEC

14. Généralités. — On examinera d'abord le cas
où les fondations sont faites dans une fouille que
l'on peut assécher. Ce cas est généralement le plus
simple, il se présente notamment dans l'exécution des quais de bassins à flot, et par conséquent
dans les mers à marée. Il s'est présenté aussi dans
la Méditerranée, à Cette, où l'on a pu creuser une
fouille dans un remblai rapporté et épuiser l'enceinte
ainsi formée.

Les méthodes employées pour l'exécution des
fondations à sec varient suivant la nature du terrain;
on les décrira successivement.

15. Terrain résistant. — Si la fondation peut
être assise directement sur un
fond résistant, rocheux par
exemple, et à peu près horizontal, il n'y a aucune difficulté
particulière à signaler dans son
exécution.

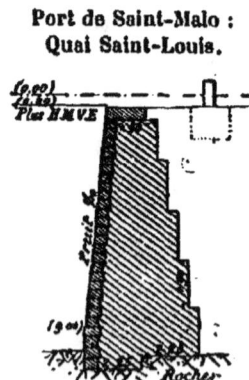

Port de Saint-Malo :
Quai Saint-Louis.

Toutefois, si l'on doit craindre que la poussée du remblai
déposé en arrière du mur produise un glissement des maçonneries en avant, il faut avoir soin
d'ancrer le pied du quai, du côté de l'eau, sur une
profondeur suffisante pour résister utilement à cette

poussée, par exemple sur une profondeur de 0ᵐ,30 à 0ᵐ,50 au moins.

Si le fond rocheux est déclive, il faut en outre y tailler des banquettes horizontales pour y asseoir les assises de maçonnerie.

Si le quai est construit sur le pourtour d'un bassin creusé en partie dans le roc, on peut supprimer toute maçonnerie sur le parement rocheux et ne construire le mur de quai qu'au-dessus du rocher. Mais cette solution ne peut être acceptée que lorsque le roc est d'excellente qualité. Lorsque l'on craint, au contraire, qu'il ne s'altère au contact de l'eau, il faut le recouvrir sur une certaine épaisseur d'un revêtement de maçonnerie (La Pallice).

Port de la Pallice.

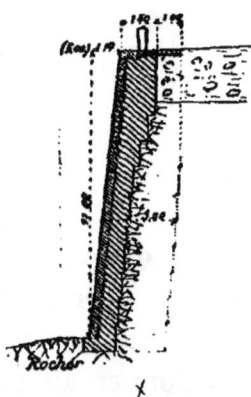

L'épaisseur de ce revêtement peut être assez faible et réduite à celle qui est nécessaire (soit de 1 mètre environ) pour le rendre imperméable sous la pression de l'eau, pourvu d'ailleurs qu'on soit assuré qu'il y aura adhérence complète entre le rocher et la maçonnerie, et que le rocher lui-même ne donnera pas lieu à des suintements trop abondants, capables d'exercer une poussée derrière le mur. Pour assurer l'adhérence entre le revêtement et le rocher on peut pratiquer dans le rocher, des encastrements où l'on fait pénétrer la maçonnerie du revêtement. Exemple : La Pallice, Liverpool[1]. Les encastre-

1. Institution des Ingénieurs civils de Londres, 1890. Mémoire de M. G.-F. Lyster.

ments sont distants l'un de l'autre d'une longueur
variable suivant les circonstances (6 mètres environ
à Liverpool, 15 mètres à La Pallice). Ils pénètrent
dans le rocher plus ou moins profondément en
arrière de la maçonnerie de revêtement, selon
qu'ils sont plus ou moins espacés (de 1^m,20 à Liverpool, de 2 mètres à La Pallice). Leur largeur est à
peu près égale à leur profondeur (1^m,50 à Liverpool,
2 mètres à La Pallice).

S'il y a des suintements, des sources, etc., on
doit les drainer et leur assurer par des barbacanes
un écoulement à travers l'épaisseur du mur.

Mais si les eaux qui peuvent s'infiltrer derrière le
mur, si les suintements du rocher font craindre que
la solidité du terrain ne soit pas assurée et que, par
suite, il puisse en résulter une poussée derrière les
maçonneries, on ne peut plus se contenter d'un
simple revêtement, et il faut alors donner au mur
l'épaisseur normale, soit environ 40 p. 100 de sa
hauteur.

16. Fond de galet. — Pour fonder un mur de
quai sur un terrain composé de galets, on creuse,
au-dessous de la base du mur, une fouille de 1 mètre
à 1^m,50 au moins de profondeur, afin d'assurer au
quai un ancrage suffisant dans le sol et de le rendre ainsi capable de ne pas chasser sous la poussée des terres qu'il supportera ; on remplit cette
fouille de béton, sur lequel on vient asseoir les
maçonneries du mur (quais du Havre : *bassin Bellot*).

La fondation peut être limitée par des talus inclinés à 45° environ, si aucun affouillement n'est à
craindre devant le pied de l'ouvrage. Sinon, on forme

ses parois par une enceinte de pieux et palplanches. La ligne de pieux et palplanches placée du côté de l'eau doit descendre à 4 mètres ou 5 mètres au-dessous du sol ; la ligne placée du côté des terres peut ne descendre qu'à 1 mètre au-dessous du fond de la fouille ; cette seconde ligne est généralement enlevée après la construction du quai ; on peut même faire un talus de ce côté.

Le Havre : Quai du bassin Bellot (Darse ouest).

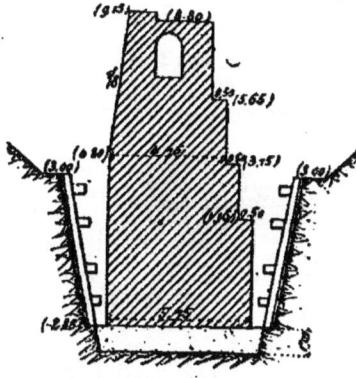

Ce système de fondation est suffisant lorsque, au-dessous du galet apparent au fond de la fouille, les forages n'ont pas révélé la présence de couches molles, de vase par exemple ; dans le cas contraire, il faut faire reposer le mur, ainsi que l'indique la figure ci-contre, sur un pilotis atteignant le fond résistant au-dessous des couches molles.

Le Havre : Mur sud de l'annexe de l'avant-port.

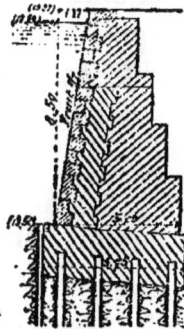

La fouille ayant alors au'moins $1^m,50$ à 2 mètres de profondeur, on recèpe les pieux à $0^m,75$ ou 1 mètre au-dessus du fond de cette fouille, de sorte que leurs têtes soient noyées dans le béton.

Dans certains terrains de galets non agglutinés, le creusement de la fouille des fondations entraîne des épuisements tellement onéreux qu'on est obligé de recourir à un autre mode de fondation.

On peut alors adopter les fondations à l'air comprimé, soit dans des puits havés, soit dans des caissons métalliques dont nous parlerons plus loin.

Ce dernier système a été employé à Fécamp
pour l'établissement des nouveaux quais de l'avant-
port, descendus, à travers une couche de galets, à plus

Port de Fécamp : Quais de l'avant-port.

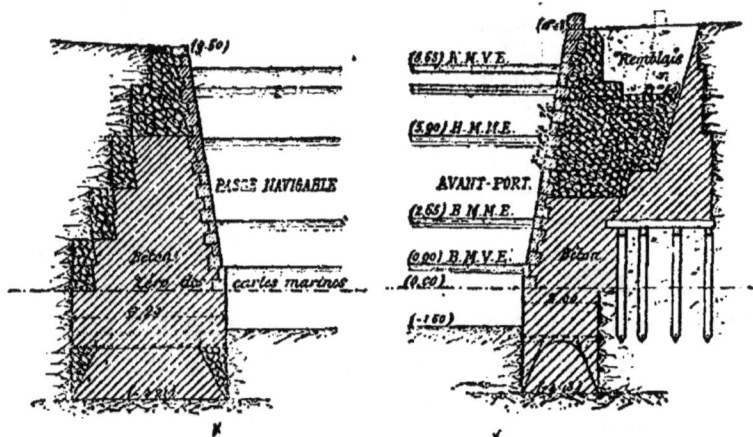

de 5 mètres au-dessous du niveau des basses mers
de vive eau ordinaire et reposant sur de la craie plus
ou moins fissurée ; ce qui rendait les épuisements
pratiquement impossibles, dans une fouille où l'on
aurait été obligé de travailler à la marée sous l'abri
d'un batardeau.

17. Fond de sable. — On peut distinguer deux
cas :

1° Sable pur. — On exécute encore un massif de
béton de 1 mètre à 1^m,50 d'épaisseur environ ; mais
le sable étant plus meuble que le galet, et par suite
susceptible d'être entraîné ou d'être rendu fluent par
le passage des eaux sous la fondation, le sable
pouvant être d'ailleurs déplacé par des mouve-

ments de l'eau qui ne dérangent pas le galet, il est nécessaire de prendre des précautions spéciales.

Ainsi, le béton est toujours coulé dans une enceinte de pieux et palplanches, comme aux quais de Dunkerque. Pour assurer l'ancrage du mur, on augmente l'épaisseur de la couche de béton du côté de l'eau ; on la porte à 1^m,50 ou 2 mètres au moins, et cela sur une largeur moyenne de 1^m,50 à 2 mètres [1] ; de plus, pour s'opposer autant que possible au passage de l'eau sous la fondation, on fait descendre jusqu'à une profondeur assez grande, de 4 à 5 mètres par exemple au-dessous du sol, la ligne de pieux et palplanches située également du côté de l'eau. De l'autre côté, les pieux et palplanches peuvent n'avoir que 1^m,50 à 2 mètres de fiche, et être enlevés après la construction de l'ouvrage.

Dunkerque :
Quai à l'amont de l'écluse
de la citadelle.

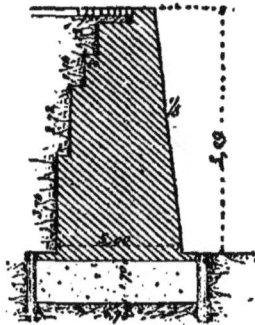

On facilite singulièrement l'enfoncement de ces pieux et de ces palplanches dans le sable par le procédé du fonçage à l'aide d'injection d'eau, employé pour la première fois, il y a quelques années, à Calais [2], et dont l'usage s'est généralisé depuis.

Quand on ne possède pas l'outillage nécessaire pour se servir de ce procédé et qu'on est obligé de recourir au battage, il faut avoir soin, autant que

1. Voir le mur de quai de Calais, page 19.
2. *Annales des ponts et chaussées de 1878, 1er semestre. Note sur le fonçage des pieux et palplanches par injection d'eau*, par MM. Stœcklin, ingénieur en chef, et Vétillart, ingénieur ordinaire des ponts et chaussées.
Notice sur l'exposition, à Paris, du ministère des Travaux publics, 1889, tome Ier. Ponts et chaussées, pages 334 et suivantes.

possible, de ne pas interrompre le battage d'un pieu une fois qu'il est commencé.

En effet, quand on bat un pieu dans un terrain humide, les trépidations répétées dues au choc du mouton ramollissent le sol au contact du pieu ; il se forme autour de celui-ci une espèce de gaîne plus ou moins fluente tant que dure le battage ; mais si, avant que le pieu ne soit arrivé au refus, on cesse de battre, le sol reprend sa compacité, et on a alors beaucoup de peine à remettre le pieu en mouvement quand on recommence le travail ; quelquefois on doit y renoncer bien qu'on sache que le pieu n'a pas atteint toute la fiche qu'il aurait dû avoir[1].

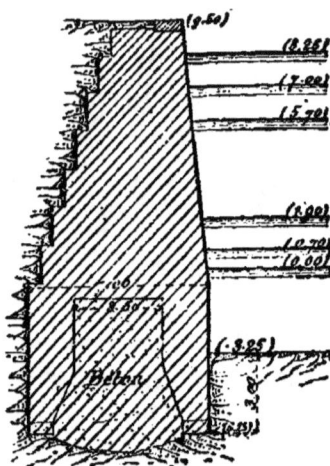

Port de Calais : Quais de l'avant-port : profil en travers du mur N.-E.

2° *Sable vaseux*. — Lorsque le sable est mélangé de vase, ou même si, n'étant pas vaseux, il est traversé par d'abondantes infiltrations, il faut recourir au pilotage, comme dans le cas cité pour le galet.

---

1. La même observation est applicable au havage des blocs en maçonnerie.

Quand on fonce un puits par havage, la paroi du sol sur laquelle glisse la maçonnerie est également ameublie par le frottement tant que dure le mouvement de descente du bloc ; l'enfoncement se fait alors assez régulièrement. Mais si, la journée étant finie, on recommence le havage le lendemain matin, le sol a repris de la compacité autour de la maçonnerie ; les frottements sont plus énergiques, la descente n'a lieu que quand l'excavation sous le puits a atteint une grande profondeur ; elle se fait alors plus ou moins brusquement ou irrégulièrement. Il y a donc aussi avantage à n'interrompre que le moins possible le havage d'un puits.

Quand le sable est tellement fluent qu'on peut craindre qu'il ne soit chassé entre les pieux par la pression du remblai derrière le mur, on ajoute, comme dans le cas précédent, une file de pieux et palplanches descendant profondément dans le sol, du côté de l'eau.

Quand la couche fluente n'a pas une grande épaisseur, ne dépasse pas de 2 à 4 mètres, par exemple, et repose sur un fond stable, on peut établir le quai sur des blocs de maçonnerie foncés par havage jusqu'au sol résistant, puis soudés entre eux. Le havage a lieu, suivant les circonstances, soit par fouille à l'air libre, soit par dragage, soit enfin par pompage et injection d'eau, suivant le système appliqué récemment à Calais sur une grande échelle[1].

18. Fond de vase. — Lorsque le sol sur lequel doit reposer le mur de quai est composé de vase, les difficultés de fondation sont beaucoup plus graves que dans les cas qui viennent d'être examinés. Si l'épaisseur de la vase est très grande, ces difficultés deviennent généralement telles qu'on est le plus souvent obligé de renoncer à former la paroi du quai par un mur plein et continu.

Ces difficultés tiennent, comme on l'a déjà dit, à ce que la vase conserve toujours un certain degré de fluidité, ou tout au moins de plasticité, et à ce que, par suite, elle tend à se mettre en mouvement sous l'influence de toute action nouvelle qui dérange l'état d'équilibre où elle était parvenue antérieurement.

1. Notice sur l'exposition, à Paris, du ministère des Travaux publics, 1889, tome Ier. Ponts et chaussées, page 334 et suivantes.

La vase d'une très grande épaisseur, d'une profondeur indéfinie, comme on dit habituellement, peut supporter des efforts verticaux très notables, mais elle cède sous une faible poussée horizontale. Ainsi, la grande jetée de Trieste repose sur un fond de vase indéfini et sa construction n'a offert aucune difficulté, tandis que la stabilité des quais de ce même port n'a été obtenue qu'à la suite d'une série d'accidents.

La vase offre une certaine résistance à l'enfoncement vertical d'un pieu, et cette résistance suffit pour qu'on puisse charger ce pieu d'un poids plus ou moins considérable, même quand sa pointe n'atteint pas le sol résistant[1].

Dans chaque cas, l'expérience apprend de quel poids on peut charger un pieu suivant sa longueur et sa surface frottante dans la vase. C'est ainsi qu'ont été établies notamment des cales de construction pour les navires de la marine militaire dans l'arsenal de Rochefort. On a également fondé de hautes cheminées en briques sur des pieux ne résistant que par leur frottement dans la vase.

Mais il faut bien remarquer que, dans tous ces travaux, la vase n'avait à offrir qu'une résistance verticale, et qu'elle ne subissait aucune poussée horizontale.

19. Vase de faible profondeur. — Quand la vase a peu de profondeur, 2 ou 3 mètres par exemple, et repose sur un fond résistant (roche, galet, sable, etc.), il convient, en général, d'enlever cette vase et d'as-

---

1. *Navigation intérieure*, par M. l'inspecteur général Guillemain, t. I, p. 190 et suivantes.

seoir la fondation du quai sur le terrain résistant.
Ordinairement, on remplit d'enrochements la fouille
draguée et on élève le mur sur ces enrochements.
Si, pour une raison quelconque (fluidité de la vase,
voisinage de constructions près du talus d'éboulement de la fouille, etc.), on doit renoncer aux dragages, on peut fonder le mur sur une file de puits
descendus, par havage, jusqu'au sol résistant, puis
soudés entre eux par un des procédés usités en
pareil cas.

Dans ces deux cas, le mur de quai peut être
encore plein et continu.

20. Vase de moyenne profondeur. — Quand la
vase atteint la profondeur de 4 à 10 mètres, par
exemple, son enlèvement peut devenir impraticable,
soit par suite de la grande étendue de la fouille,
soit parce que le fond de la fouille se relève incessamment sous la pression des vases environnantes,
quand les dragages ont atteint une certaine profondeur.

La fondation par puits havés serait encore réalisable dans ce cas, mais elle deviendrait alors très
coûteuse si la file de puits devait régner sur toute
la longueur du mur.

Suivant les circonstances locales, il y a une profondeur au delà de laquelle il est plus économique
de modifier la forme du mur, de ne pas le faire plein
et continu, mais de constituer le quai au moyen de
voûtes s'appuyant sur des piles établies de distance
en distance. Toutefois, cette solution n'a été adoptée
qu'à la suite d'insuccès constatés dans l'emploi
d'autres systèmes de fondation, notamment du pilo-

tage longitudinal. Les causes des avaries survenues dans ce dernier cas et les moyens d'y remédier offrent un sujet d'études intéressantes pour la pratique.

21. Insuccès des fondations par pilotage longitudinal dans les terrains de vase. — On a essayé d'abord de fonder les murs pleins et continus des quais sur des files longitudinales de pieux, pouvant atteindre le fond solide et y pénétrer d'une profondeur suffisante pour assurer leur fixité.

Il y aurait encore avantage ici, comme dans les terrains de sable, à noyer la tête des pieux dans une certaine épaisseur de béton ; mais le fond d'une fouille dans la vase est toujours plus ou moins mou et fluide, et n'offre pas les conditions désirables pour servir d'assiette à une couche de béton.

Cependant, quand la compacité de la vase le permettait, on pratiquait habituellement une fouille de 1 mètre environ de profondeur pour bien dégager la tête des pieux entre lesquels on plaçait et damait, à la hie, des enrochements.

Les pieux étaient reliés par des cours de longrines et traversines assemblées à mi-bois, chevillées sur la tête des pieux, et formant un quadrillage de charpente, dont les cases vides étaient également remplies de moellons damés.

C'est sur ce quadrillage qu'on élevait la maçonnerie du mur.

Tant qu'on élevait le mur, tout allait bien, parce que les pieux n'avaient à résister qu'à un effort vertical. Mais, dès qu'on faisait le remblai derrière le mur, celui-ci était poussé au vide et souvent renversé.

Quand le pilotis rencontrait un fond dur, rocheux par exemple, où la pointe des pieux ne pouvait pénétrer, lorsque surtout le fond rocheux avait une grande déclivité dans le sens de la poussée, alors il arrivait quelquefois que le pied des pieux chassait et que le mur se renversait en arrière.

Dans d'autres circonstances, le mur et le pilotis s'avançaient ensemble, tout d'une pièce, sans déversement sensible. Ce dernier cas se présentait notamment lorsque, la vase étant très profonde, on avait compté sur la résistance par frottement, pour les pieux qui n'atteignaient pas le fond résistant.

La cause de ces divers accidents a été toujours et partout la même : sous la surcharge du remblai, la vase, dérangée dans son équilibre ancien, se mettait en mouvement pour en reprendre un nouveau, et dans son mouvement vers le vide qui s'offrait à elle en avant du quai, elle passait à travers les pieux, les renversait en les faisant pivoter autour de leur pointe, ou elle les chassait du pied, ou elle les entraînait avec elle.

Ces effets étaient d'autant plus prompts et plus graves que le remblai s'élevait plus haut au-dessus de la surface primitive du sol naturel, que la vase était plus fluide, que le sol résistant sous-jacent était plus déclive, que le bourrelet de vase soulevé en avant du quai par la poussée avait plus de facilité pour s'étendre ou pour être enlevé par le batillage, les courants, etc.

La cause première de tous ces accidents étant la charge du remblai derrière le mur, on commençait naturellement par la faire disparaître. Le mur une fois dégarni et le sol, en arrière, ayant été dressé suivant son talus naturel d'équilibre, restait à trouver le moyen de remédier aux avaries survenues et d'en prévenir le retour.

Lorsque le mur avait subi un déplacement ou un déversement trop considérable, il fallait le démolir en entier, arracher le premier pilotis et refaire le tout à nouveau ; on augmentait la longueur des pieux, quand cela était possible, de façon à atteindre le fond solide et à y faire pénétrer suffisamment leur pointe armée d'un sabot acéré.

Le mur ne pouvait plus alors subir qu'un mouvement de rotation autour du pied du pilotis, sous la poussée des terres.

Pour s'opposer à ce mouvement, deux moyens se présentent : 1° diminuer la poussée ; 2° augmenter la résistance du mur à la rotation.

22. Moyens de diminuer la poussée. — Le poids du remblai sur la vase sous-jacente est la cause qui détermine la mise en mouvement de cette vase vers le vide devant le mur, à travers les pieux.

On s'opposera donc à cet effet en faisant porter le remblai non plus sur la vase, mais sur un plancher solide établi en arrière du mur, suffisamment large et bien relié à la maçonnerie ou au pilotis du quai.

Ce plancher se construit exactement comme celui d'un appontement ; on bat des pieux qui pénètrent jusqu'au sol résistant ; sur les têtes de ces pieux on cheville ou on boulonne des longrines et des traversines ; sur ce grillage de charpente on cloue des madriers. La distance des pieux, l'équarrissage des pièces, l'épaisseur du plancher, etc., dépendent du poids du remblai qu'ils auront à supporter.

La liaison entre le mur de quai et le plancher s'obtient, suivant les cas, soit à l'aide de moises en charpente saisissant les têtes des pieux, soit à l'aide de tirants métalliques solidement scellés dans la maçonnerie.

On évite de se servir de la vase pour former le remblai qu'on dépose sur le plancher; on y substitue du sable pur, ou du gravier, ou de la pierraille, ou du moellon. Il y aurait tout avantage à se servir de cette nature de remblai de bonne qualité pour combler toute la fouille en arrière du mur jusqu'au talus de vase de la fouille; mais le plus souvent, par économie, on se borne à donner au sommet du remblai, au niveau du dessous du couronnement en pierre de taille, une largeur horizontale de 2 à 3 mètres, et au delà de cette largeur un talus à 45°, ce qui détermine la largeur à donner au plancher.

Port de Nantes : Murs avec contreforts voûtés.
Coupe sur l'axe d'une voûte.

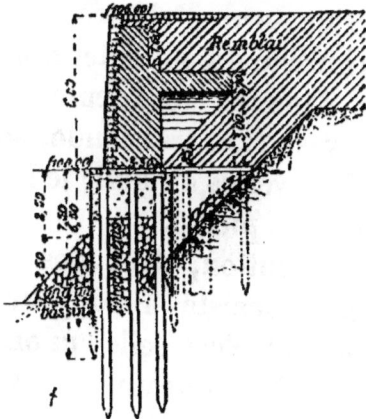

Enfin, on comble avec de la vase le vide compris entre le talus du remblai supporté par le plancher et le talus de la fouille.

On a eu aussi recours, pour diminuer la poussée, à l'emploi de contreforts voûtés établis en arrière du mur de quai, du côté du terre-plein.

Les remblais, au lieu de venir presser toute la face arrière du mur, n'agissent que sur la partie au-dessus de la voûte, en même temps que leur poids s'ajoute à celui de la voûte pour augmenter la résistance du mur au renversement.

Ces procédés de consolidation ont donné assez souvent des résultats satisfaisants.

Mais dans certains cas, bien qu'on eût cru avoir pris toutes les précautions voulues, il est arrivé que, malgré cela, le mur subissait encore quelque déplacement.

Les causes de ces accidents exceptionnels sont très difficiles à découvrir ; tantôt, on a pu penser que le plancher n'était pas assez solide, ou qu'il n'était pas assez fortement relié au mur ; tantôt, que le remblai de bonne nature déposé derrière le mur n'avait pas assez d'étendue, de sorte que la vase amoncelée en arrière de ce remblai, pour compléter le terre-plein du quai, poussait ce remblai lui-même et entraînait ainsi le plancher, le mur et le pilotis ; tantôt, que la surcharge d'un terre-plein trop élevé au-dessus de la surface primitive du sol déterminait des mouvements jusque dans la vase entre les pieux, soit parce que cette vase était très fluide, soit parce que des courants étaient venus s'établir le long du mur et en avaient dégarni le pied, etc.

On ne voit pas d'autre solution, dans des cas semblables, que celle qui consiste à supprimer complètement toute poussée, et c'est celle qu'on a adoptée pour certains quais de Bordeaux (Pl. III, fig. 8 et 9). On n'a pas remblayé la fouille en arrière du mur, on l'a laissée vide et on a couvert ce vide au moyen d'un plancher analogue à celui de certains ponts en fer. Des piliers métalliques, fondés sur pilotis, supportent des poutres en tôle entre lesquelles on construit de petites voûtes en maçonnerie de briques ; ce sont ces voûtes qui supportent le terre-plein du quai.

23. Moyens d'augmenter la résistance du mur au renversement. — Si l'on admet que le pied des pieux est engagé dans le fond solide d'une façon telle qu'il ne puisse pas glisser, il en résulte que le seul mouvement possible du mur, sous la poussée de la vase, est une rotation autour du pied des pieux.

Quelle que soit la poussée, on peut admettre qu'elle a une résultante appliquée en un point situé entre le pied des pieux et le sommet du mur.

Le renversement est donc dû à l'action d'un couple ; pour s'y opposer, il suffit de créer un couple au moins égal et de sens contraire.

24. Des contre-forts. — On peut réaliser ce couple résistant en ajoutant au mur, en arrière de son parement postérieur (côté des terres), une masse de maçonnerie assez lourde et faisant corps avec lui.

Ce poids additionnel, s'il était libre d'agir seul, tendrait à renverser le mur en arrière ; il s'opposera donc, dans une certaine mesure, au renversement en avant que la poussée tend à produire.

On augmente le poids du mur, dans les conditions indiquées cidessus, en munissant ce mur de contre-forts.

Malheureusement, on ne peut estimer que d'une façon grossièrement approximative l'intensité de la poussée et la position probable de son point d'application, de sorte que les dimensions à donner aux

Port d'Anvers : Murs de quai du bassin Kattendijk.

Élévation postérieure.   Coupe en travers.

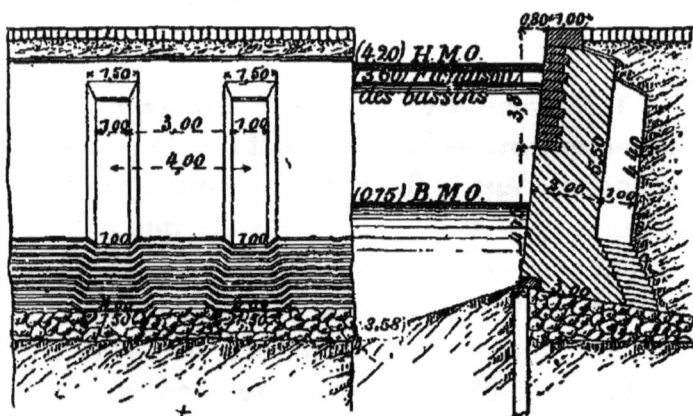

contre-forts et les distances à ménager entre eux comportent toujours un grand degré d'incertitude.

Il n'y a que l'ingénieur dirigeant les travaux qui puisse apprécier les dispositions à adopter d'après les circonstances locales, et les modifier au besoin d'après les résultats de l'expérience.

Southampton :

Mur de l'avant-port déchargé depuis 1844 de la poussée des terres.

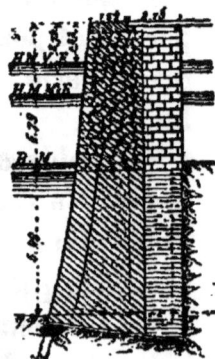

Les contre-forts sont construits sur pilotis, en arrière du mur; ils doivent, d'une part, faire corps avec la maçonnerie du mur, de façon à ce qu'ils ne puissent pas s'en détacher; d'autre part, ils doivent être reliés très solidement à leur pilotis, de façon que, si la poussée tendait à les soulever par un mouvement de renversement du mur vers l'avant, cette tendance fût combattue par la résistance des pieux à l'arrachement.

On peut obtenir la liaison du contre-fort avec son pilotis soit par des tirants convenablement fixés d'un côté à la charpente, scellés de l'autre côté dans la maçonnerie, soit en noyant la tête des pieux dans la maçonnerie sur une hauteur de 1 mètre environ.

25. Des tirants de retenue. — On peut également ment s'opposer au renversement du mur, sous l'action de la poussée, en exerçant une traction énergique en sens contraire (Voir la figure, page 12).

Si un fort tirant horizontal en fer est solidement scellé, d'une part dans le mur et d'autre part dans un massif inébranlable, de maçonnerie par exemple, situé en arrière et à une certaine distance du mur, si d'ailleurs ce tirant est convenablement tendu, on pourra ainsi empêcher tout déversement. Le calcul de la section d'un tirant et la détermination du nombre de tirants à employer sur une longueur donnée de mur comportent le genre d'incertitude qui a déjà été signalé à l'occasion des contre-forts.

Le scellement du tirant dans le mur peut être réalisé au moyen d'une large plaque de fonte noyée dans la maçonnerie, près du parement du mur (côté de l'eau) ; cette plaque est percée, à son centre, d'un trou par lequel passe le tirant ; une clavette ou un écrou fixe l'extrémité du tirant sur la plaque ; on renforce au besoin celle-ci au moyen de nervures venues de fonte et convenablement disposées pour en assurer la solidité, etc.

Si l'on doit recourir aux tirants après la construction du mur, comme à Bordeaux, ceux-ci traversent toute l'épaisseur de la maçonnerie par un trou foré *ad hoc* et le bouclier de fonte s'appuie sur le parement. Le tirant est scellé d'une façon analogue à son autre extrémité dans le massif de retenue. Quant à ce massif lui-même, on le rencontre quelquefois tout préparé dans les fondations d'anciennes constructions situées à une distance suffisante en arrière du quai; mais le plus souvent on est forcé de l'établir directement. Dans ce dernier cas, il convient de lui donner une large surface d'ancrage dans le sol où il est noyé et de constituer ce sol par un remblai de bonne qualité.

Port de Bordeaux : Mur de quai.

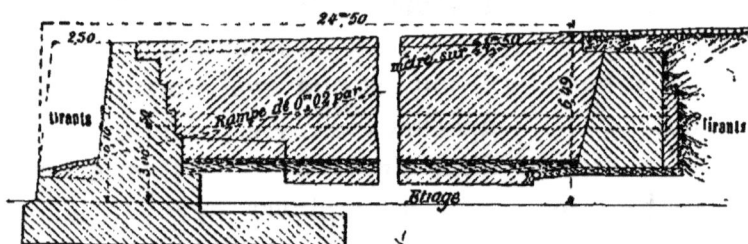

Lorsque le tirant a une grande longueur, et c'est ce qui a lieu presque toujours, il faut le supporter de distance en distance pour diminuer sa flexion; cette flexion peut même être à peu près complètement supprimée entre deux points d'appui, en se servant d'une poutre à double T pour former le tirant. La tension est donnée au tirant à l'aide de clavettes de serrage, etc.

On a dû recourir après coup aux tirants pour consolider, notamment, certains quais de Bordeaux qui se déversaient (voir le dessin ci-dessus); on les emploie d'ailleurs régulièrement et d'avance pour assurer la stabilité des quais de Rouen (Voir le profil du quai de la Bourse, page 12).

26. Solution adoptée en Hollande. — On a vu que, dans les quais continus fondés sur pilotis en terrain de vase, les avaries provenaient surtout du mouvement que prenait la vase à travers les pieux, sous la pression de la surcharge du terre-plein du quai.

Or, on conçoit que cet effet sera d'autant moins à redouter que l'épaisseur de la vase traversée par les pieux sera moindre et que cette vase sera plus compacte.

C'est en se basant sur ces deux principes que l'on a adopté, à Amsterdam, pour le quai nommé Handelskade, la solution suivante.

Il s'agissait de fonder un mur dans l'Y ; le terrain solide constitué par du sable était situé à une profondeur moyenne de 12 à 13 mètres au-dessous du niveau AP. On fit, à l'emplacement du quai, avec du sable de bonne qualité, un remblai ayant environ 25 mètres de largeur à sa base inférieure. Ce remblai, que l'on rechargeait au fur et à mesure qu'il se produisait des tassements, de manière à maintenir constamment son sommet à 4 ou 5 mètres au-dessus du niveau AP, s'enfonça jusqu'à la cote 7^m,50, diminuant d'autant l'épaisseur de la vase et comprimant par son poids celle qui restait au-dessous. On laissa ce remblai tasser pendant une année environ et, quand les mouvements cessèrent d'être appréciables, on fit une fouille dans ce remblai qui, rendu suffisamment étanche par la vase ayant reflué sur ses côtés, forma batardeau ; au fond de la fouille, on battit les pieux, qui traversèrent d'abord le sable rapporté, puis la vase comprimée et s'enfoncèrent de 1ᵐ,50 dans le sable naturel formant le terrain solide situé au-dessous.

On noya la tête des pieux dans un massif de béton

Amsterdam : Coupe transversale des murs de revêtement du quai du Commerce.

de 3ᵐ,50 de hauteur sur 3ᵐ,50 de largeur, coulé dans une enceinte de pieux et palplanches.

Sur le massif de béton, on établit un grillage prolongé en arrière du mur sur 5 mètres de largeur par un plancher en charpente supporté par un pilotis. A ce plancher, destiné à porter la base du remblai de sable de bonne qualité, on fixa, de 7 mètres en 7 mètres, des câbles en fil de fer amarrés à un autre mur de quai construit à 59 mètres environ en arrière, servant de massif de retenue ; puis, on éleva la maçonnerie du mur de quai à l'abri du batardeau.

Ceci fait, on put ensuite draguer devant le quai jusqu'à la profondeur nécessitée par la calaison des plus forts navires et le remblai dragué servit à faire le terre-plein du quai.

Les quais ainsi construits ont bien subi quelques accidents ; mais le principe du mode d'exécution adopté n'en subsiste pas moins comme susceptible d'application dans certaines circonstances. En tout cas, l'exemple d'Amsterdam montre que l'on peut, jusqu'à un certain point, écarter les causes d'avaries en consolidant la vase et en en diminuant l'épaisseur au moyen d'une quantité suffisante de remblai de bonne qualité noyé dans sa masse [1].

27. Critique des murs de quai pleins et continus, fondés sur terrain de vase. — On voit, par ce qui précède, que la fondation d'un quai plein et continu sur pilotis, dans un fond de vase, si elle n'est pas à la rigueur matériellement impossible, présente au moins de très grandes difficultés, qu'elle est généralement très coûteuse et qu'elle n'offre presque jamais, en tout cas, *a priori*, une sécurité complète ; aussi trouve-t-on le plus souvent préférable d'adopter une autre solution.

1. Un procédé analogue a été employé pour l'édification des culées du pont sur le Brivet, près Pontchâteau, et de celles du pont sur l'Oust (Voir Debauve, *Procédés et matériaux de construction*, t. II, p. 179).

D'ailleurs, la consolidation d'un quai qui se déverse est une des entreprises les plus ingrates qui s'imposent aux ingénieurs.

Mais les accidents survenus autrefois et les moyens employés pour y remédier offrent d'utiles enseignements pratiques, applicables encore à présent dans quelques cas; car certains sols, sans être composés exclusivement de vase plus ou moins fluide, n'en offrent pas moins des difficultés de fondation très analogues à celles qu'on rencontre dans la vase, par exemple les sables plus ou moins vaseux et même les sables purs, mais très aquifères, etc.

Du reste, quelque soin qu'on apporte à reconnaître par des forages le terrain sur lequel on doit construire, il arrive malheureusement, et cela non très rarement, que, entre deux forages, la nature du sol est différente de celle sur laquelle on se croyait autorisé à compter.

La solution adoptée pour l'exécution des quais en terrain de vase consiste, comme on l'a déjà dit, à faire ces quais sur voûtes; elle se justifie par les considérations suivantes. Puisque la vase se meut dès qu'on dérange son équilibre, et que ce mouvement, à peu près inévitable, est la cause déterminante des avaries constatées, il convient de lui laisser une certaine liberté de se produire, sans qu'il puisse compromettre la stabilité de l'ouvrage.

Or, un mur plein et continu, supporté par de nombreux pieux, barre presque complètement la route que la vase tendrait à suivre, tandis que, si le mur et son pilotis sont discontinus et présentent des

4

vides suffisamment larges, la vase pourra se mouvoir dans cet intervalle et tendra moins à pousser les piles des pertuis.

On augmentera d'ailleurs la résistance de ces piles en les allongeant autant qu'on le voudra dans le sens de la poussée qu'exercera encore la vase derrière elles et en réduisant la largeur de leur face qui reçoit cette poussée. L'intervalle vide entre les piles doit être nécessairement couvert pour qu'on puisse y établir le terre-plein du quai; ordinairement, ce vide est fermé par des voûtes. On a ainsi des quais sur voûtes.

28. Des quais sur voûtes. — Un quai sur voûtes est un véritable viaduc, devant résister à des efforts considérables : circulation des locomotives, des grues mobiles, etc. ; charge de grandes masses indivisibles, traction et pression des navires ; chocs des colis lourds et des bateaux ; poussée de la vase, etc.

29. Des piles culées. — Il en résulte que, théoriquement, chaque voûte devrait être établie de façon que, si elle venait à se rompre, sa chute ne compromît pas la stabilité du reste du quai ; dans ce but, chaque pile devrait être une pile culée; mais cette solution radicale serait exagérément chère et, pratiquement, on se borne à faire de distance en distance quelques culées. Ordinairement, on conserve de quatre à huit piles simples entre deux piles culées. A Bordeaux, pour les nouveaux quais de rive droite actuellement en construction, il y a dix-huit piles entre deux culées.

En tout cas, on doit faire une culée à chaque sommet d'angle du polygone que forme le plan du quai.

30. Ouverture des voûtes et épaisseur à la clef. — En second lieu, les voûtes doivent être très solides, c'est-à-dire très épaisses et d'une faible ouverture. Jusqu'ici, on croit prudent de maintenir l'ouverture dans les limites de 8 à 12 mètres, et on ne donne pas à la clef une épaisseur de moins de $0^m,75$ à 1 mètre.

31. Longueur des voûtes. — Théoriquement, la longueur des voûtes, normale à la direction du quai, ou autrement dit dans le sens de la ligne de plus grande pente du talus naturel d'équilibre de la vase, devrait être égale à la longueur de ce talus; mais, en fait et en pratique, cette solution, qui serait très dispendieuse, n'est jamais nécessaire.

On peut, en effet, réduire notablement la longueur des voûtes si derrière la tête, du côté des terres, on forme un solide cordon d'enrochements ou de matériaux de bonne qualité, qui supportera la poussée du remblai du terre-plein (Pl. II, Rochefort, et III, Bordeaux, quai des Chartrons et de Bacalan).

Il convient de ne faire le remblai qu'après que le cordon, ayant opéré tout son tassement, est arrivé à un état d'équilibre stable; on peut activer le tassement en donnant au cordon une hauteur aussi grande que possible et en le rechargeant au besoin au fur et à mesure des enfoncements constatés, quitte à araser ensuite son sommet au niveau que comporte le remblai du terre-plein. De cette façon, on parvient à réduire la longueur des voûtes et détermine par suite celle des piles à 8 ou 10 mètres.

32. Largeur des piles et culées. — Quant à la largeur des piles, on a dit qu'il convenait de la réduire autant que possible, parce que c'est sur la largeur qu'agit la poussée de la vase. Toutefois, on n'a pas, jusqu'ici, donné moins de 1 mètre à 2 mètres de largeur aux piles maçonnées pleines, et moins de 5 à 6 mètres aux piles formées par des puits foncés par havage.

Les culées foncées par havage ont habituellement d'une fois et demie à deux fois la largeur des piles, soit de 8 à 10 mètres, par exemple.

33. Niveau de l'intrados des voûtes. — Si l'intrados des voûtes à la clef était au-dessus du niveau de l'eau, les allèges, les canots, etc., pourraient s'engager dans ce vide et seraient exposés à de graves accidents, dans le cas où le niveau de l'eau viendrait à changer pendant qu'ils sont dans cette position anormale.

Pour éviter ces inconvénients, il convient, dans les bassins à flot, de placer autant que possible l'intrados de la clef tout au plus au niveau des plus faibles hautes mers.

Dans les ports à marée, lorsque les quais sont accostables à mer basse, le niveau de l'intrados devrait être celui des plus basses mers ; mais si, pour un motif quelconque, on n'a pu abaisser suffisamment le niveau de l'intrados à la clef, il convient de fermer le vide de la voûte de façon que le petit matériel flottant ne puisse s'y engager. On y parvient,

par exemple, soit en faisant une voûte surbais-
sée au droit de la tête du
côté de l'eau, soit au
moyen d'une claire-voie
en charpente, etc.

**34. Fondation des pi-
les et culées.** — 1° *Sur
pilotis.* — Quand l'épaisseur de la vase qui re-
couvre le fond solide
n'est pas plus grande que
la longueur des pieux
qu'on peut se procurer
couramment, la fonda-
tion des piles peut se
faire sur pilotis. Mais il
faut alors que la lon-
gueur des piles soit assez
grande et se rapproche
de la longueur du talus
naturel de la vase. On remarquera que la tête de
tous les pieux n'a pas
besoin d'être arasée à un
seul et même plan hori-
zontal ; on a, au con-
traire, avantage à les
araser à peu près suivant
le plan incliné du talus
d'équilibre de la vase.
Dans ce cas, le quadril-

Mur de quai en arcades dans le bassin à flot à Great Grimsby

lage en charpente sur lequel repose la maçonnerie

forme une série de banquettes horizontales qui se relèvent successivement depuis le fond de la fouille (côté de l'eau) jusqu'à l'extrémité de la pile (côté des terres). Exemples : Bordeaux (Atlas, Pl. III, Fig. 1 à 5), Great Grimsby, sur l'Humber, Angleterre, (Fig. page 53).

On peut aussi fonder sur pilotis sans que les pieux atteignent le terrain solide. Il faut alors, d'une part, que le frottement latéral des pieux dans la vase soit suffisant pour supporter en toute sécurité le poids des piles et des voûtes, et, d'autre part, que la longueur des piles dans le sens de la poussée des terres soit assez grande, comme il a été dit plus haut (Exemple : quais sur la Charente)[1].

2° *Sur puits havés.* — Cependant, aujourd'hui, on forme le plus souvent les piles au moyen de puits en maçonnerie, foncés par havage, tantôt par raison d'économie, tantôt pour établir la fondation dans des conditions de sécurité plus grande qu'on ne peut l'espérer avec l'emploi du pilotis, etc.

On enseigne, dans les *ouvrages sur les procédés généraux de construction*, les précautions à prendre pour la conduite du havage d'un puits en maçonnerie; on se bornera à rappeler ici les plus importantes.

Il est désirable que le sol soit aussi homogène que possible autour du puits que l'on fonce et que les pressions soient aussi égales que possible sur les faces opposées de ce puits, pour réduire au minimum les chances de déversement, surtout dans les havages profonds.

1. Voir le Traité de navigation intérieure de M. l'inspecteur général Guillemain, t. 1er, p. 192 et suivantes.

Ainsi, dans une fouille creusée à sec, le puits ne devra pas être foncé trop près du talus de cette fouille, pour éviter l'excès de pression qui tendrait à se produire du côté des terres soutenues par ce talus. On ne foncera pas en même temps deux puits voisins, mais on laissera entre deux puits foncés simultanément l'espace necessaire pour un autre puits au moins, et mieux pour trois ou sept autres puits. Si on a laissé l'intervalle de trois puits, on foncera ensuite celui du milieu, puis les deux intermédiaires, de façon à ce que la consistance du sol et par suite les pressions sur les faces opposées soient toujours aussi symétriques et aussi égales que possible.

Dans les havages profonds, il est prudent de se ménager la possibilité de travailler au besoin à l'air comprimé si l'on craint de ne pas réussir à épuiser les eaux d'infiltration. On adoptera, par exemple, dans ce cas, les dispositions appliquées à Rochefort[1] (Pl. II).

Quand les puits ont une section rectangulaire, il convient que leur longueur (plus grande dimension de la base) ne soit pas trop grande par rapport à leur largeur, pour éviter que la maçonnerie ne se fissure. L'expérience a conduit à cette règle empirique que la longueur doit rester inférieure ou tout au plus égale à une fois et demie la largeur.

Dans les puits rectangulaires, l'épaisseur de la maçonnerie doit être assez grande pour résister à la poussée des vases par les plus grandes profondeurs

---

1. *Fondation par havage du troisième bassin à flot de Rochefort*, par M. Crahay de Franchimont, ingénieur des ponts et chaussées. *Annales*, 1884, 1er semestre.

du fonçage. D'après les dimensions adoptées dans les travaux exécutés et qui n'ont pas donné lieu à des avaries, on peut considérer comme un fait d'expérience que l'épaisseur doit être au minimum de $1^m,50$ à $1^m,75$ quand la longueur du vide est inférieure à 4 mètres; qu'il faut la porter à 2 mètres au moins, quand la longueur du vide intérieur du puits atteint ou dépasse 4 mètres.

Aujourd'hui, on n'établit plus les puits sur rouets de charpente; on se borne à former les premières assises, sur 2 à 4 mètres de hauteur, avec des matériaux durs et résistants, reliés par un mortier riche en ciment Portland (400 à 500 kilogrammes de ciment par mètre cube de sable), qu'on laisse faire prise pendant un mois environ avant de commencer le fonçage.

Ce délai d'un mois est celui qu'on observe aussi, autant que possible, entre le moment où une partie du puits est achevée et le moment où elle doit s'engager dans le sol par son mouvement de descente sous l'effet du havage.

Bien que le puits soit évasé à sa base dans la chambre de travail, la large surface par laquelle il repose encore sur le sol ralentit sa descente, l'inégalité de consistance de la vase dans les divers points d'une surface étendue peut avoir pour effet de déterminer des déversements; de plus, on rencontre, non très rarement, des obstacles imprévus (troncs d'arbres, vieilles ancres abandonnées, anciennes fondations, etc.) qu'il faut enlever, couper ou démolir sous la base du puits, dont la largeur devient alors une gêne sérieuse; quand le puits doit reposer sur un fond rocheux qu'il faut dresser, on éprouve aussi de graves embarras pour entailler le rocher sous la large base du puits, etc.

Ces difficultés sont beaucoup moindres quand le havage se fait à l'air comprimé dans une chambre de travail armée à son pied d'un tranchant aigu, et cela à cause de l'étroitesse même de ce biseau ; aussi pourra-t-on trouver souvent avantage à munir le pied des puits d'un tranchant métallique analogue à celui des caissons à air ; mais, dans ce cas, l'enveloppe extérieure en tôle peut être supprimée, comme on l'a fait du reste pour les chambres de travail des caissons employés à la construction des nouveaux quais de Bordeaux actuellement en cours d'exécution (Pl. III, quai des Chartrons et de Bacalan).

Comme il y a tout intérêt à diminuer les frottements des parois extérieures du puits contre le sol dans lequel on l'enfonce, il semble à propos, pour les havages profonds, de réduire successivement la section du puits de la base au sommet au moyen de quelques petites retraites ou d'un fruit uniforme et, en outre, de couvrir la surface frottante par un enduit lisse.

Enfin, les arêtes des blocs paraissent offrir d'autant moins de résistance à l'enfoncement qu'elles sont plus obtuses ; il convient donc, dans un bloc de forme rectangulaire, d'abattre les angles par des pans coupés suffisamment larges, de $0^m,70$ à 1 mètre par exemple, ou même de les remplacer par un quart de cercle de 1 mètre environ de rayon (Exemple : Bassin à flot de Bordeaux).

QUAIS FONDÉS SOUS L'EAU

35 Généralités. — Il y a toujours avantage à pouvoir examiner à chaque instant le travail qu'on exécute; aussi doit-on chercher, autant que possible, à fonder les quais dans une fouille susceptible d'être asséchée.

Mais les cas sont nombreux où cette solution n'est pas admissible; ils se présentent notamment pour les quais dans les mers sans marée, comme la Méditerranée; ils se présentent aussi dans les parties profondes des ports à marée restant en libre communication avec la mer.

Toutefois, on a dit, page 27, qu'à Cette (Méditerranée) on a profité d'une circonstance favorable pour fonder un quai à l'abri d'un batardeau. On a commencé par constituer dans l'emplacement du quai un remblai bien homogène, s'élevant au-dessus de l'eau, dans lequel on est venu ensuite creuser une fouille blindée, qu'on a pu épuiser.

(Voir aussi, page 47, la construction du handels-kade, à Amsterdam.)

Dans les ports à marée, si l'on doit foncer un puits sur un sol qui ne découvre pas à toutes les basses mers, on trouvera généralement avantage à ramener ce cas à celui des fondations à sec par l'artifice suivant : on dépose sur ce sol une couche de sable, par exemple, asséchant à toute basse mer, et sur cette couche on construit le bloc à l'air en travaillant à la marée.

Quand des arrangements de ce genre ne sont pas

réalisables, il faut recourir à d'autres modes de fondation pour les quais.

36. Quais en béton. — Le procédé le plus anciennement employé dans la Méditerranée consiste à constituer la partie sous-marine des quais par du béton coulé dans une enceinte de pieux et palplanches.

Pour qu'il soit applicable avec avantage, certaines conditions doivent être remplies, bien qu'elles ne soient pas absolues :

1° Le fond de la darse doit être au moins à la profondeur exigée par le tirant d'eau des navires qui viendront accoster à quai. Dans certains cas, cette profondeur est réalisée au moyen de dragages.

2° Le sol résistant (généralement rocheux dans la Méditerranée) ne doit pas être recouvert, soit naturellement, soit après dragages, par une trop grande épaisseur d'alluvions (sable ou vase) ; cette épaisseur maximum peut être fixée à 2 mètres environ.

3° Le sol résistant doit être à peu près horizontal dans l'emplacement du quai ; en tout cas, il ne doit pas offrir une trop grande déclivité dans le sens de la poussée des terres.

Quand les circonstances locales sont telles qu'on vient de l'expliquer, l'exécution d'un quai en béton, sans présenter de difficultés particulières, comporte encore des précautions spéciales.

On commence par draguer, si besoin est, la plus grande partie du terrain meuble qui recouvre le fond résistant, sur une largeur un peu plus grande que la largeur de l'enceinte. On bat ensuite les pieux de l'enceinte, ce qui exige le plus souvent l'établissement d'un appontement provisoire sur lequel circule la sonnette. Si le fond est très dur, rocheux par exemple, les pieux de bois sont armés d'un sabot acéré; quelquefois on trouve avantage à remplacer les pieux en bois par des rails dont le pied est appointi à la forge.

Port de Marseille : Quai en béton. (Les matériaux sont amenés par wagons.)

Coupe transversale.

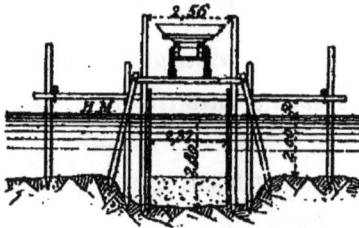

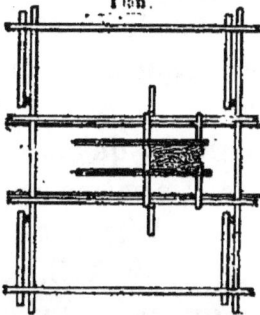

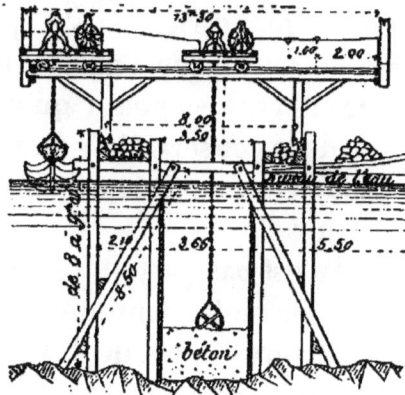

Le palplanchage, qui se fait en madriers quand les pieux sont en bois, peut être remplacé par des panneaux en tôle quand les pieux sont en fer.

Avant de couler le béton, il importe de nettoyer parfaitement le fond de l'enceinte, c'est-à-dire d'enlever les alluvions qui ont pu y rester au-dessus du sol résistant; dans ce but, on se sert d'abord de dragues à main, puis on achève ce travail minutieux à l'aide de plongeurs munis du scaphandre.

L'emploi des plongeurs est d'ailleurs inévitable dans la plupart des opérations

Port de Marseille : Quai en béton. (Les matériaux sont amenés par eau.)

Coupe transversale.

que comporte l'exécution d'une pareille enceinte :

pour assurer, par exemple, l'application aussi exacte que possible des palplanches inférieures sur les aspérités du sol, ou pour boucher les vides qu'elles laissent au-dessous d'elles, ou pour enlever la laitance, etc.

On a expliqué, en parlant du coulage du béton, (page 252 de l'ouvrage *Travaux maritimes*), que les parois de l'enceinte doivent être verticales pour éviter le délavage dans les angles rentrants, et qu'il faut enlever la laitance pour obtenir la soudure des différentes couches entre elles et avec le fond résistant.

On donne au béton une épaisseur égale environ à la moitié de la hauteur du quai.

L'enceinte ne doit être enlevée qu'après que le béton a fait parfaitement prise et a même acquis une dureté suffisante. Dans nos ports de la Méditerranée, où l'on emploie le béton de chaux du Teil, on admet que la prise n'est parfaite qu'après un mois au moins, qu'il convient de n'enlever l'enceinte que trois mois environ après le coulage, et qu'il est désirable de laisser l'enceinte en place le plus longtemps possible, six mois par exemple, et même une année quand rien ne s'y oppose. Dans quelques cas, on a trouvé que l'enlèvement des bois représentait une si petite économie qu'il valait mieux, au point de vue de la conservation du béton, les abandonner sous l'eau, où les tarets finissent, tôt ou tard, par les détruire.

Il n'est pas partout et toujours nécessaire d'établir une enceinte continue de la longueur du quai à construire. Il y a quelquefois avantage et économie à faire le quai par tronçons dans des caissons amovibles convenablement lestés ; on soude ensuite les

tronçons entre eux en coulant du béton dans l'intervalle qui les sépare.

L'emploi des caissons amovibles exige un soubassement dressé horizontalement et d'une largeur
suffisante pour qu'on puisse commodément y asseoir
la base inférieure du caisson.

On peut réaliser ce soubassement au moyen de
sacs non complètement remplis de béton frais, que
des plongeurs disposent en murettes sur le fond.

A Alger, où les eaux sont généralement claires et
où le fond est rocheux, on a pu faire ces murettes
en maçonnerie de briques, que les plongeurs exécu-
taient en employant du ciment à prise rapide[1].

**37. Avantages des quais en béton sur terrain
solide.** — Quand des quais en béton sont faits avec
tous les soins voulus, ils peuvent supporter la poussée
d'un remblai de quelque nature qu'il soit, même
vaseux.

De plus, étant parfaitement soudés au terrain
solide, généralement imperméable, ils forment
batardeau pour les fouilles qu'on peut être amené à
creuser derrière le quai, en vue de la construction
d'un bassin de radoub, par exemple.

Quelquefois, la manière la plus simple et la plus
économique de faire un batardeau consiste à le
réaliser au moyen d'un massif de béton coulé dans
les conditions qui viennent d'être indiquées ; c'est la
solution qui a été adoptée notamment à Marseille pour
l'approfondissement d'une darse à fond rocheux[2].

---

1. *Annales des ponts et chaussées*, 1862, 1er semestre, page 139 (*Bassin
de radoub d'Alger*, par M. Hardy).

2. *Annales des ponts et chaussées*, 1880. *Batardeau en béton du bassin
de Marseille*, par M. l'ingénieur H. Bernard.

**38. Quais en béton sur soubassement en enro-
chements.** — Lorsque la darse est, à l'emplacement
du quai, beaucoup plus profonde que ne l'exige le
tirant d'eau des navires, ou lorsque l'épaisseur du
sol meuble au-dessus du terrain solide devient grande,
dépasse notablement 2 mètres par exemple, il serait
quelquefois très difficile, et en tout cas très coûteux,
de constituer par du béton toute la masse du quai
au-dessous de l'eau.

Quand des cas semblables se sont présentés, on
a cherché autrefois à faire en enrochements le soubassement du quai jusqu'à la hauteur compatible
avec le tirant d'eau des navires et à ne faire en béton
que la partie sous-marine du mur au-dessus de ce
soubassement.

On a été ainsi conduit à couler du béton dans des
caissons dont la base inférieure, ouverte, reposait
sur des enrochements. Il a donc fallu s'ingénier à
trouver le moyen d'empêcher le délavage des premières couches inférieures du béton. Les procédés
les plus pratiques consistent à faire déposer par des
plongeurs un lit de sacs incomplètement remplis de
béton frais sur toute la surface des enrochements
couverte par la base du caisson, ou à fermer par une
to le non tendue le fond du caisson ; cette toile est
clouée de façon que les clous puissent s'arracher sans
trop de difficulté quand on enlève le caisson (Pl. XX
de l'ouvrage *Travaux maritimes*, Fig. 13).

Or, tous les quais ainsi constitués ont subi des
avaries plus ou moins graves. Ces avaries ont été
attribuées, tantôt à ce qu'on n'avait pas pris de
précautions suffisantes pour la confection des pre-

mières couches de béton, tantôt à ce que le démontage des caissons avait été trop rapide, tantôt à ce que les enrochements subissaient des tassements et, dans ces mouvements, détruisaient le béton, toujours moins dur que les pierres sur lesquelles il repose, etc.

D'ailleurs, les quais à soubassement en enrochements ne peuvent plus soutenir derrière eux un remblai d'une nature quelconque, car un remblai meuble s'écoulerait à travers les interstices des enrochements sous l'action du batillage des eaux, et le terre-plein du quai subirait des affaissements. Il faut donc que le remblai, derrière le quai, soit constitué par des moellons ou des déchets de carrière, sur une largeur et une épaisseur suffisantes pour protéger efficacement les matériaux meubles du terre-plein.

Par suite, la continuité d'un massif plein en béton au-dessus des enrochements n'offre plus aucun avantage; il pourrait tout aussi bien présenter des intervalles vides, pourvu que ces vides soient petits et que le batillage à travers ces interstices soit amorti dans la masse du remblai pierreux déposé derrière le quai.

C'est en se basant sur ces considérations qu'on a été amené à renoncer aujourd'hui au béton coulé sur enrochements et à le remplacer par des blocs artificiels posés les uns sur les autres.

39. Quais en blocs artificiels sur soubassement en enrochements. — La substitution des blocs artificiels au béton coulé offre de nombreux avantages.

Les blocs peuvent être faits en maçonnerie, de sorte qu'ils offrent la même dureté que les enrochements sur lesquels ils reposent; de plus, ils

contiennent moins de mortier que le béton, c'est-à-
dire moins de matière susceptible d'être attaquée par
la mer ; les joints, faits à l'air, peuvent être garnis
avec tout le soin désirable, etc.

Si les blocs sont en béton, on peut les damer pour
leur donner de la compacité et, de plus, les laisser sur
l'aire de fabrication aussi longtemps que cela est
jugé nécessaire pour leur laisser acquérir toute la
résistance et toute la dureté qu'ils sont susceptibles
de prendre ; on peut développer le chantier de fabrication autant que cela est utile et activer le travail à
volonté.

La mise en place des blocs est une manœuvre
relativement simple dans les eaux calmes d'une
darse, si on la compare à l'arrimage des blocs sur le
talus extérieur d'une jetée.

Cette manœuvre n'exige que l'emploi d'engins de
levage d'une force proportionnée au poids des blocs,
engins qu'il est toujours facile d'établir aujourd'hui.

C'est à Cette, paraît-il, qu'on a fait pour la première fois l'essai de quais en blocs artificiels, mais
c'est à Marseille que ce système a d'abord reçu son
application sur une grande échelle et que l'expérience a conduit à poser un certain nombre de règles
pratiques [1].

40. Du soubassement en enrochements. — La base
en enrochements doit avoir au moins $1^m,50$ à
2 mètres d'épaisseur pour que les tassements s'y
opèrent verticalement, d'une façon régulière, sous la
surcharge des blocs et pour que la pression se répar-

[1]. *Notice sur l'exécution des travaux des ports et des bassins de radoub
de Marseille,* par Sébillote, conducteur principal des ponts et chaussées, 1877.

tisse à peu près uniformément sur le sol. Tout déplacement anormal des enrochements, qui aurait pour résultat de déranger l'assiette des blocs, tendrait en effet à faire déverser le quai.

C'est pourquoi on supprime d'habitude la base en enrochements quand on ne peut lui donner, même en draguant le sol meuble qui recouvre le terrain solide 2 mètres environ d'épaisseur; et on la remplace alors par un soubassement en béton coulé sous l'eau (Exemple : Nantes).

Port de Nantes : Mur de quai.

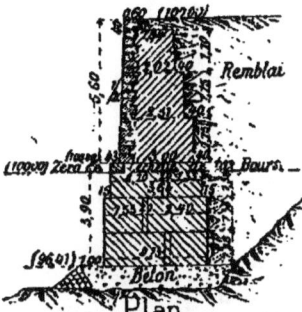

Plan
Assise inférieure

Le sommet du cordon d'enrochements doit former une risberme en avant du parement des blocs, du côté de l'eau, afin que la base du mur ne puisse jamais être dégarnie, et le talus de cette risberme doit être formé par des pierres assez grosses pour qu'elles ne soient pas déplacées par le mouvement le plus violent des eaux qu'on peut avoir à craindre, l'agitation, par exemple, que cause la mise en marche de l'hélice d'un bateau, etc. Ordinairement, on donne à la risberme une largeur de 1m,50 à 2m,50 et on en défend le talus par deux épaisseurs de gros moellons pesant chacun 150 à 250 kilos.

On ménage également une risberme de 1m,50 à 2 mètres du côté des terres, mais le talus de celle-ci n'a pas naturellement besoin d'être protégé.

La plate-forme supérieure de l'enrochement doit
être dressée sur la largeur qu'occupent les blocs. On
la recouvre, sur 50ᵐ,25 à 0ᵐ,0 environ, d'éclats de
pierres ou de déchets de carrière que des plongeurs
disposent et arasent à la main.

Pour aider et diriger les plongeurs dans leur travail,

Port d'Oran : Profils des quais.

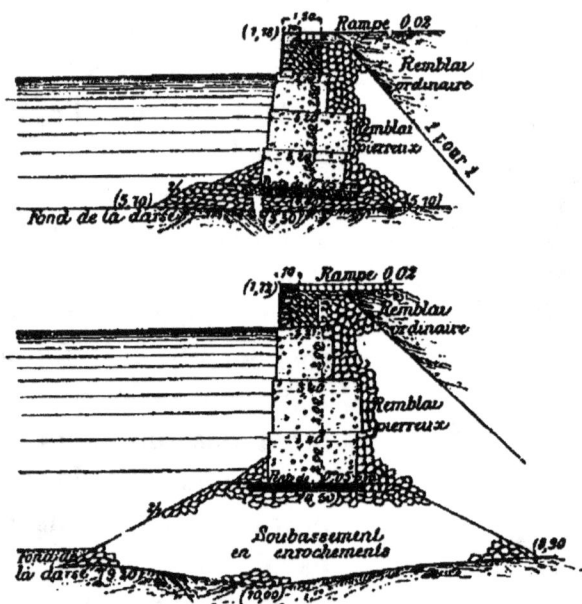

on peut, par exemple, promener à la surface de la
plate-forme l'arête d'un bloc suspendu entre deux chalands ; cette arête agit comme une sorte de rabot sur
les menus matériaux qui recouvrent les enrochements.

La plate-forme est dressée suivant une légère inclinaison qui dépend du fruit qu'on veut donner à la
paroi du quai.

Les enrochements du soubassement tassent toujours sous la surcharge des blocs et sous le poids de
la maçonnerie du quai qui s'élève auu-dess sde l'eau.

Ces tassements sont d'autant plus considérables et se prolongent d'autant plus longtemps que le soubassement a plus de hauteur, que la surcharge est plus grande et que le sol sur lequel reposent les enrochements est plus meuble.

Or, il importe que ces tassements soient opérés, autant que possible, avant l'exécution de la maçonnerie qui couronne le quai. Dans ce but, il convient de draguer les parties trop meubles (vaseuses par exemple) du fond sous-marin sur lequel on doit verser les enrochements et de hâter les tassements en surchargeant temporairement le soubassement d'un poids plus considérable que celui qu'il devra supporter d'une manière définitive.

On réalise cette surcharge en déposant sur les blocs situés sous l'eau, deux rangs, par exemple, de blocs semblables, placés au-dessus de l'eau.

On laisse cette surcharge en place tant que les tassements se manifestent d'une façon appréciable, puis on l'enlève pour faire la maçonnerie, enfin on emploie les blocs de la surcharge dans une autre partie sous-marine du quai, etc.

41. Des blocs sous l'eau. — Ordinairement, on donne à tous les blocs placés sous l'eau les mêmes dimensions, ce qui simplifie beaucoup la conduite du chantier de fabrication, surtout si ces mêmes blocs peuvent être employés à l'exécution d'autres ouvrages qu'on construit en même temps que les quais, à l'exécution d'une jetée, par exemple.

Quand on emploie des blocs de dimensions uniformes, leur longueur (dans le sens perpendiculaire au parement du quai) doit être d'environ 40 p. 100

à 50 p. 100 de la hauteur du massif des blocs.

Mais cette condition n'est pas nécessaire et on peut donner aux blocs des dimensions variables convenant à la réalisation du profil qu'on veut obtenir, à l'emploi des engins de levage dont on dispose, etc. (Pl. VI, Fig. 2).

Le poids des blocs n'est limité que par la puissance des engins et moyens de manœuvre dont on peut se servir pour les prendre sur l'aire de fabrication et pour les mettre en place.

Dans la plupart des ports de la Méditerranée, on utilise, pour les quais, des blocs analogues à ceux qu'on emploie dans les jetées, soit de 10 à 20 mètres cubes. On est ainsi généralement conduit à superposer trois ou quatre rangs de blocs pour former la partie sous-marine du mur où accostent les plus grands navires.

Ici se pose une question : doit-on croiser les joints des différentes assises des blocs ou les disposer dans un même plan vertical?

Quand le fond est dur, rocheux par exemple, quand il est apparent ou recouvert seulement d'une mince couche d'alluvions homogènes, d'épaisseur à peu près uniforme sur toute la longueur du quai, on trouve avantage à croiser les joints, parce qu'on répartit mieux ainsi la surcharge du quai sur les enrochements et que les tassements sont, par suite, plus réguliers.

Lorsque, au contraire, on craint, pour un motif quelconque, que les tassements ne soient très inégaux, en des points du soubassement relativement rapprochés, il semble préférable de ne pas croiser les joints; chaque pile de blocs peut alors opérer son mouvement de descente indépendamment des piles voisines.

On peut considérer, dans ce cas, le quai comme partagé en tranches verticales ayant chacune une certaine latitude de tasser à peu près librement.

On conçoit que les piles de blocs, au lieu d'être absolument verticales dans le sens de la longueur

Port de Mormugao : Mur de quai.

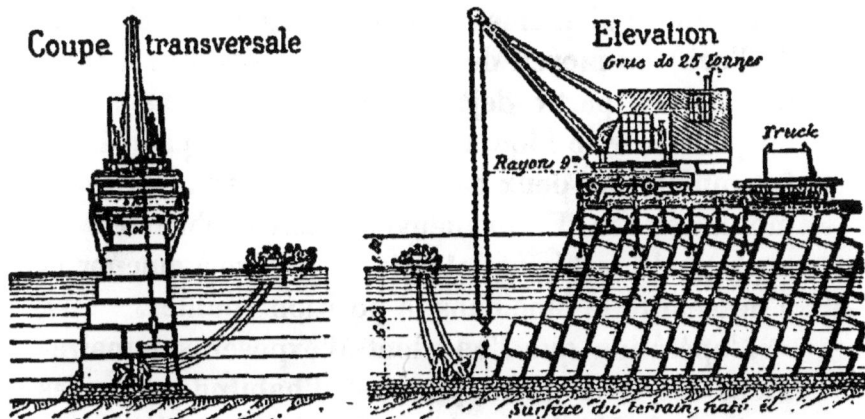

du quai, pourraient être légèrement inclinées, pourvu qu'elles aient encore une certaine latitude de tassement. C'est la solution qui a été suivie récemment pour l'établissement du quai du port de Mormugao (Indes occidentales) ; la pose des blocs s'est faite avec un petit titan, comme pour les jetées en blocs arrimés [1].

On conçoit même qu'on puisse constituer chaque tranche par un seul bloc ; c'est, en effet, la solution qui a été adoptée à Dublin, sur la Liffey, rivière à marée [2]. On a construit là une grue flottante, capable

[1]. *Annales des travaux publics et des chemins de fer*, Mars 1890.
Voir aussi *Travaux maritimes*, p. 393.
[2]. *Proceedings of the Institution of civil Engineers*, 1873-74, p. 332.

de lever un poids de 360 tonnes et dont la bigue était assez haute pour pouvoir saisir par le sommet chaque tranche de mur construite à l'air, dans un chantier établi sur un terre-plein *ad hoc*. La grue, chargée du bloc suspendu à sa bigue, était remorquée au lieu d'emploi et déposait ce bloc sur la base préparée à l'avance.

Pour diriger le travail de la pose des blocs, on détermine l'alignement du parement du quai (côté de l'eau) au moyen de balises fixes, établies à terre ou sur une partie déjà achevée de l'ouvrage; puis on place sur le bloc à poser et dans le plan de sa face antérieure deux balises supportées par un cadre mobile en fer. En manœuvrant convenablement les amarres de la bigue flottante, on arrive à amener et à descendre le bloc dans la position voulue[1].

L'opération que l'on vient d'exposer sommairement est celle qu'on pratique d'habitude dans les ports de la Méditerranée, mais elle n'est citée qu'à titre d'exemple et on peut en imaginer d'autres per mettant d'atteindre le même but.

En tout cas, des plongeurs s'assurent que les blocs sont régulièrement arrimés.

Pour que les blocs laissent entre eux des vides aussi petits que possible, il faut que leurs faces en contact soient planes, ce qui oblige notamment. quand ils sont en béton, à les mouler dans des caissons à parois solides et indéformables sous la pression intérieure du béton frais.

Si les blocs sont saisis par des chaînes qui les

1. *Notice sur l'exécution des travaux des ports et des bassins de radoub de Marseille*, par Sébillote, conducteur principal des ponts et chaussées, 1877, p. 118.

embrassent sur trois côtés (au fond et latéralement), il faut que ces chaînes soient logées dans des rainures assez larges pour qu'elles puissent s'en dégager facilement sous la traction de la bigue, quand on a largué une de leurs extrémités.

Ces indications de détail n'ont pour but que d'appeler l'attention sur les diverses et minutieuses précautions qu'il y a lieu de prendre dans l'exécution d'un pareil travail et qu'il convient de prévoir dans chaque cas particulier, suivant les circonstances.

42. De la maçonnerie au-dessus de l'eau. — L'exécution de la maçonnerie au-dessus de l'eau ne comporte, dans le cas particulier des quais sur blocs, qu'une indication spéciale.

Il convient que la maçonnerie apparente offre un parement bien aligné; or, quelque soin qu'on apporte à la pose des blocs, il est à peu près impossible d'éviter quelques légères irrégularités. On est donc conduit à placer le parement de la maçonnerie au-dessus de l'eau, un peu en retraite, d'une vingtaine de centimètres par exemple, sur le parement des blocs du soubassement.

Il convient également, pour le bon aspect de l'ouvrage, que le parement de la maçonnerie soit seul visible en temps ordinaire, ce qui conduit à le faire commencer à peu près au niveau moyen de la mer.

D'un autre côté, l'expérience a enseigné que les quais sur blocs subissent encore des tassements, même après leur complet achèvement, et cela quelquefois pendant plusieurs années ; on fait donc émerger les blocs supérieurs au-dessus du niveau moyen de la mer d'une vingtaine de centimètres environ, ce qui facilite du reste l'exécution de la maçonnerie qui les couronne.

Par conséquent, on doit entailler ces blocs pour poser la première assise des pierres formant le parement de la maçonnerie.

43. Du remblai derrière le quai. — On a déjà expliqué que le remblai derrière un quai en blocs doit être formé de pierres et de déchets de carrière, pour que le batillage des eaux s'amortisse dans ses interstices et ne puisse entraîner les terres meubles déposées derrière ce remblai.

Il est donc rationnel de couler les plus grosses pierres immédiatement en arrière des blocs et de recouvrir leur talus par une épaisseur suffisante de menus matériaux.

Ordinairement, on arase le sommet du remblai au niveau des plus hautes mers et on lui donne au moins 2 mètres de largeur en couronne.

44. Des quais en blocs fondés directement sur le rocher. — On a dit (p. 65) que, lorsqu'on ne peut

Port d'Ajaccio : Quai de la citadelle.

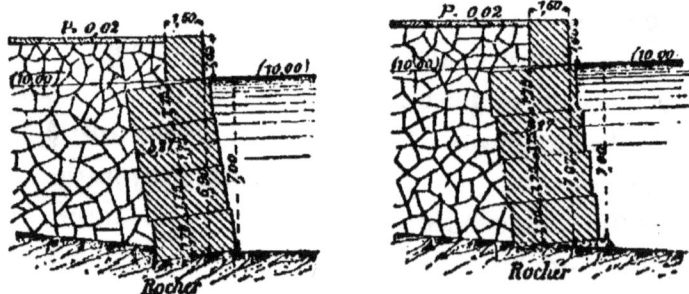

donner 2 mètres environ d'épaisseur à la base en enrochements supportant un quai en blocs artificiels, on la remplace généralement par une couche de béton coulé sous l'eau. Toutefois, quelques ingénieurs admettent qu'on peut même supprimer complètement le béton et faire reposer alors directement les blocs artificiels sur le fond rocheux, après l'avoir au besoin préalablement dressé. Une solution de ce genre a été adoptée notamment pour l'élargissement d'une partie du quai de la jetée de la citadelle, à Ajaccio.

45. Des quais en blocs fondés sur terrain meuble. — Dans tout ce qui précède, on a supposé que le fond sous-marin, sur lequel repose le quai, était solide et résistant, rocheux par exemple, ou tout au moins que le fond solide n'était recouvert que par une faible épaisseur d'alluvions. Mais il n'en est pas toujours ainsi, et le fond solide peut être recouvert d'une assez forte épaisseur de terrain meuble; plusieurs cas peuvent se présenter.

46. Terrain de sable. — On peut faire des quais en blocs sur fond de sable de grande profondeur, pourvu que ce sable ne soit pas exposé à être entraîné, soit par le ressac, soit par l'agitation des eaux, soit par des courants, etc., ou qu'on puisse défendre le sable contre toute action de ce genre par une couche protectrice d'enrochements suffisamment épaisse et suffisamment large, susceptible d'être rechargée au besoin sans gêner l'accostage des navires.

Les quais en blocs réussissent encore quand le sable est recouvert d'une faible épaisseur de vase, à travers laquelle les enrochements du soubassement peuvent pénétrer jusqu'à lui, soit par leur poids seul, soit sous la surcharge des blocs.

47. Terrain argileux. — Lorsque le sol de fondation est d'une nature telle qu'il n'offre pas une stabilité suffisante pour y asseoir le quai en toute sécurité, lorsqu'il est plus ou moins argileux par exemple, on peut, comme à Nice, faire reposer les blocs sur un soubassement en béton que supportent des pilotis (Pl. VI).

48. Terrain de vase. — Mais quand le terrain est formé de vase molle plus ou moins profonde, la

Port du Commerce de Brest : Terrassement du remblai de la jetée ouest (janvier 1865).

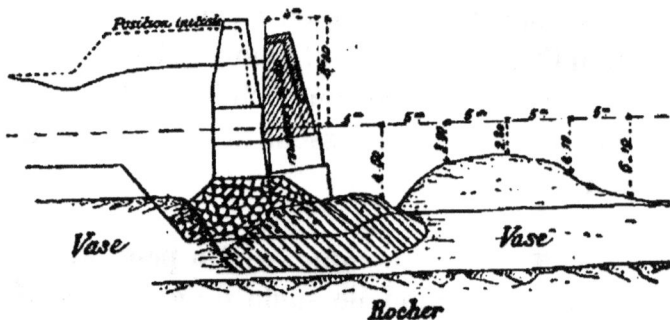

construction d'un quai en blocs présente de grandes difficultés. Dans les premiers travaux de ce genre, on s'était borné à imiter ce qui avait réussi sur les fonds résistants. On formait un soubassement en enrochements, sur lequel on déposait les blocs, et, tant que la vase n'avait à supporter que des charges verticales (poids du soubassement, poids des blocs), le quai se maintenait bien ; mais, dès qu'on faisait le remblai du terre-plein, la vase se mettait en mouvement, entraînant les enrochements du soubassement, renversant les blocs, bouleversant tout l'ouvrage.

On a eu là, partout et toujours, la reproduction d'avaries analogues à celles qui ont été déjà mentionnées à l'occasion des quais fondés sur pilotis dans une vase profonde.

Ces effets étaient d'autant plus prompts et plus graves que la charge du terre-plein était plus grande.

49. Vase de profondeur modérée. — De l'expérience acquise à la suite des accidents arrivés aux murs de quais en blocs fondés sur soubassement en enrochements coulés dans la vase, il résulte qu'il est préférable, lorsqu'on le peut, de draguer la vase jusqu'au terrain solide pour y déposer les enrochements, et de rentrer ainsi dans des conditions de complète sécurité.

A Brest (port de commerce), où le terre-plein du quai est à 13 mètres au-dessus du soubassement, les enrochements furent déposés sur le fond vaseux; mais, dès que l'on fit les remblais derrière le mur, la vase se mit en mouvement, le quai fut disloqué[1]. On recourut à une solution radicale, on enleva les blocs et les enrochements, et on dragua la vase jusqu'au terrain rocheux, sur lequel on vint déposer les enrochements du nouveau soubassement, et dès lors les quais ainsi construits n'ont plus subi de déplacements[2].

Mais certaines conditions sont encore nécessaires pour obtenir une stabilité parfaite dans les cas analogues au précédent.

1. Voir croquis p. 75.
2. Voir ce nouveau profil dans le portefeuille des Élèves de l'École des ponts et chaussées, série 6, section B, Pl. III.

1° Il est nécessaire que le fond solide de la fouille draguée soit à peu près horizontal, ou du moins n'offre dans le sens de la poussée qu'une faible déclivité.

2° La largeur au fond de la fouille draguée doit, en outre, être assez grande pour que la base inférieure du massif d'enrochements soit au moins égale à la largeur de la plate-forme sur laquelle reposent les blocs.

Or, il n'est pas toujours possible de satisfaire à ces deux conditions, soit par suite de la disposition du fond solide, soit par suite de l'impraticabilité de dragages aussi profonds et aussi étendus qu'il le faudrait.

50. Vase de grande profondeur. — D'après ce qui précède, il semble à propos de renoncer aux quais en blocs, sur base d'enrochements, lorsque le sol de fondation est composé de vase dans des conditions telles qu'on ne peut raisonnablement songer à la draguer jusqu'au fond solide, soit parce qu'elle est trop profonde, soit parce que le voisinage de constructions existantes empêche de donner à la fouille toute l'étendue nécessaire, soit pour d'autres motifs d'ordre quelconque. Mais, avant que l'expérience n'eût conduit à cette conclusion, on avait construit des quais en blocs sur base d'enrochements, dans des vases de très grande profondeur, de profondeur indéfinie, suivant l'expression usuelle.

Le cas s'est présenté notamment à Trieste[1]; là,

----

1. Association française pour l'avancement des sciences, 10ᵉ session, 1881. *Mémoire sur le port de Trieste*, par M. Frédéric Bomches, ingénieur, directeur des travaux du port de Trieste.

les accidents ont été nombreux ; il a fallu-les réparer
et on y a réussi, mais seulement après de fréquents
insuccès.

Dans ces travaux de consolidation, on a été guidé
par cette idée, qui paraît du reste assez rationnelle,
que tous les accidents étaient dus surtout à l'insuffisance de la base en enrochements, qu'en donnant
à cette base une grande largeur et en la faisant
pénétrer profondément dans la vase, on finirait par
la rendre capable de supporter le quai et de résister
à la poussée du terre-plein ; l'événement a confirmé
ces prévisions.

Quand un éboulement s'était produit, on draguait
le bourrelet de vase qui avait reflué en avant du
quai ; on enlevait tous les blocs qu'on pouvait
sauver et que des plongeurs allaient élinguer au
fond de l'eau ; on rétablissait la base en enrochements ; on y reposait de nouveaux blocs qu'on sur-
chargeait et qu'on laissait tasser avant de refaire
derrière eux le remblai de pierres, auquel on donnait
une largeur aussi grande que possible.

Quelques ingénieurs ont pensé que les accidents
survenus à Trieste tenaient, entre autres causes, à
ce que le parement des quais était presque vertical
et que, si ce parement avait eu un fruit convenable,
la résultante du poids des blocs et de la poussée
derrière ces blocs eût été sensiblement normale au
plan incliné du couronnement de la base en enrochements, et que, par suite, la vase eût été à peu près
dans les mêmes conditions que lorsqu'elle n'a à
supporter qu'une charge verticale ; or, on sait que,
dans ce cas, la vase offre une résistance suffisante.

C'est d'après ces considérations qu'ont été conçus et exécutés les quais du bassin du chemin de fer, à Venise, et ces quais se sont parfaitement comportés [1]. Il est juste d'ajouter que la vase, dans cette partie des lagunes, est plus sableuse et moins molle qu'à Trieste.

Enfin, d'autres ingénieurs estiment qu'on peut toujours réaliser dans la vase un massif stable et tel qu'il soit capable de supporter un quai, et, à l'appui de cette opinion, ils présentent des observations qui paraissent pouvoir se résumer ainsi : supposons que dans la vase on drague une fouille aussi large et aussi profonde que le permettent les circonstances locales ; que l'on comble ensuite cette fouille par un remblai de bonne qualité (sable, gravier, pierres) et qu'on élève le couronnement de ce remblai au niveau du terre-plein du quai. (C'est, en somme, un travail offrant une certaine analogie avec celui qu'on exécuta à Amsterdam, p. 46). Cette digue subira, il est vrai, des tassements, des enfoncements, mais on la rechargera au fur et à mesure, et l'on finira toujours par arriver à un état d'équilibre stable, comme le prouve la grande jetée de Trieste.

D'un autre côté, une vase, quelle qu'elle soit, a toujours un talus d'équilibre, puisque l'expérience montre qu'on peut y faire des fouilles par dragages. On pourra donc combler par des matériaux de bonne qualité le vide compris du côté du terre-plein entre le talus de la digue et le talus de la vase, et élever ce remblai au niveau voulu.

1. Étude sur les principaux ports de commerce européens de la Méditerranée, par M. Laroche, ingénieur en chef des ponts et chaussées, p. 113.

Il arrivera sans doute encore que, sous cette surcharge, la digue subira quelques nouveaux dérangements ; on y remédiera par des rechargements successifs ; mais l'exemple des quais de Trieste prouve qu'on finira également par obtenir un équilibre durable.

On aura donc réalisé un massif stable, offrant, du côté de l'eau, un talus sur lequel il sera toujours facile de ménager une banquette pour recevoir les blocs du quai, ou même fonder les piles d'un quai sur voûtes.

Quelques projets actuellement en cours d'exécution sont basés sur des considérations de ce genre, et il y a lieu d'espérer qu'ils réussiront.

On ne peut donc pas dire d'une manière absolue qu'il soit impraticable d'établir des quais stables en blocs sur base d'enrochements dans un terrain de vase profonde ; mais on voit, en tout cas, qu'on ne doit recourir à cette solution que quand on ne peut pas faire autrement, car elle comporte de nombreuses sujétions, de grandes incertitudes et elle entraîne généralement à de fortes dépenses.

51. Quais pleins et continus fondés sous l'eau par havage. — Il a été expliqué (p. 59 et 63) pourquoi on renonce le plus souvent à faire des quais en béton, pleins et continus, dans les mers sans marée, lorsque le fond solide est situé trop bas, à plus de 2 mètres environ au-dessous du fond de la darse.

On a signalé, d'un autre côté, les inconvénients qu'il y avait à faire reposer un mur en béton sur une base en enrochements, et les avantages qu'on trouvait alors à remplacer le béton par des assises de blocs superposés.

Mais un quai en blocs n'est rigoureusement ni plein, ni continu et, de plus, le soubassement en enrochements ne doit jamais être exposé à des dérangements. Or, ce sont là des conditions qui ne sont pas partout admissibles.

Ainsi, à Calais, par exemple, on voulait faire dans l'avant-port un quai profond. Le sol y est composé de sable fin, et des courants assez forts règnent le long du quai. Il eût été impossible d'empêcher, sans de très grands frais, le passage du sable à travers les interstices des enrochements et les joints des blocs, à cause du mouvement de l'eau dans toute la zone que comprend l'amplitude de la marée et des courants qui règnent dans le chenal, etc. De plus, on voulait se ménager la faculté d'approfondir ultérieurement l'avant-port le long du quai ; il est clair que, dans de telles conditions, on ne pouvait fonder le quai sur des enrochements.

Mais aujourd'hui, pour construire un quai, on dispose de moyens qui permettent de réaliser une fondation pleine et continue jusqu'au niveau de la basse mer, au moyen de blocs ou de puits juxtaposés que l'on fonce par havage et que l'on soude ensuite entre eux[1].

Au-dessus de basse mer, la construction du mur en maçonnerie pleine et continue ne présente pas de difficulté spéciale.

Aujourd'hui, toutes les opérations de havage sont

---

1. Notices sur les modèles, dessins, etc., publiées par le ministère des Travaux publics, pour l'Exposition universelle de Paris de 1889 ; port de Calais, page 334. — Voir ci-dessus le croquis des nouveaux quais de Calais, page 33.

de pratique courante et ne diffèrent pas, à la mer, de celles qu'on exécute, dans les fleuves, pour la fondation de certaines piles de ponts.

Mais la jonction de deux blocs est presque toujours un problème assez difficile, dont la solution doit être appropriée à chaque cas particulier. Il faut, en effet, fermer par des parois étanches et résistantes l'intervalle entre deux blocs voisins, déblayer le sol dans cet étroit espace et y couler du béton qui doit bien adhérer aux deux blocs. Un mur continu, formé de puits bien réunis entre eux et parfaitement soudés au sol sur lequel ils reposent, offre les mêmes avantages qu'un mur en béton coulé sous l'eau ; il permet, par exemple, quand le sol de fondation est étanche, de réaliser des batardeaux pour la construction de certains ouvrages. Ainsi, le batardeau de la forme n° 2 de l'arsenal de Lorient a été fait de cette façon (modèles de l'École des Ponts et Chaussées).

Le plus souvent, le havage sous l'eau se fait à l'air comprimé ; on peut citer notamment, comme exemple de quais continus, fondés dans ce système, les grands quais à marée d'Anvers, sur la rive de l'Escaut. Là, grâce à la puissance des engins créés spécialement dans ce but, chaque tronçon n'avait pas moins de 25 mètres de longueur sur 9 mètres de largeur[1].

Mais l'emploi de l'air comprimé n'est pas toujours nécessaire, et, bien qu'il offre divers avantages, principalement celui de permettre de reconnaître exactement le sol sur lequel repose la fondation, on trouve quelquefois économie à employer d'autres procédés

1. *Mémoire et compte rendu de la Société des Ingénieurs civils de France*, année 1881, 1er semestre. *Annales des ponts et chaussées*, 1882, 2e semestre, page 231, note de M. G. Lechalas.

de havage. A Calais, dans un terrain de sable fin homogène, de profondeur indéfinie, on a fait descendre les blocs en pompant, dans les puits, le sable, que des jets d'eau convenablement dirigés désagrégeaient et mettaient en suspension. Dans d'autres cas, on a extrait des puits le terrain meuble, dans lequel on fonçait les blocs, au moyen de godets montés sur une élinde mobile à peu près verticale (Exemple : Bordeaux) ; ou au moyen de dragues analogues aux dragues Priestmann (Exemple : Glasgow)[1].

Enfin, il peut se présenter telle circonstance où une partie du fonçage se fera par déblai à sec, une autre à l'air par épuisement, le reste par dragage ou pompage, ou à l'air comprimé (Exemple : Rochefort)[2].

Il convient d'ajouter enfin que l'on n'imagine pas toujours de premier abord le meilleur système de havage à adopter dans un cas donné ; l'expérience conduit souvent à modifier celui qu'on avait suivi et qui avait réussi dans certains points, pour le rendre applicable en des points différents du même port.

Lorsqu'on se sert de blocs maçonnés sans chambre de travail à air comprimé, il faut que la plate-forme sur laquelle on élève les premières assises du bloc soit accessible à l'air libre ; on y parvient, quand le sol est recouvert d'eau, soit par la construction d'un batardeau, à l'intérieur duquel on épuise, soit par l'établissement d'un remblai émergeant.

1. *Proceedings of the Institution of civil Engineers*, vol. XXXV. *Annales des ponts et chaussées*, année 1881, 1er semestre, page 170, note par MM. Poulet et Luneau.

2. *Annales des ponts et chaussées*, 1881, 1er semestre. *Fondation par havage du 3e bassin à flot de Rochefort*, par M. Crahay de Franchimont.

52. Quais discontinus fondés sous l'eau. — Quand la fondation d'un quai exige des havages à grande profondeur, la dépense qu'entraîne l'exécution d'un massif considérable de maçonnerie continue sous l'eau peut devenir excessive; il y a alors intérêt à chercher une autre solution plus économique. Cette solution consiste à ne pas faire au-dessous de basse mer un massif plein et continu, mais à le composer de piles ou de supports isolés sur lesquels on fera reposer la partie du quai qui émerge hors de l'eau; il faut pour cela que l'on puisse s'opposer à l'éboulement, à travers les piles, du remblai qui constitue le terre-plein du quai.

53. Quais sur pilotis dégagés dans l'eau. — Un cas de ce genre s'est présenté notamment à Rouen, et, comme dans ce port il n'y a pas de tarets, on a pu supporter la maçonnerie supérieure du quai par des pieux en bois isolés et que l'eau baigne (Voir le croquis page 12).

Ces pieux sont battus au pied du talus de la rive du fleuve, de sorte qu'il reste un vide à fermer entre le mur et ce talus, talus qu'on suppose être arrivé ou avoir été amené à un état stable, soit par des dragages, soit par des rechargements convenables.

On a couvert ce vide par un plancher que soutiennent des pieux et sur lequel on est venu rapporter un massif de pierres sèches qui complète le terre-plein du quai. De cette façon, on ne trouble pas l'équilibre stable auquel était parvenu le talus sous-marin de la rive qui, par suite, n'a pas de tendance à s'ébouler à travers les pieux.

On trouvera les détails relatifs à la construction

des quais de Rouen dans la notice du ministère des
Travaux publics sur l'Exposition universelle de 1878;
nous nous bornerons à rappeler quelques points

Caisson de Rouen.

d'une application générale dans des cas analogues.
Les pieux en bois, pour être garantis contre la pourriture sèche, doivent être recépés à un niveau tel

qu'ils ne soient jamais exposés à l'air; il en résulte l'obligation de faire sous l'eau les premières assises de maçonnerie.

La solution adoptée pour ce cas, à Rouen, consiste à partager la maçonnerie en tronçons, que l'on réunit ensuite, et à exécuter chaque bloc dans un caisson foncé, formant batardeau flottant.

Ce genre de caissons a reçu de nombreuses applications pour la construction de certaines piles de ponts; il a servi de type aux caissons amovibles en tôle que l'on établit quelquefois sur les chambres de travail dans les fondations à l'air comprimé (Exemple : Anvers).

Les pieux sont recépés suivant un plan parfaitement horizontal; on exécute dans le caisson les assises inférieures de la maçonnerie sur une épaisseur telle que le caisson, continuant à flotter, puisse être amené à mer haute au-dessus des pieux sur lesquels son fond, parfaitement dressé, vient s'échouer à marée baissante dans une position exactement repérée. Le reste de la maçonnerie s'exécute après l'échouage dans l'enceinte étanche du caisson, dont les parois latérales amovibles sont enlevées après que la maçonnerie, complètement achevée ou élevée tout au moins jusqu'au niveau de la basse mer ordinaire, a eu le temps de compléter sa prise.

Les parois latérales servent pour un autre caisson, dont le fond seul reste ainsi à faire à nouveaux frais.

L'espace libre entre les maçonneries de deux caissons consécutifs, qui était de 2 mètres à Rouen, a été rempli avec du béton coulé entre deux vannages formés de planches clouées sur deux montants verticaux, lesquels étaient reliés par le haut au pont de service. Le caisson démonté laissait, outre la plate-forme, deux madriers AA, courant tout le long du quai. Du côté de la rivière, le vannage était posé sur ces longrines ; du côté du remblai, il venait s'appuyer contre elles et se trouvait ainsi de 0^m,30 en retrait de la face postérieure du mur.

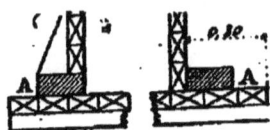

Plates-formes.

Le coulage du béton, jusqu'au niveau de l'eau, a été effectué au moyen de sacs remplis de béton, qu'on renversait quand ils touchaient le fond de l'espace à combler.

Les quais du genre de ceux de Rouen sont parfaitement disposés pour résister à tout effort qui tendrait à les pousser vers la terre, mais on peut craindre qu'ils n'offrent pas la même sécurité contre les forces qui tendraient à les tirer du côté de l'eau. Or, le remblai déposé en arrière des enrochements qui recouvrent le plancher intermédiaire exerce une poussée sur ces enrochements, et cette poussée peut se transmettre à la maçonnerie du quai. A Rouen, où le terre-plein ne s'élevait cependant qu'à 3^m,50 au-dessus du plancher, où le remblai était composé presque entièrement de matériaux de bonne qualité (débris crayeux) et où les pieux du mur avaient été battus obliquement, on crut néanmoins prudent de s'opposer, par des tirants, à toute tendance au renversement du quai. Ces tirants, de 20 mètres de long, sont distants de 10 mètres environ et sont scellés, d'une part, dans le mur de quai, d'autre part, dans des massifs de maçonnerie de 20 mètres cubes, noyés eux-mêmes dans le remblai crayeux du terre-plein.

54. Quais sur voûtes. — Dans les terrains de vase, l'emploi des quais sur voûtes est tout aussi motivé quand le quai doit être fondé sous l'eau, que lorsqu'il peut l'être hors de l'eau, et cela par les considérations qui ont déjà été présentées, savoir : notamment, parce qu'il convient de laisser à la vase une certaine latitude de se mouvoir, pour qu'elle puisse prendre un nouvel équilibre stable sous l'action des surcharges nouvelles qu'on lui impose, sans que la poussée puisse compromettre la stabilité de l'ouvrage.

Dans des terrains autres que la vase, les quais sur voûtes peuvent être préférables à ceux d'un type différent lorsque, par exemple, les fondations doivent être très profondes et qu'il convient, par économie, d'en réduire le cube au minimum.

Pour la construction d'un quai sur voûtes, la difficulté réside dans la fondation des piles, mais elle n'est ni autre, ni plus grande que pour l'établissement d'une pile de pont dans un fleuve profond.

55. Piles fondées sur pilotis. — On peut fonder les piles sur pilotis pourvu que la tête des pieux soit dégagée, au moins temporairement, dans une fouille draguée, de façon à en permettre le recépage sous l'eau, et à la condition que les bois seront garantis contre l'attaque des tarets, qu'ils se trouveront, par exemple, après l'achèvement du quai, noyés dans une épaisseur suffisante d'enrochements où la vase viendra se déposer.

Les premières assises de maçonnerie de la pile se font jusqu'à une certaine hauteur dans un caisson étanche, foncé comme à Rouen, et formant batardeau flottant. Le caisson ainsi lesté doit être susceptible de flotter encore à mer haute; on l'amène alors bien exactement dans la position qu'il doit occuper au-dessus des pieux sur lesquels il s'échoue à marée baissante. On achève dans le caisson échoué la maçonnerie de la pile jusqu'au niveau de basse mer. Cette opération s'exécute ou d'une façon continue, si le sommet des parois du caisson reste au-dessus de la haute mer, ou par intermittence et comme un travail ordinaire de marée, au moyen d'épuisement dans le caisson batardeau, si la pleine mer en couvre le sommet.

Ce système a été appliqué notamment pour la construction de quelques quais de Bordeaux.

56. Piles fondées par havage. — La fondation d'une pile par havage ne comporte aucune indication générale autre que celles qui ont été déjà mentionnées précédemment.

Mais, quel que soit le système adopté pour établir les piles, il faut observer qu'il est, en pratique, à peu près impossible d'arriver à les placer exactement dans la position géométrique prévue au projet, et qu'il convient, par suite, de leur donner au niveau de basse mer une section telle que, en tenant compte des écarts possibles (de $0^m,25$ à $0^m,30$, par exemple), on soit toujours assuré de pouvoir y asseoir, dans la situation voulue, la partie apparente des maçonneries.

57. Du remblai entre les piles. — Le vide entre les piles est fermé par un massif d'enrochements. Le pied du talus descend jusqu'à la profondeur du mouillage et ne doit naturellement pas faire saillie

sur la ligne des piles du côté de l'eau. Depuis le
fond du mouillage jusqu'au niveau des plus basses
mers, les enrochements sont coulés sous l'eau et
prennent un talus d'environ 1 1/4 de base pour
1 de hauteur.

A partir du niveau des plus basses mers, les
pierres formant le talus du massif du côté de l'eau
sont placées à la main, ce qui permet de donner à
ce talus une pente un peu plus raide que sous l'eau.

Les enrochements doivent s'élever au moins jusqu'au niveau de l'intrados des voûtes, de façon à
fermer complètement le vide du côté des terres ;
mais il est prudent de leur faire dépasser notablement cette hauteur (Pl. III, quais des Chartrons et
de Bacalan).

Sur les terrains de vase, les remblais tassent plus
ou moins longtemps ; aussi, convient-il d'exécuter le
massif d'enrochements le plus tôt possible et de ne
pas craindre de lui donner tout d'abord un excès de
hauteur, qu'on sera toujours libre de réduire ensuite.

Dans ces mêmes terrains de vase, le remblai du
terre-plein doit être fait, comme on l'a déjà dit, sur
la plus grande largeur possible en arrière du quai
avec des matériaux de bonne qualité (déchets de
carrière, gravier, sable, etc.) ; quelquefois même, on
est conduit à soutenir ce remblai par un plancher,
comme à Rochefort (Pl. II).

58. Observations générales. — Les indications
qui viennent d'être données sur divers systèmes de
fondation des quais n'ont eu pour but que de
montrer quelques-unes des difficultés qu'on rencontre
dans ces travaux et de faire connaître un certain

nombre de moyens employés pour les surmonter. En fait, le meilleur mode d'établissement d'un quai dépend d'une foule de circonstances locales et spéciales dont l'ingénieur doit tenir compte dans chaque cas particulier.

Aussi, nul autre genre d'ouvrages n'offre-t-il peut-être une pareille variété de types d'un pays à un autre ; dans les différentes mers du même pays ; dans les différents ports des mêmes mers ; et, pour le même port, dans les bassins créés à différentes époques.

§

EXÉCUTION DES MAÇONNERIES DES QUAIS

59. Généralités. — La construction d'un grand développement de quais entraîne des dépenses considérables qu'on cherche à réduire autant que possible, soit en adoptant pour le profil du mur la section la plus petite compatible avec la stabilité (parement courbe ou polygonal, par exemple), soit en employant les matériaux de construction les moins chers, là où il n'est pas indispensable qu'ils offrent certaines qualités spéciales (la résistance à l'eau de mer, par exemple).

Au point de vue de l'action de la mer, la maçonnerie d'un mur de quai peut être partagée en deux parties : 1° la partie supérieure, située au-dessus des hautes mers ordinaires, qui n'est jamais ou presque jamais baignée par l'eau salée ; 2° la partie inférieure située au-dessous de ce niveau.

La partie supérieure presque constamment à l'air, et qui n'est exposée à aucune pénétration appréciable d'eau salée, peut être exécutée avec un mortier de chaux hydraulique ordinaire, tel que celui qu'on emploie couramment dans la localité pour les travaux en eau douce, et par suite dans des conditions relatives d'économie.

La partie inférieure, au contraire, exige pour son exécution des soins et des frais spéciaux.

Si le mur ne doit supporter aucune différence de pression notable de la part de l'eau qui s'appuie sur ses deux faces opposées, comme dans les mers sans marée, il faut que le mortier soit inattaquable à l'eau de mer et que la maçonnerie soit bien pleine, de façon à ne pas se laisser facilement pénétrer par l'eau.

Il suffit, à la rigueur, que ces deux conditions soient remplies à la surface des parements baignés par la mer et sur une épaisseur convenable le long de ces surfaces, de sorte qu'on pourrait faire le noyau du massif du mur avec un mortier de moindre qualité, pourvu qu'il fût exactement enveloppé de toute part d'une couche assez épaisse de bonne maçonnerie inattaquable et imperméable.

Lorsque le mur est exposé à supporter de notables excès de pressions d'eau sur une de ses faces (comme le sont les quais dans les parties des ports à marée en libre communication avec la mer), il faut alors, non seulement que le mortier soit inattaquable et que la maçonnerie soit bien pleine, mais en outre que les parements soient rendus plus particulièrement impénétrables à l'eau qui les presse.

Ces conditions peuvent être remplies de différentes manières ; on citera, comme exemple, ce qui a été fait au Havre[1]. La fondation est formée par une couche de béton à ciment Portland, de 1 mètre au moins d'épaisseur ; le mur est constitué par un massif de maçonnerie de moellons ordinaires avec mortier de chaux hydraulique du Teil ; ce massif est paramenté sur ses deux faces et sur une épaisseur moyenne d'au moins $0^m,75$ par une excellente maçonnerie de briques au mortier de Portland contenant 400 à 500 kilos de ciment par mètre cube de sable, et dont les assises sont rejointoyées avec le plus grand soin à l'aide d'un mortier encore plus riche en ciment (600 kilos par mètre cube de sable, par exemple).

On conçoit, d'ailleurs, que les précautions à prendre dépendent de la nature des chaux et ciments dont on dispose, de leur plus ou moins grande altérabilité, du plus ou moins de facilité que l'eau de mer peut avoir à se renouveler derrière le quai, etc.

60. Quais en béton. — Quand on doit exécuter rapidement une grande longueur de quais, quand les matériaux et la main-d'œuvre que nécessite une bonne maçonnerie sont rares et chers, on trouve économie de temps et d'argent à constituer par du béton le massif du mur.

Cette solution est fréquemment adoptée, en Angleterre notamment ; elle est plus particulièrement justifiée quand les fouilles, qu'on doit exécuter, fournissent directement et sur place du galet et du sable de qualité convenable (Exemple : quais du grand bassin Albert Dock en prolongement de Victoria Dock, etc.). En France, on a fait aussi des quais en béton (à Saint-Valéry-en-Caux, à Dieppe, etc.).

1. Garage maritime du canal de Tancarville.

L'exécution d'un quai dans ces conditions ne comporte pas de recommandations particulières qui n'aient été déjà indiquées à l'occasion de l'emploi du béton.

On se bornera à citer, à titre d'exemple, un cas qui se présente assez souvent. On veut creuser un bassin à flot, qui sera entouré de quais, dans un terrain que la mer ne couvre pas. On suppose qu'on exécute d'abord les quais ; à cet effet, on commence par creuser dans l'emplacement qu'ils doivent occuper une fouille blindée d'une largeur un peu plus grande que l'épaisseur du mur ; contre les parois de cette fouille, supposée asséchée, on appuie et on étaie les madriers devant former le coffrage dans lequel on coulera le béton ; on réalise ainsi, à peu de frais, une enceinte indéformable d'une solidité absolue, dans laquelle on pourra pilonner énergiquement le béton.

Dans un chantier bien organisé on verra, par exemple, en avant, la tranchée à ses divers degrés d'approfondissement, puis la fouille à toute profondeur dans laquelle on dispose le coffrage, puis encore en arrière le massif de béton à ses divers degrés d'exhaussement par couches successives, enfin le mur complètement terminé, de chaque côté duquel on enlève les madriers du coffrage, les étais, le blindage, pour les reporter en avant, etc.

On comprend que l'arrangement d'un chantier, la nature des matériaux à employer, les précautions à prendre pour l'emploi du béton, etc., dépendent essentiellement des circonstances spéciales qui se présentent dans chaque cas particulier.

Ainsi, à Dunkerque, on a trouvé avantage à faire des quais en béton de sable, c'est-à-dire en mortier relativement maigre, mais parfaitement pilonné, dans des compartiments en maçonnerie de briques.

61. Parements des quais. — On a déjà dit que le massif du mur, s'il n'est pas fait tout entier avec un mortier inattaquable à l'eau de mer, doit être protégé par une enveloppe d'excellente maçonnerie, bien rejointoyée. Le parement du mur, tant du côté de l'eau que du côté des terres, doit donc être constitué par des matériaux dont le rejointement puisse être aussi parfait que possible ; d'ailleurs, les joints des parties visibles du parement devront être entretenus avec le plus grand soin.

Le parement du côté de l'eau est, en outre, exposé à des causes spéciales d'avaries provenant du choc ou du frottement des navires, etc. ; il doit donc être exécuté avec les matériaux les plus durs et les plus résistants qu'on peut se procurer sans frais excessifs dans la localité.

Il est vrai que les navires sont alors exposés à subir des avaries contre le quai et qu'ils sont obligés de garantir leur coque au moyen de défenses mobiles, pendantes le long de leurs flancs (billes de bois tendre, couronnes de cordages, sacs d'étoupe, etc.).

Lorsque le parement n'est pas assez résistant pour supporter sans accident le contact du matériel flottant, on y scelle, de distance en distance, des poutres de bois verticales contre lesquelles s'appuient les navires.

Ces poutres peuvent avoir de $0^m,25$ à $0^m,30$ d'équarrissage et être distantes de $1^m,50$ à $1^m,75$ d'axe en axe. Leur tête s'élèvera, par exemple, jusqu'au niveau de 'l'assise inférieure du couronnement en pierre de taille et sera recouverte d'un chapeau en fonte (Fig. A), leur pied descendra jusqu'au niveau que découvrent les plus basses eaux par lesquelles l'accostage à quai est encore possible ; dans un bassin à flot, ce niveau serait celui des plus faibles hautes mers de morte eau.

Les têtes des boulons de scellement et les écrous

Quai du Gril, Dieppe, 1856.

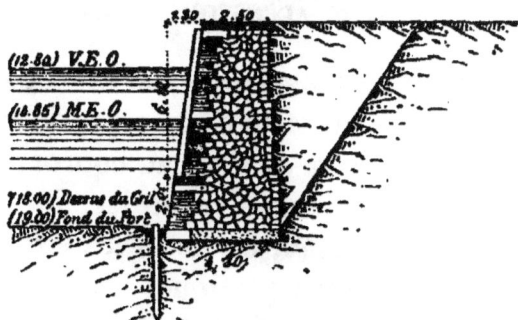

doivent être noyés dans le bois ; de toute façon, il ne doit exister aucune saillie susceptible de blesser la coque des navires, etc.

Dans certains cas, on doit empêcher tout contact direct contre le parement du mur ; à cet effet, on bat en avant du quai des pieux ou groupes de pieux sur lesquels s'appuient les navires (Pl. I, Fig. 1 et 2).

Fig. A.

Bref, il y a là une série de questions de détail ; pour les résoudre, l'ingénieur n'a le plus souvent rien de mieux à faire que de s'inspirer des convenances et des coutumes locales.

La partie habituellement visible du parement d'un quai est généralement exécutée avec un soin spécial, qui entraîne quelques frais, dans le but de donner à l'ouvrage un aspect satisfaisant; mais il serait exagéré de s'imposer les mêmes sujétions pour la partie des parements qui n'est pour ainsi dire jamais visible, ou que recouvrent bientôt des végétations marines ou des coquillages.

§ 5

OUVRAGES ACCESSOIRES DES QUAIS

62. Cales de débarquement et escaliers. — Généralités. — Pour permettre aux personnes de monter facilement du niveau de l'eau au couronnement d'un ouvrage à parois presque verticales, on ménage des rampes appelées *cales*, ou des escaliers. Quand ces moyens d'accès sont pratiqués dans un quai, par exemple, le long duquel passent des navires, ils doivent remplir certaines conditions, savoir : 1° ne pas faire saillie sur le parement du mur afin de ne pas constituer un danger ni une gêne pour les bateaux ; 2° offrir assez de résistance pour ne pas être avariés par le frottement ou le choc du matériel flottant sur leurs arêtes ; 3° permettre une circulation facile et sûre.

La première condition exige que la cale ou l'escalier soit en retraite, de toute sa largeur, par rapport au nu du mur ; la seconde, que les arêtes saillantes, susceptibles d'être abordées, soient constituées par des pierres de taille d'une masse suffisante, et convenablement reliées entre elles ; la troisième, que la pente soit douce et qu'elle soit orientée de façon à ce que les vagues qui peuvent venir déferler sur les parois accores de la construction ne rendent pas

7

l'embarquement ou le débarquement trop difficiles.

Cette troisième condition exige, en outre, dans les mers à marée, qu'on empêche, par un balayage fréquent, le développement de végétations marines ou le dépôt de vases, qui rendraient la foulée glissante dans toute la zone alternativement couverte ou découverte par les eaux.

63. Des cales. — Quand une cale ne doit servir qu'au passage des personnes, sa rampe peut être raidie jusqu'à 4 ou 6 de base pour 1 de hauteur ; mais, si des voitures doivent y circuler, son inclinaison ne paraît pas devoir excéder 1/10.

La largeur d'une rampe dépend de la nature et de l'importance du mouvement qui doit y avoir lieu ; toutefois, cette largeur ne saurait en aucun cas descendre au-dessous d'un certain minimum, par mesure de sûreté.

Il faut observer, en effet, que le bord de la cale, du côté de l'eau, n'est pas surmonté d'un parapet, et que les personnes qui la fréquentent sont quelquefois embarrassées de paquets volumineux ; il semble donc qu'une largeur minimum de 1ᵐ,50 à 2 mètres soit toujours nécessaire. L'arête saillante de la rampe (côté de l'eau) est habituellement formée de pierres de taille ayant une épaisseur moyenne (dans le sens vertical) d'au moins 0ᵐ,40, une longueur (dans le sens de la pente) d'environ 0ᵐ,70 à 0ᵐ,80 et une

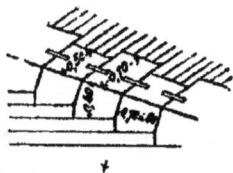

queue (dans le sens horizontal) de 0ᵐ,50 à 0ᵐ,70.

Les blocs contigus sont ordinairement reliés entre eux au moyen de scellements en fer ou de clefs en pierre.

Le terre-plein de la cale, en arrière de l'arête, est formé par un pavage ou un dallage maçonné.

Au pied de la cale est un palier horizontal dont la longueur minimum ne semble pas devoir descendre au-dessous de 1ᵐ,50 à 2 mètres pour la commodité de l'accostage, de l'embarquement et du débarquement.

Quand la rampe a une largeur modérée, de 2 mètres par exemple, on la constitue par un massif de maçonnerie, fondé tout aussi solidement que le mur de quai dont elle fait partie intégrante.

Lorsqu'au contraire la rampe a une grande largeur, il y a quelquefois économie à ne faire en maçonnerie que le mur de devant (côté de l'eau) qui supporte le rampant en pierre de taille, et à combler au moyen d'un remblai le vide laissé entre ce mur et le parement du quai formant le fond de la retraite dans laquelle la rampe est logée. (Fig. page 98).

Mais il arrive fréquemment, sinon toujours, que le remblai tasse, et cela pendant très longtemps; des fissures se forment dans toute la longueur de la rampe, une notamment le long du quai, une seconde derrière le rampant en pierres de taille; par ces fissures, l'eau pénètre dans le remblai et en active les tassements, qu'elle rend irréguliers; bientôt, le pavage se fissure lui-même et on est dès lors condamné à un entretien incessant et coûteux, presque sans espoir de parvenir jamais à maintenir la rampe dans un état satisfaisant.

Quand donc on croit devoir recourir à une solution

de ce genre, il importe que le remblai repose sur un sol absolument incompressible ; que ce remblai soit lui-même composé de matériaux stables et peu meubles (moellons, éclats de pierre, galets, graviers, etc.) ; enfin, le pavage maçonné doit être établi sur une bonne épaisseur (0^m,25 à 0^m,30) de béton bien pilonné.

64. Des escaliers. — Les escaliers, ne servant qu'à la circulation des personnes, n'ont généralement pas besoin d'une grande largeur ; mais, pour les raisons déjà données, il est prudent de ne pas réduire cette largeur notablement au-dessous de 1^m,50.

Escalier en pierre

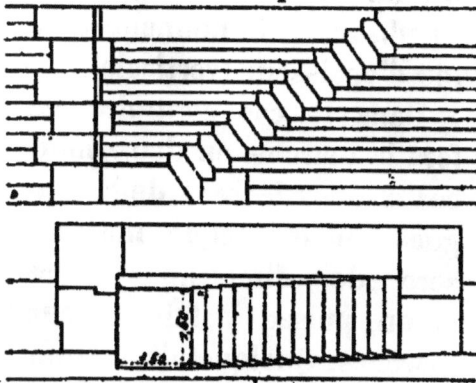

Le maximum de raideur admissible paraît être de 3 de base pour 2 de hauteur (marches de 0^m,30 de largeur sur 0^m,20 de hauteur) ; mais il vaut mieux, quand on le peut, adopter la pente ordinaire de 2 sur 1 (marches de 0^m,32 à 0^m,35 sur 0^m,16 à 0^m,17), car, dans les mers à marée surtout, on n'a souvent que la largeur d'une marche pour poser le pied en débarquant.

Lorsque l'escalier a une grande hauteur, il est désirable d'y ménager de distance en distance des paliers de 1^m,50 à 2 mètres de longueur, la hauteur entre paliers pouvant varier de 2^m,50 à 3 mètres par

exemple. Les marches seront en pierres de taille
résistant bien à l'usure ; elles doivent ne pas pouvoir
être déplacées par le frottement ou le choc du matériel flottant dont elles sont exposées à subir le contact. Si les carrières fournissent des pierres assez
grandes pour qu'on puisse faire
chaque marche d'un seul morceau, tout en lui donnant, en sus
de la longueur apparente, la
longueur additionnelle que comporte son scellement dans le quai
(soit de 0^m,20 à 0^m,30), on ob-
tiendra une stabilité suffisante en donnant à la
marche de 0^m,50 à 0^m,60 d'épaisseur (verticale).

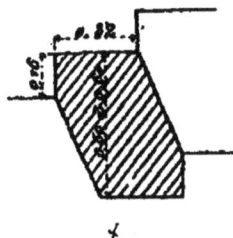

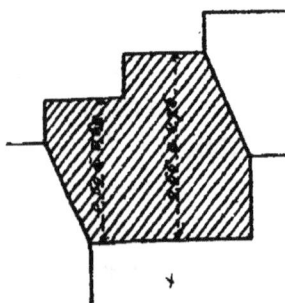

Dans le cas contraire, on
fera la marche en deux mor-
ceaux dans le sens de la longueur, mais chaque morceau
sera de dimensions telles
qu'on puisse y tailler deux
marches. Quelquefois, il suffit
que les blocs formant le bord
extérieur (côté de l'eau) du
rampant de l'escalier aient seuls ces grandes dimensions, car ce sont les seuls qui soient exposés à être
déplacés ; d'autres fois, on estime que les deux blocs
doivent avoir non seulement de forts équarrissages,
mais encore être reliés entre eux par des scellements.

Dans quelques ports, on a cru bon de placer une
main courante pour faciliter la circulation sur l'escalier ; la main courante est fixée sur la paroi verticale
du mur, du côté du terre-plein, afin de ne pas faire

de saillie sur le parement du bassin et de ne pas entraver l'accès de l'escalier. On a établi aussi parfois,
le long du rampant des escaliers, des chaînes qui
peuvent être aisément saisies par les gaffes des
canots venant y accoster.

Pour le débarquement des voyageurs amenés par
des paquebots qui abordent à un quai de marée,
c'est-à-dire dans un bassin à niveau variable, l'installation des escaliers devient un problème tout spécial à chaque localité. Dans quelques ports, on établit
une construction en charpente (reposant au besoin
sur une fondation en maçonnerie); cette construction
offre un ou deux étages reliés par un nombre suffisant d'escaliers.

Les voyageurs passent, à l'aide d'une passerelle
mobile, du pont du bateau sur le plancher de l'étage
qui se présente alors dans les conditions les plus
convenables pour les recevoir (Exemple : Calais)[1].

65. Des débarcadères mobiles. — Les cales et
les escaliers fixes ont, dans les mers à marée, l'inconvénient de n'offrir un accès commode que pendant le temps, généralement court, où l'eau découvre
les paliers accostables.

Cette gêne devient parfois inadmissible, par exemple dans le cas d'un embarcadère desservant un service très actif de bac à vapeur; on fait alors des
débarcadères mobiles.

Un débarcadère mobile se compose essentiellement
d'un ponton flottant, rattaché au rivage par une pas-

---

1. Notices sur les modèles, dessins, etc., relatifs aux travaux des ponts
et chaussées, réunis par le ministère des Travaux publics pour l'Exposition universelle de 1889 à Paris.

serelle. La passerelle est fixée, à son extrémité supérieure, près de l'arête d'un quai ou d'une cale fixe,
à l'aide d'une articulation qui permet à l'extrémité
inférieure, reposant sur le ponton, de s'élever ou de
s'abaisser, dans le sens ver-
tical, suivant les variations
du niveau de l'eau.

Le ponton est maintenu
par un système d'amarres et
de poutres (dites béquilles)
qui ne lui permettent d'effectuer que des oscillations à
peu près verticales, en tournant autour de la ligne du
pied des béquilles, du côté
de terre, comme axe de
rotation.

Si les circonstances le
permettent, si, par exemple,
on est assuré d'un calme
suffisant, si les variations du
niveau de l'eau sont faibles,
si on est près de quais en
maçonnerie très solides, etc.,
on peut maintenir la course
du ponton dans un sens ab-
solument vertical à l'aide de glissières et de galets
convenablement disposés (Exemple : Anvers, Pl. XIII,
tome II).

De toutes façons, le pied de la passerelle doit se
déplacer sur le pont du ponton : de là naissent des
frottements énergiques qu'on diminue en garnissant
d'une paire de galets le pied de la passerelle.

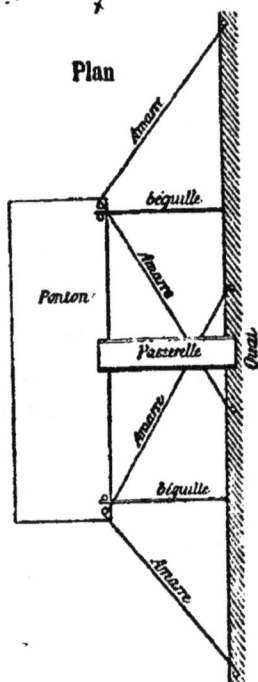

On conçoit du reste qu'on puisse, s'il y a lieu, rattacher d'une manière fixe le pied de la passerelle au ponton, à l'aide d'une articulation, et rendre l'extrémité supérieure mobile sur la cale en maçonnerie où elle repose.

On doit, en tous cas, chercher à réduire autant que possible la longueur de la passerelle et l'inclinaison qu'elle prend dans les positions extrêmes de ses oscillations. Pour ce motif, on est généralement conduit à faire en sorte que le plancher de la passerelle soit à peu près horizontal quand la mer est à son plus haut niveau.

Lorsque, pour une raison quelconque, on ne peut éviter de donner à la passerelle une grande longueur, le problème de sa construction ne laisse pas que de présenter d'assez sérieuses difficultés. Voici, à titre d'exemple, le principe d'une solution proposée pour un embarcadère de la Mersey. On construit une cale fixe avec l'inclinaison limite qu'on s'est imposée. La passerelle se compose d'une suite de caissons étanches ; deux caissons contigus sont reliés entre eux par une articulation à axe horizontal ; le caisson inférieur est attaché au ponton et le caisson supérieur au terre-plein du quai.

Quand la mer est à son plus bas niveau, tous les caissons sont échoués sur la cale, mais le ponton continue à flotter. Lorsque la marée monte, le caisson inférieur ou n° 1 est d'abord soulevé et flotte avec le ponton, puis c'est le tour du n° 2, et ainsi de suite. De sorte que, à un moment donné, le ponton et un certain nombre de caissons flottent horizontalement, tandis que les autres caissons sont encore échoués suivant l'inclinaison de la cale.

On voit qu'il s'agit ici d'ouvrages métalliques spéciaux faisant partie de ce qu'on appelle habituellement l'outillage des ports et où l'ingéniosité des constructeurs trouve aujourd'hui, comme dans une foule d'autres cas, ample matière à s'exercer[1].

Du reste, la meilleure solution à adopter, dans une circonstance donnée, dépend de considérations particulières à étudier sur place.

66. Des échelles. — Les cales et les escaliers sont d'une construction assez coûteuse et ils ont en outre l'inconvénient de rendre une notable longueur de quai inutilisable par les navires. Cependant il importe, pour la rapidité de certaines opérations à bord ou à terre, que l'on puisse, sans perdre de temps, monter d'un canot jusqu'au sommet d'un quai ; dans ce but, on installe, de distance en distance, des échelles en fer.

Les échelles sont en outre un moyen de sauvetage pour les personnes qui tombent à l'eau, et, à ce point de vue, on doit en mettre non seulement le long des quais, mais encore partout où leur présence peut offrir une chance de salut. Les échelles sont logées dans une retraite du quai, retraite dont les arêtes saillantes sont en pierre de taille.

Le barreau inférieur est au niveau des plus basses eaux par lesquelles le pied de l'échelle doit être encore accostable. Dans un bassin à flot, ce niveau est celui des plus faibles hautes mers de morte eau.

Le sommet de l'échelle ne doit pas s'élever au-dessus de l'arête du quai ; mais, pour permettre de

---

1. Débarcadère flottant de Birkenhead; portefeuille des dessins distribués aux élèves de l'Ecole des Ponts et Chaussées, série 6, section B, Pl. I.

franchir sans trop de peine les derniers échelons, il convient de sceller sur le couronnement une barre horizontale que les hommes puissent saisir facilement.

On peut sceller les barreaux dans les pierres de taille de la retraite ; cependant, pour simplifier la pose et les réparations, il vaut mieux, en général, fixer les barreaux sur les montants et boulonner les montants sur des goujons scellés dans la retraite.

Ce sont là, du reste, des détails d'exécution sur lesquels il n'y a pas lieu d'insister et que chaque ingénieur peut modifier suivant les circonstances.

La distance entre deux échelles voisines est habituellement d'une cinquantaine de mètres.

67. Des moyens d'amarrage. — L'accostage à quai et les mouvements d'un navire, ainsi du reste que les manœuvres du matériel flottant qui le dessert, exigent l'emploi d'un grand nombre d'amarres qu'il faut pouvoir facilement raidir, changer, déplacer, etc. De là, la nécessité d'appareils solides, suffisamment multipliés, auxquels on attache ces cordes et qui constituent ce qu'on appelle les moyens ou engins d'amarrage.

68. Des bornes, poteaux et canons d'amarrage. — Le plus souvent, on amarre les navires à des poteaux en fonte, qu'on appelle des canons d'amarrage parce que, autrefois, on se servait, en effet, pour cet usage, de vieux canons en fonte de la marine ; on a employé aussi des bornes en pierre ; mais aujourd'hui l'usage de la fonte est plus économique que

celui de la pierre de taille et offre beaucoup plus de
garanties de solidité.

Un poteau d'amarrage doit être capable de résister
aux plus grands efforts que le
navire peut exercer sur lui.
Ces efforts se produisent
notamment quand, l'amarre
n'étant pas bien raidie, le
navire, pour une cause quelconque (poussée du vent,
traction opérée par un autre navire qui veut s'approcher du quai, etc.), s'éloigne du mur et est arrêté
brusquement par le poteau dans ce mouvement de

Borne d'amarrage en granit,
à Jersey.

récul ; la masse d'un
grand bateau lourde-
ment chargé est, en
effet, si considérable,
que, quelque faible que
soit sa vitesse, il en
résulte sur le poteau
une réaction énergique.

Port des Sables : canon d'amarrage.

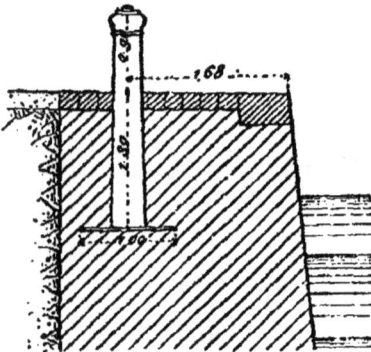

On ne peut guère ap-
précier de pareils efforts,
et on n'a généralement
rien de mieux à faire
pour y résister que d'imiter les dispositions adoptées
soit dans la localité, soit dans les ports voisins, dispositions qu'on doit admettre comme justifiées par
une longue expérience.

Ordinairement, le poteau se dresse à 1m,50 ou
2 mètres en arrière de l'arête du quai, il est scellé
dans un massif de maçonnerie formant au besoin
contre-fort du mur ; ce massif a environ 1 mètre de

largeur au delà du poteau (normalement à l'arête du quai) et 2 mètres de longueur (parallèlement à l'arête).

Le fût saillant a 0^m,70 à 1 mètre de hauteur, et la partie noyée dans la maçonnerie de 1 mètre à 1^m,80 [1].

Liverpool : Poteau en fonte.

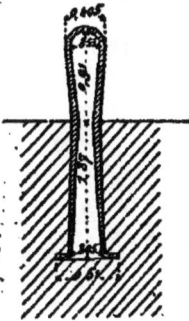

Le poteau repose le plus souvent sur la maçonnerie par une embase carrée (de 0^m,75 à 1 mètre de côté), venue de fonte et renforcée par des nervures. Quelquefois e poteau n'est pas normal à l'embase, mais offre, par rapport à celle-ci, une légère inclinaison (de 1/10 à peu près) du côté du terre-plein, pour mieux assurer sa résistance à la traction des amarres.

Le fût ne doit pas avoir un trop petit diamètre, car les gros cordages qu'on y attache (qu'on y capelle en terme de marine) subiraient une flexion exagérée et de nature à altérer la solidité de leurs fibres ; ce diamètre, au ras du sol, est d'environ 0^m,25 à 0^m,30.

Port de Marseille : Borne en fonte.

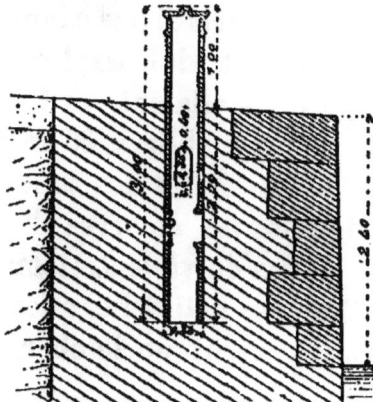

La tête du poteau a un diamètre un peu plus grand (0^m,40 à 0^m,45), de façon à ce que les boucles des amarres ne puissent

1. Voir le type adopté au Havre: *Notice sur le bassin Bellot*, par M. Desprez, *Annales des ponts et chaussées*, janvier 1889.

pas se dégager trop facilement (se décapeler, en marine), dans le cas où elles viendraient à être soulevées accidentellement.

L'espacement des poteaux d'amarrage est habituellement de 25 mètres environ.

69. Des bollards. — Les poteaux d'amarrage ont l'inconvénient d'empêcher la circulation des grues mobiles sur le bord des quais ; on les remplace alors par d'autres appareils nommés bollards, dont on trouvera la description dans les *Annales des ponts et chaussées*, année 1883, note de M. Alexandre[1].

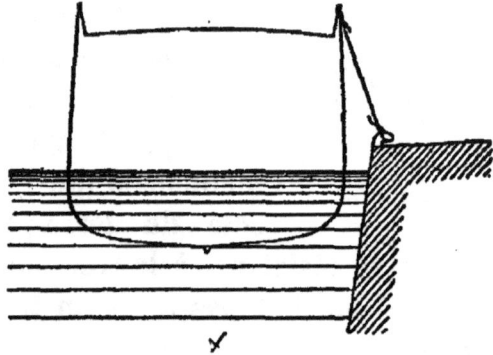

Cependant, l'emploi des bollards ne dispense pas toujours de celui des canons ; au Havre, par exemple, par des vents violents, les amarres des grands navires lèges décapellaient, et l'on a dû, pour prévenir les accidents, établir à 20 mètres en arrière des quais du bassin Bellot des canons d'amarrage. Ils servent à doubler les amarres des navires pendant la nuit ou en cas de violente tempête, ou encore à saisir la mâture des bâtiments quand on en fait usage pour le déchargement ou le chargement de pièces lourdes.

70. Des organeaux. — Les petits bateaux et le matériel de service ne peuvent pas toujours commo-

---

1. Voir aussi : *Notice sur le bassin Bellot, au port du Havre*, par M. Desprez, *Annales des ponts et chaussées*, janvier 1889.

dément s'amarrer au sommet du quai'; aussi leur ménage-t-on les moyens de s'attacher en des points nombreux sur le parement du mur, à l'aide de gros anneaux, appelés organeaux.

L'emploi des organeaux s'impose non seulement pour les quais, mais encore dans beaucoup d'autres ouvrages auxquels on a fréquemment besoin de fixer des cordages à différentes hauteurs.

Il est désirable qu'un homme dans un canot trouve, à une portée commode de ses mains, l'organeau sur lequel il doit frapper (attacher) une amarre ; il en résulte que, lorsqu'on doit avoir plusieurs lignes d'anneaux, on dispose généralement ces lignes à $1^m,50$ environ l'une de l'autre dans le sens vertical.

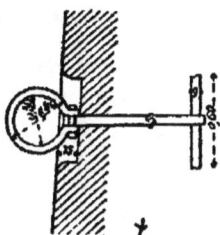

Dans chaque ligne, les anneaux peuvent être distants de 20 à 25 mètres, et, d'une ligne à l'autre, ils sont disposés en quinconce.

Les anneaux auxquels il n'y a pas de cordes attachées ne doivent pas faire saillie sur le parement du mur ; ils sont logés dans une retraite creusée dans des pierres de taille.

L'amarrage est plus facile sur des anneaux dont le plan se maintient toujours à peu près vertical que sur ceux qui se rabattent autour d'un axe horizontal.

L'anneau passe dans l'œil d'une tige solidement scellée dans la maçonnerie ; cette tige, qui n'a pas moins de 1 mètre de longueur, est clavetée sur un bouclier ou traversée par une barre d'arrêt.

L'anneau a de $0^m,30$ à $0^m,35$ de diamètre intérieur, et le fer qui le forme, de $0^m,04$ à $0^m,05$ de diamètre environ.

71. Terre-plein du quai. — La largeur à donner au terre-plein d'un quai, la disposition des voies d'accès et de circulation, l'aménagement des lieux de dépôt des marchandises, l'installation des engins de manutention, des moyens d'éclairage, etc., seront examinés à l'occasion de l'exploitation des ports. On se bornera à mentionner ici la nécessité du pavage sur toutes les parties du terre-plein où les voitures peuvent avoir à circuler et la convenance d'un égout longitudinal en arrière de l'arête du quai. Le pavage est maçonné dans toute la largeur, au moins, du couronnement du mur.

Sur le terre-plein, où une forme en sable suffit, le pavage doit offrir des pentes convenables pour assurer le prompt écoulement des eaux pluviales ($0^m,030$ par mètre environ) et disposées de façon à amener ces eaux dans les égouts.

On ne saurait trop insister sur le point suivant : les égouts doivent, autant que possible, déboucher en mer, en dehors des bassins ou des darses, car leurs déjections sont une cause d'infection (vieux port de Marseille) et d'encombrement, pouvant donner lieu à des réclamations de la part de la navigation et même au paiement d'indemnités.

L'égout longitudinal, parallèle à l'arête d'un quai, doit, aujourd'hui, être disposé de façon à recevoir commodément les conduites d'eau douce, d'eau sous pression, les fils et conducteurs électriques, etc., dont l'usage devient de plus en plus utile pour la bonne exploitation des ports.

CHAPITRE II

ÉCLUSES DES BASSINS A FLOT

§ 1er

DISPOSITIONS GÉNÉRALES ET DIMENSIONS DES ÉCLUSES

72. Généralités. — On a dit, au commencement du chapitre Ier, qu'un bassin à flot est isolé du port d'échouage, ou du mouillage à niveau variable sur lequel il débouche, par un pertuis fermé à l'aide de portes. Ce pertuis s'appelle l'écluse.

Les écluses des bassins à flot diffèrent, sous certains rapports, des ouvrages analogues qu'on voit ordinairement sur les canaux et les rivières ; c'est pourquoi on leur donne aussi le nom d'écluses marines.

73. Différences entre les écluses marines et les écluses ordinaires. — Voici quelques-unes des différences qu'offrent les écluses marines comparées aux écluses ordinaires :

8

1° Une écluse ordinaire a toujours un sas et par suite une porte à chacune de ses deux têtes, amont et aval.

Une écluse marine peut, à la rigueur, n'avoir qu'une seule porte.

En effet, la porte d'une écluse marine n'est pas autre chose qu'un barrage mobile, que l'on ouvre à marée haute pour le passage des navires et que l'on ferme dès que la marée baisse dans l'avant-port, afin de maintenir l'eau dans le bassin à flot à peu près au niveau de la pleine mer.

Une seule porte peut donc suffire pour remplir ce double objet ; quelques écluses de certains ports, comme à Dieppe par exemple, n'ont en effet qu'une porte.

Toutefois, on est souvent conduit à donner un sas aux écluses marines, et alors le nombre des portes peut s'élever à trois ou quatre, pour des motifs qu'on expliquera plus loin.

2° Les écluses marines ont des dimensions beaucoup plus grandes que les écluses ordinaires, surtout comme largeur entre bajoyers et comme hauteur de retenue des eaux. Il en résulte des difficultés spéciales pour la construction et la manœuvre des vantaux.

3° Le fond des avant-ports, où débouchent les écluses, est toujours tapissé par de la vase qui, entraînée par les courants, forme des dépôts dans les chambres des portes, surtout dans celle de la porte aval (côté de l'avant-port). Ces dépôts gênent la manœuvre des portes ; on doit donc ménager les moyens de les enlever fréquemment et rapidement, d'où la nécessité de dispositions spéciales (aqueducs de chasses, par exemple), dont le besoin ne se fait sentir jamais, pour ainsi dire, dans les écluses ordinaires.

4° Les avant-ports sont rarement calmes, et souvent la houle y est assez forte (comme dans certains ports de la Seine-Inférieure) pour rendre la manœuvre des vantaux très difficile. Il faut alors défendre les portes contre les effets dangereux de cette agitation, à l'aide d'ouvrages ou d'appareils spéciaux (portes de flot, portes-valets, etc.), auxquels on n'est pas obligé de recourir pour les écluses ordinaires, qui débouchent toujours dans des eaux tranquilles.

74. Construction d'une écluse marine. — Les données auxquelles il faut avoir égard, lorsqu'on projette une écluse, dépendent, dans chaque cas, de tant de circonstances particulières, qu'on ne peut indiquer que les considérations les plus générales qui se présentent ordinairement et auxquelles on s'efforce de se conformer le mieux possible.

75. Emplacement des écluses. — Il arrive souvent que l'emplacement d'une écluse est déterminé par des sujétions locales ; mais, dans la limite des variations possibles de cet emplacement, il convient d'avoir égard à un certain nombre de conditions avant d'arrêter les dispositions du projet :

1° L'écluse doit être d'un accès facile, c'est-à-dire que les navires doivent pouvoir y accéder sans avoir à opérer de manœuvres malaisées.

2° L'entrée doit être placée dans des eaux aussi calmes que possible, afin d'éviter que l'agitation ne jette les navires contre les bajoyers pendant les manœuvres d'entrée et de sortie, manœuvres qui

exigent toujours beaucoup de précautions. La houle
fatigue d'ailleurs les portes, ainsi qu'on vient de
le dire.

3° Quand le calme n'est pas suffisant, on doit
ménager, de chaque côté de l'entrée, des brise-
lames en plans inclinés, ou des criques d'épanouissement.

4° L'écluse ne doit pas être prise de travers par
les vents les plus violents qui soufflent dans le port,
pour empêcher que les navires ne soient poussés
sur les bajoyers.

5° La fondation d'une écluse est toujours un travail difficile; aussi doit-on chercher à placer l'ouvrage
à l'endroit où le terrain se présente dans les meilleures conditions pour asseoir cette fondation, par
exemple là où le sol résistant sera à une profondeur
convenable, où l'on pourra, sans trop de gêne, établir
un batardeau d'une solidité assurée, etc.

D'où la nécessité de forages multipliés, exécutés
avec le plus grand soin dans toute l'étendue où l'on
a la faculté de placer l'écluse. Cette recommandation
est de la plus grande importance; on ne donne pas
toujours à cette étude préalable du terrain l'extension
qu'elle exigerait, parce qu'elle entraîne des dépenses
sérieuses ; mais c'est là, le plus souvent, une économie mal entendue.

76. Dispositions aux abords d'une écluse. — Les
abords de l'écluse doivent toujours être dégagés,
afin de faciliter les mouvements de la navigation,
aussi bien du côté de l'avant-port que du côté du
bassin à flot.

Il convient donc de ménager autant que possible

un garage du côté de l'avant-port, d'une part, et, d'autre part, de laisser dans le bassin à flot une place libre suffisante pour qu'un navire puisse y manœuvrer sans difficulté, s'il doit évoluer bout pour bout, c'est-à-dire opérer une demi-révolution complète, de façon que son avant vienne prendre la position qu'avait son arrière.

Comme, d'un autre côté, il importe de ne perdre aucune partie de quai susceptible d'être accostée par les navires, on voit qu'on peut être ainsi conduit à donner une grande largeur au bassin à flot aux abords de l'é-

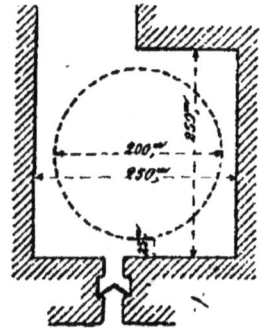

cluse. Si, par exemple, un navire exige un cercle de 200 mètres de diamètre pour son évolution, et si, dans ce mouvement, il ne doit jamais s'approcher à plus de 25 mètres des quais les plus voisins, les dimensions du bassin, tant en longueur qu'en largeur, dans la partie où s'effectue l'évolution, devront être au moins de 250 mètres.

77. Écluses dans les rivières à marée. — Quand une écluse débouche dans une rivière à marée, son entrée doit être munie, du côté du chenal, d'estacades, sortes de jetées destinées à faciliter le halage ou le guidage des navires qui sont en prise aux courants.

La disposition de ces estacades dépend surtout du régime des courants pendant le temps où se font les manœuvres d'entrée et de sortie des navires.

Si, par exemple, les manœuvres n'avaient lieu que

tant que le courant de flot règne devant l'écluse, il faudrait orienter les estacades de façon qu'un navire voulant entrer dans le bassin reçût le courant par son avant, car il gouvernerait mieux alors que si le courant le poussait par l'arrière.

Mais, le plus souvent, les manœuvres s'exécutent non seulement un peu avant le plein, quand règne encore le courant de flot, mais aussi un peu après le plein, c'est-à-dire avec le courant de jusant.

En outre, il faut avoir égard aussi bien aux navires sortants qu'aux navires entrants.

Il en résulte que la meilleure disposition à donner aux estacades dépend principalement de considérations nautiques, et que les ingénieurs n'ont le plus souvent qu'à se conformer aux indications des marins.

Il est arrivé d'ailleurs que les dispositions adoptées d'abord ont été reconnues défectueuses, et qu'on a dû les modifier après coup.

En tout cas, le mouvement des navires est singulièrement facilité quand on peut recourir à l'emploi de remorqueurs à vapeur.

Ce qui vient d'être dit, au sujet des dispositions à prendre aux abords des écluses, suffit, sans doute, pour faire comprendre d'ores et déjà l'importance de la question du halage des navires à l'entrée et dans l'intérieur des écluses, question sur laquelle on reviendra d'ailleurs un peu plus loin.

DIMENSIONS PRINCIPALES D'UNE ÉCLUSE

78. Niveau du seuil. — Le niveau du seuil dépend de plusieurs conditions variables d'un port à l'autre ; on ne peut donc donner qu'un exemple de sa détermination dans un cas particulier.

Supposons qu'un port, dont le chenal est compris entre deux jetées, ait une barre devant son entrée, et que, sur cette barre, on ne trouve que 8 mètres d'eau par les plus hautes marées de vive eau : on veut construire une écluse accessible aux plus grands navires que le port peut recevoir dans les circonstances les plus favorables.

La plus grande calaison arrière des navires que ce port pourra recevoir exceptionnellement sera inférieure à 8 mètres, car il faut qu'il reste de l'eau sous la quille, pour que le navire gouverne bien lorsqu'il franchit la barre.

De combien la calaison doit-elle être inférieure à la profondeur de l'eau sur la barre? On ne peut le dire *à priori* ; cela dépend de la levée du bateau sous l'action des lames, de la nature des matériaux qui constituent la barre, etc.

Admettons, par exemple, que dans le mouvement de tangage (oscillation du navire suivant le sens de sa longueur) la quille s'abaisse et se relève alternativement au-dessous ou au-dessus de sa position normale en eau calme de $0^m,25$ à $0^m,30$ à l'arrière (c'est ce qu'on appelle la levée du bateau) ; admettons encore que, sur l'avis d'une commission nautique, on ait jugé nécessaire d'avoir toujours au moins

$0^m,25$ à $0^m,30$ d'eau sous la quille; la différence entre la hauteur de l'eau sur la barre et le tirant d'eau du navire devra être, dans ce cas, de $0^m,50$ à $0^m,60$.

En fait, sur les barres où l'agitation est forte et qui sont formées de matériaux durs (de galets par exemple), on a rarement besoin de porter cette différence à plus de 1 mètre; quand l'agitation est modérée et la barre composée de matériaux meubles et ténus (de sable fin par exemple), $0^m,30$ à $0^m,50$ suffisent généralement; enfin, sur certains bancs de vase molle, on n'hésite pas quelquefois à laisser la quille sillonner légèrement cette vase, comme à l'entrée de la Charente, par exemple.

Supposons ici que les navires pourront caler $7^m,50$ au maximum. Le navire franchit la barre à haute mer, s'engage, entre les jetées, dans le chenal qu'il parcourt dans toute sa longueur, traverse l'avant-port et arrive enfin devant l'écluse que nous supposerons ouverte pour le recevoir.

Ce parcours exige un certain temps, et un temps d'autant plus grand que la longueur du chemin est elle-même plus grande; le navire ne peut d'ailleurs avancer dans le port qu'avec une vitesse modérée; il arrivera donc devant l'écluse quand la mer aura déjà baissé, condition évidemment défavorable. On voit ainsi l'inconvénient que peuvent offrir des jetées très longues, et comment on a pu être amené, dans certains cas, à les rescinder[1].

Si, dans les circonstances les plus défavorables, — et il faut toujours les prévoir, — la baisse des eaux

---

1. Voir page 323 du volume : *Travaux maritimes.*

peut atteindre $0^m,50$ quand le navire entrera dans
l'écluse, celui-ci doit encore trouver sur le seuil, à ce
moment, une certaine hauteur d'eau sous sa quille.

S'il y a de la houle dans le port, il faut tenir
compte de la levée qu'elle peut produire à l'entrée
de l'écluse.

Observons, en outre, que, dans la plupart des cas,
les chaînes de fermeture des vantaux se croisent sur
le radier et y forment une saillie de $0^m,10$ à $0^m,20$.

En fait et en pratique, par suite de toutes ces
considérations, on est généralement amené à laisser
$0^m,30$ à $0^m,50$ entre le radier et la quille arrière du
navire.

Dans le cas pris pour exemple, le radier devra
donc être à $0^m,50 + 7^m,50 + (0^m,30$ à $0^m,50)$, soit
à $8^m,30$ ou $8^m,50$ au-dessous du niveau des plus
hautes marées de vive eau.

Si d'ailleurs l'amplitude de ces marées est supposée de 7 mètres, le seuil sera de $1^m,30$ à $1^m,50$
au-dessous des basses mers de vive eau.

Toutefois, quand on projette une écluse, il faut avoir
égard, non seulement à l'état actuel du port, mais
encore à l'état futur qu'il est raisonnable de prévoir.

Si, par exemple, on espère pouvoir abaisser la
barre de 1 mètre, il sera sage d'établir le niveau du
radier en conséquence.

Quand on veut rendre le port accessible à des
navires d'un type donné, même par les hautes mers
de morte eau, et c'est ainsi qu'on pose souvent la
question, le problème de la fixation du niveau du
seuil dépendra évidemment de considérations autres
que celles qui viennent d'être présentées.

En tous cas, il faut tenir compte de la tendance

actuelle à augmenter autant que possible les dimensions des navires.

Ainsi, en ce qui concerne le tirant d'eau, les armateurs le portent au maximum que permettent d'atteindre les passages les moins profonds que les navires doivent rencontrer dans leurs traversées habituelles.

Pour les voyages dans l'Inde, la profondeur régulatrice, sera par exemple, celle du canal de Suez ; pour les voyages à New-York, ce sera celle des passes de ce port.

Aujourd'hui, les plus grands navires à vapeur du commerce ne calent que $7^m,50$ à $8^m,50$ environ ; mais certains navires cuirassés des flottes militaires ont jusqu'à 9 mètres de tirant d'eau.

79. Largeur de l'écluse. — La largeur d'une écluse doit être telle que les plus larges navires appelés à s'en servir, ne fût-ce même qu'exceptionnellement, aient assez d'espace libre entre les parties les plus saillantes de leurs flancs et les bajoyers de l'écluse.

La plus grande largeur d'un navire est vers le milieu de sa longueur, dans une section verticale qu'on appelle le maître-couple ou le maître-bau (Voir Fig. p. 123, 124, 125, 126 et 127).

L'espace libre à ménager entre le navire et l'écluse dépend des conditions dans lesquelles se fait la manœuvre. Si l'avant-port est calme, si le navire est halé lentement à l'aide d'engins puissants, s'il n'y a pas de courants sensibles dans l'écluse, etc., en un mot si la manœuvre s'exécute dans les conditions voulues de sécurité, l'espace libre pourra être réduit

COUPES AU MAITRE
DE DIVERS NAVIRES DE LA COMPAGNIE DES MESSAGERIES MARITIMES

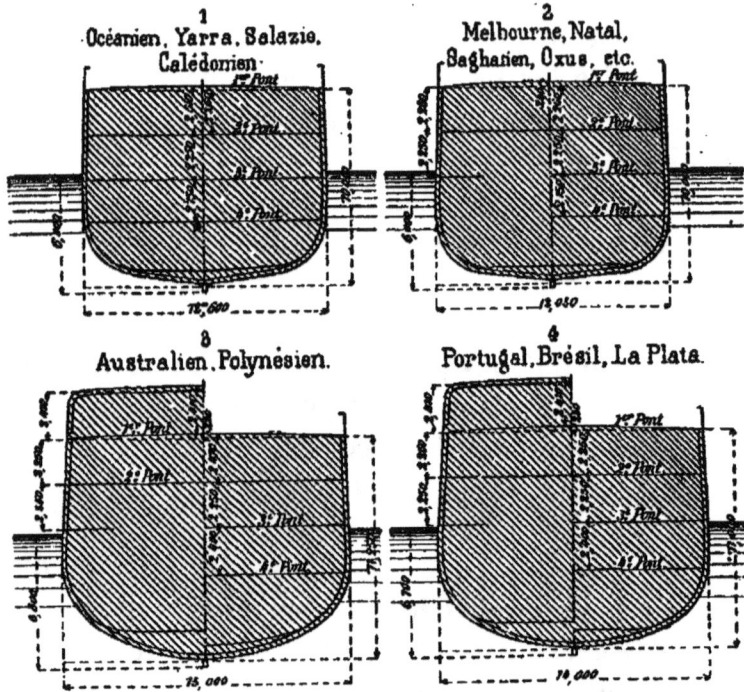

1 — Océanien, Yarra, Salazie, Calédonien.

2 — Melbourne, Natal, Saghalien, Oxus, etc.

3 — Australien, Polynésien.

4 — Portugal, Brésil, La Plata.

TABLEAU DONNANT LES DIMENSIONS PRINCIPALES

DIMENSIONS	DÉSIGNATION DES NAVIRES					
	1	**2**	**3**		**4**	
			1ʳᵉ série	2ᵉ série	1ʳᵉ série	2ᵉ série
	m.	m.	m.	m.	m.	m.
Longueur totale de tête en tête............	130,905	152,640	130,850	123,000	140,200	146,570
Longueur entre perpendiculaires..............	126,150	147,000	126,150	120,300	135,000	141,000
Largeur hors membres, au fort................	12,600	15,000	12,030	12,030	14,000	14,000
Largeur hors tôles, au fort.	12,660	15,040	12,070	12,070	14,034	14,040
Creux sur quille au pont supérieur.............	10,000	11,250	10,000	10,000	11,000	11,000
Tableau de la quille........	0,250	0,290	0,250	0,250	0,250	0,250
Tirant d'eau moyen, en charge.............	6,000	6,800	6,000	6,000	6,700	6,700
Tirant d'eau arrière, en charge.............	6,720	7.400	6,750	6,750	7,100	7,100

COUPES AU MAITRE

DE DIVERS NAVIRES DE LA COMPAGNIE GÉNÉRALE TRANSATLANTIQUE

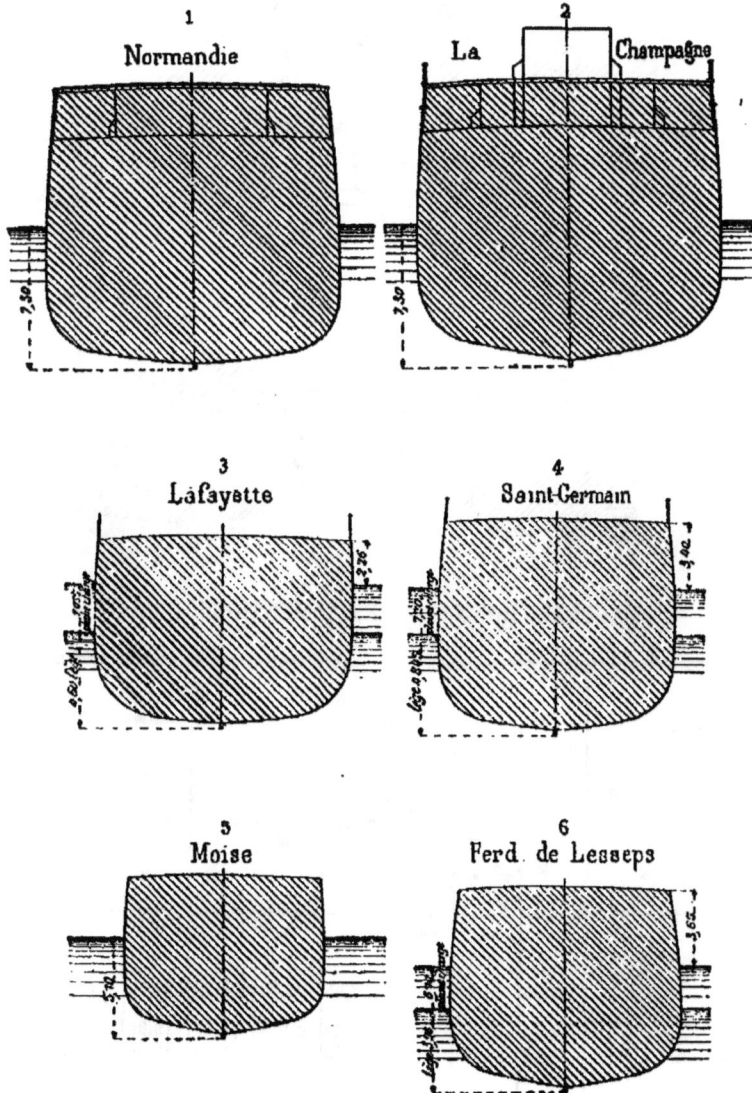

1 Normandie

2 La Champagne

3 Lafayette

4 Saint-Germain

5 Moïse

6 Ferd. de Lesseps

COUPES AU MAITRE

DE DIVERS NAVIRES DE LA COMPAGNIE GÉNÉRALE TRANSATLANTIQUE

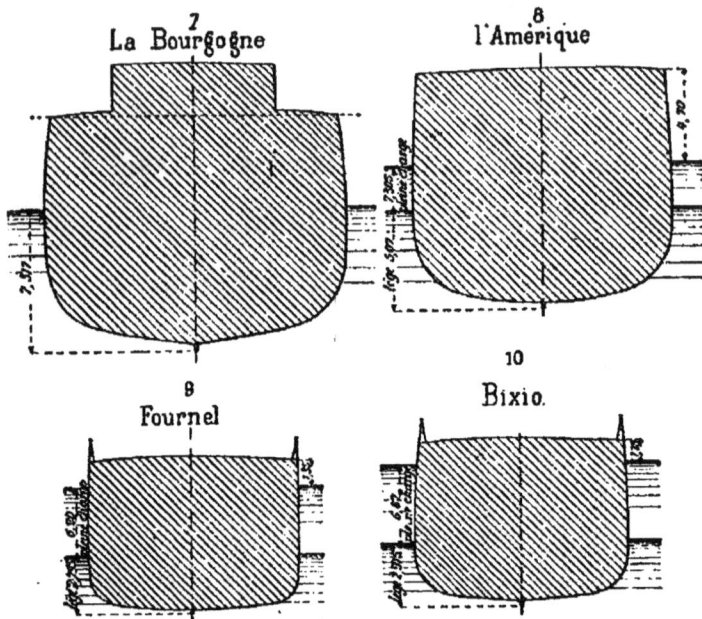

7
La Bourgogne

8
l'Amérique

9
Fournel

10
Bixio.

TABLEAU DONNANT LES DIMENSIONS PRINCIPALES

DIMENSIONS	DÉSIGNATION DES NAVIRES									
	1 NORMANDIE	2 LA CHAMPAGNE	3 LAFAYETTE	4 SAINT-GERMAIN	5 MOÏSE	6 FERD.-DE-LESSEPS	7 LA BOURGOGNE	8 L'AMÉRIQUE	9 FOURNEL	10 BIXIO
	m.	m.	m.	m.	m.	m.	m.	m.	m.	m.
Longueur extrême sur le pont........	145,00	154,60	106,70	117,95	97,00	108,27	154,60	123,35	94,40	94,30
Largeur hors bordé......	15,30	15,75	13,40	12,27	10,248	11,65	15,96	13,40	11,05	10,97
Creux........	11,40	11,70	9,31	10,60	7,77	8,84	11,70	11,67	7,62	8,14
Tonnage brut en tonneaux Moorsom...	5962	6675	3401	3555	1751	2754	6675	4517	2018	2189

COUPES AU MAITRE

DE DIVERS NAVIRES DE LA MARINE MILITAIRE FRANÇAISE

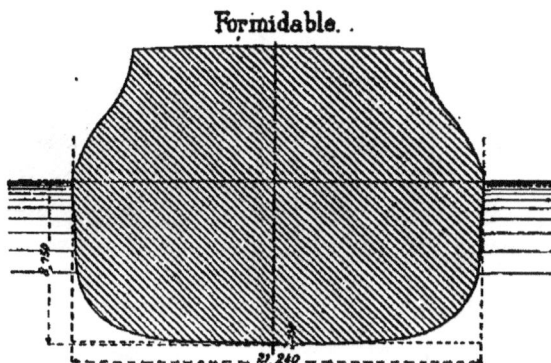

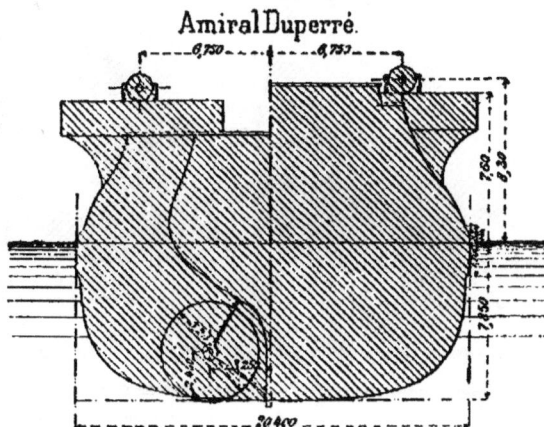

Formidable.

Amiral Duperré.

DIMENSIONS PRINCIPALES DE L'*AMIRAL-DUPERRÉ*

Longueur de perpendiculaire en perpendiculaire (tracées à la rencontre de la flottaison en différence avec les arêtes avant et arrière)		97m,500
Largeur au maître hors cuirasse et hors tôles.	à la flottaison	20m,300
	au pont des gaillards.	14m,700
Hauteur du livet du pont cuirassé au-dessus du dessous de la quille	à l'avant	8m,080
	au milieu	8m,380
	à l'arrière	8m,680
Tirant d'eau pris de dessous la quille	avant	7m,550
	arrière	8m,150
	moyen	7m,850
	différence	0m,600

COUPES AU MAITRE

DE DIVERS NAVIRES DE LA MARINE MILITAIRE FRANÇAISE

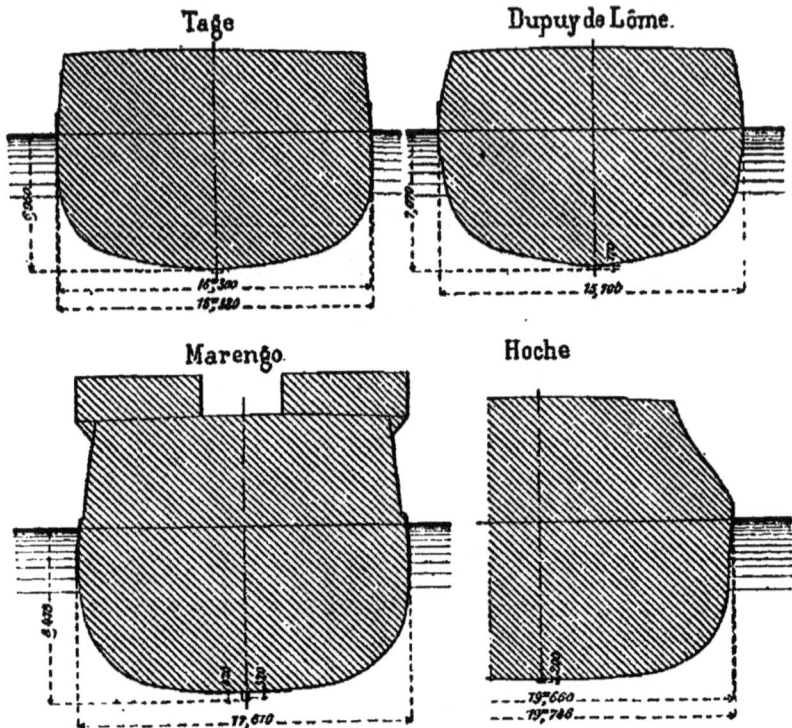

Tage

Dupuy de Lôme.

Marengo

Hoche

TABLEAU DONNANT LES DIMENSIONS PRINCIPALES

DIMENSIONS	DÉSIGNATION DES NAVIRES				
	FORMIDABLE Cuirassé d'escadre	TAGE Croiseur à batterie	DUPUY-DE-LOME Croiseur cuirassé de 1re classe	MARENGO Cuirassé d'escadre	HOCHE Cuirassé d'escadre
	m.	m.	m.	m.	m.
Longueur de la quille portant sur terre	93.500	95.000	58.290	80.300	91.650
Longueur à la flottaison	100.400	119.940	114.000	88.550	102.400
Longueur d'encombrement	104.650	124.101	114.000	92.000	105.400
Largeur totale	21.240	16.380	15.700	17.510	19.746
Tirant d'eau	8.150	6.950	7.070	8.478	8.000
En pleine charge	8.230	7.500	7.500	9.180	8.300

à $0^m,50$ de chaque côté, c'est-à-dire que l'écluse
pourra n'avoir que 1 mètre de largeur de plus que le
plus large navire; mais, en général, il est prudent
de porter cet excédent de largeur à 2 mètres.

S'il y a de la houle dans l'avant-port, si le vent
prend les navires par le travers, si le halage doit
être rapide, si les courants dans le pertuis atteignent
une vitesse d'une vingtaine de centimètres par
seconde, etc., un excédent de 3 mètres de largeur
ne paraît pas exagéré.

Quand le navire doit traverser librement le pertuis
sous l'action de son moteur, un excédent de 5 à
6 mètres peut être considéré comme nécessaire.

A l'époque où l'on se servait de roues à aubes
comme moyen de propulsion des grands vapeurs
transatlantiques, on a donné jusqu'à $30^m,50$ de
largeur aux écluses.

Maintenant, on emploie presque exclusivement des
bateaux à hélice, et les plus grands steamers actuels
sont bien loin d'exiger de pareilles largeurs; celle
de 18 à 20 mètres paraît suffire dans la plupart des
cas pour les navires de commerce.

Mais si une écluse doit pouvoir, ne fût-ce qu'éven-
tuellement, livrer passage à des navires de guerre,
une largeur de 22 à 25 mètres devient nécessaire
(Voir p. 126 et 127).

En fait et en pratique, les largeurs des écluses
marines varient actuellement de 13 ou 14 mètres à
24 ou 25 mètres.

Quand une écluse est munie d'un sas, on donne
presque toujours au sas la même largeur qu'au
pertuis de tête; toutefois, cette condition n'a rien

d'absolu. Ainsi, dans les ports où l'on craint la houle, où l'on désire que les vapeurs puissent franchir le sas, à haute mer, par leurs propres moyens, on peut donner au sas une largeur supérieure de quelques mètres à celle des écluses.

Cet élargissement facilite l'écoulement de l'eau repoussée par les flancs du navire quand ils pénètrent dans les écluses et diminue notablement la résistance qu'ils éprouvent à traverser des sections mouillées étroites ; il permet, sans risques pour le navire et les ouvrages, des embardées du bâtiment sous l'action du gouvernail, déviations dont il faut toujours tenir compte quand le bateau avance sous l'action de son propulseur ; enfin, l'élargissement est efficace dans une certaine mesure pour faire tomber la houle que l'on pourrait redouter.

On est quelquefois amené à donner au sas une largeur beaucoup plus grande qu'aux têtes, pour pouvoir sasser un certain nombre de bateaux à la fois, en ne faisant qu'une seule manœuvre des portes. Le sas peut prendre alors les dimensions d'un véritable petit bassin, et on l'appelle un bassin de mi-marée, pour les motifs qui seront bientôt expliqués.

80. Longueur des écluses. — Deux cas sont à considérer, suivant que l'écluse est sans sas ou avec sas.

81. Longueur des écluses sans sas. — Une écluse sans sas peut, à la rigueur, comme on l'a déjà dit, n'avoir qu'une seule porte.

Dans ce cas, la longueur de l'écluse se composera de trois parties, savoir :

1° La longueur de la chambre d'un vantail (*a*) ;

2° La longueur du bajoyer à l'amont de la chambre (côté du bassin à flot) (*b*) ;

3° La longueur du bajoyer à l'aval (côté de l'avant-port) (*c*).

1° *Longueur de la chambre d'un vantail.* — La plus grande longueur d'un vantail, à partir de l'axe du poteau tourillon, dépend de la position de cet axe, de la longueur et de la forme du busc ; on la supposera ici déterminée et connue. On verra plus loin comment on la calcule.

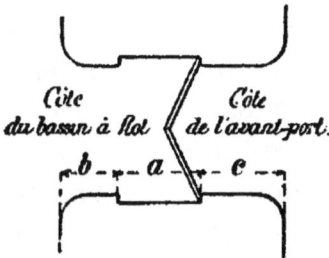

La chambre doit être plus longue que le vantail, afin de faciliter le passage de l'eau derrière ce vantail quand il s'engage dans sa chambre, à la fin de l'ouverture de la porte, ou quand il s'en dégage au commencement de la fermeture.

En effet, à l'ouverture, le vantail agit à la façon d'un piston refoulant l'eau dans la chambre où il pénètre, et il faut que l'eau ainsi refoulée puisse s'échapper facilement ; à la fermeture, le vantail tend à faire le vide derrière lui, et il faut que l'eau puisse facilement combler ce vide. Pour ces motifs, on donne à la chambre une longueur excédant de 0^m,40 à 0^m,50 la plus grande longueur du vantail.

2° *Longueur du bajoyer amont.* — Il est prudent, sinon indispensable, de prévoir le cas où l'on serait obligé de mettre l'écluse à sec pour un motif quelconque, pour en visiter le busc, par exemple, qui aurait subi des avaries et réclamerait des réparations.

La mise à sec exige l'établissement d'un batardeau ; or, on facilitera ce travail en ménageant dans les bajoyers amont et aval des rainures ou feuillures appropriées, dans lesquelles on viendra placer des poutres horizontales.

Quelquefois on ne pratique qu'une rainure, mais deux paraissent préférables pour réaliser commodément un batardeau ordinaire, avec corroi d'argile.

Aujourd'hui, dans les ports de quelque importance, convenablement outillés, on obtient une fermeture rapide et parfaitement étanche d'un pertuis à l'aide de bateaux-portes, appareils dont il sera parlé à l'occasion des bassins de radoub. La mise en place d'un bateau-porte n'exige qu'une seule rainure.

On admettra ici, par hypothèse, qu'une rainure suffise et qu'elle ait une cinquantaine de centimètres de profondeur dans le bajoyer. Cette rainure ne doit pas être pratiquée trop près de l'enclave ou chambre des portes ; il doit exister entre l'enclave et la rainure un contrefort de maçonnerie capable de résister à la pression de l'eau que soutient le batardeau ou le bateau-porte.

Il n'existe pas, que nous sachions, de formules permettant de calculer, avec quelque garantie de sécurité, la longueur que devrait avoir, au minimum, un pareil contrefort de maçonnerie. En fait et en pratique, on admet que, dans les plus grandes écluses marines et dans les bassins de radoub, cette longueur ne doit jamais être inférieure à 4 mètres et qu'elle peut ne pas excéder 6 mètres.

Il y aura donc de 4 à 6 mètres de bajoyer entre l'arête amont de l'enclave et la rainure.

Quant à la largeur de la rainure, elle varie de

$0^m,50$ (pour les barrages en poutrelles) à 1 mètre environ (pour les bateaux-portes).

A l'amont de la rainure, le bajoyer doit avoir encore une certaine longueur pour faciliter le guidage des navires à l'entrée ou à la sortie de l'écluse; cette longueur ne paraît pas devoir être inférieure à 6 ou 8 mètres, d'après les dimensions le plus généralement adoptées, et elle est quelquefois beaucoup plus grande, le double par exemple, soit d'une quinzaine de mètres.

Les manœuvres des navires, aux abords des écluses, sont toujours si délicates qu'il convient de les simplifier autant que possible. Dans ce but, les bajoyers à l'amont de la rainure s'écartent progressivement l'un de l'autre, de façon à former une embouchure évasée.

L'évasement s'obtient ordinairement par un quart de cercle dont le rayon n'est pas inférieur à 6 ou 8 mètres, ou par un quart d'ellipse. Il faut éviter, en tout cas, que les coques des navires soient exposées à venir frotter contre une arête saillante de maçonnerie.

3° *Longueur du bajoyer aval.* — La longueur du bajoyer aval comprendra d'abord 4 à 6 mètres entre l'arête aval de l'enclave et la feuillure aval, puis la largeur de cette feuillure, enfin une certaine longueur au delà de la feuillure.

Cette dernière partie doit être disposée comme à l'amont, c'est-à-dire évasée; mais elle doit être plus longue qu'à l'amont, car ce sont les bajoyers aval qui supportent tous les efforts que transmet la porte sous la pression de la retenue et sous l'action des chocs violents qu'elle subit quelquefois, par l'effet de la houle. D'ailleurs, le bateau qui attaque l'écluse venant de l'avant-port se trouve dans des eaux souvent moins tranquilles que celles du bassin à flot et a alors besoin d'être mieux guidé.

D'après les ouvrages exécutés, il semble que la longueur de bajoyer, à l'aval de la rainure, ne doit pas être de moins de 8 à 12 mètres.

82. Motifs qui conduisent à augmenter la longueur des écluses sans sas. — 1° *Adjonction d'une deuxième porte d'èbe.* — On a dit qu'une écluse sans sas peut, à la rigueur, n'avoir qu'une porte ; mais, en général, il vaut mieux qu'elle en ait deux.

La porte est, en effet, l'organe essentiel d'un bassin à flot, et si, pour un motif quelconque, elle vient à manquer, le bassin à flot lui-même ne remplit plus son objet, d'où peuvent naître les plus graves perturbations dans l'exploitation du port.

Or, les exemples ne sont malheureusement pas rares de portes ayant subi de grosses avaries les rendant temporairement impropres à tout service ; d'ailleurs, une porte exige de temps en temps des réparations. Il vaut donc mieux mettre deux portes qu'une seule, de façon à en avoir une de rechange pour parer à toutes les éventualités.

Si la dépense de l'adjonction d'une seconde porte n'est pas négligeable d'une manière absolue, elle est en tout cas insignifiante quand on la compare à celle de la création complète d'un bassin à flot.

Quand on établit deux portes, il faut que chaque bajoyer ait deux enclaves et qu'il existe une distance suffisante entre ces deux enclaves pour assurer la stabilité du contrefort de maçonnerie restant entre elles. Or, les chambres des portes découpent profondément les bajoyers ; on verra tout à l'heure que leur retraite atteint et dépasse souvent 2 mètres. Dans ces conditions, le contrefort ne doit pas avoir moins de 6 à 8 mètres de longueur.

2° *Établissement de ponts mobiles.* — Les pertuis des écluses interrompent forcément la circulation sur les terre-pleins des quais, à travers lesquels ils sont pratiqués.

Pour rétablir les communications, on établit sur ces pertuis des ponts mobiles.

On expliquera, en parlant de ces ouvrages spéciaux, la longueur de bajoyer dont il faut disposer pour les établir et les faire manœuvrer.

3° *Installation de portes de flot.* — On a signalé, à plusieurs reprises, les inconvénients qui résultent

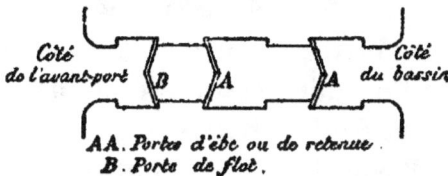

Côté de l'avant-port — Côté du bassin
A A. *Portes d'èbe ou de retenue.*
B. *Porte de flot.*

de la houle pendant la manœuvre des portes des écluses.

Ces portes, qui empêchent l'eau de sortir du bassin à flot quand la marée baisse dans l'avant-port, c'est-à-dire tant que dure l'èbe, s'appellent des portes d'èbe.

Or, un des moyens auxquels on peut recourir pour atténuer les effets de la houle consiste à installer, en avant de la porte d'èbe aval, une porte se fermant en sens contraire, c'est-à-dire disposée comme si elle devait empêcher la marée montante ou le flot de pénétrer dans le bassin, et que, pour ce motif, on appelle une porte de flot.

Quand on se sert d'une porte de flot, il faut nécessairement allonger le bajoyer aval de la longueur d'une nouvelle enclave, et en outre de la longueur du contrefort à ménager entre l'enclave de la porte de flot et celle de la porte d'èbe aval.

Les indications qui précèdent ne sont données qu'à titre d'exemples ; mais elles suffisent, sans doute, pour faire admettre que la détermination de la longueur d'une écluse sans sas dépend d'un assez grand nombre de conditions spéciales, auxquelles il faut avoir égard dans chaque cas particulier.

83. Dimensions des sas des écluses marines. — Avant d'aborder la question des dimensions des sas, il paraît utile d'expliquer comment on est amené souvent à doter d'un sas les écluses marines.

84. Inconvénients des écluses sans sas. — Dans une écluse sans sas on ouvre la porte vers le moment de la haute mer, et l'on fait passer directement les navires de l'avant-port dans le bassin à flot, ou réciproquement. Mais l'expérience a montré que ce passage devient difficile, et quelquefois même dangereux, dès que les courants dans le pertuis cessent d'être très faibles, dès qu'ils dépassent $0^m,20$ à $0^m,30$, par exemple, à la seconde.

L'inconvénient des courants notables tient à différentes causes qu'il serait trop long d'expliquer ici ; il vaut mieux, pour le moment, l'admettre comme un fait pratique.

Cependant, on peut citer, parmi ces causes, celle

qui résulte de ce que les courants n'ont pour ainsi dire jamais exactement la direction même de l'axe du pertuis, de sorte qu'ils poussent le navire tantôt sur un bajoyer, tantôt sur l'autre.

On ne peut donc laisser la porte ouverte que pendant le temps où les courants sont peu sensibles. C'est durant cet intervalle, généralement court, que doit avoir lieu, en toute hâte, le mouvement de tous les bateaux grands et petits, d'où chances de confusion et même d'avaries dans les manœuvres, surtout aux époques de trafic exceptionnellement actif et aux jours de mauvais temps.

Si un navire se présente à l'écluse au moment où l'on vient de fermer la porte, il est exposé, pour quelques minutes de retard, à s'échouer dans l'avant-port ou à être obligé de regagner le large, ce qui, dans les deux cas, peut être un véritable danger pour lui.

Le temps pendant lequel on peut laisser le pertuis ouvert dépend, en premier lieu, de la durée de l'étale de pleine mer, c'est-à-dire de l'intervalle de temps pendant lequel le niveau de la haute mer se maintient à peu près constant.

Au Havre, l'étale dure d'une heure à une heure et demie, et on peut laisser le pertuis libre pendant deux heures et demie ou trois heures. Mais c'est là une circonstance tout à fait exceptionnelle et très favorable.

En général, l'étale du plein ne dure que quelques dizaines de minutes, surtout dans les ports à grande amplitude de marée, et la durée du passage à pertuis libre est souvent réduite à deux heures, à une heure, et quelquefois à moins encore.

Le moment où les courants deviennent gênants dépend aussi de la superficie du bassin à flot; plus cette superficie sera grande, plus les courants dans le pertuis seront forts pour une même variation du niveau de l'eau dans le même temps. On voit ainsi qu'une seule écluse ne peut pas desservir un bassin trop étendu, si le remplissage ou la vidange de ce bassin ne peut avoir lieu que par le pertuis.

On remédiera évidemment aux inconvénients signalés ci-dessus en transformant l'écluse simple en écluse à sas.

85. Avantages des écluses à sas. — Un sas permet d'opérer, par éclusage, l'entrée et la sortie des navires de faible calaison, dès et tant qu'il y a une hauteur d'eau suffisante pour eux dans le port d'échouage. Or, les petits bateaux, les allèges, etc., étant généralement assez nombreux, on a ainsi le temps nécessaire pour les faire passer, sans embarras, soit avant, soit après la haute mer, de sorte que l'on dispose de toute la durée du plein pour laisser les grands bâtiments traverser l'écluse, toutes portes ouvertes. Si un navire de forte calaison se présente après la fermeture des portes, on pourra encore le faire entrer dans le bassin à flot par sassement, tant qu'il y aura assez d'eau pour lui sur le seuil ; et l'on voit ainsi l'avantage qu'on trouve à donner aux écluses une grande profondeur.

Dans les ports où la marée a beaucoup d'amplitude, on peut profiter du sas pour y mettre le niveau de l'eau à une hauteur intermédiaire entre la plus

haute et la plus basse mer, de sorte que la porte d'èbe aval supporte à basse marée une moindre charge d'eau.

86. Largeur du sas. — On a vu, page 128, qu'en général le sas a la même largeur que les têtes de l'écluse, et que l'on est quelquefois conduit à lui donner une largeur beaucoup plus grande,

En effet, un des avantages du sas étant de permettre d'écluser les petits bateaux avant ou après le plein, il est rationnel de faire passer, en ne manœuvrant les portes qu'une fois, le plus grand nombre possible de ces bateaux, et il faut, par suite, donner au sas des dimensions telles qu'il puisse contenir tous ceux qui se présenteront vraisemblablement dans une seule marée, aux époques du trafic le plus actif.

Si une écluse de 20 mètres de large est suffisante pour de très grands paquebots de 18 mètres au maître couple, un sas de même largeur ne pourra pas recevoir deux navires moyens de 10 mètres, placés l'un à côté de l'autre.

Si un sas de 180 mètres de long est suffisant pour ces paquebots, il ne pourra pas contenir deux navires de 90 mètres, placés l'un derrière l'autre.

Pour ces motifs, le sas prend, dans certains cas, les dimensions d'un petit bassin, et on l'appelle alors un *bassin de mi-marée* (Exemples : Le Havre, Fécamp, Dieppe [1]).

87. Bassins de mi-marée. — Un bassin de mi-marée est donc, en quelque sorte, l'antichambre d'un bassin à flot, et l'on conçoit qu'un seul bassin de mi-marée puisse desservir plusieurs bassins à flot.

Les dimensions et dispositions d'un bassin de

---

1. *Annales des ponts et chaussées*, 1887. *Construction de l'écluse d'aval du bassin de mi-marée du port de Dieppe*, par M. Alexandre, ingénieur en chef.

mi-marée dépendent exclusivement des conditions
spéciales à remplir dans chaque cas particulier.

Les pertuis de tête d'un bassin de mi-marée sont
fermés par des écluses simples n'ayant, en général,
qu'une seule porte d'èbe.

88. Longueur du sas. — On supposera, dans ce
qui va suivre, que le sas a la même largeur que
les écluses (c'est, en effet, ce qui a lieu le plus souvent), et qu'il s'agit seulement d'en fixer la longueur.

Si l'on considère comme nécessaire de pouvoir sasser les navires les
plus longs que le port soit capable
de recevoir, même exceptionnellement, dans son état actuel ou dans
celui qu'on espère réaliser plus tard,
la longueur du sas se trouve par le fait
déterminée. Cette longueur est égale
à la distance comprise entre l'extré-
mité aval de la chambre de la porte amont (aa') et
l'extrémité amont de la chambre de la porte aval
(bb'). Il faut donc que cette distance ab soit égale
à la longueur du plus long navire. Or, aujourd'hui,
certains grands paquebots transatlantiques ont jusqu'à 180 mètres de long.

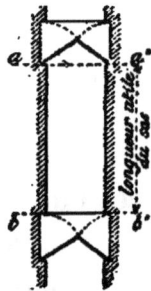

Mais il est arrivé que la longueur des sas, déterminée d'après les considérations précédentes, s'est
trouvée cependant encore insuffisante. — Cela tient
à ce que les manœuvres des navires, aux abords des
écluses et dans les sas, exigent quelquefois le
secours d'un remorqueur pour être exécutées dans
les meilleures conditions de sécurité, de précision

et de rapidité. Il faut alors que le. remorqueur puisse se loger dans le sas en même temps que le navire, ce qui entraîne un allongement du sas.

On a raisonné jusqu'ici dans l'hypothèse que le sas n'a que deux portes d'èbe, soit une porte à chacune de ses extrémités; et c'est, en réalité, la disposition qu'on rencontre le plus fréquemment

Mais il se présente des cas où les portes d'èbe ne suffisent pas pour assurer, en toute circonstance, le service du sas. Ainsi, à Saint-Malo, par exemple, la différence entre les hauteurs des pleines mers de vive eau et de morte eau est si grande que l'on a été conduit, par certaines considérations locales, à adopter pour la retenue du bassin un niveau intermédiaire entre ces deux hauteurs extrêmes.

Il en résulte que, en vive eau, la pleine mer est plus élevée que la retenue, et que, pour écluser alors un navire, il faut que le sas ait deux portes de flot en sus des deux portes d'èbe nécessaires en morte eau¹.

Un cas analogue peut se présenter pour un bassin à flot sur le bord d'un fleuve à marée sujet à de fortes crues (Exemple : Bordeaux).

L'établissement des portes de flot entraîne encore un nouvel allongement des bajoyers du sas. On voit qu'on peut être ainsi amené à donner aux écluses de très grandes longueurs.

Or, si les sas ont de très sérieux avantages, ils ont, par contre, quelques inconvénients. Et d'abord, ils coûtent d'autant plus cher qu'ils sont plus longs; en outre, le remplissage et la vidange demandent

---

1. Voir aussi : *Écluse de communication des bassins à Saint-Nazaire*, Pl. XII

plus de temps et consomment plus d'eau ; le halage
des navires est plus lent et plus difficile ; le passage
direct, sans sassement, au moment du plein devient
une manœuvre d'autant plus délicate que le parcours
à effectuer dans un pertuis très étroit est plus
long, etc.

Pour ces divers motifs, on se borne souvent à
donner au sas non pas la longueur des plus grands
navires exceptionnels, mais celle des plus grands
navires qui fréquentent habituellement le port, ou
sont appelés à le fréquenter prochainement.

On admet alors qu'on parviendra certainement à
faire passer les navires exceptionnels pendant la
haute mer, toutes portes ouvertes.

Mais le sas ainsi réduit peut être encore assez
long pour offrir quelques-uns des inconvénients
signalés ci-dessus. En effet, les grands navires habi-
tuels ne sont souvent qu'en nombre très petit, com-
paré à celui des bateaux moyens et des barques que
le bassin à flot reçoit journellement à chaque marée,
et qui sont bien loin d'exiger toute la longueur du
sas. On est ainsi conduit, dans certains cas, à partager le sas en deux plus petits par une porte
d'écluse intermédiaire (Exemples : La Pallice, Pl.
VII ; Dunkerque, bassin Freycinet [1]).

Cette solution est motivée, notamment, quand
l'alimentation du bassin à flot, avec des eaux pas
trop vaseuses, est insuffisamment assurée, et que
l'on craint, en morte eau par exemple, d'abaisser le
niveau de la retenue (et d'exposer ainsi quelques
navires à s'échouer), en prenant dans le bassin un

1. *Portefeuille des élèves de l'École des Ponts et Chaussées*, série 6,
section D, Pl. XXVIII.

trop grand volume d'eau pour le remplissage du sas.

Lorsque l'on adopte cette disposition, les deux sas partiels n'ont pas la même longueur; l'un doit suffire pour les navires moyens, et l'autre pour les petits bateaux.

Dans cet ordre d'idées, il semble convenable de mettre à l'aval (côté de l'avant-port) le sas qui doit servir le plus souvent.

En effet, quand il y a de la houle dans l'avant-port, le halage entre les bajoyers peut présenter quelques difficultés, et l'on trouve par suite avantage à diminuer le parcours que les bateaux ont à effectuer dans ces conditions défavorables.

89. Écluses accolées. — Quelquefois on accole une écluse simple à une écluse à sas (Exemple: Saint-Nazaire[1]). Dans ce cas, l'écluse simple est disposée pour le passage libre des plus grands navires vers le moment de la haute mer, et le sas est réservé aux bateaux de moindres dimensions qu'on peut écluser avant ou après le plein.

Avec un service actif, il est bon d'ailleurs d'avoir deux écluses, au lieu d'une, en cas d'avaries.

Cette solution a l'avantage de permettre de dégager rapidement les bassins et d'activer le mouvement des navires.

A Bordeaux, on a même accolé deux écluses à sas, l'une de 22 mètres de largeur, l'autre de 13 mètres; il en est de même à Calais (Pl. X et XI), où les écluses ont des largeurs respectives de

---

1. *Portefeuille des élèves de l'École des Ponts et Chaussées*, série 6, section D, Pl. II.

21 mètres et de 14 mètres[1]. Quand on a ainsi une petite écluse accolée à une grande, toutes deux à sas et ayant même longueur, il convient, pour les motifs déjà indiqués, de partager au moins la petite écluse en deux sas inégaux.

90. Forme du busc en plan. — En France, le busc présente généralement la forme d'un triangle isocèle, dont la hauteur (ou la flèche) varie du cinquième au sixième de la base, c'est-à-dire de la largeur de l'écluse.

Cette proportion n'a rien d'absolu et ne se justifie pas par des calculs précis.

Mais il est clair que, plus on augmente la flèche du busc, plus on augmente la longueur des portes, d'où résulte une augmentation dans la dépense de leur construction.

Par contre, plus on diminue la saillie du busc, plus les réactions horizontales dues à la poussée des poteaux busqués l'un contre l'autre sont énergiques, ce qui conduit à donner plus de force aux entretoises, à renforcer les bajoyers au droit des poteaux tourillons et à perdre ainsi une partie de l'économie réalisée sur leur longueur.

Ces réactions horizontales sont surtout très dangereuses quand les poteaux busqués viennent choquer violemment l'un contre l'autre, au moment de la fermeture de la porte, sous l'action de la houle.

La proportion du cinquième au sixième, indiquée

---

1. Notices sur les modèles, dessins, etc., relatifs aux travaux des ponts et chaussées, réunies par les soins du ministère des Travaux publics à l'Exposition universelle de 1889.

ci-dessus, doit donc être considérée comme une
donnée de l'expérience ; on pourrait, par exemple,
adopter la proportion du cinquième dans les ports
où l'agitation de la mer est à craindre, et celle du
sixième dans les ports où la mer est calme.

La forme triangulaire du busc suppose implicitement que l'entretoise infé-
rieure est rectiligne, et c'est
ce qui a lieu presque partout en France ; mais on
peut faire des entretoises
courbes, comme à Bor-
deaux, par exemple, et surtout en Angleterre. Le
busc prend alors la forme d'un arc de cercle ou
d'une ogive très aplatie (croquis ci-dessus).

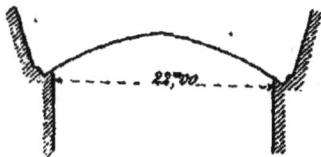

Enfin, dans quelques cas (Tancarville et Fécamp),
le pertuis a été fermé par une porte à un seul vantail. Alors le busc est rectiligne et normal à l'axe
longitudinal de l'écluse.

91. Coupe en travers de l'intérieur d'une écluse.
— La coupe en travers d'une écluse est formée par
les deux bajoyers et le radier.

92. Des bajoyers.
— Dans les chambres des
portes, le parement des bajoyers est vertical ; en
dehors des chambres, il a d'habitude un très léger
fruit de 1/20 à 1/10 sur toute sa hauteur. Mais un
bajoyer étant analogue à un quai, son parement
peut avoir les différents profils jugés admissibles
pour ce genre d'ouvrage ; il peut, par exemple,
offrir, comme à Saint-Nazaire, deux fruits différents
sur sa hauteur (Pl. XII).

Le couronnement du bajoyer doit être à 0m,50, au moins, au-dessus des plus hautes mers connues, en tenant compte, bien entendu, de la hauteur de la houle dans l'avant-port.

93. Du radier. — A l'époque où l'on se servait presque exclusivement de bateaux à voile, dont le maître-couple offrait des formes arrondies, une courbure, même accentuée, du radier était admissible.

Mais aujourd'hui on emploie surtout des navires à vapeur, dont le maître-couple est très aplati près de la quille (Fig. de l'article 79), et la flèche d'un radier courbe doit être aussi faible que possible.

Dans certains cas, on le fait horizontal sur toute sa largeur ; cependant, assez souvent, les radiers droits se raccordent aux bajoyers par des quarts de cercle de 2 à 3 mètres de rayon, ce qui augmente la stabilité des bajoyers et du radier.

Le radier, au lieu d'être horizontal, peut offrir deux pentes faibles (de 0m,01 à 0m,03 par mètre) vers l'axe de l'écluse. On assèche ainsi facilement le radier lorsque, pour des réparations par exemple, on est amené à vider le sas. Cette forme facilite d'ailleurs l'échappement des eaux que le navire déplace à son passage dans l'écluse (croquis ci-dessus).

Il convient de signaler ici un inconvénient spécial que l'expérience a fait reconnaître à la courbure du radier près du busc, dans les ports où la vase est très abondante.

Lorsque le radier *a b* est horizontal ou à faible pente,

10

et le bajoyer *b c* à peu près vertical, le vantail fermé
s'appuie par de très petites surfaces sur le busc (en
a b, *a' b'*), et sur le bajoyer (en *c b*, *c' b'*). Sur ces
petites surfaces, il ne peut se faire qu'un dépôt insi-
gnifiant de vase. Si, au lieu de cela, le radier se
raccorde au bajoyer par une courbure accentuée *(a d c)*,
le vantail s'appuiera sur toute la surface *(a d c c' b' a')*,
où la vase viendra s'accumuler et se comprimer.

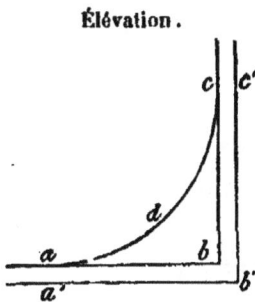

Élévation.

Il en résulte que le vantail
ne s'appliquera plus bien sur le
busc, que l'entretoise inférieure
subira des flexions anormales,
que les portes perdront beaucoup d'eau, etc.

Pour ces motifs, on a dû, à
Bordeaux, faire disparaître, après
coup, la partie courbe du radier
(a b c d), jusqu'à une certaine distance du busc.

Il semble donc préférable de ne pas prolonger la
courbure du radier jusqu'au busc, et c'est ce que
l'on a fait à Calais (Pl. X et XI).

94. Épaisseur des bajoyers. — Bien qu'un
bajoyer d'écluse puisse être assimilé à un quai, il
en diffère, cependant, en ce qu'il est presque toujours traversé dans toute sa longueur par de très
larges aqueducs qu'on y ménage pour différentes
manœuvres, par exemple pour le remplissage et la
vidange du sas, etc. Il en résulte que l'épaisseur
moyenne d'un bajoyer dépend de la nécessité d'y
loger ces aqueducs, et est presque toujours très
supérieure aux 40 centièmes ou aux 50 centièmes de
sa hauteur.

Il y a, en tout cas, une partie du bajoyer qui doit offrir une solidité et une fixité absolues, c'est celle qui se trouve près du chardonnet. Il faut, en effet, qu'elle soit capable de résister aux réactions les plus violentes que les vantaux lui transmettent, quand ils viennent buter brusquement l'un contre l'autre, sous l'action de la houle.

Si l'on s'en rapporte aux ouvrages existants, l'épaisseur moyenne d'un bajoyer près d'un chardonnet semble devoir être au moins égale à sa hauteur.

95. Épaisseur et longueur du radier. — Dans le radier d'une écluse, il faut distinguer les parties où sont établies les portes de celles où règne le sas.

Le radier du sas peut ne demander aucune espèce de maçonnerie; le radier des portes en exige toujours.

Ainsi, dans un bassin de mi-marée, qui n'est, en fait, qu'un grand sas, il n'y a pas de radier; le fond du bassin est constitué par le sol naturel.

Ainsi encore, si l'écluse est creusée dans un roc dur et imperméable, on se bornera à dresser le rocher dans l'emplacement du sas, comme à La Pallice (rocher calcaire) (Pl. VII et VIII) ; ou, au lieu de le dresser. on pourra quelquefois trouver économie à en faire disparaître les aspérités par un simple revêtement maçonné de $0^m,50$ à $0^m,75$ d'épaisseur (exemple Cherbourg, rocher de granit).

Le massif du busc, au contraire, exige une maçonnerie d'une assez grande épaisseur, même dans le roc solide et imperméable. En effet, il doit être fortement ancré dans le sol pour résister à la poussée de la retenue, et il ne paraît pas exagéré de le faire

descendre dans le rocher à 1^m,50 ou 2 mètres, au
moins, au-dessous du radier de la chambre des
portes ; si, d'ailleurs, le busc a de 0^m,50 à 1 mètre de
hauteur, on voit que l'épaisseur de la maçonnerie
pourra atteindre de 2 mètres à 3 mètres.

Cette maçonnerie devra, en outre, être parfaitement soudée au rocher sur une assez grande longueur (dans le sens de l'axe de l'écluse) pour que,
sous la pression de la retenue, il ne se produise pas
d'infiltrations entre le roc et les premières assises
qui reposent sur lui. Cette longueur ne semble pas
devoir descendre au-dessous d'une dizaine de mètres,
comptés à partir de la pointe du busc (voir La Pallice, Pl. VII).

Il faut également une maçonnerie assez épaisse et
assez longue au droit des rainures du batardeau, etc.,
en un mot, partout où existe un seuil comportant
des appareillages en pierres de taille et devant
résister à de grandes pressions d'eau sans laisser
passer d'infiltrations au-dessous de lui.

Pour ces seuils, on a rarement besoin de donner
aux massifs de maçonnerie du radier, logés dans le
rocher imperméable, une épaisseur de plus de 1^m,50
sur une longueur de plus de 4 mètres à 5 mètres.

Il en est tout autrement quand le sol de fondation
est perméable, fût-il même rocheux ; l'épaisseur du
radier, près des portes, doit être alors beaucoup plus
grande que celles qui viennent d'être mentionnées.

En effet, quand le sol est perméable, la pression
due à la hauteur de l'eau dans le bassin à flot se
transmet, au moins partiellement, sous le radier de
la porte au moment de la basse mer ; le radier doit

donc être capable de résister à cette sous-pression, et, pour cela, il faut qu'il soit d'une épaisseur suffisante, qu'on déterminera tout à l'heure.

Quand le sol est non seulement perméable, mais encore affouillable, les infiltrations qui se produisent, de la retenue vers l'avant-port, tendent à désagréger et à entraîner les particules les plus ténues du terrain sous le radier.

S'il n'y a pas seulement tendance à l'entraînement, mais si cet entraînement peut se produire effectivement, pour une cause quelconque, le sol devient plus perméable, les infiltrations sont plus abondantes, passent avec plus de vitesse, enlèvent des particules de plus en plus grosses du sol et minent ainsi le dessous du radier.

Il est arrivé que des écluses ont subi, pour ce motif, de graves avaries. Or, plus la longueur du radier sera grande, plus le cheminement de l'eau sous le radier sera entravé par le fait des résistances de toutes sortes que les infiltrations rencontrent dans les interstices du sol.

On est donc amené à faire le radier aussi long que possible, c'est-à-dire aussi long que l'écluse elle-même.

D'ailleurs, quand le terrain est meuble, composé de sable par exemple, un radier continu est encore motivé par les courants violents de remplissage qui pénètrent près du fond du sas au débouché des aqueducs, et même par les courants plus faibles qui traversent l'écluse comme on l'expliquera plus loin.

Lorsqu'on établit le radier sur toute la longueur du sas, on est conduit à le faire assez solide pour qu'on puisse mettre le sas à sec, si besoin est, soit en vue de réparations à faire, soit dans le cas où un bateau y aurait été coulé, etc.

Bien que l'exécution d'un radier long et épais entraîne toujours des dépenses considérables, il ne faut pas perdre de vue qu'une écluse n'est qu'une partie du grand établissement maritime constitué par un bassin à flot et qu'il faut, avant tout et par-dessus tout, assurer le fonctionnement et l'exploitation de cet ensemble, dans les meilleures conditions possibles de sécurité et de facilité, en tenant compte des éventualités défavorables qu'on peut raisonnablement prévoir.

Pour ces diverses raisons, on est, dans la plupart des cas, conduit à donner aux écluses, fondées sur terrain perméable, un radier résistant et continu dans toute leur longueur.

96. Détermination de l'épaisseur d'un radier. — Jusqu'ici, on s'est borné à indiquer d'une manière vague et générale que le radier, pour résister aux sous-pressions, devait avoir une épaisseur convenable ; il s'agit maintenant de préciser ce qu'on entend par là.

La détermination de l'épaisseur d'un radier dépend des hypothèses que l'on peut faire sur les efforts auxquels il aura à résister et sur la façon dont on conçoit qu'il pourra y résister ; en d'autres termes, la solution du problème dépend des données admises et des formules employées.

Malheureusement, le choix de ces données et de ces formules est encore, aujourd'hui, matière à discussions.

Toutefois, en ce qui concerne les efforts, il semble prudent de prévoir ceux qui ont chance de se produire dans les circonstances les plus défavorables.

Ainsi, le maximum de pression sous le radier se produira évidemment quand la mer sera à son plus haut niveau et quand le sas se trouvera, en même temps, complètement mis à sec.

Cette pression ne peut, en aucun cas, être plus grande que celle qui correspond à la hauteur maximum de l'eau au-dessus de la base inférieure du radier. Les ingénieurs sont à peu près tous d'accord pour admettre ces hypothèses extrêmes sur les efforts les plus grands à prévoir, bien que quelques-uns les trouvent exagérées. Ceux-ci font observer que la pression qui se transmet par les infiltrations à travers les interstices capillaires du sol doit être, par le fait, plus ou moins atténuée. Mais, dans de semblables appréciations, il semble, en tout cas, qu'il vaut mieux pécher par excès que par défaut.

Les efforts étant supposés déterminés, de quelle façon le radier y résistera-t-il ?

Sur ce point, les opinions sont assez divergentes.

Les uns estiment que le radier résistera à la sous-pression comme une poutre droite, posée sur deux appuis (représentés, dans ce cas, par la base des bajoyers) et chargée uniformément sur sa longueur. Dans cet ordre d'idée, qui, à première vue, paraît très simple, on est cependant amené à introduire de nombreuses hypothèses très discutables.

Ainsi, comment doit-on calculer le moment de flexion d'un massif hétérogène, tel qu'un radier, composé souvent de béton à la base, puis d'une

couche de maçonnerie brute, enfin d'un revêtement
de pierres appareillées?

Quelle résistance à la traction doit-on raisonnablement admettre pour la maçonnerie?

En tout cas, la formule des poutres droites semble
devoir conduire à des épaisseurs notablement plus
grandes que celles que la pratique a montré être suffisantes.

D'autres constructeurs, observant que le radier et
les bajoyers forment un massif continu, supposent
que le radier n'est pas simplement posé sur ses appuis,
mais qu'il y est plus ou moins encastré; ils arrivent
ainsi à des épaisseurs un peu moindres que dans le
cas précédent, mais qui paraissent encore excessives.

Le calcul des poutres encastrées exige, d'ailleurs,
l'introduction d'hypothèses aussi incertaines que
celles qui viennent d'être signalées.

Enfin, quelques ingénieurs assimilent le radier à
une plate-bande renversée, butant contre les piles
formées par les bajoyers (Mémoire de M. de Préaudeau, *Annales des Ponts et Chaussées*, année 1888).

Cette façon d'envisager le problème paraît assez
rationnelle; elle permet de ne faire intervenir, au
besoin, que la résistance du mortier à la compression, donnée bien connue pratiquement, et elle conduit, d'ailleurs, à justifier les épaisseurs admises dans
des radiers qui ont parfaitement résisté.

Toutefois, on n'est pas encore d'accord sur le rôle
que jouent les bajoyers. Pour les uns, les bajoyers
sont des appuis fixes et inébranlables, et alors la
poussée au milieu du radier n'est due qu'aux forces
verticales agissant sur le radier (poids et sous-
pression); pour les autres, les bajoyers transmettent

au radier la pression horizontale due à la poussée des terres qu'ils supportent, et alors cette pression s'ajoute à celle qui résulte des forces verticales ci-dessus indiquées.

Les calculs, quels qu'ils soient, ne tiennent pas compte, et ne sauraient tenir compte dans l'état actuel de nos connaissances, de certaines circonstances qui cependant jouent, à n'en pas douter, un rôle de quelque valeur dans la résistance des radiers.

Ainsi, dans un terrain rocheux, même perméable, le radier contracte une certaine adhérence avec le fond.

Ainsi encore, si un radier est supporté par des pieux dont la tête est engagée dans la couche inférieure en béton, la résistance du radier à la sous-pression pourra, de ce fait, être notablement augmentée.

Il résulte de ces observations que, lorsqu'on étudie une grande écluse marine, on ne saurait trop comparer ses projets aux dispositions adoptées avec succès pour des ouvrages semblables, construits dans des conditions analogues.

Pour cette comparaison, les formules reprennent un avantage incontestable, et on pourrait presque dire que, à ce point de vue spécial, elles sont toutes à peu près aussi bonnes les unes que les autres, pourvu qu'on y tienne compte des éléments qui diffèrent de l'un à l'autre radier.

Si l'on s'en rapporte à l'examen des écluses existantes et dont la solidité est éprouvée, il semble qu'on peut admettre, au moins à titre de première indication, les chiffres suivants :

Pour les écluses de 18 mètres à 25 mètres de largeur, supportant une retenue de 8 mètres à 10 mètres au-dessus du seuil, l'épaisseur du radier varie de 1/6 à 1/7 de la largeur dans la partie courante du sas ; mais elle doit être augmentée de $0^m,75$ à 1 mètre sur une certaine longueur près des buscs, près des feuillures des batardeaux et aux deux extrémités de l'écluse.

Ce surcroît d'épaisseur se justifie, aux buscs et aux feuillures, par les efforts exceptionnels qui peuvent se produire en ces points.

Il en résulte que le dessous du radier n'est pas uniformément plan, mais présente, de distance en distance, des saillies, qui forment autant d'obstacles efficaces au trop facile passage des infiltrations, ou, en terme de métier, constituent des *chicanes* (Pl. VII à XVI).

Le renforcement aux extrémités de l'écluse forme également chicane, mais il sert surtout de parafouille contre les effets des courants qui traversent l'écluse, comme on l'expliquera plus loin.

97. Accidents survenus à des radiers. — Des radiers, dont l'épaisseur paraissait devoir être suffisante, ont cependant quelquefois subi des avaries. Ils se sont fendus dans le sens de la longueur de l'écluse, tantôt suivant l'axe, tantôt le long des bajoyers.

Ces accidents se sont présentés surtout pour des écluses fondées directement sur un sol meuble, qu'on devait croire incompressible, par exemple sur un fond de sable pur de profondeur indéfinie.

La cause de ces fissures reste encore assez obscure ; on est généralement porté à admettre qu'elle tient à des dérangements du sol, qui ont pu se produire, après coup, sous le radier.

Ces dérangements consisteraient en tassements

inégaux sous les bajoyers et le radier, ou en
entraînement du sol meuble par les infiltrations
sous la fondation.

En ce qui concerne les tassements, on présente
les observations suivantes.

Il n'y a pas, en réalité, de sol absolument incompressible, et en tout cas la compressibilité, si faible
qu'elle soit, ne peut pas être absolument la même
en tous les points d'une surface aussi étendue que
celle que couvre le radier d'une
grande écluse marine.

Or, le bajoyer représente un
poids considérable, en porte à
faux pour ainsi dire, aux deux
extrémités de la largeur du radier. Le sol pourra donc avoir
une tendance à tasser sous le bajoyer plus que sous
le radier, d'où un effort tranchant ou de cisaillement
qui déterminera une fissure dans le radier, au pied
du bajoyer.

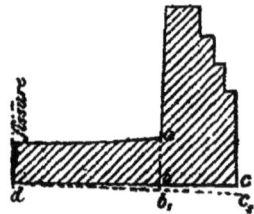

Si le bajoyer fait bien corps avec le radier suivant
a b, il paraît raisonnable d'admettre que son poids
se répartira non seulement sur sa base (*b c*), mais
encore sur une partie (*d b*) du radier; toutefois, on
n'a, jusqu'ici, aucune donnée, ni théorique ni pratique, permettant d'apprécier la charge ainsi trans-
mise au sol sous le radier. — Si la charge augmente
de *d* (où on admettra qu'elle est nulle), à *c* (où elle
sera supposée atteindre son maximum) l'inégale
compression du sol pourra déterminer un léger
dérangement du bajoyer (b_1 c_1) qui entraînera une
fissure vers l'axe de l'écluse.

On voit qu'il est à peu près impossible de prévoir

de pareils effets, et, à plus forte raison, de les apprécier avec un degré suffisant de probabilité pour les introduire dans les calculs.

Aussi, des ingénieurs pensent qu'il convient, en pareil cas, d'assurer au bajoyer une stabilité absolue en le faisant, par exemple, reposer sur un pilotis solide qui évitera toute chance de tassement ou de déversement.

En ce qui concerne l'entraînement du sol meuble par les infiltrations sous le radier, on a pu le constater d'une façon certaine dans quelques cas, surtout pour des écluses d'une faible longueur reposant directement sur un terrain de sable fin.

On conçoit que, si le sol est ainsi miné, le radier, manquant d'un appui suffisant, est exposé à se rompre.

Or, cet entraînement du sol est singulièrement facilité par les affouillements qui tendent à se produire aux deux têtes de l'écluse, par les courants qui, normalement, la traversent quand elle est ouverte depuis un peu avant jusqu'à un peu après la pleine mer, et surtout par les courants qui, par accident, peuvent acquérir une grande vitesse si, pour une cause quelconque, les portes ne fonctionnant pas, le bassin à flot se vide et se remplit à la marée.

D'où résulte, dans les sols meubles, la nécessité de parafouilles aussi profonds que possible aux têtes de l'écluse, et celle de longs avant-radiers (dont il sera parlé plus loin) tant du côté du bassin à flot que du côté de l'avant-port, pour éloigner les affouillements des abords immédiats de l'ouvrage.

Ces précautions ne paraissent pas encore, dans tous les cas, suffisantes à quelques ingénieurs, qui estiment que, lorsque la longueur du radier ne représente pas au moins de 12 à 15 fois la hauteur maximum de la retenue au-dessus de basse mer, les affouillements sous le radier peuvent être encore à craindre dans le sable fin, et qu'il convient alors de faire reposer le radier sur un pilotis.

L'établissement du radier est, en général, la partie de beaucoup la plus difficile de la construction d'une écluse, et les indications qui précèdent ont eu surtout pour but d'appeler l'attention sur les questions nombreuses et diverses qu'il soulève, et qui sont encore bien loin d'être résolues soit pratiquement, soit théoriquement.

98. Hauteur du busc. — On ne donne jamais moins de $0^m,20$ à $0^m,30$ de hauteur à la surface d'appui de l'entretoise inférieure sur le seuil du busc.

L'entretoise s'applique sur le seuil par l'intermédiaire d'une fourrure en bois, destinée à assurer l'étanchéité de la fermeture. Cette fourrure supporte non seulement la pression statique de la retenue, mais encore l'effort dynamique de chocs quand la fermeture est brusque, comme cela se produit souvent à la mer ; elle doit donc avoir une large surface pour qu'elle ne soit jamais soumise qu'à une compression modérée.

D'autre part, le dessous de l'entretoise doit être toujours à une certaine hauteur au-dessus du fond de la chambre.

La porte peut, en effet, donner du nez, et la manœuvre en deviendrait très difficile si le poteau busqué frottait, même légèrement, sur le radier.

De plus, il se dépose toujours de la vase sur le fond de la chambre, surtout du côté du port d'échouage, et il importe que le dépôt de vase se maintienne, autant que possible, au-dessous de l'entretoise inférieure.

Les portes du bassin à flot de Bordeaux sont très difficiles à manœuvrer à cause de la rapidité avec laquelle le fond de leur chambre s'envase, surtout près du busc.

Des corps étrangers assez volumineux peuvent tomber dans la chambre ou y être entraînés par les courants.

Pour ces divers motifs, on ne laisse jamais moins de $0^m,15$ de jeu au-dessous de l'entretoise, ce qui donne au seuil du busc une hauteur minimum de $0^m,35$ à $0^m,45$.

Une hauteur de $0^m,50$ est généralement nécessaire et, au Havre, on a cru prudent de la porter à 1 mètre.

Le fond de la chambre des portes se raccordera avec le radier, du côté opposé au busc, soit par un mur à parement vertical (Pl. XI), soit par un parement incliné d'environ 2 de base pour 1 de hauteur; on évite ainsi une arête saillante inutile (Pl. XII).

99. Profondeur de l'enclave des portes. — La profondeur de l'enclave des portes doit être notablement plus grande que la plus grande épaisseur d'un vantail. (Cette plus grande épaisseur est $a\,b$, si la face aval du vantail est plane ; elle est $a'b'$, si la face aval est courbe.)

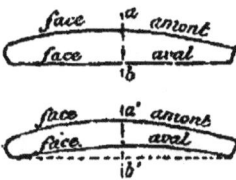

En effet, d'une part il doit rester toujours un espace libre derrière le vantail logé dans l'enclave, entre sa face amont et le bajoyer, pour que les vases refoulées, quand on ouvre la porte, puissent s'y accumuler momentanément, sans en empêcher l'ouverture complète.

On donne habituellement à cet espace libre de $0^m,30$ à $0^m,40$ environ de profondeur, et on le porte à $0^m,50$ au moins lorsque, derrière le vantail, on doit loger en outre un *poteau valet*, appareil spécial dont il sera parlé à l'occasion de la manœuvre des portes quand il y a de la houle.

D'autre part, le vantail ouvert ne doit pas être en saillie sur le bajoyer du sas, afin que sa face aval ne soit jamais exposée à être abordée par les navires passant dans l'écluse; il convient même qu'il soit notablement en retraite par rapport au bajoyer, par exemple de $0^m,30$ à $0^m,40$.

Quant à l'épaisseur maximum d'un vantail, elle diffère généralement peu du dixième de sa longueur. On sait que cette proportion est adoptée dans les ouvrages de ce genre, afin d'en augmenter la raideur ou, autrement dit, d'en diminuer la flexion. Toute flexion notable a, en effet, pour résultat de fatiguer les assemblages.

Ainsi, un vantail de $11^m,50$ aura une épaisseur d'environ . . . . $1^m,15$

Par suite, la profondeur de l'enclave aura en plus, pour le jeu libre derrière le vantail, environ . . . . $0^m,50$

et pour la retraite sur le bajoyer, environ . . $0^m,35$

Total. . . . . $2^m,00$

100. Aqueducs de chasses pour le dévasement des chambres. — Afin de dévaser et nettoyer la chambre de la porte aval, on peut y faire des chasses à l'aide d'eau prise dans le bassin à flot.

A cet effet, un aqueduc longitudinal (*a a*) est ménagé dans le bajoyer; un aqueduc (*b b*) se détache de (*a a*) et débouche par une série de petits pertuis (*c c c*) distribués sur toute la longueur de la chambre.

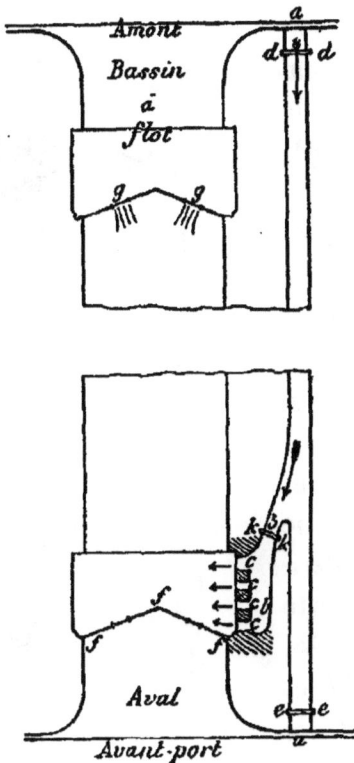

Ces pertuis ont pour hauteur la distance qui existe entre le dessous de l'entretoise inférieure (la porte étant supposée dans son enclave) et le fond de la chambre; ils sont séparés l'un de l'autre par des piliers étroits; largeur des pertuis est ordinairement déterminée par la dimension des pierres de taille qui forment leur plate-bande supérieure.

Il existe une disposition absolument semblable d'aqueducs et de pertuis dans les deux bajoyers.

L'aqueduc est fermé par une vanne (*d d*) à l'amont et par une seconde vanne (*e e*) à l'aval. Sa section doit être notablement plus grande, deux fois, par exemple, que la somme des sections des pertuis qu'il alimente, afin que la pression de l'eau s'y conserve bien.

Quand on veut faire une chasse, on ouvre la porte aval de l'écluse (*f f*), et, quand la mer est basse, on lève les vannes (*dd*) ; l'eau se précipite dans la chambre, y met les vases en suspension, et le courant les entraîne dans le port d'échouage. Toutefois, une partie de ces vases refluerait dans le sas si l'on n'y maintenait pas un courant d'eau. On obtient ce courant en ouvrant, par exemple, des vannes ménagées dans les vantaux de la porte d'èbe d'amont (*g, g*).

On peut faire également des chasses dans la chambre amont. Dans ce but, des pertuis (*c'c'c'*) débouchent dans un aqueduc (*b'b'b'*) qui se rattache à l'aqueduc (*aa*). Une vanne (*hh*) ferme au besoin l'aqueduc (*b'*), et une vanne (*k*) l'aqueduc (*b*). Pendant la chasse, la porte amont (*f'ff'*) est fermée, ainsi que les vannes (*d'* et (*k*). Les vannes (*h*) et (*e*) sont ouvertes.

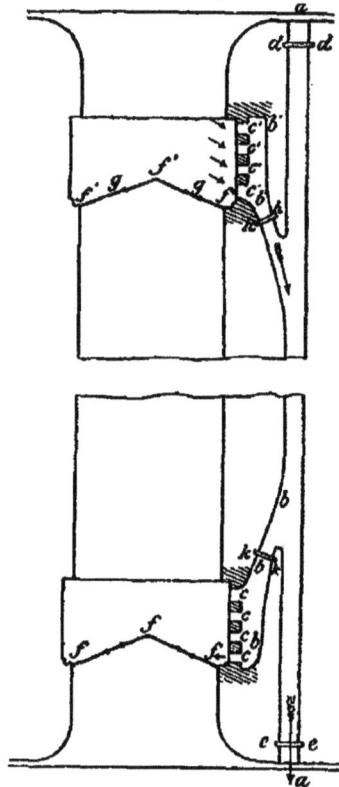

L'eau se précipite par les pertuis (*c'*) dans l'aqueduc (*b'*) et s'écoule dans l'avant-port par l'aqueduc (*a*), en entraînant la vase qui se trouve près des pertuis (*c'*), vase qu'on peut, d'ailleurs, mettre mécaniquement en suspension, si besoin est.

Bien que beaucoup d'écluses soient organisées de façon à permettre ces chasses, et qu'on paraisse, en général, satisfait des résultats qu'on en obtient, on y a renoncé cependant pour d'autres écluses de construction récente, même dans des ports où la vase est très abondante (Exemples : Bordeaux, Rochefort, etc.).

On estime que tous ces pertuis, ces aqueducs, ces vannes, ajoutés à ceux qu'on est déjà obligé d'établir en assez grand nombre pour d'autres motifs, ne laissent pas que de compliquer et de renchérir la construction de l'écluse; on pense aussi que l'enlèvement direct de la vase par dragage ou par pompage, avec mise en suspension à l'aide d'un jet d'eau puissant, donne des résultats tout aussi satisfaisants et peut-être plus économiques en somme.

101. Rainures et tunnels pour le logement des conduites d'eau, de gaz, etc. — Il est presque toujours nécessaire de faire traverser l'écluse par des conduites d'eau potable, ou de gaz, ou d'eau sous pression, par des conducteurs électriques, etc. Il faut donc ménager, dans les bajoyers et dans le radier, des rainures assez larges et assez profondes pour pouvoir y loger ces canalisations.

Port de Dunkerque

Ecluse Nord.

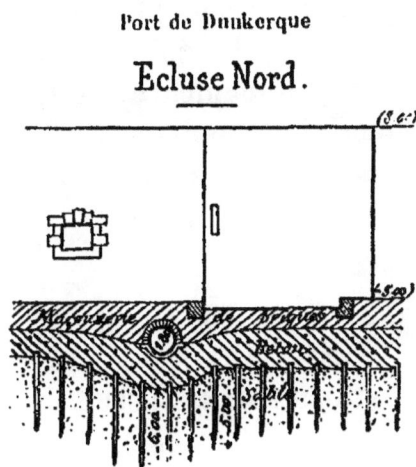

Mais la visite et la réparation de ces appareils deviennent alors difficiles, et il vaut mieux, quand on le peut, les installer dans un tunnel étanche, passant sous l'écluse et où l'on puisse circuler et travailler sans trop de gêne. On réalisera, par exemple, la partie horizontale (*ab*) de ce tunnel sous le radier, au moyen d'une conduite métallique ayant de 1ᵐ,50 à 2 mètres de diamètre.

Port de Dunkerque.
Écluse Nord.

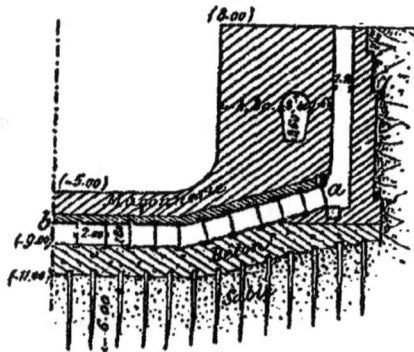

On se bornera, quant à présent, à ces indications générales qui suffisent pour définir les grands traits du plan, du profil en long et des profils en travers d'une écluse. Les autres parties de l'ouvrage seront plus facilement expliquées à propos du rôle qu'elles sont appelées à remplir dans le fonctionnement de l'écluse (par exemple, les aqueducs de remplissage et de vidange, les dispositions que comporte l'installation des appareils de manœuvre, etc., etc.).

§ 2

EXÉCUTION DES FONDATIONS D'UNE ÉCLUSE

102. Observations générales. — Le plus souvent, une écluse s'exécute, à l'abri d'un batardeau, dans une fouille maintenue à sec au moyen d'épuisements.

Dans ce cas, qui est relativement le plus simple, il faut donc que l'on puisse :

1° Établir le batardeau ;

2° Creuser la fouille jusqu'au niveau du dessous du radier ;

3° Maintenir la fouille à sec.

Lorsqu'on travaille dans un port où d'autres écluses ou des ouvrages analogues (bassins de radoub, par exemple) ont déjà été exécutés, on est, en général, à peu près fixé sur la possibilité de satisfaire à ces trois conditions.

Mais, lorsqu'il s'agit de faire, pour la première fois, une écluse dans un terrain dont l'expérience n'a fait connaître encore ni les qualités, ni les défauts, on ne peut dire, *à priori*, dans quelles limites on pourra réaliser ces trois points.

C'est que, en effet, chacun d'eux soulève bien des problèmes dont la solution reste à trouver dans chaque cas particulier.

Ainsi : 1° En ce qui concerne l'établissement du batardeau :

Si la fouille doit descendre à 6 ou 7 mètres au-dessous des plus basses mers, et si l'amplitude des plus hautes marées est aussi de 6 à 7 mètres (chiffres qui sont bien loin d'être exagérés), le batardeau devra pouvoir résister à une charge de 12 à 14 mètres d'eau. La construction d'un pareil batardeau présente toujours de sérieuses difficultés et de grandes incertitudes, quel que soit le système dans lequel on l'exécute.

En second lieu, bien que les écluses soient établies dans des eaux relativement calmes, le batardeau n'en reste pas moins exposé à la houle qui se fait toujours sentir à un certain degré dans l'avant-port et aux courants qui peuvent s'y produire.

De plus, on n'a pas toujours la faculté de donner au batardeau tout l'empattement ou toute l'épaisseur qu'on voudrait adopter, parce que l'on ne peut pas trop empiéter sur la largeur du chenal de navigation, etc.

Ces cas particuliers ne sont cités qu'à titre d'exemples des difficultés qu'on peut rencontrer dans la pratique et qu'on ne saurait ni définir, ni prévoir pour toutes les circonstances susceptibles de se présenter.

2° En ce qui concerne le creusement de la fouille :

Une fouille très profonde exige naturellement des talus très longs et même des talus d'autant plus longs, c'est-à-dire d'autant plus doux, que la fouille est plus profonde et que les infiltrations au pied des talus sont plus abondantes, afin d'éviter toute chance d'éboulements, etc.

Or, si la fouille est ouverte dans le voisinage de constructions qu'on veut ou qu'on doit respecter pour un motif quelconque, la crête du talus ne pourra pas dépasser une certaine limite, et par suite la fouille pourra ne pas atteindre la profondeur du dessous du radier, au moins avec son talus naturel.

Si le terrain est constitué par une vase de très grande profondeur, dès que le fond de la fouille aura été amené à un certain niveau, le sol se mettra en mouvement autour de l'excavation, se fissurera et s'éboulera ; la vase refluera dans la fouille, qu'elle comblera en partie. Si on déblaie cette vase, de nouveaux mouvements se produiront et on sera bientôt amené à renoncer à tout approfondissement ultérieur.

3° En ce qui concerne les épuisements :

Grâce aux machines à vapeur et aux divers systèmes de pompes puissantes dont on dispose aujour-
d'hui, on peut admettre que les épuisements d'une
fouille ne sont pas, en théorie, absolument impossibles, surtout si on fractionne la fouille en compartiments qu'on assèche successivement.

Mais, en fait et en pratique, quand il s'agit d'une
fouille d'étendue relativement grande, comme celle
d'une écluse, quand le sol est extrêmement perméable, comme quelques terrains de galets par
exemple, les épuisements au-dessous d'un certain
niveau peuvent devenir si considérables qu'il soit
sage de les abandonner. Ainsi, tantôt on se trouve
embarrassé, soit pour loger toutes les machines dont
on aurait besoin, et qu'il faut souvent ajouter successivement, soit pour creuser et distribuer convenablement les puisards, pour assurer l'évacuation des
eaux, etc. Tantôt, les rigoles d'assèchement du fond
de la fouille sont si multipliées et il y règne de tels
courants, que l'établissement des premières couches
du radier devient une espèce de tour de force où les
malfaçons sont à craindre. Tantôt, les frais d'épuisement sont si élevés qu'une fondation d'un autre
genre, à l'air comprimé, par exemple, peut, au-dessous d'un niveau déterminé, ne pas revenir plus cher,
tout en offrant plus de sécurité qu'une fondation à
l'air libre, etc.

Deux cas principaux sont donc à considérer :

Celui où la fouille peut être creusée et asséchée
jusqu'au niveau du dessous du radier ;

Celui où, pour une cause quelconque, la fouille ne
peut descendre jusqu'à cette profondeur.

FONDATION DANS UNE FOUILLE ASSÉCHÉE AU NIVEAU
DU DESSOUS DU RADIER

103. Généralités. — Le mode d'exécution du radier dépend de la nature du terrain qu'offre le fond de la fouille.

104. Roc solide et imperméable. — Si le sol de fondation est un roc solide et imperméable (exemple : La Pallice, Pl. VII et VIII), les seules parties du radier imposant quelques sujétions sont celles des buscs et des feuillures ; on a déjà dit (p. 157 à 162) d'après quelles considérations elles doivent être établies.

Habituellement, on les fait tout en maçonnerie ordinaire, bien reliée au rocher.

105. Roc solide, mais perméable ou avec infiltrations. — Comme on suppose ici que la fouille a pu être asséchée pendant la construction de l'écluse, on doit ad`  `ettre, *a fortiori*, que l'épuisement du sas sera toujou_ possible, si on doit y procéder plus tard dans une circonstance exceptionnelle.

Les seules parties du radier à maçonner seront donc les mêmes que dans le cas précédent, mais la maçonnerie étant quelquefois difficile à bien relier au rocher, dans une fouille dont le fond est plus ou moins humide, on trouvera généralement avantage à remplacer les assises inférieures de la maçonnerie par une couche de béton de 1 mètre à 1m,50 d'épaisseur.

106. Terrain solide, mais altérable. — Si le sol de fondation, bien que formé par un terrain solide, imperméable (argile compacte, par exemple) ou perméable (marnes, calcaires, etc.), est d'une nature telle qu'il puisse être altéré par son contact prolongé avec l'eau, ou par les infiltrations qui le traversent, un radier devient alors nécessaire sur toute la longueur de l'écluse. Des parafouilles et des chicanes devront empêcher, autant que possible, le passage de l'eau sous le radier, et le radier devra avoir l'épaisseur voulue pour résister aux sous-pressions, le sas étant supposé mis à sec.

Dans ce cas, on établit d'abord le radier sur toute la longueur de l'écluse et sur toute la largeur qu'elle doit occuper dans le fond de la fouille; puis, on élève les bajoyers sur les deux extrémités transversales du radier. L'exécution du radier est toujours la partie la plus difficile du travail, et l'on peut dire que, lorsqu'elle est achevée, on est sorti des plus gros embarras; aussi doit-on s'efforcer de la rendre aussi simple et aussi rapide que possible.

Le mode de construction du radier dépend de l'assèchement plus ou moins parfait qu'on peut obtenir au fond de la fouille; on va en trouver des exemples dans les paragraphes suivants

107. Terrain meuble incompressible. — Comme exemples de terrains meubles et incompressibles, on peut citer notamment le galet reposant sur un fond solide (sous-sol de craie) et le sable de très grande profondeur. Ces terrains, bien qu'incompressibles, sont toujours plus ou moins perméables et affouillables; la fondation d'une écluse sur un pareil sol exige donc l'établissement d'un radier dans les conditions indiquées ci-dessus. Si l'on est assuré d'empêcher tout affouillement sous le radier, on pourra faire reposer directement la fondation sur le sol, supposé incompressible.

Quand les épuisements assèchent le fond de la fouille à une profondeur suffisante pour que le pilonnage ne fasse pas ressuer l'eau à la surface, de façon à la rendre molle, on formera la première couche du radier au moyen d'une épaisseur suffisante (1^m,50 à 2 mètres) de béton posé à sec et pilonné.

Le béton offre, dans ce cas, l'avantage de permettre une exécution rapide de la partie basse de la fondation, c'est-à-dire de celle qui entraîne les plus grandes difficultés d'épuisement.

Si le béton ainsi employé coûte moins cher que la maçonnerie, ou si la convenance de faire vite domine les considérations d'économie, etc., on pourra constituer toute l'épaisseur du radier par une couche de béton, qu'on recouvrira simplement d'un revêtement maçonné, pour former le parement apparent du fond de l'écluse. — C'est la solution adoptée au Havre pour l'écluse du bassin Bellot [1].

Lorsque les épuisements n'assèchent pas le fond de la fouille au point d'y permettre le pilonnage dans les conditions indiquées ci-dessus, on doit en conclure que les infiltrations verticales à travers le sol conservent une certaine puissance d'ascension, et que les eaux s'écoulent vers les puisards à travers les interstices du sol sur une épaisseur plus ou moins grande près de la surface du fond de la fouille.

---

1. *Annales des ponts et chaussées*, cahier de janvier 1889. — *Notice sur le bassin Bellot*, par M. l'ingénieur Desprez.

Dans ce cas, le béton posé à sec serait exposé à être traversé par des infiltrations verticales, comme on l'a expliqué dans l'ouvrage : *Travaux maritimes*, page 254 ; on le coule donc sous l'eau.

A cet effet, on laisse remonter l'eau dans le fond de la fouille à une hauteur telle que la surface supérieure du béton s'élève de $0^m,25$ à $0^m,30$ au-dessus de l'eau, soit à une hauteur de $1^m,20$ ou $1^m,25$ si le béton a $1^m,50$ d'épaisseur, par exemple.

De cette façon, on s'oppose aux infiltrations verticales, l'eau s'écoule au-dessus du sol vers les puisards, et d'ailleurs les épuisements diminuent par le fait du relèvement du plan d'eau.

C'est la solution adoptée à Calais (Pl. X et XI) et à Dunkerque [1].

Quand le béton coulé sous l'eau a fait prise, on complète l'épaisseur du radier par de la maçonnerie.

Le béton coulé sous l'eau doit être nécessairement maintenu dans une enceinte de pieux et palplanches, mais les parties de cette enceinte parallèles à la longueur de l'écluse offriraient un chemin facile et tout tracé aux infiltrations de la retenue, vers l'avant-port ; on doit donc enlever ces parties longitudinales quand le béton a fait prise et avant de combler la fouille.

108. Terrain meuble compressible. — Si, au-dessous du terrain incompressible (galet ou sable par exemple), formant le fond de la fouille, les forages ont fait reconnaître la présence de couches

1. *Annales des Ponts et Chaussées*, année 1878. 2ᵉ semestre. — *Note sur l'exécution des fouilles et fondations d'ouvrages d'art en terrain de sable, par M. Plocq, ingénieur en chef des Ponts et Chaussées.*

plus ou moins molles, vaseuses par exemple, ou si
le terrain est compressible, le radier devra être supporté par un pilotis.

Le pilotis est surtout nécessaire sous les bajoyers
pour assurer leur parfaite stabilité. — Les têtes des
pieux ne doivent être reliées ni par des longrines, ni
par des traversines, qui faciliteraient le cheminement
des infiltrations ; ces têtes sont simplement noyées,
de $0^m,75$ à 1 mètre, dans la couche inférieure de
béton. — On se bornera à rappeler ici que, lorsque
la longueur de l'écluse n'est pas très grande par
rapport à la hauteur maximum de la retenue (12 à
15 fois cette hauteur), les affouillements sous le
radier sont souvent à craindre dans un terrain meuble, quelques précautions qu'on prenne d'ailleurs
pour empêcher le passage des infiltrations, et qu'il
est alors prudent de fonder l'écluse sur pilotis
(exemples : Dunkerque, écluse de barrage[1] ; le
Havre, écluses du bassin de mi-marée).

Enfin, comme il n'y a peut-être pas de terrain
meuble absolument incompressible et que la compression, si faible qu'elle soit, peut être plus forte
sous les bajoyers que sous le radier, on évitera
toute chance de fissure dans le radier en pilotant,
dans ce cas, les bajoyers seuls de façon à prévenir
tout tassement de leur part.

109. Observation. — On remarquera que, dans
tous les cas qui précèdent, c'est d'abord le radier
qu'on exécute, et qu'on élève ensuite les bajoyers
sur le radier. — On va examiner maintenant les cir-

1. *Portefeuille des élèves de l'École des Ponts et Chaussées*, série 6,
section D, pl. XVI.

constances où l'on construit d'abord les bajoyers et où l'on établit ensuite le radier entre les bajoyers.

FONDATION DANS UNE FOUILLE CREUSÉE SEULEMENT

A UNE PROFONDEUR QUI N'ATTEINT PAS LE DESSOUS DU RADIER

110. Fouilles blindées. — Lorsque, pour un motif quelconque, on ne peut pas descendre le fond de la fouille au niveau du dessous du radier, en conservant aux talus de cette fouille une inclinaison suffisante pour assurer leur stabilité, l'achèvement du creusement de l'excavation devient, si les épuisements restent possibles, un problème analogue à celui qui se présente dans les tranchées dont les parois doivent être blindées.

Mais, dans une fouille blindée, il convient de ne faire dépendre le chantier que le moins longtemps possible de la solidité du blindage ; aussi est-on conduit à exécuter d'abord les bajoyers. Les bajoyers une fois construits dans des conditions de stabilité telles qu'ils permettent ensuite le creusement, à toute profondeur, de la fouille comprise entre eux, l'établissement du radier au fond de cette fouille rentre dans un des cas précédemment examinés.

Quant à l'exécution d'un bajoyer isolé, elle est évidemment tout à fait analogue à celle d'un quai.

Il faut que les bajoyers restent parfaitement stables quand la fouille est creusée à fond, et pendant tout le temps que dure la confection du radier; or, les bajoyers peuvent être alors soumis à une poussée considérable, et, pour qu'ils y résistent, il convient, d'une part, que leur base au niveau du sol soit assez large pour contnir la courbe des pressions et, d'autre part, que leur pied soit ancré dans le sol au-dessous du radier, sur une hauteur convenable (de 1 mètre à 1^m,50 par exemple), de façon à ne pas chasser sous la poussée.

Bien qu'on ne puisse pas, le plus souvent, éviter les blindages, l'expérience engage à chercher à les restreindre autant que possible.

En effet, le blindage est toujours un travail minutieux et coûteux; dans quelques sols (argileux par exemple), les poussées sur les étais sont telles que les plus gros bois courants du commerce, dont on doit forcément se contenter, fléchissent et même se brisent. — En tout cas, la fouille est encombrée par un véritable réseau de poutres entrecroisées, au milieu desquelles le travail des hommes devient lent, dispendieux et sujet à de nombreuses malfaçons ; l'installation des appareils d'épuisement est aussi extrêmement gênante par suite des sujétions de toutes sortes auxquelles il faut avoir égard, des changements qu'il faut opérer, etc. Or, on peut éviter la plus grande partie du blindage lorsque le terrain permet le fonçage de puits ou de blocs par havage.

111. Exécution des bajoyers par havage. — Les bajoyers pouvant être traités comme des quais pleins et continus, leur construction rentre dans les divers cas qui se présentent pour les quais de cette espèce.

Si le terrain est incompressible ou à peu près incompressible (par exemple de gravier, de sable, etc.), on fera descendre les puits ou blocs, par havage (soit à l'air libre, soit à l'air comprimé, soit par pompage, dragage, etc.), jusqu'à 1 mètre ou 1m,50 au-dessous de la base du radier; ces blocs seront ensuite soudés entre eux, de façon à former de chaque bajoyer un mur continu.

Puis on achèvera la fouille à toute profondeur entre les bajoyers, à l'aide d'épuisements, qu'on suppose ici toujours possibles, à l'abri d'un batardeau. Les blocs havés permettent même de remplacer les batardeaux; on peut, en effet, réaliser une enceinte continue en fermant par des blocs les deux extrémités de l'écluse dans le sens de sa largeur. Ces blocs transversaux formeront parafouille au-dessous du radier.

Il est vrai qu'on sera ensuite obligé de démolir jusqu'au niveau du dessus du radier, c'est-à-dire au niveau du seuil, ces deux murs transversaux; mais c'est là une sujétion qu'on rencontre toutes les fois qu'on établit un batardeau en maçonnerie ou en béton.

La base des bajoyers étant solidement ancrée au-dessous du radier dans le sol supposé suffisamment incompressible pour résister à la poussée, l'établissement du radier sur le fond de la fouille rentre dans un des cas précédemment examinés.

En pratique, il est rare que le havage des blocs se fasse sans incidents.

On renverra d'abord aux indications qui ont été données (p. 54 et suivantes) sur les précautions à prendre pour le havage dans le cas de la construction d'un quai, et qui sont encore toutes applicables ici ; mais il convient d'y ajouter quelques remarques supplémentaires.

Si la fouille qu'on peut exécuter en conservant aux terres leur talus stable d'équilibre est très étroite, on sera conduit à foncer les blocs très près du pied de la fouille, et, par suite, la face du bloc située du côté du talus supportera des pressions plus considérables que la face parallèle opposée, ce qui entraînera

Bassin à flot de Bordeaux
Fondations.

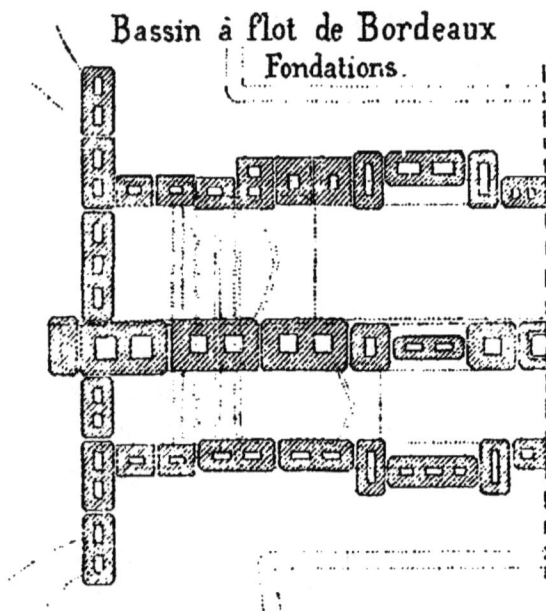

presque à coup sûr le déversement du bloc ; or, le redressement d'un bloc est toujours un travail ingrat, souvent difficile, quelquefois impossible.

Il faut donc éviter ces chances de déversement en ne creusant d'abord la fouille que dans l'emplacement des bajoyers et non sur toute sa surface, de façon à maintenir aussi égales que possible les pressions sur les parois opposées du bloc.

Lorsque les blocs sont bien soudés entre eux, le creusement de la fouille s'opère ensuite sans déversement en général, à la condition que le sol compris entre les bajoyers soit peu ou point compressible et que les blocs y restent ancrés d'une profondeur suffisante au-dessous du radier (Exemple : Bordeaux) [1].

Mais, lorsque le terrain est compressible, surtout quand il est composé de vase de grande profondeur, la fondation d'une écluse y devient une entreprise exceptionnellement difficile. Le cas s'est présenté notamment à Rochefort [2].

112. Fondation d'une écluse dans une vase de grande profondeur. — A Rochefort (Pl. XIV à XVI), les bajoyers ont été construits comme des quais sur voûte en terrain de vase, c'est-à-dire qu'on a établi d'abord des piles havées (B, B, B', B') jusqu'au terrain solide ; ces piles ont été reliées ensuite par des voûtes dont l'intrados était au niveau du dessous du radier. Ces voûtes ont dû être construites dans des fouilles profondes, blindées du côté des terres.

C'est sur ces voûtes que s'élève le bajoyer.

Or, pendant l'exécution, on constata que les piles avaient une tendance à se déverser vers l'intérieur de l'écluse, sous la poussée de la vase ; on en conclut qu'il serait impossible de creuser, sans accident, la fouille entre les bajoyers jusqu'au-dessous du radier, puis d'y battre les pieux nécessaires pour supporter le radier.

---

1. *Ports maritimes de la France*, tome VI.
2. *Annales des Ponts et Chaussées*, année 1884. Fondations par havage du troisième bassin à flot de Rochefort, par M. Crahay de Franchimont.

Il fallait donc s'opposer au déversement des piles, et, à cet effet, on dut foncer deux nouveaux blocs (A,A) entre les piles (B,B) se faisant vis-à-vis dans les deux bajoyers ; puis, on maçonna aussi profondément que possible les intervalles vides, tant entre les piles et les blocs qu'entre les blocs eux-mêmes (*a, a, a*).

Il ne restait plus ainsi qu'à réaliser le radier entre deux groupe. voisins de piles et de blocs (BAAB, B'A'A'B'), ce à quoi on est parvenu en construisant sur α β γ δ une voûte dont les retombées sont en α β et γ δ.

113. Fondation d'une écluse à l'air comprimé. — Jusqu'ici, on a supposé implicitement que l'assèche-

Ecluse de St Malo._Plan des fondations.

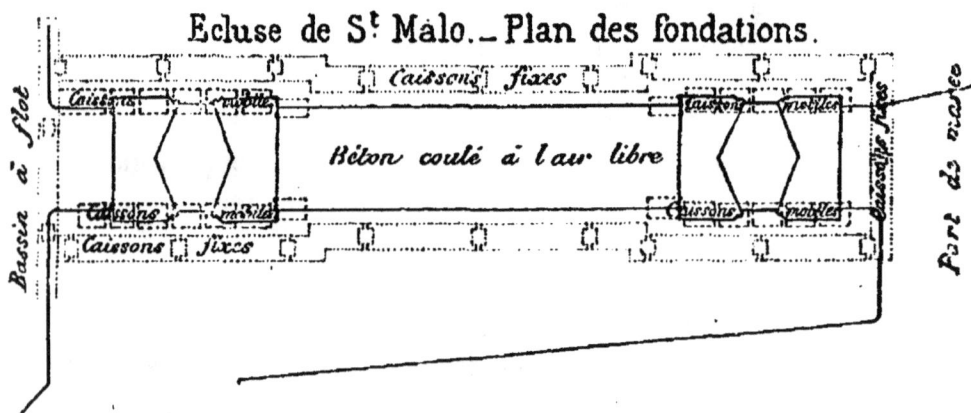

ment de la fouille était possible dans des conditions raisonnables de prix et sans entraves excessives pour l'organisation des chantiers. S'il en est autrement (par exemple dans un terrain de gros galets, très perméable), on a la ressource de fonder l'écluse sur des caissons foncés à l'air comprimé.

On verra, à propos des bassins de radoub, qu'on a pu foncer des caissons énormes ayant en longueur et en largeur des dimensions égales à celles des grandes écluses marines ; mais, en général, il vaut mieux chercher à ne pas exagérer la grandeur des caissons et réaliser la fondation à l'aide de plusieurs massifs, soudés au besoin entre eux et fondés individuellement à l'air comprimé.

Comme exemples de ce système de fondation appliqué de différentes manières, on peut citer notamment :

A Dieppe (Pl. IX), l'écluse d'aval du bassin de mi-marée (*Annales des ponts et chaussées*, année 1887, mémoire de M. l'ingénieur en chef Alexandre) ;

A Honfleur, l'écluse du quatrième bassin à flot (voir Pl. XIII) ;

Au canal maritime de la Loire : les deux grandes écluses (Exposition universelle, à Paris, en 1889 ; notices sur les modèles, dessins, etc., relatifs aux travaux des ponts et chaussées et des mines, réunies par les soins du ministère des Travaux publics, p. 458 et suivantes) ;

A Saint-Malo, l'écluse du bassin à flot (Voir le croquis ci-dessus, p. 177, et la note de M. l'ingénieur en chef Mengin, *Annales des ponts et chaussées*, janvier 1883).

§ 3

MAÇONNERIES D'UNE ÉCLUSE

114. Généralités. — L'exécution des maçonneries, tant pour les parements que pour les massifs intérieurs, ne comporte pas d'indications spéciales autres que celles qui ont été données d'une manière générale dans le volume *Travaux maritimes.* (p. 241 à 256), et avec quelques détails à propos de la construction des quais.

Toutefois, il convient d'avoir égard aux sujétions qu'impose le grand nombre d'aqueducs dont les bajoyers sont percés longitudinalement et transversalement, aqueducs qui doivent être capables de résister à la pression statique des eaux qui les remplissent quelquefois et au passage des courants, souvent violents, qui les traversent et sont de nature à dégrader les joints des parements intérieurs de ces aqueducs [1].

Quand on est amené à exécuter les bajoyers avant le radier, il faut avoir soin de ménager ou de pratiquer dans le bajoyer, là où il doit être soudé avec le radier, les arrachements nécessaires pour bien assurer cette liaison.

115. Maçonnerie de pierres de taille. — La

---

1. On a constaté qu'il se développe sur les parois intérieures de certains aqueducs une végétation marine qui résiste aux courants et constitue, par suite, une protection efficace.

construction d'une écluse exige l'emploi d'une grande quantité de pierres de taille ; ces matériaux sont nécessaires partout où ils doivent résister par leur masse à des chocs ou à des frottements énergiques, sans être suffisamment contrebutés par la maçonnerie environnante. Ainsi, toutes les arêtes saillantes seront en pierres de taille (arêtes des chambres des portes, des rainures et feuillures, etc.). Ces arêtes seront d'ailleurs arrondies par des quarts de cercle (de 6 à 12 centimètres de rayon par exemple), pour être moins fragiles.

La pierre de taille est aussi nécessaire quand il s'agit de répartir, sur une étendue suffisante de maçonnerie ordinaire, un effort considérable s'exerçant directement sur une surface très limitée. Exemples : rainures sur lesquelles s'appuie un batardeau ou un bateau-porte ; chardonnet supportant la pression et la poussée des vantaux, etc.

Le busc doit être fait avec des pierres de très grandes dimensions, et son exécution réclame des soins spéciaux. En effet, un vantail fermé est soumis à un effort vertical résultant de la sous-pression qui s'exerce sous son entretoise inférieure ; cet effort est transmis aux pierres du busc sur lesquelles s'appuie le vantail et tend à les soulever. De plus, si les joints entre les pierres ou sous les pierres ne sont pas parfaitement étanches, — et on n'est jamais sûr qu'ils le soient, — la charge de la retenue détermine, à basse mer, sous le lit inférieur de ces pierres, une pression qui tend encore à les soulever.

Il faut donc que chaque pierre ait individuellement un grand poids, qu'elle soit bien reliée à la maçonnerie sur laquelle elle repose, et aussi aux pierres voisines.

En outre, l'arête supérieure du busc est exposée à être heurtée et, par suite, épaufrée ou éclatée par la quille des navires ; c'est aussi vers le sommet du busc que se produisent les chocs souvent violents des vantaux, poussés brusquement par la houle ; les pierres doivent donc être, pour ces motifs, très dures et très résistantes. Il en résulte que, habituellement, le busc est fait avec du granit à grain fin et que chaque pierre doit avoir au moins 1 mètre de longueur, 0^m,70 de largeur et 1 mètre d'épaisseur.

On a dit que chaque pierre du busc devait être bien reliée et rendue, pour ainsi dire, solidaire avec les pierres voisines. On réalise quelquefois cette solidarité à l'aide d'une pièce de charpente scellée dans une feuillure creusée au sommet du busc.

C'est sur cette poutre de bois, appelée le *faux-busc*, que s'appuie alors la fourrure inférieure du vantail.

Une pierre en particulier comporte des dimensions et des sujétions de taille spéciales, c'est la *bourdonnière*.

La bourdonnière où est scellée la crapaudine du poteau tourillon supporte tout le poids de la porte, quand l'écluse est vide, et elle doit offrir une surface assez grande pour répartir ce poids sur la maçonnerie ordinaire de fondation, sans imposer à cette maçonnerie une charge capable d'y déterminer un tassement, si faible qu'il soit.

La bourdonnière fait presque toujours partie à la fois du fond de la chambre des portes, du busc et du chardonnet, ce qui exige pour cette pierre de fortes dimensions et une grande précision de taille.

Quelquefois, des vannes en bois glissent sur des rainures creusées dans le granit, et alors la surface frottante de la pierre doit être non seulement parfaitement dressée, mais encore polie.

116. Des parafouilles. — On a expliqué précédemment que les courants qui traversent habituellement ment ou accidentellement l'écluse affouillent le sol meuble aux deux extrémités du radier.

Les affouillements peuvent atteindre, dans le sable, le dessous du radier et compromettre la solidité de cette partie essentielle de l'ouvrage en facilitant l'entraînement, par les infiltrations, du sol meuble de la fondation. Pour s'opposer à cet effet, on établit des parafouilles.

Un parafouille est constitué habituellement par une ligne de pieux et palplanches descendant aussi profondément que possible dans le sol, à 6 ou 7 mètres par

exemple, et, derrière cet écran, on augmente autant qu'on le peut, sans frais excessifs, l'épaisseur du radier, soit de 1 mètre environ sur 1 mètre ou 2 mètres de longueur.

Le parafouille règne devant chacune des têtes de l'écluse sur une largeur au moins égale à la largeur de l'ouvrage, bajoyers compris.

Les affouillements se produiront encore en avant du parafouille ; dans le sable très fin, ils pourraient en atteindre presque le pied et en compromettre ainsi l'efficacité. On est donc conduit à protéger le parafouille lui-même contre ces affouillements. On y parviendrait, sans doute, au moyen d'une défense en enrochements qu'on rechargerait au fur et à mesure de leur enfoncement dans le sol ; mais on doit craindre qu'on ne s'aperçoive pas assez tôt de l'urgence de ces rechargements. D'ailleurs, en cas d'échouage d'un navire près de l'écluse, ces enrochements seraient d'un effet désastreux pour la conservation de la coque.

L'expérience a conduit à une autre solution basée sur les observations suivantes.

117. Des avant-radiers. — Puisque les affouillements sont inévitables, il vaut mieux qu'ils se forment aussi loin que possible au delà du radier. On atteindra ce but en établissant

des avant-radiers à chaque tête. Des affouillements se produiront sans doute après l'avant-radier, et pourront déterminer la dislocation de celui-ci ; mais on sera prévenu, par le fait même, du danger bien avant qu'il ne soit devenu menaçant pour le radier de l'écluse, et l'on aura tout le temps nécessaire pour y parer.

L'avant-radier, pour remplir cet objet, doit donc être établi de telle façon que, si des affouillements se produisent sous lui, il puisse suivre l'affaissement du sol. On pourra, par exemple, le constituer de la manière suivante : 1° une couche d'argile corroyée de 1 mètre environ d'épaisseur ; 2° une couche de pierres cassées de 0^m,40 à 0^m,50 ; 3° un dallage en blocs de maçonnerie ou de béton de 0^m,50 à 0^m,60.

L'avant-radier se termine à un para-fouille en avant duquel on peut encore, à la rigueur, déposer une défense en enrochements non saillants.

Il doit être placé un avant-radier à chacune des têtes de l'écluse.

Dans les terrains de sable fin, on donne aux avant-radiers une longueur de 15 à 20 mètres (Voir Atlas-Calais, Pl. XI et XXII).

CHAPITRE III

PORTES D'ÉCLUSES

§ 1er

CONSIDÉRATIONS GÉNÉRALES

118. Généralités. — Les portes d'une écluse marine constituent l'organe essentiel d'un bassin à flot.

Elles doivent donc offrir toute garantie de solidité et de bon fonctionnement.

Les accidents survenus à des portes — et il y en a malheureusement plus d'un exemple — ont eu souvent, en effet, les conséquences les plus graves, aussi bien pour les navires amarrés dans le bassin à flot que pour ceux qui se trouvaient dans l'avant-port.

119. Transformations successives des types de portes d'écluse. — Les écluses marines étaient loin

de présenter autrefois les dimensions qu'elles atteignent de nos jours.

Tant que leur largeur a pu ne pas dépasser de 10 à
12 mètres, la construction des vantaux, qu'on faisait
alors en bois, ne différait pas essentiellement de
celle des portes ordinaires des écluses des canaux.

Lorsque la largeur des écluses a dû atteindre une
vingtaine de mètres, la confection de portes en bois
est devenue un problème assez difficile, qui a exercé
la sagacité de tous les ingénieurs.

Mais, dès cette époque, l'industrie métallurgique
s'était développée, et l'on fit intervenir de plus en
plus le fer pour renforcer les vantaux en bois.

Enfin, aujourd'hui, la plupart des grandes portes
d'écluse sont, en France, entièrement métalliques.

Jusqu'ici, les portes sont à deux vantaux busqués ;
mais, depuis quelques années, on a adopté exceptionnellement des portes à un seul vantail.

La construction d'une porte est un problème des
plus intéressants et dont la solution a le plus varié ;
elle s'est modifiée et se modifie encore, en quelque
sorte, pour chaque grande écluse nouvelle.

On étudiera, en premier lieu, la construction des
portes busquées en bois, qui sont d'ailleurs encore
en usage pour de petites écluses et dont on continue
à se servir, même pour de grandes écluses, dans
certains pays, notamment en Angleterre, à Liverpool
et au canal de Manchester, par exemple.

On y trouvera, du reste, l'occasion de poser un
certain nombre de définitions et de principes applicables à la plupart des types de portes.

§ 2

PORTES BUSQUÉES EN BOIS

120. Composition d'un vantail. — Un vantail se
compose essentiellement d'un cadre formé par le
poteau tourillon, le poteau busqué, l'entretoise
supérieure et l'entretoise inférieure. Sur ce cadre
est appliqué un bordé étanche, dont la résistance
est assurée par un système de pièces horizontales
(entretoises), assemblées avec les poteaux, et
de pièces verticales (montants), fixées sur les
entretoises [1].

121. Résistance d'un vantail. — Le calcul des
dimensions que doivent avoir les différentes pièces
horizontales et verticales entrant dans la construction
d'une porte, pour supporter les efforts auxquels
elles sont soumises, offre des difficultés particulières, dues à l'incertitude qui règne sur la répartition des charges entre ces différentes pièces rendues
solidaires par les assemblages.
Si toutes les entretoises pouvaient être consi-

---

1. Il n'est pas nécessaire, en général, que l'entretoise supérieure
d'une porte d'èbe s'élève jusqu'au niveau des plus hautes mers;
d'habitude, au contraire, on la maintient à 0ᵐ,15 ou 0ᵐ,20 au-dessous de
ce niveau. — Cette disposition n'a aucun inconvénient au point de vue
de l'utilisation du bassin à flot, ni à celui de la manœuvre des portes;
elle n'en a pas non plus au point de vue des courants qui peuvent se
produire dans le pertuis ; par contre, elle offre l'avantage de réduire la
hauteur des vantaux et, par suite, d'en rendre la construction plus
économique.

dérées comme travaillant isolément et indépendamment les unes des autres, le calcul en serait facile.

Il suffirait de tenir compte de la pression d'eau correspondant à la partie du bordé comprise entre deux entretoises voisines.

Mais la présence des montants verticaux, d'une part, et la distribution des appuis, d'autre part, modifient la répartition des charges.

122. Influence des montants verticaux. — L'influence des montants verticaux se comprend aisément. Si, dans un plancher, une poutre fléchit d'une façon exagérée, on peut la soulager en la soutenant par une pièce de bois reliée aux deux poutres voisines. On répartit ainsi l'excès de charge sur les trois poutres. Cette sous-poutre n'a pas besoin d'avoir un fort équarrissage, si les poutres sont rapprochées l'une de l'autre, car il suffit qu'elle ait une rigidité proportionnée à sa longueur. Si, au lieu d'une sous-poutre, on en met plusieurs, chacune d'elles pourra n'avoir qu'une faible épaisseur et agir encore efficacement.

Ainsi, non seulement les montants verticaux qui règnent sur toute la hauteur du vantail, avec des dimensions assez grandes, tendront à répartir la charge totale sur toutes les entretoises, mais le bordé lui-même, si faible que soit son épaisseur, aura le même effet.

123. Influence de la distribution des appuis. — Quant à l'influence des appuis, on en a l'impression en remarquant que le vantail repose par trois de ses côtés sur des parties fixes; le poteau tourillon porte sur le chardonnet, l'entretoise inférieure sur le busc ; le poteau busqué s'appuie sur le poteau voisin.

Avec une semblable disposition d'appuis, le vantail, s'il a une rigidité suffisante, ne doit évidemment pas avoir son maximum de flexion près du busc, bien que ce soit là que s'exerce le maximum de pression.

Ainsi, les calculs basés sur l'indépendance absolue des entretoises conduiraient à donner à celle du bas une force exagérée, ce qui, à la rigueur, serait sans grand inconvénient, et à donner, par contre, aux entretoises du milieu une résistance insuffisante, ce qui serait un danger.

En résumé, le problème à résoudre consiste à trouver l'effort que supporte chaque pièce dans un assemblage d'entretoises et de montants formant un vantail rigide, soumis à des forces dont on connaît la disposition.

124. Expériences de Chevallier. — Formules de Lavoinne. — Pendant longtemps, on n'a pas su faire ces calculs. Chevallier a traité la question au point de vue expérimental ; ses études ont été publiées dans les *Annales des ponts et chaussées* (année 1850, 1ᵉʳ semestre).

Plus tard, Lavoinne a abordé le problème par l'analyse, et ses formules conduisent à des résultats qui concordent d'une manière satisfaisante avec ceux obtenus expérimentalement par Chevallier. Le mémoire de Lavoinne a été également publié dans les *Annales* (année 1867, 1ᵉʳ semestre).

Cette concordance entre la théorie et l'expérience

autorise à recourir, suivant les cas, soit aux indications de Chevallier, soit aux formules de Lavoinne [1].

125. Conséquences pratiques des expériences et des formules. — Il résulte de ces travaux un certain nombre de conséquences pratiques utiles à rappeler :

1° Les pièces verticales permettent, dans une certaine limite, de répartir, à peu près comme on le veut, entre les entretoises, la charge totale supportée par le vantail.

Avec un système vertical absolument rigide, la flexion maximum a lieu à l'entretoise du haut.

Avec un système vertical absolument flexible, la flexion maximum a lieu à l'entretoise du bas, située immédiatement au-dessus du busc.

Donc, avec un système vertical d'une résistance convenable, la flexion maximum pourra être reportée, à un point à peu près quelconque, entre le haut et le bas du vantail.

2° Cette faculté que donnent les pièces verticales n'est pas la même, quelle que soit la disposition des entretoises. Des entretoises égales et également espacées offrent la disposition où l'intervention des pièces verticales, de résistance convenable, permet de faire varier, dans la plus large limite, la charge entre les entretoises.

Cette conséquence est précieuse, car il est avantageux de n'avoir à faire qu'un seul type d'entretoises, au lieu de modifier leurs dimensions suivant leur position.

Cela simplifie les calculs, les épures, les assem-

1. Voir les applications de ces formules dans les annexes nᵒˢ 2 et 3.

blages, le choix des bois ou des échantillons des fers, l'exécution des ferrures, etc.

De plus, les assemblages des entretoises avec les poteaux tourillon et busqué sont plus également répartis sur la longueur de ces poteaux; il n'y a pas, par conséquent, de point plus particulièrement fatigué par ces assemblages.

3° Il vaut mieux avoir plusieurs pièces verticales qu'une seule, bien que, pour une répartition donnée de la charge, une seule pièce dût exiger une section moindre que la somme des sections de plusieurs montants produisant le même effet, et, par suite, dût coûter moins cher; car plusieurs pièces diminuent la flèche des entretoises. Or, moins les entretoises fléchissent, moins les assemblages fatiguent, surtout dans les poteaux tourillon et busqué. D'ailleurs, plusieurs pièces relient mieux qu'une seule l'ensemble du vantail.

4° Il ne faut pas exagérer le nombre des entretoises, car moins il y a d'entretoises, plus le seuil supporte une fraction proportionnellement grande de la pression totale des eaux sur le vantail.

Il vaut donc mieux faire peu d'entretoises fortes et rigides, mais espacées, que beaucoup d'entretoises rapprochées et individuellement faibles.

126. Enseignements fournis par le fonctionnement pratique des écluses. — La pratique a fourni, en outre, d'autres enseignements :

1° Il ne faut pas trop diminuer la force des entretoises inférieures, bien qu'une partie de leur charge soit reportée sur les autres, parce que le bas de la porte est exposé à des chocs sur le busc quand la fermeture a lieu brusquement. Les efforts dynamiques qui se produisent alors ne peuvent être estimés que grossièrement, mais ils sont certainement supérieurs à ceux qu'on calcule d'après les poussées statiques.

D'ailleurs, le bas de la porte est exposé à heurter des corps étrangers tombés dans la chambre, et à racler la v_se qui s'y trouve. Dans les grandes portes en bois, le vantail est quelquefois soutenu, près du poteau busqué, par des roulettes qui fonctionnent plus ou moins mal, frottent au lieu de rouler et, par conséquent, fatiguent l'entretoise inférieure et les voisines.

Enfin, les entretoises inférieures sont souvent situées au-dessous du niveau des plus basses mers, et par suite il est difficile de les réparer. Il faut donc que leur durée soit largement assurée par leurs dimensions mêmes.

2° Il ne faut pas non plus trop diminuer la force des entretoises supérieures parce qu'elles sont exposées aux intempéries ainsi qu'aux chocs des bâtiments. Il convient donc que le haut du vantail ait un excès de résistance par rapport à ce que les calculs conduiraient à lui donner.

3° C'est vers la partie moyenne de la hauteur du vantail qu'il convient de concentrer l'effort maximum dû à la pression de la retenue, parce que cette partie est moins exposée aux chocs, aux intempéries, etc. et est relativement facile à visiter.

Il faudra donc combiner le système d'entretoises et de pièces verticales de façon à atteindre ce résultat, et nous avons vu, par la théorie et l'expérience, que cela est possible dans une limite convenable.

Toutefois, la règle de l'égal écartement des entre-toises n'a pas un caractère absolu. Il convient même, dans les portes en bois, de les écarter un peu vers le haut et de les rapprocher vers le bas du vantail.

En effet, pendant la morte eau, la partie supérieure de la porte n'est pas immergée, elle pèse donc de tout son poids sur les assemblages ; cet effet est surtout sensible quand la porte est ouverte. Il convient, par suite, d'alléger la porte au-dessus de la haute mer de morte eau.

Pour le même motif, il y a intérêt à augmenter la masse du bois au-dessous du même niveau ; car, le bois pesant moins que l'eau, le volume d'eau qu'il déplace tend à soulager la porte. Il convient, par suite, de rapprocher les entretoises du bas.

On voit, par les remarques qui précèdent, et qui sont bien loin de prévoir tous les cas possibles, com-bien sont nombreuses et diverses les considérations qu'il y a lieu de faire entrer en ligne de compte dans l'étude d'une porte d'écluse marine ; il ne faut donc pas s'étonner de ce que les idées des ingénieurs ne soient pas encore définitivement arrêtées sur le meil-leur mode de construction à adopter ; M. l'inspecteur général Guillemain l'a examiné au point de vue des canaux, et l'on trouvera à ce titre, dans son ouvrage de navigation intérieure, d'utiles renseignements.

Les indications données ci-dessus s'appliquent au plus grand nombre des systèmes de portes employés en France.

On va examiner maintenant celles qui se rappor-tent plus spécialement à quelques types particuliers.

13

127. Types divers de portes. — Le système de construction des vantaux est loin d'être uniforme. Dans des ports très voisins, et même dans un port donné, on constate le plus souvent, d'une porte à l'autre, et d'une époque à une autre, des différences notables en ce qui concerne l'espacement, la forme, la liaison des entretoises, etc.

Aussi, parmi les types divers en usage, on n'examinera que ceux offrant des caractères tranchés, sans s'arrêter, pour le moment, au mode de liaison des pièces, qui sera étudié à propos de l'exécution de la charpente.

Les buscs peuvent être, comme on l'a dit, rectilignes ou curvilignes ; dans le premier cas, les entretoises sont dites en poutres droites ; dans le second, on les désigne sous le nom d'entretoises courbes.

PORTES A ENTRETOISES EN POUTRES DROITES

128. Entretoises planes. — Le type des entretoises droites, en bois, à deux faces planes, est le plus ancien ; il a été tout d'abord employé à l'origine pour les écluses marines.

Les ingénieurs, en conservant les formes consacrées alors pour les portes des écluses ordinaires, se sont basés, dans la détermination des dimensions à donner aux entretoises, sur la règle empirique qui consiste à ne pas dépasser, pour la longueur de la pièce de bois, dix fois environ sa hauteur. Le calcul est d'ailleurs d'accord avec cette règle pratique et montre qu'elle doit être suivie pour que la poutre fléchisse peu sous la charge, car une trop grande flexion fatigue les assemblages.

Comme les bois qu'on emploie dans la construc-

Port du Havre (bassin Vauban).
Porte d'Ebe.

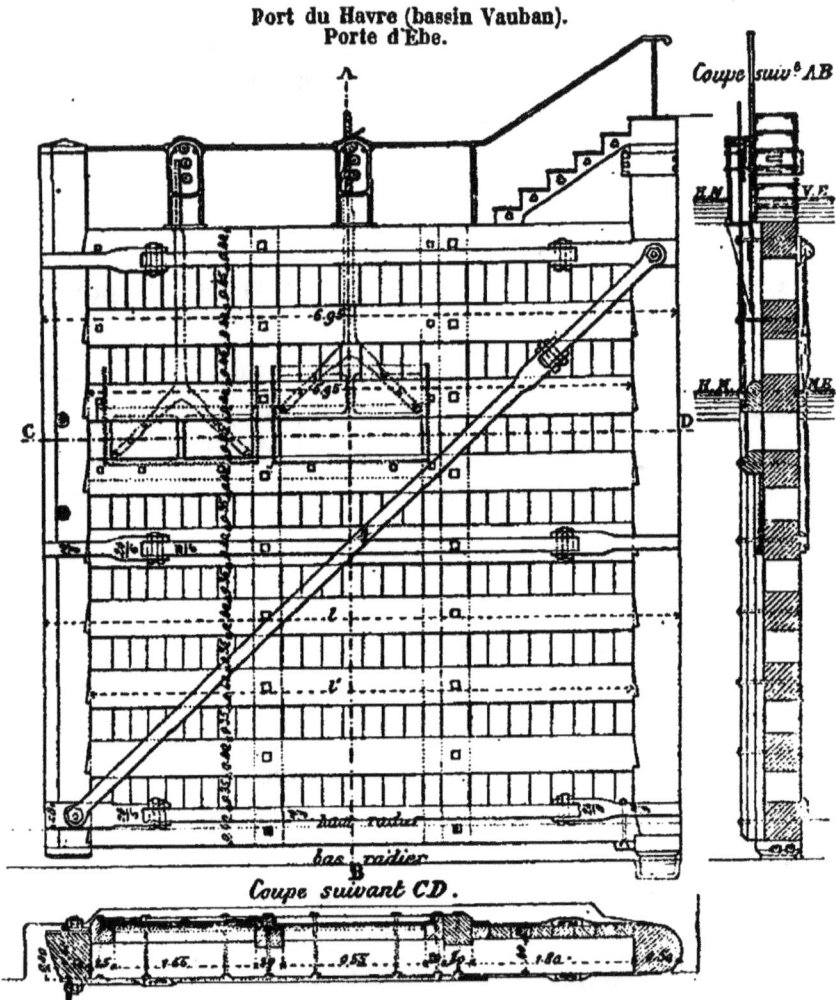

Coupe suiv.ᵗ AB

Coupe suivant CD.

tion des portes doivent être toujours de premier choix, et qu'il est difficile de s'en procurer qui aient plus de 0ᵐ,50 à 0ᵐ,60 d'équarrissage, tout en étant de très bonne qualité, on voit que les entretoises droites ne peuvent guère dépasser 6 mètres.

Si on y ajoute l'épaisseur des poteaux busqué et tourillon, l'on peut ainsi obtenir un vantail mesurant environ 7 mètres de longueur, ce qui permet de fermer, avec des portes busquées, un pertuis de 12 à 13 mètres de largeur.

Cette manière de faire a été suivie pendant longtemps, et on peut en voir encore des variétés dans beaucoup de nos ports (Le Havre, Saint-Nazaire, Saint-Malo, Paimpol, etc.).

Mais la mise en service des bateaux à vapeur, et notamment des navires à aubes de très grande largeur, vers 1850, a nécessité l'adoption de très larges écluses. L'industrie du fer, à cette époque, n'était pas encore très avancée, et l'on a dû imaginer de nouvelles dispositions d'entretoises en bois pour fermer des pertuis variant de 13 à 30 mètres de largeur.

129. Entretoises jumelées. — Pour obtenir une épaisseur de poutre atteignant, au milieu, le dixième de sa longueur, quand la largeur de l'écluse est de

Port de Saint-Malo.

Coupe horizontale. Entretoise jumelée

10ᵐ,53

14 à 20 mètres environ, on a constitué l'entretoise de plusieurs pièces de bois superposées ou jumelées, mais présentant une surface courbe à l'amont, de façon à n'avoir, vers ses extrémités, qu'une épaisseur de 0ᵐ,50 à 0ᵐ,60.

Ordinairement, les entretoises sont composées de deux poutres, assemblées à redans, clavetées, boulonnées et ceinturées (Exemple : Dunkerque, porte de l'écluse du barrage[1]).

(Sur la constitution de ces poutres, voir le mémoire du colonel Jourafski, *Annales des ponts et chaussées*, année 1856.)

130. Entretoises armées. — Pour la fermeture des pertuis de 20 à 30 mètres de largeur, le système des entretoises jumelées aurait conduit à trop découper, vers les extrémités de la poutre, les fibres des pièces de bois, pour conserver aux poteaux

Port du Havre.

Porte de l'écluse des Transatlantiques

Longueur du vantail : 17m,70.

busqué et tourillon des dimensions admissibles. On a alors suivi les dispositions préconisées par le colonel Emy, et dont le croquis ci-dessus indique le principe (Exemples : anciennes portes de l'écluse des Transatlantiques au Havre[2]; grande écluse à Saint-Nazaire[3]).

Les entretoises sont rendues solidaires au moyen de montants insérés sur toute la hauteur du vantail, dans le vide qui existe entre les bois cintrés, d'amont, et les bois droits, d'aval, ces derniers for-

1. *Portefeuille des élèves de l'École des Ponts et Chaussées*, série 6, section D, planches VIII et IX.
2. *Ibid.*, série 6, section D, planches XVII et XVIII.
3. *Ibid.*, série 6, section D, planche IV.

mant entrait de l'espèce de ferme courbe qui constitue l'entretoise.

Il a été fait usage autrefois, notamment à Calais, d'une disposition beaucoup plus simple de poutre armée, applicable à des écluses 'dont l'ouverture ne dépasse pas 20 mètres environ.

Les entretoises de ce système très rationnel sont composées de deux poutres droites à faces planes, séparées par un intervalle que remplissent des pièces ver-

Port de Calais.

Coupe horizontale.

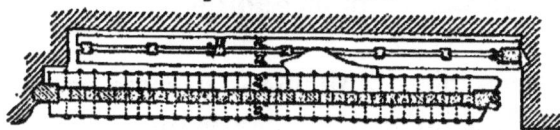

Largeur de l'Ecluse 17ᵐ._Flèche des buscs. 3ᵐ40.

ticales jointives, reliant ainsi entre elles les entretoises, dont elles assurent la solidité, tout en formant un bordé que le calfatage rend étanche.

Chacune des pièces verticales est fixée, par des boulons, aux poutres horizontales des entretoises.

Enfin, à l'imitation de ce que l'on fait pour renforcer les arbalétriers des fermes des grands combles, on a armé les entretoises en poutres droites, à faces planes, au moyen de contre-fiches et de tirants ; les tirants prennent leurs points d'appui sur les poteaux tourillon et busqué.

Ce système permet d'atteindre une plus grande longueur de porte pour un équarrissage déterminé des entretoises (Exemple : Grimsby, Pl. XVII).

L'inconvénient de ces portes consiste en ce que les tirants, nécessairement placés à l'aval, sont exposés aux atteintes des navires, et que, si l'un d'eux vient à se briser subitement, soit sous l'action d'un choc, soit parce qu'il est d'une force insuffisante, etc., la résistance du vantail tout entier se trouve, de ce fait, immédiatement compromise.

PORTES D'ÉCLUSES A ENTRETOISES COURBES

131. Entretoises courbes. — Dans tout ce qui précède, on a raisonné sur des entretoises en poutres droites. C'est la forme la plus habituelle dans nos ports.

Mais cette forme n'est nullement nécessaire; on pourrait même dire qu'elle est peu rationnelle, eu égard au genre d'efforts que subit une porte busquée.

En effet, l'ensemble des deux vantaux doit résister à peu près comme une voûte; ils butent sur le chardonnet, ils s'appuient l'un contre l'autre, et ils supportent, normalement à leur surface d'amont, une pression uniformément répartie sur toute leur longueur.

Portes à entretoises droites.

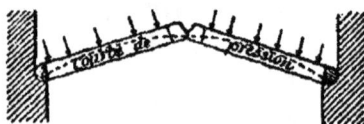

Portes à entretoises courbes.

Dans ces conditions, on voit, *à priori*, que la courbe des pressions, dans l'ensemble des deux vantaux fermés, passera vers l'axe des deux tourillons et en un point du joint de contact des vantaux busqués.

Un calcul très simple montre que cette courbe doit être très sensiblement un arc de cercle.

Il semble donc logique de donner aux entretoises une forme courbe; de cette façon, toutes les fibres seront comprimées et travailleront, par conséquent, dans les meilleures conditions, puisqu'il s'agit du bois.

C'est la solution adoptée pour les portes des écluses du port de Liverpool[1] (Pl. XVII).

Les vantaux se composent de véritables voussoirs; chaque voussoir est formé par un cadre ou panneau, dont les montants verticaux ont la hauteur de la porte; ces montants verticaux sont reliés entre eux par des pièces horizontales formant, pour ainsi dire, autant de tronçons d'entretoises.

Chaque panneau est muni de son bordage.

Un vantail comprend deux ou trois panneaux pour les petites portes et trois ou quatre pour les grandes.

Des boulons, traversant les montants verticaux des cadres, réunissent les panneaux contigus.

L'ensemble des voussoirs est, de plus, relié et rendu solidaire par des poutres horizontales dont les deux faces verticales sont courbes; ces poutres ont la forme d'un fuseau à section rectangulaire qu'on aurait légèrement infléchi.

Le busc a ses arêtes courbes.

Le bois employé à Liverpool est le greenheart, qui vient de l'Amérique du Sud (Guyane anglaise). Ce bois est très peu compressible dans le sens perpendiculaire aux fibres; il est inattaquable aux tarets, du moins à Liverpool.

Les portes courbes en arc de cercle exigent des

---

1. Étude sur les portes d'écluses à la mer, en France et en Angleterre, par M. Sylvain Périssé. Mémoires de la Société des ingénieurs civils. Séance du 21 juin 1872.

enclaves profondes; pour réduire la profondeur des
enclaves, on diminue la flèche du busc.

Si cela ne suffit pas, on fait les portes légèrement
ogivales, c'est-à-dire que les deux vantaux, au lieu
de former un arc de cercle continu quand ils sont
fermés, offrent une brisure aux poteaux busqués.

Il n'existe pas de portes semblables en France.

Cependant ce type, ou du moins le principe sur
lequel il est basé, semble offrir une solution rationnelle du problème de la construction des grands vantaux en bois.

Sa valeur pratique est attestée par l'usage qu'on
en fait depuis de longues années à Liverpool, un des
ports les plus importants de l'Angleterre et même du
monde entier, où l'on trouve un nombre exceptionnellement grand d'écluses de toutes dimensions, et
dont les travaux sont dirigés par des ingénieurs des
plus expérimentés.

132. Exécution de la charpente. — Les portes
ont non seulement à supporter les efforts statiques
dus à la pression de l'eau, mais encore des efforts
dynamiques, lorsqu'elles se heurtent plus ou moins
violemment au moment de la fermeture, par la houle.

De plus, le bois, malgré les moyens de conservation que l'on peut employer, a toujours une durée
limitée; cette durée est d'environ vingt-cinq ans
dans nos ports.

L'une des causes de ce dépérissement rapide des
portes est l'alternative des hautes et basses mers,
qui en met périodiquement des parties en contact
tantôt avec l'eau, tantôt avec l'air.

Pour ces raisons, il convient d'avoir toujours des

assemblages robustes, simples, soigneusement ajustés, conçus de telle façon qu'ils diminuent le moins possible la section résistante des pièces assemblées, et qu'en même temps ils ne tendent pas à fendre le bois.

Il faut aussi faire exclusivement usage de bois de choix dans les essences adoptées.

On va examiner les conditions spéciales à observer dans l'exécution des portes d'écluses en bois (Voir d'ailleurs, au sujet des travaux de charpente en général, le cours de procédés généraux de construction).

133. Des poteaux tourillon et busqué. — On peut presque toujours, sans inconvénient, réduire l'équarrissage des poteaux busqué et tourillon aux dimensions des plus grosses pièces de choix que fournit

Poteau composé.

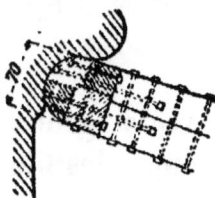

le commerce, c'est-à-dire de 0^m,50 sur 0^m,50 à 0^m,60 sur 0^m,60. Ces poteaux sont donc généralement d'un seul morceau.

Cependant, on peut composer ces poteaux de pièces assemblées comme le sont les bas mâts des grands navires. (Exemple : les poteaux des écluses de Liverpool, Pl. XVII et croquis ci-dessus).

Les poteaux doivent être faits en bois très peu compressible transversalement, dans le sens perpendiculaire aux fibres, car c'est dans ce sens qu'ils subissent les plus grands efforts quand la porte est fermée.

Le chêne convient pour cet emploi, mais non le sapin. La compressibilité latérale du sapin, c'est-à-dire perpendiculairement aux fibres, est de 31 à

40 fois plus forte que sa compressibilité longitudinale, c'est-à-dire suivant les fibres; pour le chêne, ce rapport est seulement de 23 à 31.

134. Des entretoises. — Les bois que l'on emploie le plus ordinairement pour former les entretoises sont le chêne, le sapin rouge et le pitch-pin.

Ces deux dernières essences deviennent admissibles pour les entretoises, parce qu'elles ont surtout à résister à des compressions dans le sens des fibres.

135. Du bordé. — Le bordé des portes est généralement en sapin; il est constitué de madriers dont l'épaisseur varie, le plus souvent, de 0ᵐ,10 à 0ᵐ,15; ces madriers sont cloués verticalement ou obliquement. Les joints du bordé (les coutures, en terme de marine) sont calfatés à trois étoupes et brayés à chaud.

136. Des assemblages. — La règle générale pour tous les assemblages est de découper les fibres le moins possible et d'éviter tout effort transversal tendant à éclater le bois.

L'assemblage des entretoises dans les poteaux se fait au moyen de tenons et de mortaises, alternativement simples et doubles dans le sens de la hauteur du poteau.

On estime que, de cette façon, on a plus de chance d'empêcher la formation de fissures longitudinales dans les poteaux que par deux rangs parallèles de mortaises simples, ou un seul rang de mortaises doubles.

Les tenons sont à embrèvement ; leur épaisseur totale doit être, au plus, le tiers de la largeur des poteaux pour que la mortaise n'affame pas trop le bois.

La profondeur de la mortaise ne doit pas excéder le tiers, ou même le quart, de l'épaisseur du poteau.

Pour ajuster et serrer les assemblages des entretoises avec les poteaux busqué et tourillon on recourt, au moment de la construction, à d'éner-

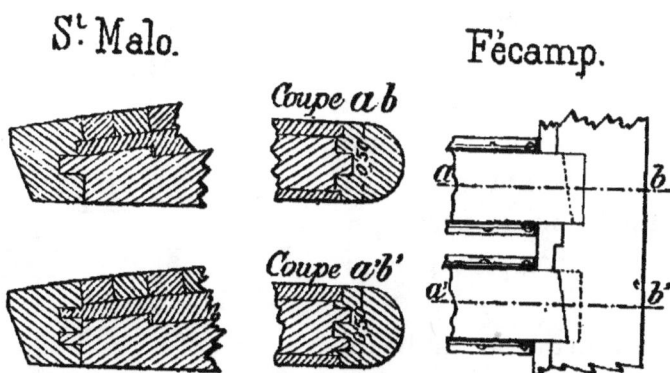

St Malo.   Fécamp.

Coupe a b

Coupe a' b'

giques moyens mécaniques, par exemple à des palans ou à des crics retenus ou butés par des pieux.

Le serrage peut être maintenu par des tirants en fer. Mais, comme tous les assemblages se relâchent après un certain temps, il faut pouvoir les resserrer quand la porte est en service. Les tirants doivent donc être à écrou, ou munis de clefs à coins, et les moyens de serrage devront être sur la face aval de la porte, qui découvre à mer basse sur la plus grande partie de sa hauteur.

Comme il convient de percer le moins possible le

bois par des trous de boulons, le ceinturage est préférable aux tirants dont il vient d'être parlé. Le ceinturage consiste en bandes continues de fer qui embrassent à la fois les poteaux et l'entretoise. Les ceintures sont munies, comme les tirants, d'appareils de serrage.

Dans les grandes portes d'écluses marines, on ne peut, comme sur les canaux, empêcher la déformation du vantail au moyen de bracons. Le bracon couperait, en effet, en son milieu, c'est-à-dire au point de plus grande fatigue, l'entretoise située à mi-hauteur de la porte, entretoise qui supporte en général le plus grand effort, et on a déjà vu, d'ailleurs, combien il est difficile de composer une entretoise solide ; on se sert donc exclusivement d'écharpes.

L'écharpe est rattachée au pied du poteau busqué et au sommet du poteau tourillon, mais le mode d'attache ne doit pas consister en un boulon qui traverserait le bois et tendrait, par suite, à l'éclater et à le fendre.

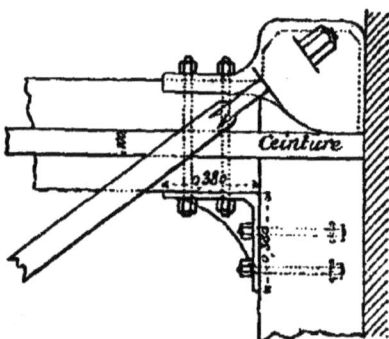

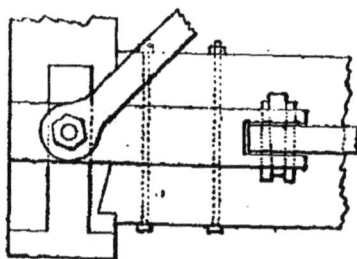

L'écharpe, généralement double, c'est-à-dire qui existe aussi bien sur la face amont que sur la face aval du vantail, doit saisir le pied du poteau busqué par un étrier formant ceinture et le sommet du poteau tourillon par un chapeau à oreilles.

Le serrage des écharpes s'obtient à l'aide de clefs à coins ou de tendeurs à vis ; on l'achève

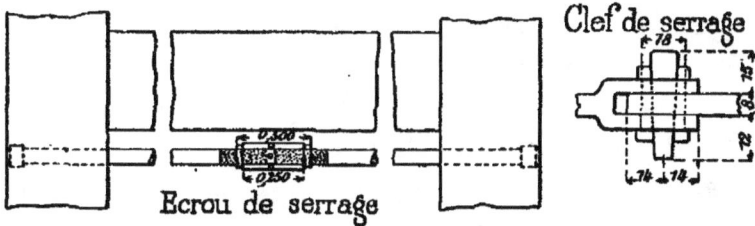

Ecrou de serrage

Clef de serrage

quand la porte mise en place tend à être soulevée par la sous-pression du volume d'eau qu'elle déplace.

Pour empêcher la déformation du vantail et consolider les assemblages, on se sert aussi d'équerres en fer, boulonnées sur les poteaux et les entretoises ; mais ces armatures alourdissent la porte, obligent à percer le bois par un grand nombre de trous de boulons, et elles ont d'ailleurs peu d'efficacité, parce que leurs branches sont généralement courtes, tandis que les bras de levier des efforts auxquels elles doivent résister ont une grande longueur. En tout cas, on ne doit pas mettre de boulon au sommet A de l'équerre, car on créerait ainsi un point de facile rupture.

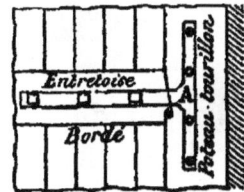

La base du poteau tourillon, qui reçoit la crapaudine, supporte tout le poids du vantail lorsqu'il est ouvert ; sous cette charge, les fibres du bois tendent à s'écraser, et il est prudent de ne pas dépasser une compression de 80 kilogrammes par centimètre

carré. De plus, pour empêcher l'écartement des fibres, le pied du poteau est saisi sur une certaine hauteur (0ᵐ,20 à 0ᵐ,40) dans un sabot métallique qui porte la crapaudine.

L'angle saillant des poteaux busqués doit être abattu par un chan-
frein d'au moins 0ᵐ,10 de côté,
tout en laissant encore de 0ᵐ,25 à
0ᵐ,30 pour la largeur de la surface
d'appui des deux poteaux busqués l'un contre l'autre.

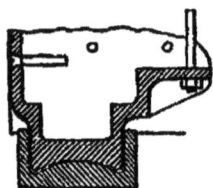

Dans les plus anciennes écluses, le poteau tourillon n'était pas excentré ; il frottait sur le chardonnet, et ces frottements tendaient à disloquer les assemblages.

Pour diminuer les frottements, les génératrices du chardonnet devaient être dressées et taillées avec une grande perfection ; l'on a même quelquefois poli le chardonnet.

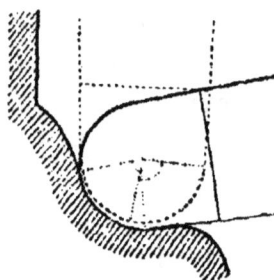

Aujourd'hui, on excentre toujours le tourillon, ce qui évite
tout frottement.

Quand la porte est fermée, ce
poteau s'applique sur une vingtaine de centimètres de largeur
et sur toute sa hauteur le long
du chardonnet dont la surface
d'appui doit, par suite, être parfaitement dressée.

L'étanchéité de la fermeture est ainsi réalisée d'une façon aussi satisfaisante que possible.

137. Conservation des bois. — Pour conserver les portes, on a recours aux différents procédés qui ont été décrits dans l'ouvrage : *Travaux maritimes*, pages 215 et suivantes.

Il faut notamment mailleter les bois sur toute la hauteur où les tarets, les pelouses, etc., peuvent les attaquer ; on ne saurait recourir à un doublage, parce qu'il serait très difficile à appliquer et serait promptement déchiré dans les divers accidents auxquels un vantail est exposé (abordages, chocs, etc.).

Les parties de la porte au-dessus du mailletage sont recouvertes de peinture ou de goudron, que l'on doit fréquemment renouveler ; le sommet des poteaux busqué et tourillon est recouvert de chapeaux métalliques.

§ 3

DES PORTES EN BOIS ET FER

138. Caractère de ces portes. — Ce qu'on appelle une porte en bois comporte toujours, comme on vient de le voir, une grande quantité de fer.

C'est grâce au fer (ceintures, écharpes, équerres, etc.) que l'on peut consolider les assemblages des charpentes, qui, sans cela, n'offriraient aucune rigidité.

Mais ce qui caractérise le type des portes en bois et fer, c'est que les entretoises sont faites partie en bois, partie en fer, et que le bois et le fer de ces pièces sont soumis à des efforts de même nature et doivent y résister de la même façon.

On a été conduit à imaginer ce système, parce

qu'en même temps que croissait la difficulté de se
procurer des bois convenables pour la construction
de portes dont les dimensions augmentaient incessamment, l'industrie du fer faisait de très grands
progrès.

Elle fut bientôt en mesure de fournir des pièces
métalliques d'une dimension et d'une rigidité aussi
grandes qu'on pouvait le désirer.

Il était dès lors naturel de demander au fer, sur
une plus large échelle qu'on ne l'avait fait aupara-
vant, le moyen de consolider les portes en bois.

**139. Principal type du système des portes en
bois et fer.** — Le principal type du système des
portes en bois et fer s'obtient en composant l'entretoise d'une poutre en fer à double T, comprise entre
deux poutres en bois
ayant la même forme en
plan. Chaque poutre en
bois peut d'ailleurs, si sa
hauteur l'exige, être formée de deux pièces.

Pour établir la solidarité
entre les divers éléments
de l'entretoise, on encastre
le bois dans les branches

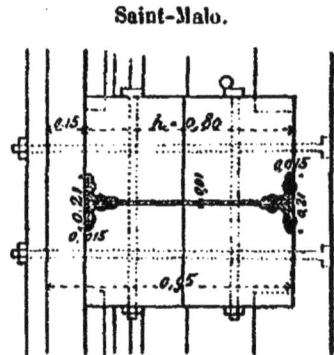
Saint-Malo.

du double T et l'on traverse l'ensemble par des boulons verticaux.

Ce système a été appliqué à Saint-Malo, au Havre
et à Boulogne [1].

A Fécamp, les entretoises des portes, construites

1. *Portefeuille des élèves de l'École des Ponts et Chaussées*, série 6,
section D, planche XXI.

en 1865, étaient composées d'une poutre unique de bois, comprise entre deux poutres en fer.

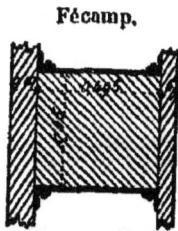

Fécamp.

(Expériences de Féburier, *Annales*, 1852. — Écluses de Fécamp, par M. Carlier, *Annales*, 1869, 2° semestre.)

La résistance d'une entretoise ainsi composée est toujours très incertaine.

Il est désirable, en effet, de faire travailler le fer et le bois aux efforts que l'expérience a prouvé être admissibles pour chacune de ces matières, soit environ à 6 kilogrammes par millimètre carré pour le fer et à 0 kilogr. 6 pour le bois.

Mais, d'abord, si la résistance du fer peut être supposée à peu près constante, il n'en est pas de même pour celle du bois; celle-ci peut varier du simple au double sur des pièces analogues en apparence et, sur la même pièce, selon qu'elle est neuve ou fatiguée par l'usage.

En second lieu, la solidarité même qu'on a établie entre les poutres de fer et de bois les oblige à fléchir toutes de la même façon.

Mais deux poutres de même longueur et de même hauteur prennent des flèches proportionnelles à $\frac{R}{E}$ et à $\frac{R'}{E'}$.

R, R' résistances à la flexion ou à la compression ;

E, E' coefficients d'élasticité.

Pour que les flèches soient égales, il faudrait que $\frac{R}{E}$ fût égal à $\frac{R'}{E'}$.

Pour le fer, R = 6 kilogrammes environ par millimètre carré; pour le bois, R varie de 0 kilogr. 6 à 0 kilogr. 8.

Pour le fer, E varie de 18,000 à 22,000 kilogrammes ; et, pour le bois, E de 900 à 1,200 kilogrammes.

Il en résulte que, pratiquement, les poutres ne
peuvent pas fléchir de la même quantité.

La flèche de l'ensemble sera donc intermédiaire
entre celle du fer et du bois.

Si elle se rapproche de celle du fer, le bois travail-
lera trop peu.

Si elle se rapproche de celle du bois, le fer tra-
vaillera trop.

Ce système, qui d'ailleurs alourdit la porte, ne
semble donc pas à recommander aujourd'hui.

En présence des inconvénients reconnus aux
portes entièrement en bois et aux portes en bois et
fer, on a été conduit à en construire entièrement
en fer.

§ 4

DES PORTES MÉTALLIQUES

**140. Généralités. — Avantages des portes en fer
pour les grandes écluses. —** L'emploi du fer, pour
la construction des grandes portes d'écluse, offre de
sérieux avantages qui l'ont fait adopter, en France,
d'une manière à peu près générale aujourd'hui.

Autant il est difficile de trouver des gros bois présentant les conditions indispensables pour entrer
dans la composition d'un vantail, autant il est facile,
actuellement, de se procurer des fers de bonne
qualité, homogènes et de grandes dimensions.

Les assemblages d'une charpente en bois sont toujours des points faibles; ceux d'une construction en fer peuvent être rendus aussi solides qu'on le veut.

Une porte en bois est toujours lourde et fatigue son collier, surtout en morte eau, c'est-à-dire quand elle déplace peu d'eau; une porte métallique peut, le plus souvent, être rendue aussi légère qu'on le désire, quelle que soit la marée.

Quand on veut avoir une porte de rechange, si elle doit être en bois, il faut : ou garder en magasin la porte toute montée; mais alors elle se disloque; — ou garder les bois taillés et non assemblés; dans ce cas, on est obligé, au moment de l'assemblage, à des retouches fort longues; — ou enfin garder les bois bruts en magasin, et c'est alors trois ou quatre mois qu'il faut attendre avant de pouvoir mettre la porte en place.

Les portes de rechange en fer n'offrent aucun de ces inconvénients.

Les portes en bois ne sont pas particulièrement économiques, surtout à notre époque, où les fers sont bon marché et où l'on trouve presque partout, à proximité, des ateliers métallurgiques.

Quand bien même une porte en bois, ou en bois et fer, coûterait moins cher qu'une porte métallique, il faut considérer qu'une porte ne constitue qu'un organe d'un bassin à flot et que son prix n'est qu'une fraction minime de la dépense totale du bassin.

Si donc les portes en fer doivent faciliter l'exploitation du bassin, activer les manœuvres de l'écluse, rendre les chômages moins fréquents et moins longs, ces avantages ne seront pas trop chèrement payés par une petite augmentation du prix des portes.

Mais une condition importante que doivent remplir les ouvrages métalliques, c'est que la disposition de toutes leurs parties permette de les visiter et de les entretenir aisément.

Pour un vantail, il faudra notamment qu'on puisse pénétrer avec le moins de gêne possible jusqu'aux parties les plus cachées de l'ouvrage.

141. Genres divers de portes métalliques. — Les premières portes *marines* métalliques ont été établies en Angleterre, en 1821, et le métal employé était la fonte.

Ce n'est que vers le milieu du siècle qu'ont apparu les portes en fer.

142. Portes en fonte. — Le type des portes en fonte qui a été employé comprend des poteaux et des entretoises en fonte. Le bordé étanche a, en premier lieu, été composé avec des plaques de même nature ; puis, plus tard, l'on a jugé convenable, pour alléger le vantail, de faire le bordé en bois.

(Exemples : Scheerness, Chatham, Sunderland, Angleterre ; Cherbourg, port de commerce.)

Ces portes ont été abandonnées ; elles présentent, en effet, de graves défauts : elles sont très lourdes, la fonte résiste mal aux chocs et l'assemblage des diverses pièces offre de grandes difficultés pratiques.

143. Portes en fer. — La forme, en plan, d'un

vantail en fer peut être droite ou courbe ; toutefois, la forme courbe, très rationnelle quand on emploie le bois, perd cette supériorité quand on fait usage du fer, parce que l'on peut répartir le métal dans un vantail droit, de façon à le concentrer vers la région où doit se maintenir la courbe des pressions. De plus, un vantail courbe en fer présente des inconvénients, ainsi qu'on le verra plus loin, au point de vue de l'exécution et du facile entretien des portes métalliques ; aussi fait-on généralement aujourd'hui les vantaux droits.

144. Portes à entretoises horizontales. — Quand on a commencé à construire des portes entièrement en fer, on les a composées, à l'imitation des portes en bois, d'entretoises horizontales et de montants verticaux[1]. (Dieppe, Pl. IX.)

Toutefois, le système des constructions en fer a permis de ne pas mettre les montants en saillie sur les entretoises, mais de les loger dans l'épaisseur de la porte.

On peut ainsi, ou diminuer la largeur occupée par le vantail, ce qui réduit la profondeur de l'enclave, ou conserver la profondeur ordinaire de l'enclave et donner aux entretoises une plus grande largeur, condition avantageuse au point de vue de la meilleure distribution du métal et de la raideur des entretoises.

Les montants verticaux peuvent recevoir aussi une grande largeur et une grande raideur, ce qui permet de diminuer le nombre des entretoises, et l'on doit

---

1. Exemple : Boulogne, écluse à sas. *Portefeuille des élèves de l'École des Ponts et Chaussées*, série 6, section D, planche XXII.

se rappeler que, moins il y a d'entretoises, moindre est la proportion de la charge totale qui se reporte sur le vantail, et plus grande est la proportion que supporte le busc.

Enfin, le bordé étanche, en tôle, qui couvre nécessairement la face amont du vantail, forme une véritable écharpe rattachant parfaitement les entretoises et le poteau busqué au poteau tourillon. On va voir qu'un second bordé étanche règne sur une partie de la face aval du vantail et forme par suite une seconde écharpe.

145. Portes à aiguilles verticales. — Ce type, préconisé par M. l'inspecteur général Collignon, dès 1863, et appliqué pour la première fois, à Dunkerque, par M. l'inspecteur général Guillain, présente de nombreux avantages.

En principe, il ne comporte que deux entretoises : celle du haut et celle du bas du vantail ; sur ces entretoises viennent s'appuyer des poteaux montants verticaux, appelés aiguilles, auxquels se trouve fixée l'ossature supportant le bordé.

Il est particulièrement rationnel lorsque, comme dans la plupart des écluses marines, la longueur du vantail est plus grande que la hauteur ; en effet, on remplace les longues entretoises par des pièces verticales plus courtes, auxquelles il est alors facile de donner toute la raideur voulue.

Cette disposition fait encore supporter au busc la proportion maximum, soit les deux tiers environ, de la charge totale du vantail.

Enfin, au point de vue de l'exécution et du facile entretien, c'est un des meilleurs arrangements à adopter.

Aussi, un assez grand nombre des nouvelles portes en fer, construites en France dans ces dernières années, sont-elles conçues dans ce système. (Exemples : Dunkerque, Nouvelle écluse à sas[1]. — Le Havre, Écluses des Transatlantiques et Bellot[2].)

Si la hauteur du vantail était plus grande que la longueur, les aiguilles paraîtraient encore applicables, en mettant une entretoise à mi-hauteur.

146. De quelques particularités de la constitution des vantaux en fer et tôle. — Un grand avantage qu'offrent, en outre, les portes métalliques est de permettre de rendre un vantail aussi léger qu'on le désire, au moment de la haute mer, c'est-à-dire quand on le manœuvre. En effet, si l'on ajoute au bordé étanche de la face amont du vantail un second bordé, également étanche sur la face aval, on transforme de cette façon le vantail en un corps flottant, l'entretoise inférieure étant nécessairement pleine.

Le vantail ainsi constitué ne fatigue donc plus son collier ni ses assemblages, comme un vantail en bois dont la partie supérieure, émergée à haute mer, pèse lourdement, particulièrement en morte eau, sur la portion inférieure immergée et fait donner du nez à la porte près du poteau busqué.

Mais il ne faut pas abuser de cette faculté et rendre le vantail absolument flottant, car il tendrait à arra-

1. *Portefeuille des élèves de l'école des Ponts et Chaussées*, série 6, section D, planche XXIX.
2. *Annales des ponts et chaussées*, année 1887. *Mémoire sur les nouvelles portes en tôle de l'écluse des Transatlantiques*, par MM. les ingénieurs des ponts et chaussées Ed. Widmer et Desprez.

cher son collier en le soulevant par un effort de bas
en haut, effort auquel le collier n'est pas fait pour
résister ; de plus, le poteau tourillon serait exposé à
se dégager de la crapaudine inférieure.

Il ne faut même pas que le vantail soit presque
flottant, car, au moment de la fermeture, à haute
mer, s'il y avait de la houle, il se soulèverait et
s'abaisserait alternativement, et on aurait à redouter
les deux effets, également fâcheux, qui viennent d'être
signalés.

Il faut, au contraire, que la porte conserve toujours un certain poids pour ne pas danser à la houle.
Elle doit donc pouvoir être lestée au besoin. De plus,
sous l'action de la houle, le vantail poussé tantôt sur
une face, tantôt sur l'autre, oscille autour du tourillon ; or, ces oscillations déterminent des efforts
alternatifs brusques et violents sur les chaînes de
manœuvre ; on en atténuera les dangers par le fait
même des frottements que le poids de la porte déterminera sur la crapaudine et le collier.

On peut admettre, comme un fait d'expérience
pratique, qu'une porte doit toujours peser au
moins 5 ou 6 tonnes pour être suffisamment stable,
dans les conditions ordinaires de faible agitation
des eaux, et doit peser quelquefois jusqu'à 15 ou
16 tonnes dans les avant-ports à houle notable.

On satisfait à ces deux conditions de légèreté et
de stabilité au moyen d'une chambre à air et d'une
chambre à eau de la façon suivante :

147. Chambre à air. — Pour fixer les idées,
supposons qu'il s'agisse d'une porte à entretoises
horizontales. On ménage à la partie inférieure du

vantail un compartiment étanche qui doit généralement rester vide d'eau et plein d'air ; on l'appelle la chambre à air.

Si *ABCD* est le vantail en élévation, cette chambre est limitée à sa partie supérieure par une entretoise pleine *E F* formant son plafond ; ce plafond doit être situé au niveau ou un peu au-dessous du niveau des plus faibles hautes mers de morte eau. La capacité comprise entre la cloison *EF*, l'entretoise inférieure *CD* et les poteaux tourillon et busqué doit déplacer un volume d'eau ayant un poids à peu près égal, mais légèrement inférieur, soit de 5 à 6 tonnes, à celui du vantail.

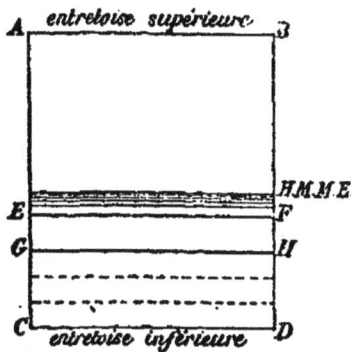

Si, pour une raison quelconque, en cas de houle par exemple, on veut augmenter le poids du vantail, il suffit d'introduire un certain poids, ou lest d'eau, dans cette caisse à air. On se servira, à cet effet, d'un robinet manœuvrable du haut de la passerelle qui surmonte le vantail.

148. Chambre à eau. — Lorsqu'on voudra retirer ce lest liquide, il faudra l'enlever au moyen d'une pompe du fond du vantail, ce qui représente un certain travail. On diminuera ce travail en introduisant le lest d'eau non pas à la partie inférieure, mais à la partie supérieure de la caisse à air, soit dans un compartiment tel que EFGH, qui prend alors le nom de chambre à eau.

On est ainsi conduit à diviser la chambre à air en
deux compartiments étanches superposés ; quelquefois même, on la partage en trois compartiments.
Cette disposition a l'avantage, en cas d'avarie à l'un
d'eux, de conserver au vantail une légèreté relative.

Les dispositions qui viennent d'être indiquées (et
qui ont d'ailleurs été réellement appliquées à Boulogne) permettent d'exposer aussi simplement que
possible le principe de l'emploi des chambres à air
et à eau ; mais elles sont sus-
ceptibles de modifications qui
constituent un véritable perfec-
tionnement. Ces modifications
consistent à placer la chambre
à air $abcd$ aussi près que possible du poteau busqué, et la
chambre à eau ($eafc$) à côté du
tourillon (Voir le croquis ci-
contre). De cette façon, la sous-pression exercée par la
chambre à air agit au bras d'un grand levier pour
soulager le vantail, tandis que le lest, si lourd qu'il
soit, n'a qu'un petit bras de levier et, par suite, fatigue
peu les assemblages. La figure ne doit être considérée,
d'ailleurs, que comme une indication schématique.

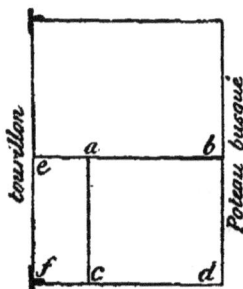

Au-dessus du plafond du compartiment supérieur
de la chambre à air, le bordé aval pourrait être supprimé ; en tout cas, il ne doit pas être étanche.

Il faut, en effet, que l'eau d'aval se répande librement au-dessus de ce plafond pour que, à partir du
moment où l'eau a atteint ce niveau, la sous-pression
reste constante, ou du moins à peu près constante.

On accède aux chambres à air et à eau par des

puits étanches, en tôle, qui descendent de l'entretoise supérieure jusqu'au plafond des chambres.

Des plaques de trous d'homme ferment l'entrée supérieure des puits ; d'autres sont ménagées dans leurs parois, partout où l'on a besoin de pénétrer d'un puits dans l'intérieur d'un compartiment.

Les puits, les trous d'homme, etc., doivent avoir des dimensions suffisantes pour que les ouvriers y passent sans trop de gêne.

Un diamètre de $0^m,70$ à $0^m,80$ doit être considéré comme un minimum désirable.

L'aération ou ventilation des compartiments où travaillent les hommes doit être, d'ailleurs, parfaitement assurée, ce qui exige que chacun d'eux soit desservi par deux puits au moins.

Dans les portes à aiguilles, le vantail se trouve partagé, dans sa longueur, en puits verticaux de grande section et absolument libres sur toute leur hauteur, ce qui en rend l'accès très facile.

Cette disposition[1] se prête mieux que celle des portes à entretoises horizontales à l'arrangement qui consiste à placer la chambre à air près du poteau busqué et la chambre à eau près du tourillon.

149. Étanchéité des chambres à air et à eau. — Les chambres à air et à eau devant être étanches, ces parties des vantaux sont soumises à des épreuves analogues à celles que l'on fait subir aux chaudières à vapeur, au moyen d'une pression hydraulique.

150. Étanchéité des portes fermées. — L'étan-

---

1. *Portefeuille des élèves de l'École des Ponts et Chaussées.* Dunkerque, série 6, section D, planche XXIX.

chéité de la fermeture d'un pertuis, muni de portes métalliques, s'obtient au moyen de fourrures en bois, appliquées sur toutes les parties où ont lieu des contacts. Le bois généralement adopté aujourd'hui pour ces fourrures est le greenheart.

Une d'elles garnit la surface de contact du poteau busqué.

Une seconde, attachée à l'entretoise inférieure, s'appuie sur le busc.

La troisième, fixée au poteau tourillon, s'appuie sur le chardonnet.

Ces fourrures, de 0m,20 à 0m,30 de largeur, et de 0m,15 à 0m,20 d'épaisseur, sont maintenues entre des cornières parallèles à leur longueur; elles doivent être reliées avec les pièces sur lesquelles elles sont fixées, de façon à ce que leur remplacement soit facile (Voir les croquis ci-après).

131. Butée du vantail contre le chardonnet. — La butée du vantail dans la gorge du chardonnet peut être obtenue au moyen d'une fourrure en bois régnant sur toute la hauteur du poteau tourillon.

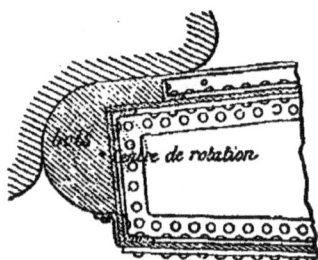

Cette disposition a l'avantage de répartir sur toute la hauteur du chardonnet les chocs, parfois si violents, qui se produisent au moment de la fermeture, quand la houle est forte.

On préfère souvent, aujourd'hui, assurer la butée d'une autre manière.

On fixe au poteau tourillon, au droit de chaque

entretoise, une plaque, en acier fondu, ayant en plan
la forme approximative d'une demi-ellipse, et ce sont
ces plaques qui butent contre le chardonnet. Mais,
comme leur surface d'appui sur la pierre est très
petite et comme elles supportent une forte pression,
résultant de la réaction des vantaux l'un contre
l'autre, quand ils sont fermés, la pierre pourrait
s'écraser sous la charge.

Pour empêcher cet écrasement, on scelle dans le

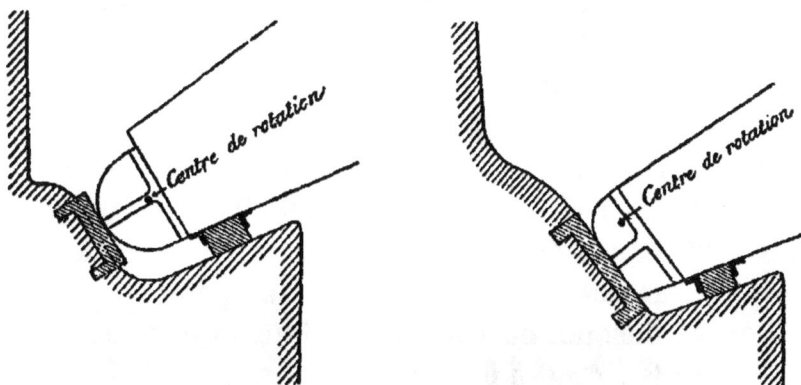

chardonnet, au droit de chaque butée du tourillon,
une plaque en fer ou en fonte sur laquelle se fait la
portée.

La plaque d'appui doit avoir une épaisseur et une
surface suffisantes pour répartir sur le chardonnet
une pression, par centimètre carré, telle que la
pierre puisse facilement y résister.

On peut, avec avantage, remplacer les butoirs de
forme elliptique par une plaque plane, en fer, appliquée sur le poteau tourillon. On rappellera ici que
le tourillon est, aujourd'hui, presque toujours excentré, de façon à l'empêcher de frotter sur le chardonnet
pendant la rotation du vantail.

152. Conditions relatives à une facile exécution. —
Le vantail doit être étanche (bordés des chambres à air et à eau, etc.); par suite, sa charpente
métallique rentre dans la catégorie d'ouvrages dési-
gnés, par les constructeurs, sous le nom de grosse
chaudronnerie ou de charpente de sujétion.

Pour ce genre de travaux, il importe que les dispositions adoptées permettent d'effectuer facilement
le rivetage et le matage des bords des coutures des
tôles. Il convient donc de donner aux divers compartiments entre lesquels le vantail est divisé les
plus grandes dimensions possibles.

Or, dans le système habituel des vantaux à entretoises horizontales, il est difficile d'espacer les
entretoises, dans le sens vertical, de plus de 1 mètre
à $1^m,20$; d'un autre côté, il est difficile d'atteindre
les extrémités des compartiments horizontaux
formés par ces entretoises, près des poteaux tourillon et busqué, où ces compartiments deviennent
très étroits ($0^m,40$ à $0^m, 50$).

Les portes à aiguilles, au contraire, en raison
même de leur mode de construction, permettent de
former des compartiments verticaux d'un accès
facile sur toutes leurs faces, à cause de leur grande
largeur, qui peut atteindre et dépasser 2 mètres.

Les vantaux courbes, en arcs de cercle sur leurs
deux faces, ne paraissent pas ofïir, au point de vue
de l'exécution, une forme qui soit à recommander
quand il s'agit de l'emploi du fer, bien qu'on en ait
fait quelques-uns dans ce type. (Exemples : South
Shields [1], Angleterre ; Bordeaux [2].)

1. *Portefeuille des élèves de l'École des Ponts et Chaussées*, série 6, section D, planche XIII.
2. *Ports maritimes de France*, tome VI.

Les portes courbes, en effet, dont l'avantage principal consiste, quand elles sont en bois, à n'exiger qu'une faible épaisseur, ont, quand elles sont en fer, l'inconvénient de leur étroitesse même.

D'ailleurs, les portes courbes, malgré leur peu d'épaisseur, n'en exigent pas moins, par leur forme même, des enclaves profondes ; il vaut mieux, par conséquent, si on emploie le fer, profiter de cette profondeur pour donner à la porte toute la largeur nécessaire partout où l'on a besoin de pénétrer.

En outre, plus la porte sera large, plus elle aura de rigidité pour un poids donné de fer.

Enfin, toute forme courbe dans une construction métallique entraîne, pour les assemblages, des sujétions, des recoupes, des pertes de métal, des équerrages spéciaux qu'il faut réaliser par des travaux de forge sur les fers courants du commerce, d'où des chances de malfaçon, etc. Il en résulte une augmentation de prix du kilogramme de fer mis en œuvre, de sorte que, si les portes à forme courbe permettent une économie de matières, elles ne donnent pas, en réalité, d'économie d'argent sur les portes à surfaces planes. Celles-ci peuvent exiger, à la vérité, un peu plus de fer, mais à un prix notablement moindre par kilogramme.

Quand on fait une poutre métallique, il est toujours facile, comme on l'a déjà mentionné, de répartir la matière de façon à la concentrer là où ont lieu les plus grands efforts.

Ainsi, dans les entretoises droites, l'on renforce la table du côté de la face amont, qui résiste par compression, et l'on diminue la table aval, qui joue le rôle de tirant. De cette manière, on réalise, en

grande partie du moins, les avantages de la forme
en arc, puisque l'on concentre la matière le long de
la courbe des pressions.

153. Résistance des portes. — Lorsque l'on
donne aux entretoises métalliques la forme d'une
poutre droite, les calculs de résistance sont analogues à ceux d'une entretoise en bois [1].

Toutefois, ici, les entretoises étant solidement
rivées avec les poteaux busqué et tourillon, la
plupart des ingénieurs admettent que cet assemblage rigide donne aux entretoises un surcroît de
résistance, qu'ils estiment souvent à la moitié environ
de celui que procurerait un encastrement complet.

De plus, les bordés amont et aval jouent dans une
certaine mesure, ainsi qu'on l'a déjà dit, le rôle
d'écharpes ; et, d'ailleurs, l'on peut, comme à Dunkerque, disposer quelques tôles remplissant exactement cette fonction.

L'appareil à aiguilles verticales est plus simple à
calculer, en ce sens que le nombre d'hypothèses est
moins grand et que celles que l'on est obligé de
conserver sont moins arbitraires et plus probables.
On pourra se reporter, pour la marche à suivre dans
les calculs, au mémoire de MM. les ingénieurs Ed.
Widmer et Desprez, *Annales des ponts et chaussées*
de 1887, cahier d'octobre.

154. Conditions relatives à un facile entretien. —
Une condition essentielle à observer dans la dispo-

---

1. Voir annexes nᵒˢ 2, 3 et 4. *Calcul des portes busquées de Dieppe,
Calais et Rochefort.*

sition d'un vantail en fer étant le facile entretien, surtout dans les espaces clos et cachés, on voit que les considérations présentées à l'occasion de la construction d'un vantail se trouvent corroborées par cette nouvelle sujétion.

En résumé, il faut s'efforcer de donner à tous les compartiments où les ouvriers doivent pénétrer les dimensions les plus grandes possibles, en rendre l'accès facile, en assurer l'aération, etc.

A ce point de vue, les vantaux droits à aiguilles verticales présentent de sérieux avantages sur les vantaux de même forme à entretoises horizontales, et, à plus forte raison, sur les vantaux courbes en arc.

Dans les puits verticaux à grande section des portes à aiguilles, les hommes peuvent généralement se tenir debout, c'est-à-dire dans les meilleures conditions pour visiter l'intérieur du vantail, gratter et piquer les tôles, renouveler les peintures, etc.

La surveillance de leur travail se trouve d'ailleurs mieux assurée.

155. Préservation du fer [1]. — Ce qui rend coûteuses les constructions métalliques, ce ne sont pas tant les frais de premier établissement que ceux d'entretien. Le fer s'oxyde rapidement dans l'eau salée et dans l'humidité saline ; il faut donc en protéger la surface.

Ainsi, on emploiera autant que possible des fers zingués, et, là où le zincage ne peut subsister, on appliquera des couches de peinture, dont les premières, au moins, seront au minium. A l'intérieur, dans les compartiments où l'eau ne doit pas

1. Voir l'ouvrage : *Travaux maritimes*, pages 209 à 213.

pénétrer, on se contente quelquefois d'appliquer des couches d'huile de lin cuite. Si on y emploie de la peinture, il sera bon d'adopter, pour la couche superficielle, une teinte claire, blanche par exemple, afin de reconnaître plus facilement la formation des taches de rouille.

§ 5

SYSTÈMES SPÉCIAUX DE FERMETURE
DES ÉCLUSES OU DES PERTUIS

156. Caissons glissants ou roulants. — Quand deux bassins à flot communiquent entre eux, il est nécessaire de pouvoir les isoler l'un de l'autre dans le cas où, pour un motif quelconque, cet isolement devient nécessaire ; par exemple, lorsqu'on doit mettre l'un des deux à sec ou y abaisser notablement le niveau de la retenue, etc.

Il faut prévoir, d'ailleurs, que ce sera tantôt l'un, tantôt l'autre des deux bassins qui devra être maintenu plein.

On peut satisfaire à cette condition en établissant, dans le pertuis de communication, deux portes busquées se fermant en sens contraire. Cette solution est, en effet, souvent adoptée; mais, quand elle n'est pas commandée par des considérations spéciales, elle présente plusieurs inconvénients.

Elle exige une grande longueur de pertuis (une cinquantaine de mètres au moins) et quatre vantaux; par suite, une assez forte dépense de construction. La longueur du pertuis représente autant de place à quai perdue pour les navires.

Les portes ne devant être manœuvrées qu'accidentellement, on n'est jamais parfaitement assuré qu'elles soient toujours bien entretenues et en état de fonctionner au moment voulu ; les chambres des portes s'envasent, etc.

On a adopté en Angleterre une solution qui paraît ordinairement préférable.

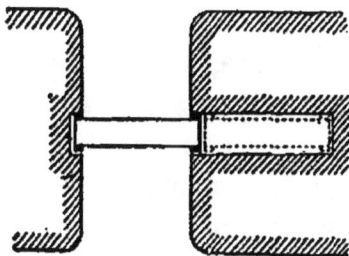

Le pertuis est fermé par un caisson qui glisse ou roule sur un seuil ou radier [1].

Quand on veut ouvrir la communication, on tire le caisson suivant le sens de sa longueur, et on le loge dans une chambre ménagée à cet effet dans l'un des bajoyers.

Un caisson suffit, car il peut s'appuyer indifféremment par l'une ou l'autre de ses faces sur les feuillures, entre lesquelles il s'engage.

Sa longueur est moindre que la somme des longueurs de deux vantaux, puisqu'il est droit.

Il est vrai que sa portée est presque le double de celle d'un vantail, et qu'il doit par suite avoir une plus grande largeur ; mais cette grande largeur est un avantage, car la masse utile des plates-bandes des entretoises, étant plus écartée de la ligne neutre, sera dans de meilleures conditions de résistance.

En fait, un caisson ne coûte pas beaucoup plus cher que deux vantaux, et, à coup sûr, beaucoup moins que quatre.

La grande largeur du caisson a un autre avantage :

1. Voir Pl. IX, 2e volume : Caisson glissant de Portsmouth.

elle permet l'établissement d'une voie charretière on d'une voie ferrée, tandis que, avec des portes d'écluse, il faut recourir à un pont mobile spécial pour assurer la circulation entre les deux rives du pertuis.

Le caisson peut être rendu aussi stable qu'il est nécessaire par un lest d'eau, et aussi léger qu'on le désire, quand on veut le manœuvrer, en enlevant ce lest.

A Hull, notamment, où le système de caisson glissant est appliqué, ce caisson ne pèse, au moment de l'ouverture, qu'une tonne environ sur ses glissières. Dans ces conditions, le frottement est peu considérable.

Le frottement a lieu entre deux glissières (semelles en fonte fixées sous le fond du caisson) et le seuil en granit. Les surfaces frottantes doivent être parfaitement dressées pour assurer l'étanchéité de la fermeture à sa partie inférieure.

Les semelles se terminent aux extrémités longitudinales du caisson par des socs destinés à chasser la vase devant elles.

La traction s'opère au moyen de chaînes actionnées par des engins à eau sous pression ; elle pourrait facilement s'exécuter à bras, à l'aide de cabestans ou même de palans.

L'emploi du caisson exige de chaque côté de son enclave une longueur de bajoyer suffisante pour résister à la poussée, soit une dizaine de mètres.

La longueur du pertuis est ainsi réduite à 25 mètres environ, soit à peu près à la moitié de celle du pertuis à portes d'écluse, ce qui fait gagner une cinquantaine de mètres de longueur utile de quai dans les bassins et économise une longueur de 25 mètres de radier.

Par contre, la chambre du caisson doit avoir un

radier et être entourée de murs de quai. Cependant il y a encore une économie sur l'ensemble des maçonneries, parce que la construction de murs de quai, qui peuvent d'ailleurs, dans ce cas, avoir une faible épaisseur, coûte moins cher et entraîne moins de sujétions que celle de bajoyers d'écluse.

157. Portes à un seul vantail. — On lit dans le cours de Chevallier, 1866-1867, page 144 :

« Il existe depuis longtemps une porte unique (porte à un vantail) de ce genre, pour une écluse de 16 mètres, à Bristol ; elle est en tôle ; elle flotte un peu au moment où on va la manœuvrer, grâce à des épuisements que l'on peut faire dans la porte, qui est creuse, et elle glisse, en flottant, le long de gonds qui guident sa rotation. Récemment, on a construit en Écosse une porte semblable de 12 mètres à Alloa, et une autre de 21 mètres à Dundee. »

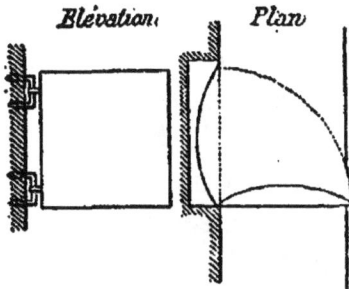

Le système des portes à un seul vantail a été repris récemment en France, mais avec des dispositifs spéciaux.

Il a été appliqué aux petites écluses ordinaires du canal fluvial de jonction de l'Escaut à la Meuse.

On l'a employé également pour les grandes écluses marines du canal du Havre à Tancarville[1], où ces portes sont en service depuis 1886. On a projeté

---

1. *Portefeuille des élèves de l'École des Ponts et Chaussées*, série 5, section C, planches I et II.

dans le même système les portes des écluses du bassin de mi-marée de Fécamp.

Les portes à un vantail ont été imaginées dans le but d'éviter un certain nombre d'inconvénients que présentent les portes à deux vantaux.

158. Critique des portes à deux vantaux. — On peut dire, d'une manière générale, qu'il est pratiquement impossible qu'un vantail s'appuie à la fois sur son chardonnet, sur le busc et sur le poteau busqué de l'autre vantail, dans les conditions exactes que l'on suppose théoriquement réalisées. Ainsi, on admet que les deux vantaux d'une porte busquée doivent être fermés simultanément, de manière à arriver ensemble à leur place. Mais bien souvent cela n'a pas lieu ; alors, le sommet du poteau busqué du vantail, qui touche le premier le seuil, dépasse la position qu'il devrait occuper, tandis que le sommet de l'autre vantail reste en arrière. De là, naissent des efforts anormaux qui, fréquemment répétés, peuvent entraîner des déformations permanentes, des pertes d'eau, etc.

Ainsi, encore, on suppose que les deux vantaux ont exactement la longueur voulue pour s'appuyer l'un contre l'autre, quand ils touchent le busc ; mais cette précision mathématique n'est pas du ressort de la pratique.

Or, si la longueur des vantaux est un peu trop forte, de quelques millimètres seulement, ils s'arc-boutent l'un contre l'autre, ne portent plus sur le busc, il y a des pertes d'eau et des efforts exceptionnels de compression et de flexion sur les entretoises inférieures.

Si les vantaux sont trop courts, ils ne peuvent se joindre à leur partie inférieure, près du busc, il y a encore perte d'eau ; de plus, la charpente se déforme jusqu'à ce que les poteaux busqués arrivent à se toucher par le haut. Cette déformation est une cause de fatigue anormale pour les assemblages.

Les portes busquées doivent résister non seulement à la pression de la retenue, mais encore à la réaction des vantaux l'un sur l'autre, réactions souvent violentes et qu'il est à peu près impossible d'apprécier.

159. Avantages des portes à un seul vantail. — Une porte à un vantail ne coûte pas plus cher et même coûte généralement moins cher de construction qu'une porte à deux vantaux. En effet : 1° sa longueur est moindre que la somme des longueurs des deux vantaux ; 2° sa largeur (égale au dixième environ de sa longueur) est, par suite, plus grande que celle d'un vantail, de sorte que le fer y travaille dans de meilleures conditions ; 3° enfin, comme elle n'a pas à supporter de réactions horizontales, sa face amont n'a pas besoin d'être renforcée.

Une porte à un vantail n'a pas besoin de s'arc-bouter sur le chardonnet ; elle dispense ainsi des soins et des sujétions qu'entraîne d'ordinaire la construction de cette partie de l'ouvrage.

L'étanchéité de la fermeture est mieux assurée, car la porte est appliquée directement par la pression de l'eau contre le cadre plan formé par le busc et les deux feuillures verticales.

Cette étanchéité n'est pas subordonnée au plus ou moins de longueur du vantail.

En tout cas, on ne voit pas pourquoi on ne ferait pas, aujourd'hui, à un seul vantail, les portes des pertuis dont la largeur n'excède pas celle des plus grands vantaux busqués actuellement en usage, soit de 16 à 17 mètres au moins.

160. Inconvénient des portes à un seul vantail. — Par contre, le vantail unique a l'inconvénient d'exiger une enclave plus profonde et une longueur de sas un peu plus grande que les portes busquées.

Si un obstacle vient se placer sur le busc, près de l'axe de rotation, l'effet de déformation qu'il tendra à produire sur la porte sera plus considérable qu'il ne le serait, dans les mêmes conditions, sur un vantail busqué de moindre longueur.

Enfin, observation très importante, l'application toute récente de ces grands vantaux n'a peut-être pas encore révélé certains inconvénients pratiques du système, notamment quand la porte est soumise à une forte houle.

§ 6

ORGANES DIVERS DES PORTES

161. Attaches des portes. — Lorsqu'un vantail est ouvert, son poids est reporté sur la base du poteau tourillon.

Le pied du tourillon repose sur une crapaudine scellée dans la bourdonnière.

Le sommet du poteau tourillon est retenu par un collier.

L'axe de rotation doit être parfaitement vertical,
c'est-à-dire que le centre du collier doit être exactement à l'aplomb du centre de la crapaudine.

162. Du collier. — Le collier s'oppose au déversement de l'axe de rotation sous l'action du poids du
vantail en porte-à-faux; il est donc soumis normalement à un effort horizontal, qu'il est facile de calculer. Mais le collier supporte en outre, exceptionnellement, des efforts anormaux qu'il est à peu près
impossible d'apprécier.

Si, par exemple, la houle est forte et si le vantail
n'est pas convenablement lesté, il aura une tendance
à s'élever (à danser à la houle, en terme de métier);
par suite, le collier sera exposé à subir des efforts
verticaux de bas en haut.

Lorsque les vantaux viennent buter violemment
contre le busc, le collier subit le contre-coup de ce
choc.

Quand les chaînes de manœuvre tirent le vantail
par le poteau busqué, la poussée de la houle venant
de l'avant-port se trouve reportée en partie sur le
collier, qu'elle tend à arracher.

Il en résulte que le collier est particulièrement
fatigué et doit être largement calculé au point de vue
de sa résistance et très solidement ancré dans les
maçonneries.

Quand on estime la résistance du collier, on doit,
en tout cas, admettre qu'il peut avoir à supporter
tout le poids du vantail, pour le cas où on serait conduit à mettre l'écluse à sec.

L'ancrage du collier dans la maçonnerie s'obtient
à l'aide de tirants.

Deux tirants suffisent et leur direction est naturellement indiquée : l'un (*a*) doit être dans le prolongement du vantail fermé, et l'au-
tre (*b*) semblerait devoir être dans le
prolongement du vantail ouvert.

Mais celui-ci serait trop près du
parement du bajoyer ; on le dévie
donc légèrement vers l'intérieur du
massif (*b'*).

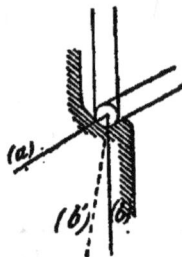

Pour plus de sûreté, on met quel-
quefois un troisième tirant dans la bissectrice de
l'angle formé par les deux autres. (Le Havre, Écluse

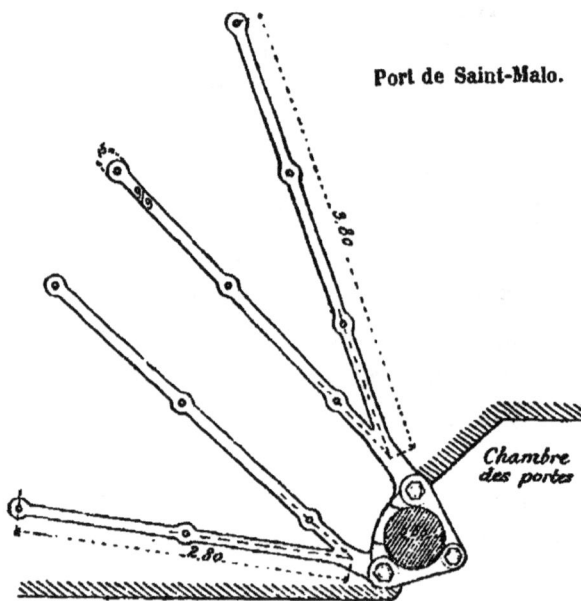

Port de Saint-Malo.

Chambre des portes

des Transatlantiques, *Annales des ponts et chaussées*,
année 1887, Pl. XL.)

D'habitude, on compose chaque tirant de deux
branches, comme à Saint-Nazaire (*Portefeuille des*

élèves de l'École des Ponts et Chaussées, série 6, section D, Pl. IV, Fig. 10 ; et à Saint-Malo, voir croquis p. 235), de façon à bien saisir et en des points nombreux tout le volume de maçonnerie qui forme le massif de retenue du collier.

Les tirants sont ancrés dans la maçonnerie à de grosses broches verticales en fer, qui les traversent et sont solidement scellées dans le massif, tant au-dessous qu'au-dessus des tirants.

Le collier est quelquefois fixé aux tirants au moyen d'un assemblage susceptible d'être réglé par des cales de serrage, ce qui permet d'amener le centre du collier bien exactement à l'aplomb de l'axe de la crapaudine.

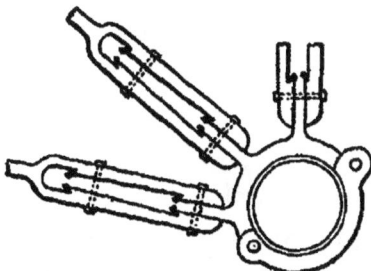

Le collier ne peut pas être d'une seule pièce ; il doit s'ouvrir pour qu'on puisse y engager le poteau tourillon, quand on met la porte en place.

Une combinaison adoptée dans ce but consiste, par exemple, à faire le collier en trois parties : l'une fixe, rattachée aux tirants, les deux autres mobiles autour des extrémités de la pièce fixe, s'ouvrant comme les branches d'un compas et réunies par un goujon quand la porte est posée. (Voir croquis ci-dessus de Saint-Malo, p. 235.)

La partie fixe du collier doit être disposée de façon que le poteau tourillon s'y engage sans aucune difficulté quand on met le vantail en place.

Le collier saisit le poteau tourillon à son sommet

ou près du sommet, suivant les dispositions de chaque ouvrage sur une partie cylindrique parfaitement centrée et tournée, qu'on appelle le tourillon dans le premier cas et la cravate dans le second.

Le centrage exact de ces parties frottantes est toujours une opération délicate ; aussi serait-il intéressant de se ménager le moyen de le rectifier au besoin, par exemple à l'aide d'un dispositif analogue à celui qui a été adopté à l'écluse d'Ablon, en tenant compte, bien entendu, des sujétions spéciales aux portes marines. (*Annales*, 1882, 1er semestre.)

Une collerette entoure quelquefois le bas de la cravate ; elle est destinée à empêcher, par sa butée sous le collier, que le pivot ne se dégage de la crapaudine, si la porte tendait à se soulever pour une cause quelconque.

Le graissage de toutes les parties frottantes du collier et du pivot ou de la cravate doit être parfaitement assuré.

163. Des crapaudines. — Le pied du poteau tourillon et la crapaudine, qui le supporte, forment un ensemble qu'on appelle le plus souvent les crapaudines ; on nomme alors crapaudine inférieure celle qui est scellée dans la bourdonnière, et crapaudine supérieure celle qui forme le sabot du pied du poteau tourillon.

On appelle celle qui est creuse la crapaudine femelle, et l'autre la crapaudine mâle.

Il est rationnel de faire creuse la crapaudine supérieure, car, de cette façon, elle n'est pas exposée à s'envaser.

Pour faciliter l'entrée de la crapaudine mâle, il

est bon que le creux de l'autre soit légèrement évasé en tronc de cône.

La crapaudine supérieure doit être solidement fixée, sur de larges surfaces, au pied du tourillon.

Fig. 1.

La crapaudine inférieure est scellée dans la bourdonnière; le scellement doit être inébranlable : on le fait au plomb.

De plus, pour empêcher que la crapaudine inférieure ne puisse tourner sous l'action du couple de rotation, que déterminent les frottements, on donne à sa base une forme non ronde, mais anguleuse. Cette base sera, par exemple, un cercle présentant en saillie un triangle dont deux côtés sont tangents au cercle (Fig. 1), ou se prolongeant par deux tangentes parallèles pour former un rectangle

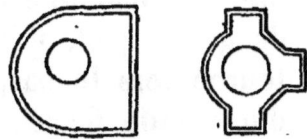

Fig. 2.   Fig. 3.

(Fig. 2); la base pourra même avoir trois saillies (Fig. 3), comme à Boulogne.

Les frottements produisent une usure des faces en contact, c'est-à-dire du fond du pot de la crapaudine femelle et de l'extrémité du sabot de la crapaudine mâle.

Il importe de faire porter cette usure sur une pièce qu'on puisse remplacer sans trop de difficulté. A cet effet, on met au fond du pot une lentille métallique sur laquelle presse le sabot, et on adopte pour cette lentille un métal un peu moins dur que celui du sabot.

Le sabot et le fond du pot seront, par exemple, en acier dur et la lentille en acier tendre.

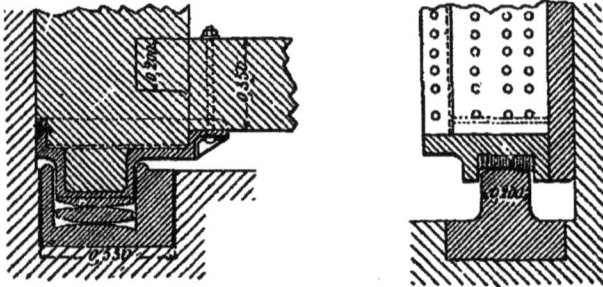

Les contacts ont lieu sur des surfaces non planes, mais légèrement convexes ; en tout cas, la pression ne doit pas dépasser 100 à 150 kilogrammes par centimètre carré pour les surfaces en contact.

Quand on va mettre un vantail en place, on remplit la crapaudine femelle d'un mélange de suif et de graisse ; et, si le creux de cette crapaudine est tourné vers le bas, on y retient le suif au moyen d'une toile ficelée autour de l'embouchure. Cette toile se crève en s'appuyant sur le téton du sabot.

Dans l'estimation de la résistance à donner aux crapaudines, on tiendra largement compte des efforts anormaux auxquels elles sont accidentellement exposées, et qui sont de même nature que ceux déjà signalés à propos du collier.

164. Des roulettes. — Le collier étant soumis à d'assez grands efforts, surtout dans les portes en bois, on a cherché à le soulager en faisant porter une partie du poids du vantail sur une roulette placée près du poteau busqué.

De cette façon, on diminue en même temps la charge des crapaudines.

Pour que la roulette soit efficace, elle doit avoir un grand diamètre, de $0^m,50$ à $0^m,70$ au moins, afin de diminuer la résistance au roulement, résistance toujours considérable à cause de la vase et de l'oxydation.

Il faut, de plus, que l'axe de la roulette soit dans un plan vertical passant par l'axe du tourillon et que ce plan passe aussi près que possible de celui qui contient le centre de gravité du vantail, afin que la porte ne soit pas soumise à des efforts tendant à la déformer.

La jante de la roulette, à arêtes légèrement courbes (convexes), roule sur une plate-bande métallique, scellée dans le radier de la chambre des portes.

La fixité de la direction de l'axe de la roulette doit être parfaitement assurée. Comme la roulette est constamment plongée dans l'eau, toutes les parties en fer s'oxydent rapidement et les parties frottantes ne peuvent être graissées; on doit donc recourir à l'emploi du bronze pour les coussinets.

Mais une roulette porte tantôt trop sur la plate-bande, et alors elle ne peut pas tourner; tantôt pas assez, et alors elle ne remplit pas l'objet qu'on avait en vue; il faut donc pouvoir régler sa pression sur la plate-bande.

A cet effet, par exemple, l'axe de la roulette est saisi par une fourche qui porte les paliers; la tige de la fourche s'élève verticalement, dans un manchon, à travers toute la hauteur du vantail; la tige se termine par un filetage sur lequel agit un écrou.

On peut ainsi régler la position de la roulette de la partie supérieure de la porte.

D'autres dispositifs peuvent d'ailleurs être adoptés dans ce but[1]. Ainsi, à Saint-Malo, pour les portes en bois (croquis p. 242), l'axe de la roulette est supporté par un balancier AB, dont une extrémité peut tourner autour d'un point fixe A. La position de l'extrémité B est réglée à l'aide d'une cale C.

Pour les nouvelles portes métalliques du même port, les roulettes ont 1 mètre de diamètre et la position de l'extrémité B est réglée au moyen d'un verrin qui agit par l'intermédiaire d'une pile en ressorts Belleville, logée dans un manchon étanche.

Les roulettes sont très employées en Angleterre ; elles ne le sont pour ainsi dire pas en France, hors le cas où les portes découvrent à basse mer (Exemple : Saint-Malo).

Les critiques qu'on élève contre ce système sont multiples.

Il entraîne de nombreuses et minutieuses sujétions de construction.

Les plates-bandes doivent être scellées dans des pierres de taille répartissant sur une large surface de maçonnerie ordinaire les pressions qu'elles supportent, afin d'éviter des tassements inégaux qui altéreraient la régularité de leur surface de roulement.

La fixité de l'axe de rotation ne peut être obtenue qu'en donnant à cet axe une assez grande longueur. Quand cette fixité est maintenue par une fourche, la tige de cette fourche est soumise à un effort de torsion considérable si elle doit résister seule aux dévia-

---

1. Voir aussi *Portefeuille des élèves de l'École des Ponts et Chaussées*, série 6, section D, planche XXII, disposition adoptée à Boulogne.

Port de St Malo St Servan
Roulettes des portes en bois

Elévation latérale   *Elévation de face :*

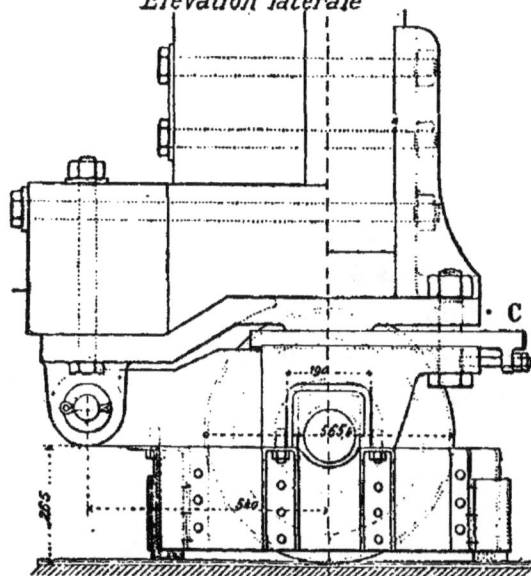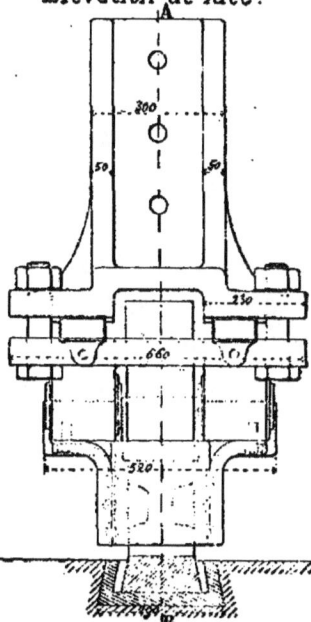

Coupe verticale du bâti de la roulette suiv.ᵗ AB.   *Plan*

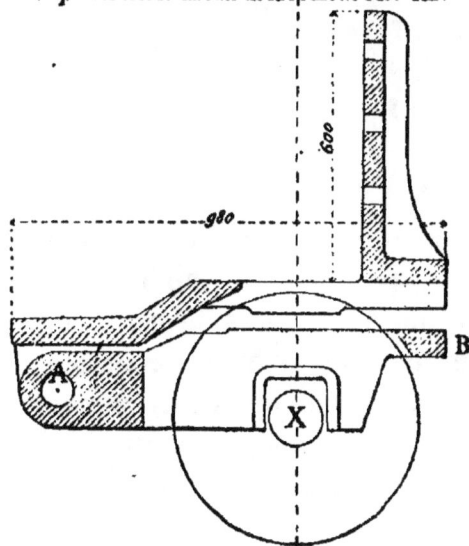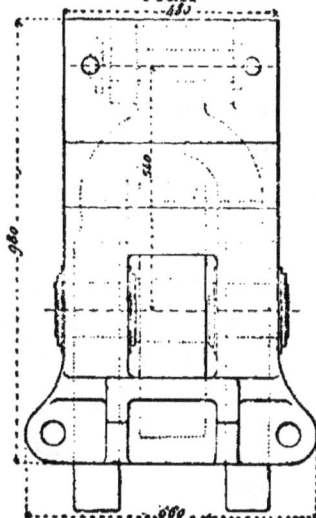

tions de l'axe, et, par suite, elle se grippe dans son
manchon, car elle doit nécessairement avoir une section quadrangulaire.

Les extrémités de la fourche portant les paliers
devraient donc être maintenues entre des glissières,
mais alors ce serait sur ces glissières plongées dans
l'eau et non graissées que se produiraient les frottements et les grippements.

La visite et la réparation des roulettes dans les
ports où le radier n'assèche pas à basse mer ne peuvent se faire d'une manière complètement satisfaisante
qu'en mettant le radier à sec, c'est-à-dire en imposant
un chômage à la navigation.

§ 7

AQUEDUCS ET VANNES

165. Des aqueducs. — Une écluse à sas doit
être munie d'aqueducs de remplissage et de
vidange.

Les aqueducs sont encore nécessaires, même
quand il n'y a pas de sas, pour pouvoir abaisser le
niveau de la retenue un peu au-dessous de celui de
la haute mer prochaine; cet abaissement préalable
de la retenue permet à la porte de s'entr'ouvrir
d'elle-même un peu avant le moment du plein : on
prolonge ainsi la durée des manœuvres d'entrée au
bassin.

Autrefois, on munissait les portes de ventelles
pour effectuer ces opérations; aujourd'hui, on éta-

blit presque exclusivement des aqueducs dans les
bajoyers; cela tient à ce que l'on veut faire les manœuvres rapidement, ce qui exige de très grandes
surfaces pour les vannes.

Or, de grandes vannes découpées dans les vantaux
atténueraient trop la résistance de la porte.

De plus, dans les sas, l'eau, pénétrant violemment
de l'amont, dans le sens de la longueur de l'écluse,
détermine des courants et des ondulations qui poussent les navires tantôt contre les bajoyers, tantôt
contre les portes.

Ces inconvénients subsisteraient en partie, même
quand les vannes s'ouvrent dans les bajoyers, si elles
n'étaient pas disposées symétriquement de chaque
côté du sas, de façon à se faire vis-à-vis, et si l'on
n'en mettait pas au moins un couple à l'amont et un
couple à l'aval.

Il faut, en effet, autant que possible, que les
impulsions que l'eau passant par les vannes donne
au navire placé dans le sas soient égales, symétriques et de sens contraire, aussi bien dans la longueur
que par le travers de la coque, afin que l'on puisse,
sans grand effort, empêcher, au moyen d'amarres, le
navire de faire des embardées dans l'écluse.

Cependant, on peut être amené à conserver des
ventelles dans les portes, par suite de certaines circonstances locales; par exemple, pour faire des
chasses dans le sas, comme on l'a expliqué à l'occasion du dévasement des chambres des portes (p. 159).
Dans ce cas, on emploie des ventelles levantes ordinaires, ou mieux, si la disposition du vantail le permet, des ventelles à jalousie, comme dans les portes
d'écluses de canaux.

Il convient de se ménager la possibilité de visiter fréquemment les vannes et ventelles, ce qui conduit à placer leur seuil aussi haut que possible, par exemple au niveau des basses mers ordinaires, et en tout cas un peu au-dessus des basses mers de vive eau.

Les dimensions des aqueducs dépendent du temps que doivent durer les sassements dans les conditions les plus défavorables.

Aujourd'hui, l'on admet que le remplissage du sas ne doit pas durer plus de trois à cinq minutes et que la vidange ne doit pas exiger plus de temps.

La condition la plus défavorable se présente lorsqu'il faut faire sortir un navire au moment où la mer monte devant la porte d'aval avec sa plus grande vitesse d'ascension, ce qui a lieu à mi-marée, dans les vives eaux d'équinoxe.

Chevallier a publié, dans les *Annales des ponts et chaussées* (1853, 2ᵉ semestre), un mémoire où il a donné les formules pratiques qui servent à calculer le débouché des vannes, et par suite celui des aqueducs à ménager dans les deux bajoyers.

L'application de ces formules conduit à donner à l'aqueduc de chaque bajoyer de très grandes sections, variant de 5 à 7 mètres carrés par exemple[1] et où la vitesse de l'eau peut atteindre plus de 4 mètres par seconde.

On peut d'ailleurs, si on le juge convenable, répartir entre deux aqueducs la section totale du débouché à ménager dans chacun des bajoyers (Exemple : le Havre, écluse Bellot, *Annales des ponts et chaussées*, 1889, cahier de janvier, Pl. II).

---

1. *Portefeuille des élèves de l'École des Ponts et Chaussées.* Dunkerque, série 6, section D, planche XXVIII.

La voûte des aqueducs doit-être chargée d'un poids suffisant de maçonnerie pour qu'elle résiste aux sous-pressions que peut exercer l'eau contenue dans les aqueducs, et cela sans imposer aux mortiers un effort de traction appréciable.

En tout cas, il convient que les parements intérieurs des aqueducs soient maçonnés, sur 0^m,50 d'épaisseur au moins, avec un excellent mortier hydraulique (mortier de ciment dosé à 400 ou 500 kilogrammes de ciment par mètre cube de sable, par exemple), afin que l'eau, qui circule dans ces aqueducs et y séjourne, ne puisse pénétrer jusqu'aux maçonneries du massif intérieur des bajoyers, souvent hourdés avec des mortiers moins riches ou moins résistants à la mer que ceux des parements.

Le débouché des vannes dans le sas peut varier de 2 à 4 mètres carrés.

166. Des vannes. — On voit que l'on est conduit, en général, à donner aux vannes de grandes dimensions; la manœuvre de ces engins devient donc un problème assez délicat, qui a exercé la sagacité de tous les ingénieurs, problème d'autant plus difficile que les vannes doivent être ouvertes dans un intervalle de temps plus court.

On admet aujourd'hui que la levée d'une vanne ne doit pas durer plus de deux à quatre minutes.

167. Vannes levantes. — Le type de vanne le plus ancien, et qui est encore le plus employé, est celui des vannes levantes (Exemple : Saint-Nazaire, Pl. XVIII).

Ces vannes ont l'inconvénient d'exiger, à cause des frottements, un effort considérable au départ (ex. : 30 à 40 0/0 de la pression qu'elles supportent) et des efforts encore très grands (25 à 30 0/0 de la pression) pendant l'ascension. On s'est donc ingénié à diminuer les frottements.

La première idée qui s'est présentée a été de faire des vannes non pas frottantes sur leurs feuillures, mais roulantes. Restait à trouver le moyen d'obtenir l'étanchéité entre la vanne et la feuillure. Le croquis ci-après figure une solution indiquée par Chevallier (Cours de 1866-1867, p. 198, Pl. LXIII, Fig. 421).

Mais, jusqu'à présent, on n'a pas découvert de dispositif simple, robuste, d'une manœuvre commode, assurant cette étanchéité. Il n'est pas douteux que, si l'on inventait un procédé satisfaisant, cette solution aurait d'autant plus de prix, que les panneaux pleins des grandes vannes levantes sont d'une construction et d'un entretien faciles et pratiques.

Vanne à roulettes

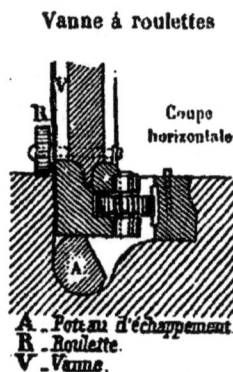

Coupe
horizontale

A _ Poteau d'échappement.
R _ Roulette.
V _ Vanne.

Peut-être parviendra-t-on à réaliser un arrangement analogue, par exemple, à celui qui assure l'étanchéité du joint entre le sas et le bief de l'ascenseur des Fontinettes[1], à l'aide de gros bourrelets en caoutchouc, que l'on gonfle ou dégonfle, en les remplissant d'air comprimé ou en les vidant.

168. Des vannes tournantes. — Dans un ordre d'idées tout différent, et en s'inspirant du fonction-

[1]. Voir notices sur les modèles, dessins, etc., relatifs aux travaux des ponts et chaussées, réunies par les soins du ministère des Travaux publics (Exposition universelle de Paris en 1889).

nement des portes employées pour les chasses artificielles, appareil dont il sera traité dans un autre
chapitre, on a imaginé de faire des vannes tournantes.

Deux types ont été appliqués, notamment à Dunkerque[1] :

A. — *Vannes tournantes sur un axe central.*

B. — *Vannes tournantes sur un axe latéral, dites
vannes en éventail.*

Voici, très succinctement, le principe de chacun
de ces appareils.

A. — *Vannes tournantes sur un axe central.*

Soit un pertuis MN ; au milieu de sa largeur se
dresse un pilier O ; chaque moitié du pertuis est
fermée par une vanne (ac,
$a'c'$). Considérons la vanne
ac; elle est constituée par
un panneau vertical, pou-
vant tourner autour de
l'axe central (b), qui le
partage en deux parties
égales, $ab = bc$. Lorsque
la vanne est fermée, ses extrémités (a, c) s'appuient
sur des portées fixes (d, d). L'eau retenue à l'amont
exerce donc sur ab et bc des pressions égales ; par
suite, il suffira d'un faible effort pour faire tourner la
vanne, c'est-à-dire pour l'ouvrir. Plusieurs dispositifs mécaniques peuvent être imaginés dans le but
d'opérer ce mouvement de rotation. On trouvera,
dans le *Portefeuille de l'École* (Pl. XXX, série 6,

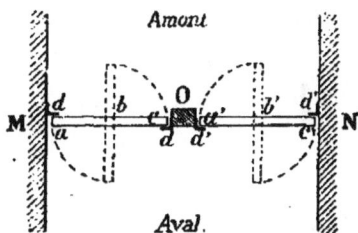

---

1. *Portefeuille des élèves de l'École des Ponts et Chaussées*, série 6,
section D, planche XXX.

section D), les détails de celui qui a été adopté à Dunkerque.

En principe, une vanne tournante en éventail se compose d'un panneau O A pouvant osciller autour d'un axe vertical O ; c'est ce panneau qui constitue la vanne fermant l'aqueduc K. Un second panneau O B, monté sur le même axe O, est rendu solidaire

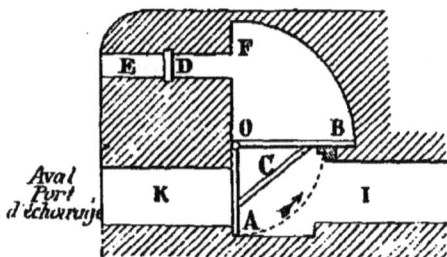

du premier par une entretoise C. Une petite vanne levante D ouvre ou ferme l'aqueduc de décharge E, qui fait communiquer avec le port d'échouage la chambre O F B, où se meut le panneau O B.

L'aqueduc I communique avec le sas ; l'aqueduc K, avec le port d'échouage.

Supposons qu'on veuille opérer la vidange du sas plein.

A ce moment, la vanne D est fermée ; le panneau O B ne forme jamais un contact parfaitement étanche sur son appui en B ; par suite, l'eau de la chambre B O F se nivelle avec celle de l'aqueduc I.

La pression est donc la même des deux côtés du panneau O B. Le panneau O A est pressé par l'eau de l'aqueduc I du sas et reste fermé, l'eau dans l'aqueduc K qui communique avec l'avant-port étant supposée plus basse que celle du sas.

Si l'on ouvre la vanne D, la chambre F O B se vide

dans l'avant-port. Dès lors, la pression du sas ne se fait plus sentir que sur la face amont (côté de l'aqueduc I) du panneau O B, et comme O B est plus grand que O A, l'éventail tourne autour de O et la vanne O A démasque l'aqueduc de fuite K.

La manœuvre d'ouverture de la grande vanne O A se réduit donc à la levée de la petite vanne D.

Quand le nivellement des eaux du sas et de l'avant-port est obtenu, on peut remettre l'éventail dans sa première position sans difficulté.

169. Vannes cylindriques. — Une quatrième solution a été inventée pour les aqueducs des écluses ordinaires : c'est le système des vannes cylindriques levantes (Voir *Annales des ponts et chaussées*, année 1886, 2ᵉ semestre).

Ce système, très rationnel, semble se prêter à peu près à toutes les combinaisons susceptibles de se présenter, et l'on peut s'étonner qu'il n'ait pas encore été appliqué à quelque aqueduc d'écluse marine, là où les circonstances permettent une visite fréquente de l'appareil et où les eaux ne sont pas trop chargées de matières en suspension, etc.

On trouvera, à l'annexe n° 5, les dispositions que l'on pourrait adopter, d'après l'inventeur, si la vanne était appelée à résister à une sous-pression.

170. Vanne à coquille, à frottement très atténué. — Enfin, on a imaginé récemment un type ingénieux de vanne qui a été employé au réservoir de Torcy-Neuf [1].

1. Exposition universelle à Paris en 1889. Notices sur les modèles, dessins, etc., relatifs aux travaux des ponts et chaussées; et *Nouvelles Annales de la Construction* (Oppermann), avril 1891.

Il semble susceptible d'application dans quelques ouvrages maritimes.

En voici le principe :

La vanne se compose essentiellement de deux parties : 1° une sorte de coquille ou chapeau cylindrique (*aaa*) en fonte (Fig. 1); 2° une couronne (*bbb*), également en fonte, qui s'engage dans le chapeau. Une garniture (*c*) assure l'étanchéité du joint entre

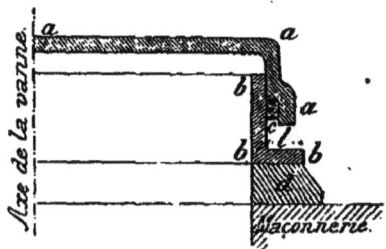

Fig. 1. — Coupe suivant *xy*.

(*a*) et (*b*). La couronne (*b*) s'appuie sur un siège métallique (*d*) par une surface bien dressée, pour assurer l'étanchéité de la vanne fermée. Le siège (*d*) est scellé dans la maçonnerie de l'aqueduc d'évacuation. Le chapeau est relié invariablement par une tige (*t*) (Fig. 2) à un axe fixe (*o*), supposé ici perpendiculaire au plan de la figure.

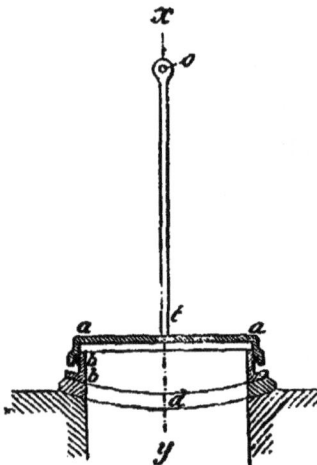

Fig. 2.

La vanne peut donc tourner autour de l'axe (*o*), pourvu que le siège et la couronne soient dressés suivant une surface cylindrique circulaire ayant (*o*) pour axe.

Le chapeau ne pouvant céder à la poussée de la retenue, la seule pression que la vanne exerce sur son siège est celle que l'eau produit sur l'anneau circulaire de largeur *l* de la couronne (Fig. 1).

On peut donc réduire cette pression et, par suite, les frottements autant qu'on le veut, dans la limite qu'exige l'étanchéité de la vanne. Si la pression d'abord adoptée était reconnue trop forte, il suffirait, pour la diminuer, de donner un coup de lime sur l'angle A de la couronne, car alors la poussée de l'eau ne s'exercerait plus que sur la largeur l' (Fig. 3).

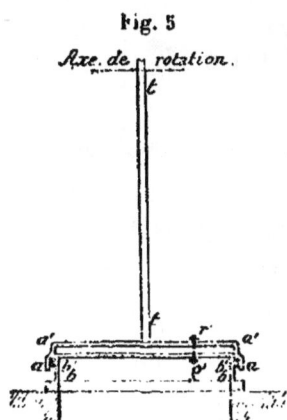

Fig. 3

En supprimant complètement la base horizontale de la couronne (Fig. 4), la pression serait nulle; on rentrerait dans le cas des vannes cylindriques ; mais, pour que la vanne fermée fût étanche, il faudrait que la couronne (b) fût fermée par un fond ($b'b'$) et que la pression de l'eau s'exerçât sur ce fond.

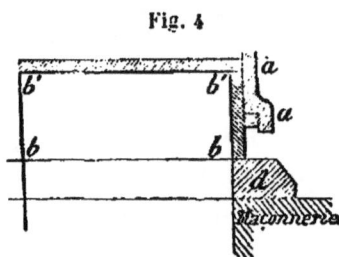

Fig. 4

Pour cela, le fond ($a'a'$) du chapeau ($aa'a'a$) (Fig. 5) devrait être percé d'un petit orifice susceptible d'être ouvert ou fermé à volonté ; il serait muni, par exemple, d'un robinet (r').

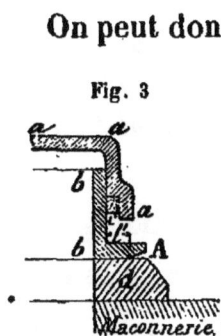

Fig. 5

Axe de rotation.

Pour faire disparaître cette pression au moment de l'ouverture de la vanne, le fond ($b'b'$) de la couronne serait muni également d'un robinet ρ', qu'on ouvrirait après avoir fermé (r').

Supposons maintenant que la base de la couronne ait la forme rentrante $b'b''b'''$ (Fig. 6) ; quand on ouvrira (ρ'), (r') étant fermé, il s'exercera sous la surface (ss') de la couronne une pression qui tendra à la soulever de dessus son siège.

En résumé, le principe de cet appareil paraît ingénieux et susceptible d'applications pratiques dans un certain nombre de cas. On conçoit d'ailleurs que la fixité du chapeau puisse être obtenue de diverses façons ; pour une vanne verticale, par exemple, on pourrait, au lieu de le retenir par un axe fixe, le faire rouler, à l'aide de galets (g g), dans une rainure (Fig. 7). (Voir, au sujet des vannes à coquilles, une note de M. Fontaine, *Nouvelles Annales de la Construction*, avril 1891).

Fig.

Fig. 7

Ce système de vanne est dû à M. l'ingénieur des ponts et chaussées E. Résal.

171. Construction des vannes levantes. — Les vannes levantes se font en bois, en fonte ou en tôle et fer.

Il faut toujours se ménager la possibilité d'enlever la vanne hors de sa feuillure, en cas de réparation par exemple ; de plus, de chaque côté de la vanne ou d'un seul côté, suivant les circonstances, il convient de ménager dans la maçonnerie des rainures qui, au moyen de poutrelles, permettront de faire un batardeau ou un barrage isolant la vanne.

172. Vannes levantes en bois. — Le greenheart

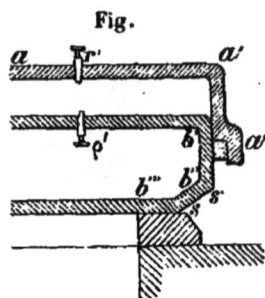

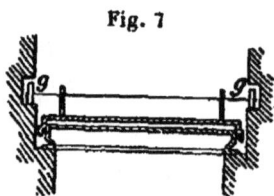

paraît aujourd'hui préférable à tout autre bois pour
l'exécution des vannes.

Lorsque la vanne frotte directement sur la pierre
de taille, généralement de granit, la face frottante
de la feuillure doit être non seulement taillée avec le plus grand soin, mais encore polie.

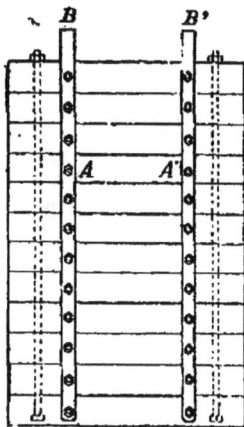

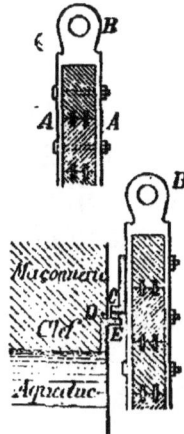

Une vanne en bois est essentiellement un panneau formé de madriers à joints horizontaux, assemblés à rainures et languettes; des plates-bandes jumelles AA, A'A', en fer, embrassent la vanne sur ses deux faces; les madriers sont fixés aux plates-bandes par des boulons.

Les plates-bandes s'assemblent au moyen d'articulations BB', avec les crémaillères de l'appareil de levage.

L'étanchéité de la vanne est assurée à sa partie inférieure par la pression qu'exerce son poids sur le seuil en bois où elle repose.

A la partie supérieure, l'étanchéité peut s'obtenir de la façon suivante : la vanne est coiffée d'un clausoir formé, par exemple, d'une cornière C s'appliquant, lorsque la vanne est abaissée, par l'intermédiaire d'une lame de caoutchouc D, sur un heurtoir E, scellé dans la tête de l'aqueduc (Saint-Nazaire).

Pour les tiges de la vanne, on emploie du fer rond

ou carré, et non du fer méplat, ce dernier se faussant rapidement à la descente [1].

La vanne doit être guidée bien verticalement dans son mouvement de montée ou de descente, afin d'éviter les efforts obliques qui déterminent des coincements énergiques.

Si la vanne doit rester étanche sous l'action des poussées s'exerçant tantôt d'amont, tantôt d'aval, on lui donne la forme d'un coin très aplati ; on place dans les feuillures un châssis portant des glissières métalliques, également taillées en biseau ; l'une des faces de la vanne est exactement dans un plan vertical.

Les parties frottantes se font habituellement en bronze, pour qu'elles ne s'oxydent pas [2].

173. Vannes levantes en fonte. — Une vanne en fonte est formée d'un plateau renforcé par des nervures pour offrir la résistance nécessaire.

Les dessins de la page 256 se rapportent à une vanne fermant un aqueduc circulaire de 2 mètres de diamètre. Cette vanne, devant subir l'action de poussées de sens contraires et rester étanche, a ses côtés latéraux taillés en biseau, comme on vient de le dire.

174. Vannes levantes en tôle et fer. — Si une vanne doit atteindre de très grandes dimensions, et par suite avoir un poids considérable, il est rationnel de la construire en tôle et fer [3].

---

1. *Portefeuille des élèves de l'École des Ponts et Chaussées*, série 6, section D, planche XXIII, vanne en bois de l'écluse à sas de Boulogne.
2. Voir, pour les dispositions à adopter, les figures de la page 256.
3. *Annales des ponts et chaussées*, cahier de janvier 1889. Port du Havre, bassin Bellot.

Ce genre d'ouvrage ne comporte d'ailleurs aucune indication spéciale.

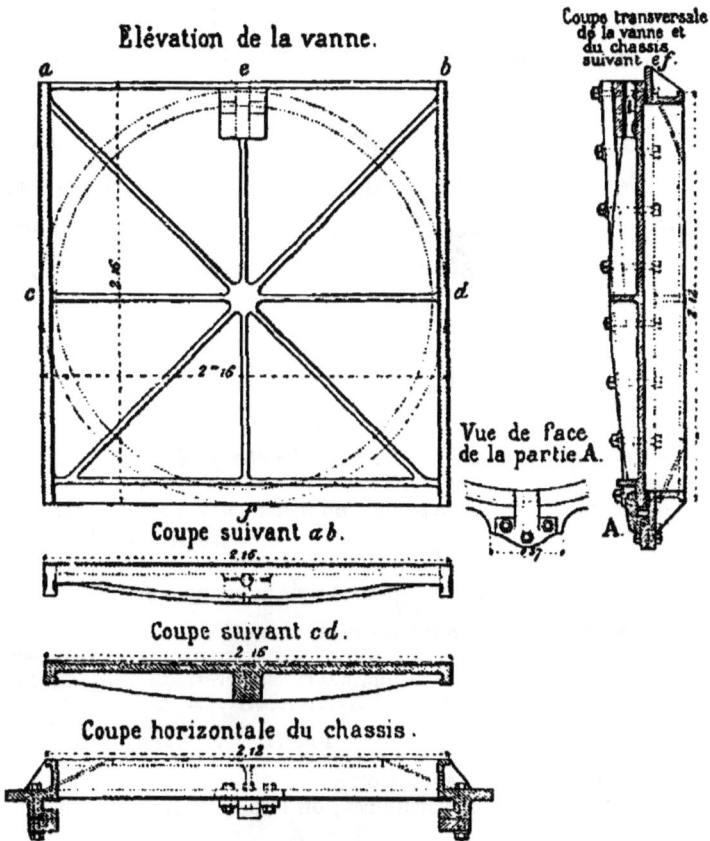

Élévation de la vanne.

Coupe transversale
de la vanne et
du chassis
suivant *ef*.

Vue de face
de la partie A.

Coupe suivant *ab*.

Coupe suivant *cd*.

Coupe horizontale du chassis.

175. Manœuvre des vannes levantes. — Quel que soit l'effort à produire pour soulever une vanne, on conçoit que, par un équipage d'engrenages convenable, on puisse toujours le réaliser à bras d'hommes ; mais alors la manœuvre est fort lente, car on ne peut y appliquer qu'un nombre très limité d'ouvriers.

Or, comme aujourd'hui la levée doit s'exécuter en une ou deux minutes, on est obligé de recourir à des moteurs mécaniques.

Actuellement, on emploie surtout des engins hydrauliques actionnés par l'eau sous pression[1].

Il faut néanmoins, en cas d'avarie aux appareils, se réserver la possibilité de faire fonctionner la vanne à bras. Aussi les machines qu'on projette doivent-elles toujours être conçues de façon à satisfaire à cette double condition.

La manœuvre hydraulique se fait habituellement à l'aide d'un piston attelé soit directement à la vanne, soit indirectement par l'intermédiaire d'une moufle.

Le piston est différentiel parce que l'effort à la montée est plus grand qu'à la descente.

1. Voici, à titre d'exemple, le calcul de la puissance des appareils nécessaire à la manœuvre d'une vanne. L'aqueduc circulaire a 1ᵐ,20 de diamètre intérieur ; la vanne, également circulaire, a 1ᵐ,34 de diamètre extérieur, soit une surface de 1ᵐ²,41. La charge d'eau sur le centre de la vanne peut atteindre 6ᵐ,90.

On estime à 1026 k. le poids d'un mètre cube d'eau de mer. Par suite, la pression sur la vanne est de 1ᵐ,41 × 6ᵐ,90 × 1.026 k. = 9.982 k. ; soit, en nombre rond, 10,000 k.

Les résistances à vaincre pour ouvrir la vanne, sont :

1° Frottements des glissières 10,000 × 0ᵐ,16 .... 1.600 k.
2° Poids de la vanne............................... 1.000 —
3° Poids de la tige, du piston, des crémaillères............ 200 —
4° Inertie et coincement........................... 800 —

Total................... 3.600 k.

Il faut tenir compte en outre :

1° Du frottement des garnitures ; on le porte généralement à 2/100 de l'effort à l'ouverture ;

2° D'un surcroît de force qu'il convient toujours de se ménager et qu'il n'est pas exagéré de fixer à 10 0/0 de ce même effort.

La pression sur la face du piston commandant l'ouverture, et qu'on suppose ici à action directe, sera donc :

$$3.600 \text{ k. } \left(1 + \frac{12}{100}\right) = 3.600 + 432 = 4.032 \text{ k.}$$

Si la pression dans la conduite de distribution est de 52 kilogrammes par centimètre carré, il convient de ne compter que sur 50 k. pour la poussée sous le piston.

La section du piston sera donc, en centimètres carrés, de $\frac{4032}{50} = 80^{\text{q}},7$, et son diamètre de 0ᵐ,11.

On trouvera, dans les *Annales des ponts et chaussées* (ianvier 1889), les dispositions adoptées au Havre pour deux vannes du bassin Bellot.

§ 8

MISE EN PLACE DES PORTES

176. Indications générales. — La mise en place des portes est surtout une manœuvre de force ; elle demande cependant aussi de la précision pour engager les crapaudines l'une dans l'autre.

Lorsqu'on pose les portes dans l'écluse vide, l'opération, bien que toujours délicate, parce qu'il s'agit de mouvoir un poids considérable qui atteint souvent 150 tonnes environ, est relativement simple, car on travaille à l'air et l'on voit ce que l'on fait.

Quand on place les portes l'écluse étant pleine d'eau, on rencontre plus de difficultés.

Il faut d'abord lancer à l'eau le vantail, construit sur un terre-plein.

A cet effet, il repose, par l'intermédiaire de semelles suiffées, sur des glissières également suiffées et formant un plan incliné, appelé cale.

La cale se prolonge sous l'eau.

On fait glisser le vantail jusqu'à ce qu'il soit complètement immergé.

On le saisit alors à l'aide de chaînes et de câbles amarrés à des flotteurs (barriques vides ou chalands).

On raidit les amarres de façon à dégager le vantail de sa cale et l'ensemble flottant est amené dans l'écluse, au droit de la chambre; l'entretoise supérieure est placée près et le long du bajoyer.

Quand il s'agit de portes métalliques à entretoise droites, le vantail peut le plus souvent flotter naturellement et il est possible, par l'addition d'un lest d'eau, de le faire immerger à peu près verticalement après le lancement.

Sur le couronnement du bajoyer, on a installé à l'avance des poutres appelées « caps de levage »[1]. (Voir le croquis ci-contre.)

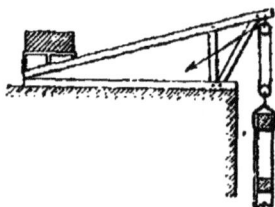

La tête des poutres est en porte à faux sur le bajoyer de la chambre, l'extrémité à terre est chargée d'un poids convenable. Chaque tête porte un gros palan (ou caliorne), actionné par un cabestan ou par un autre palan.

On passe les crochets des caliornes dans des chaines amarrées à la traverse supérieure; quand le vantail est bien saisi, on mollit peu à peu, s'il y a lieu, les amarres des flotteurs, et le vantail, lesté au besoin à son pied, se place verticalement lorsqu'il est complètement dégagé des flotteurs.

Le cap de levage est disposé de façon à ce que le vantail se trouve alors à très peu près dans la position définitive qu'il doit occuper, mais un peu au-dessus, de façon qu'en lâchant les garants des ca-

1. Voir *Annales des ponts et chaussées*, année 1887, cahier d'octobre 1887, planche VII, Caps de levage pour la mise en place des portes de l'écluse des Transatlantiques au port du Havre.

liornes la crapaudine mâle pénètre dans le sabot de l'autre.

Comme il y a toujours un petit écart, on le regagne en exerçant sur le vantail une légère traction horizontale, soit perpendiculairement, soit parallèlement au bajoyer.

C'est afin d'assurer la complète liberté de ces petits mouvements que la partie fixe du collier ne doit offrir, comme on l'a déjà dit, aucune saillie sur le chemin que parcourt dans son déplacement la cravate du poteau tourillon.

Un plongeur, muni du scaphandre, dirige la marche de la crapaudine supérieure pour l'amener à s'engager.

On comprend du reste qu'il ne peut y avoir de règle générale pour la conduite de pareilles manœuvres, dont l'exécution doit être réglée d'après les circonstances locales, les engins dont on dispose, etc. [1].

§ 9

MANŒUVRE DES PORTES

177. Généralités. — 1° *Fermeture*. — Les portes busquées doivent être fermées simultanément, de manière à arriver ensemble à leur place, sinon les deux vantaux se tordent, se fatiguent et se déforment.

---

1. Voir le lançage des portes de Saint-Nazaire, *Annales des ponts et chaussées* de 1861, 1ᵉʳ semestre.

Si la mer est calme, cette opération ne réclame que les précautions usitées pour la fermeture des portes des canaux ordinaires.

Mais, quand il y a de la houle, cette manœuvre devient difficile et exige des précautions spéciales.

2° *Ouverture.* — Pour une écluse sans sas, l'ouverture des portes se fait près du moment du plein, c'est-à-dire quand le niveau de l'eau de l'avant-port vient à atteindre celui du bassin à flot, préalablement abaissé au besoin.

Si l'écluse a un sas, on peut évidemment ouvrir les portes soit avant, soit après l'instant de la haute mer.

La manœuvre des portes se fait généralement à l'aide de chaines. Ce mode d'opérer sera seul examiné avec quelque détail.

Cependant, on trouve encore à Anvers (écluse des anciens bassins) une porte manœuvrée au moyen d'une barre à crémaillère[1].

On vient aussi de faire tout récemment, à Rochefort[2] une application perfectionnée du système très employé autrefois sur les ca-naux, et qui consiste à mou-voir directement le vantail au moyen d'une poutre (*ab*), dite balancier, solidement fixée au haut de la porte, poutre que l'éclusier pousse par son extrémité *a*.

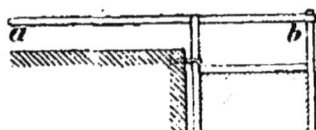

Quand on a recours à l'emploi de chaines pour

---

1. Anvers port de mer : Description du port et des établissements maritimes d'Anvers, par un comité d'ingénieurs; 1885, publié à Bruxelles. — Typographie Guyot.

2. Notices sur les dessins, modèles, etc., réunis par les soins du ministère des Travaux publics. Exposition universelle à Paris, 1889.

la manœuvre des vantaux, la solution la plus fréquemment adoptée est la suivante :

Chaque vantail est saisi, près du poteau busqué, par deux chaînes, dont l'une A, attachée sur la face amont, sert pour l'ouverture; sa poulie de renvoi (*a*) est fixée dans le bajoyer de l'enclave; cette poulie est mobile autour d'un axe vertical.

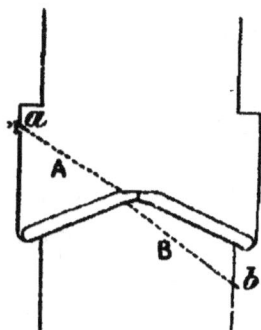

La seconde chaîne B, attachée sur la face aval, sert pour la fermeture; sa poulie de renvoi (*b*), également mobile, est fixée dans le bajoyer opposé de l'écluse, à l'aval de la porte[1]. Il en résulte que, lorsque la porte est ouverte, les deux chaînes de fermeture se croisent sur le radier, ce qui diminue la profondeur d'eau sous la quille des navires. On a déjà dit qu'il faut en tenir compte pour fixer le niveau du radier.

178. Position des chaînes. — On attache généralement les chaînes au vantail près du poteau busqué, parce que l'on diminue ainsi leur tension, en augmentant le bras de levier de l'effort qu'elles auront à exercer.

Les deux points d'attache, sur les faces amont et aval du vantail, doivent être à la même hauteur, car on a besoin quelquefois de raidir les deux chaînes en même temps, et il ne faut pas que, dans ce cas, les tractions tendent à gauchir le vantail. Quant à la hauteur du point d'attache, elle dépend de diverses considérations.

1. *Portefeuille des élèves de l'École des Ponts et Chaussées*, série 6, section D, planche II.

L'attache se fait à l'aide d'un maillon articulé, mobile autour d'un axe vertical ; cette attache doit pouvoir être accessible sans trop de difficulté ; à ce point de vue, il conviendrait de mettre l'attache aussi haut que possible sur le poteau busqué, mais alors la traction des chaînes exercée vers le sommet de la porte tendrait à la gauchir.

De plus, quand la porte est ouverte, il faut mollir la chaîne aval, ou de fermeture, de façon à la coucher sur le radier et à la laisser tomber verticalement le long de la face aval du vantail, d'une part, et le long du bajoyer où se trouve la poulie de renvoi, d'autre part. Puis, quand on ferme la porte, il faut commencer par embraquer tout le mou de cette chaîne, et cette opération est d'autant plus longue que l'attache est placée plus haut.

D'ailleurs, la résultante de la résistance que l'eau offre à la rotation de la porte, au moment où on la manœuvre (c'est-à-dire quand le niveau est sensiblement le même à l'amont et à l'aval), est à peu près au milieu de la hauteur du vantail ; c'est donc vers ce niveau qu'il convient de mettre l'attache des chaînes, et c'est, en fait, la solution que l'on adopte généralement.

Cependant, si le vantail porte sur une roulette qui doit vaincre la résistance d'une couche épaisse de vase dans le fond de la chambre, c'est à sa base qu'a lieu le plus grand effort, et il convient alors de descendre vers le pied du poteau busqué le point d'attache des chaînes.

179. Position des poulies de renvoi sur les bajoyers. — La position de la poulie de renvoi de la chaîne amont, ou d'ouverture, est naturellement fixée par celle du point d'attache. Il n'en est pas de même pour la poulie de renvoi de la chaîne aval.

On détermine ordinairement sa position par cette considération que l'effort de la chaîne soit aussi peu variable que possible dans les diverses positions relatives que la porte et la chaîne prennent, l'une par rapport à l'autre, à chaque instant de la manœuvre.

On peut, par exemple, fixer la position de la poulie par la condition que l'angle α de la chaîne avec la normale au vantail reste le même quand la porte est ouverte et quand elle est fermée.

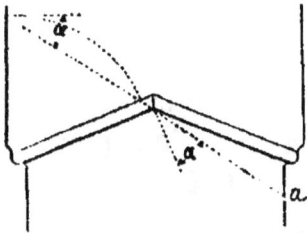

Mais ce n'est là qu'une première indication approximative, dont on s'écarte plus ou moins ; car on doit, en tout cas, placer le point (a) assez loin du chardonnet (de 4 à 6 mètres par exemple), pour que les rainures ou les puits des chaînes ne puissent pas affaiblir la solidité de cette partie importante de l'ouvrage.

Les poulies ne doivent pas faire saillie sur les bajoyers. Ces dispositions ne sont données qu'à titre d'indications générales et pour fixer les idées ; on peut en adopter d'autres comme on le verra bientôt.

180. De la force des chaînes. — La force des chaînes dépend de la résistance à vaincre.

La résistance n'est pas la même au moment précis de l'ouverture et pendant la rotation du vantail.

À l'ouverture, elle dépend, comme on va l'expli-

quer : 1° de la différence de niveau qui existe encore
entre l'eau à l'amont et l'eau à l'aval du vantail,
quand on ouvre la porte d'un sas ; 2° de certaines
résistances passives, peu connues, dont quelques-
unes résultent vraisemblablement du coincement des
poteaux busqués et des frottements des poteaux
tourillons au commencement de la manœuvre.

Pendant la rotation, la résistance dépend surtout
de la vitesse avec laquelle on fait tourner le vantail
et des courants qui règnent dans le pertuis.

Malgré les grandes dimensions qu'on donne aux
vannes, le remplissage du sas, d'abord très rapide,
se ralentit à mesure que la différence de niveau
entre l'eau du bassin à flot et l'eau du sas diminue ;
lorsque la dénivellation est devenue très faible, le
remplissage s'achève si lentement qu'on perdrait
beaucoup de temps à attendre qu'il fût à peu près
complet avant d'ouvrir les portes.

Quand on fait des sassements, on est ainsi
conduit à ouvrir les portes sous la pression d'une
certaine hauteur d'eau, qui doit être d'ailleurs très
faible (de 2 à 4 centimètres, par exemple) [1].

On calcule donc le débouché des aqueducs des
vannes de façon que, après les quatre ou cinq minutes
fixées po   la durée du remplissage, il ne reste plus
qu'une den..ellation de 2 à 4 centimètres. Or, sur
un vantail de 100 mètres carrés (ce qui n'a rien
d'exceptionnel), une aussi petite hauteur d'eau re-

---

1. *Nota.* — C'est pour supprimer tout excès de pression à l'amont des
portes des écluses sans sas et pour obtenir même un excès de pression à
l'aval, qu'on est conduit quelquefois à abaisser le plan d'eau de la retenue au-dessous du niveau que doit atteindre la pleine mer prochaine.
De cette façon, la porte s'entr'ouve d'elle-même, et d'ailleurs on hâte
ainsi le moment de l'entrée des navires. Cette manœuvre se pratique
également pour les écluses à sas, quand on ne les ouvre qu'à mer haute.

présente une pression de 2,000 à 4,000 kilogrammes appliquée au centre du vantail, et, par suite, une traction de 1,000 à 2,000 kilogrammes sur la chaîne.

La résistance due à l'eau quand le vantail est en mouvement est beaucoup plus difficile à apprécier ; elle dépend évidemment d'abord de la vitesse de rotation du vantail.

Mais, quand la porte vient d'être entr'ouverte, il se détermine un écoulement d'eau (du sas vers le port d'échouage, par exemple) ; le vantail doit donc s'ouvrir contre ce courant qui détermine, près et à l'aval du poteau busqué, des tourbillonnements de nature à augmenter l'effet de la pression d'amont.

En outre, le vantail, quand il s'engage dans son enclave, tend à y refouler l'eau ; par suite, il se forme une intumescence derrière sa face amont.

C'est pour atténuer autant que possible cette intumescence que l'on donne, comme on l'a dit, à l'enclave une longueur plus grande que la longueur du vantail, afin de faciliter le départ de l'eau ainsi refoulée.

Par le fait même du mouvement du vantail, il tend à se produire une dépression sur sa face aval, et cette dépression sera notablement augmentée à certains moments, s'il y a de la houle.

Il est à peu près impossible d'estimer, *à priori*, cette dénivellation de l'amont à l'aval du vantail.

En fait et en pratique, si l'on s'en rapporte aux données admises dans les calculs des chaînes pour les portes des grandes écluses récemment exécutées, on peut admettre qu'il convient de compter au départ, pour avoir égard à toutes les résistances, sur un effort correspondant à une dénivellation de 10 centimètres environ.

Sur un vantail de 100 mètres carrés, la pression serait alors de 10,000 kilogrammes et la chaîne devrait pouvoir résister à une traction de 5,000 kilogrammes.

Si l'attache de la chaîne décrit un arc de cercle de 10 mètres de développement, il faudra produire un travail de $5,000 \times 10 = 50,000$ kilogrammètres.

Si l'ouverture de la porte doit avoir lieu en deux minutes, ce travail représente $\left(\dfrac{50,000}{75 \times 2 \times 60} \right) =$ 5 chevaux $\dfrac{6}{10}$.

Mais c'est là le travail utile; le travail moteur doit être plus considérable, car l'inertie, les résistances et les frottements des mécanismes en absorbent une fraction notable, la moitié, par exemple. Il faut donc dépenser un travail de 9 chevaux environ.

Dans ces conditions, on ne peut recourir, comme on l'a dit, à l'emploi des hommes, et l'on doit se servir de moteurs mécaniques.

De toutes les machines actuellement en usage, celles qui sont actionnées par l'eau sous pression paraissent les plus convenables et sont à peu près exclusivement adoptées pour la manœuvre des portes.

L'introduction des engins hydrauliques a conduit à l'étude des dispositions permettant de profiter, autant que possible, de tous les avantages qu'ils permettent de réaliser.

Les données du problème à résoudre, et par suite les solutions, peuvent varier suivant les circonstances spéciales à chaque écluse; on en donnera deux exemples.

1° On peut vouloir que la manœuvre d'un vantail soit faite par un seul homme restant au même poste, aussi bien pour la fermeture que pour l'ouverture.

Voici une des solutions admises dans ce cas :

On supposera, pour simplifier l'explication qui va suivre, que les chaînes sont toutes ramenées dans le même plan horizontal, celui de l'entretoise supérieure du vantail, par exemple.

La chaîne d'ouverture est fixée au bajoyer de l'enclave en (a) ; elle passe sur une poulie de renvoi horizontale (b), fixée au poteau busqué, puis court horizontalement sur le dessus de la porte et s'engage enfin dans une poulie horizontale (c), placée dans le bajoyer, près du chardonnet.

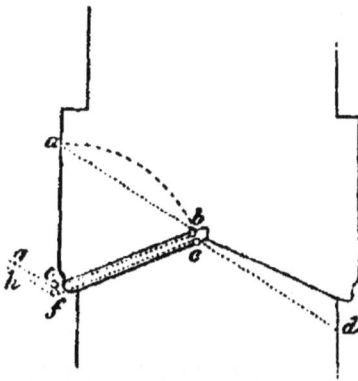

La chaîne de fermeture a son point d'attache en d, sur le second bajoyer, et passe sur les poulies e et f.

Pour ouvrir le vantail, l'homme préposé à la manœuvre n'a qu'à agir sur la chaîne c b a, en exerçant une traction dans le sens c g ; au contraire, en tirant sur h f, il fermera le vantail.

L'application pratique de ce principe peut varier suivant les circonstances ; on citera, à titre d'exemple, la solution adoptée au Havre pour les manœuvres des vantaux du bassin Bellot [1].

_____

1. *Annales des ponts et chaussées*, 1889, cahier de janvier, page 49 et planche VIII.

2° On peut vouloir qu'un seul homme, du même
poste, puisse manœuvrer ensemble les deux vantaux.

On supposera encore, pour la facilité de l'explication, que les chaînes sont ramenées dans le même
plan horizontal.

Les chaînes sont disposées de la façon suivante :
La chaîne d'ouverture
ab du vantail *A* est fixée
à ce vantail en (*a*), elle
passe sur une poulie(*b*),
court parallèlement à
l'axe de l'écluse en se
dirigeant vers l'aval,
s'enroule sur la poulie
(*c*) et vient enfin s'attacher au vantail *B* en
(*d*). La seconde chaîne
efgh est disposée de la
même manière. Les deux chaînes sont tendues.

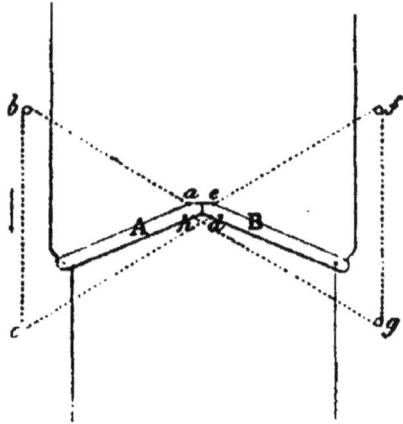

Si l'on exerce une traction sur la chaîne *b c*, dans
le sens indiqué par la flèche, le vantail *A* s'ouvre ;
en même temps, la chaîne *h g*, entraînée dans le mouvement d'ouverture, produit une traction sur *g f e* et,
par suite, fait ouvrir le second vantail *B*.

Mais, pour que le système puisse fonctionner, il
faut que les brins, tout en restant tendus, soient susceptibles de varier de longueur, en projection horizontale, comme on va l'expliquer.

Pour plus de clarté et de simplification, on supposera que les points *b a h g*, d'une part, sont en ligne
droite, et que les points *c d e f*, d'autre part, sont
également en ligne droite.

Admettons que la porte soit entr'ouverte.

Le vantail A est venu en A'; le vantail B est venu
en B'; alors le brin n° 1 est en $b\,a'$ et le brin n°3 en $g\,h'$.

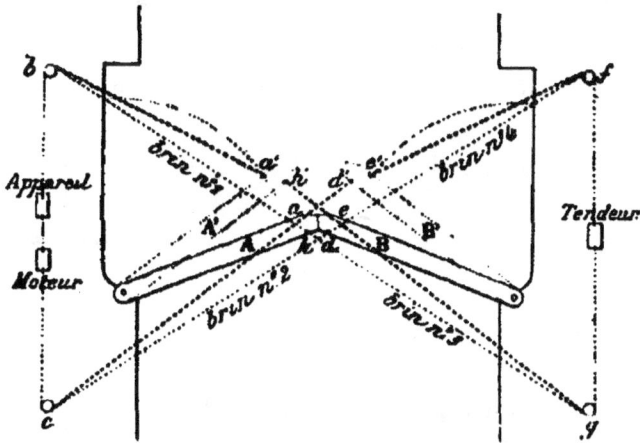

De même, la chaîne $c\,d$ est en $c\,d'$, et la chaîne $e\,f$
en $e'\,f$.

Et, comme dans le triangle $b\,a'\,h'\,g$, on a :

$$b\,a' + h'\,g > b\,g$$

Et dans le triangle $c\,d'\,e'\,f$

$$c\,d' + e'\,f > c\,f,$$

il en résulte que la manœuvre n'est possible que si,
par un moyen quelconque, on permet aux chaînes
de subir un allongement, tout en restant tendues.

Pour satisfaire à cette condition, on se sert d'un
procédé souvent appliqué en pareil cas et qui consiste à disposer un tendeur en un point de la longueur
de la chaîne.

Ce tendeur se compose essentiellement d'un
poids R, suspendu à une poulie P, sous laquelle
passe un des brins courants de la chaîne, par exemple

celui qui court le long du bajoyer opposé à l'appareil de manœuvre.

Supposons que, lorsque la porte est fermée, le poids R repose sur deux cales fixes *m m*, disposées au fond du puits, mais dans des conditions telles qu'une partie de son poids continue à tendre légèrement la chaîne.

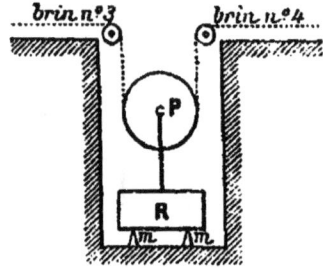

Au moment où l'on commencera à ouvrir la porte, le contrepoids R sera soulevé, puisque la longueur horizontale des chaînes doit augmenter ; et alors il faudra que le poids exerce sur la chaîne une traction précisément égale à celle que développe l'appareil de manœuvre.

Ce système, quand il est bien réglé, a l'avantage d'assurer la fermeture simultanée des deux vantaux. En cas d'avarie, la responsabilité est parfaitement déterminée, puisqu'il n'y a qu'un seul agent préposé à la manœuvre. Mais, pour bien régler le tendeur, il y a un certain nombre de précautions à prendre et de dispositions à combiner, qui ne laissent pas que d'être assez délicates en pratique.

On trouvera, dans les *Annales des ponts et chaussées*, un mémoire sur les conditions d'établissement et de fonctionnement de ce système, appliqué à la manœuvre des portes d'écluse du bassin de Bordeaux[1].

On a signalé l'obligation où l'on se trouve, en ouvrant le pertuis, de mollir la chaîne de fermeture pour la coucher sur le radier, puis d'embraquer tout le mou

_____
1. Année 1881, 1er semestre. Note de M. Boutan.

de cette chaîne pour qu'elle puisse commencer à opérer sa traction au moment de la fermeture des portes.

Or, c'est là une sujétion qui ne laisse pas que d'être assez gênante. On peut la diminuer en fixant le point d'attache de cette chaîne sur le radier et sa poulie de renvoi près du bas du vantail (Voir *Annales des ponts et chaussées*, janvier 1889).

De cette façon, en effet, la chaîne étant très près du radier, le mou à donner ou à embraquer se trouve considérablement réduit.

En tout cas, on voit combien il est indispensable, quand on arrête un projet d'écluse, de fixer en même temps les dispositions générales du système mécanique qui sera appliqué à la manœuvre des portes. On a été souvent empêché d'employer celui qui paraissait le plus convenable, parce que la forme des bajoyers ou du radier ne le permettait qu'avec des modifications entraînant des frais et des risques excessifs, l'écluse ayant été exécutée avant qu'on ne se fût suffisamment préoccupé du mode d'ouverture et de fermeture des portes.

181. Des courants dans les écluses. — Il y a souvent des courants dans les écluses quand le pertuis est ouvert.

Ainsi, d'une morte eau à une vive eau, le niveau de la retenue doit s'élever ; il y a donc un courant de remplissage du bassin à mer haute.

Ce courant existe même en morte eau, si, pour un motif quelconque, par exemple pour faciliter la manœuvre des portes, le niveau de la retenue a été abaissé au-dessous de la haute mer prochaine.

Il se produit également un courant e i sens inverse, ou de vidange du bassin, si on a dû laisser les portes ouvertes un peu après le moment du plein.

Or, ces courants sont gênants et quelquefois dangereux pour les navires dès que leur vitesse cesse d'être très faible; les courants de vidange rendent d'ailleurs difficile la fermeture des portes, qui se fait alors irrégulièrement et avec choc.

L'expérience a enseigné que, dans aucun cas, leur vitesse ne doit dépasser une trentaine de centimètres, et qu'elle doit même n'atteindre ordinairement qu'une quinzaine de centimètres.

Comme la vitesse dépend de la différence de niveau entre le bassin et l'avant-port, il faut que cette dénivellation soit elle-même très faible, et d'autant plus faible que la mer varie plus rapidement de hauteur vers le moment du plein, et que la superficie du bassin à flot est plus grande.

De ces considérations, on doit conclure plusieurs enseignements pratiques :

1° Une écluse ne doit pas desservir un bassin d'une trop grande superficie, parce que les courants de remplissage et de vidange seraient trop forts.

Si l'on est amené à agrandir la surface d'un bassin au delà de la limite où les courants deviendraient gênants, on devra assurer son remplissage par une prise d'eau distincte.

Une prise d'eau spéciale peut être justifiée d'ailleurs par d'autres motifs.

Ainsi, quand l'eau de la mer ou du fleuve est très vaseuse, il convient d'alimenter le bassin au moyen d'une prise d'eau formée par un déversoir de superficie, de façon à n'introduire que les eaux les moins troubles de la surface près du moment de la haute mer.

A Bordeaux, on alimente le bassin à flot, au moins en partie, avec les eaux claires de puits artésiens forés spécialement dans ce but[1].

2° Dans les écluses sans sas, on doit haler aussi vite que possible les navires traversant le pertuis, afin d'en faire passer le plus grand nombre durant le temps où les courants sont peu sensibles, ce qui exige des cabestans puissants, et d'autant plus puissants qu'il faut pouvoir haler les navires contre le courant dès que la vitesse est notable, et contre les vents souvent violents dans les ports, etc.

Ainsi, par exemple, ces cabestans, généralement à double pouvoir, seront capables d'un effort de 5 tonnes pour haler les navires à la vitesse de $0^m,20$ à la seconde, et d'un effort de 1 tonne pour une vitesse de 1 mètre.

Comme les cabestans de halage ne fonctionnent que d'une manière intermittente, mais exigent une grande force et dépensent beaucoup de travail en peu de temps, l'emploi de l'eau sous pression pour les actionner est encore ici naturellement indiqué. C'est la solution qu'on adopte généralement aujourd'hui dans les ports où le mouvement de la navigation est actif.

Les cabestans sont d'ailleurs nécessaires, même quand on sasse les navires, c'est-à-dire quand il n'y a pas de courants, et cela dans le but d'en activer l'entrée et la sortie.

3° Le halage exige que le terre-plein du couronnement soit parfaitement libre et dégagé de tout

1. *Ports maritimes de la France*, tome VI.

obstacle sur une largeur convenable, de 1^m,50 à
3 mètres au moins, et, si faire se peut, de 5 à 6 mètres
le long de l'arête des bajoyers, pour que les hommes
puissent circuler librement et que les aussières ne
s'embarrassent pas dans les pièces saillantes. Tous
les engins de manœuvre des portes d'écluses, des
vannes, etc., les poteaux ou canons d'amarre, etc.,
doivent donc être écartés, autant que possible, des
bords du pertuis.

Les engins à eau sous pression offrent l'avantage
de pouvoir être logés, pour la plupart, dans des encuvements et recouverts de plaques de tôle, ce qui
dégage parfaitement le terre-plein de l'écluse.

4° Les portes sont presque toujours couronnées
par une passerelle : il est désirable que la main courante, en saillie sur le bajoyer, puisse être abattue et
couchée horizontalement, de façon à ne pas faire
obstacle au halage.

5° Enfin, si l'on ferme une porte quand le courant
de jusant est déjà sensible dans le pertuis, elle est
poussée avec une certaine violence ; les vantaux ne
s'appliquent pas exactement en même temps sur le
busc ; le premier qui arrive au contact se voile sous
la pression de l'eau, le second ne s'appuie plus sur
le poteau busqué du premier dans la position qu'il
devrait régulièrement occuper ; il en résulte des
chocs et des efforts anormaux qui fatiguent la porte.

Il faut donc pouvoir, au besoin, retenir les vantaux par des amarres qu'on laisse filer, de façon à
régulariser le mouvement et à assurer la fermeture
dans de bonnes conditions.

On se sert le plus souvent de la chaîne d'ouverture
comme d'amarre de retenue ; mais, dans certains cas,

on est obligé, en outre, de frapper une aussière en
tête du poteau busqué; il faut alors une bitte d'amarrage pour la manœuvre de l'aussière.

Si, au moment où l'on ferme la porte il y a de la
houle dans l'avant-port, les vantaux seront exposés,
sur leurs deux faces amont et aval, à des efforts alternativement de sens contraire; sous cette action,
la porte exécuterait une série d'oscillations détermi-
nant des chocs, et par suite des efforts anormaux
sur les chaînes. Pour réduire ces oscillations, on
peut raidir la chaîne d'ouverture tout en opérant la
traction voulue sur celle de fermeture,

Ces manœuvres sont quelquefois très délicates ;
c'est pour les rendre moins difficiles que, dans les
constructions métalliques, on donne au vantail un
excès de poids par rapport à celui du volume d'eau
qu'il déplace ; on le rend ainsi moins sensible à la
houle, par l'effet des frottements que détermine, sur
les crapaudines et le collier, cet excès de poids,
qu'on augmente au besoin par un lest introduit,
comme on l'a dit, dans les caisses à eau.

182. Influence de la houle sur les portes d'écluses.—
Quand on vient de fermer, à mer haute, la porte
aval d'une écluse, il y a peu ou point de différence
entre les niveaux de l'eau sur chacune de ces deux
faces.

S'il y a de la houle dans l'avant-port, la levée de
la lame pourra plus que compenser la faible différence de pression qui maintient les vantaux appliqués
l'un contre l'autre et sur le busc; alors, la porte s'entr'ouvrira.

Un instant après, le creux de la lame déterminera

un excès de pression de l'amont vers l'aval, la porte
se refermera brusquement et avec choc; les poteaux
busqués ne s'appuieront plus dans leur position normale.

Cet effet est encore aggravé quand la houle, après
avoir pénétré par la porte entr'ouverte jusqu'au fond
d'un sas, se réfléchit sur la porte amont et revient
frapper la porte aval par derrière.

Ces mouvements violents, qui se reproduisent à
de courts intervalles, seraient une cause de destruction pour les portes si l'on n'y remédiait pas autant
que possible.

On peut, dans une certaine mesure, s'y opposer
en raidissant les chaînes de fermeture, mais ce
moyen est le plus souvent insuffisant.

Si la chaîne est attachée près du bas du vantail, les
poteaux busqués s'écartent et se rapprochent brusquement à leur sommet; si l'attache est près du sommet, un effet analogue se produit près du busc.

En admettant que la chaîne soit attachée de façon
à empêcher la disjonction des vantaux, elle devrait,
dans certains cas, résister à des efforts énormes. On
a constaté, à Dieppe, à l'écluse Duquesne, pendant
les tempêtes, des lames ayant une levée de 1 mètre,
c'est-à-dire de $0^m,50$ au-dessus et au-dessous du niveau de la mer dans le bassin. A une pareille dénivellation correspond une pression de 500 kilogrammes
par mètre carré, soit de 50,000 kilogrammes sur un
vantail de 100 mètres carrés; il faudrait donc des
chaînes capables de résister à une traction de près
de 25,000 kilogrammes, ce qui exigerait un échan-
tillon d'un poids excessif pour les manœuvres
courantes.

Toutefois, ces considérations conduisent, dans le calcul des chaînes, à adopter des dimensions plutôt trop fortes que trop faibles, d'autant plus que les chaînes s'oxydent rapidement et s'usent par les frottements.

Un autre inconvénient des chaînes, agissant comme moyen de retenue du vantail contre la poussée de la houle, tient au fait suivant :

Le chardonnet est disposé de façon à offrir un appui au poteau tourillon, quand, la porte étant fermée, le vantail supporte sur sa face amont la pression de la retenue, ce qui est l'état normal.

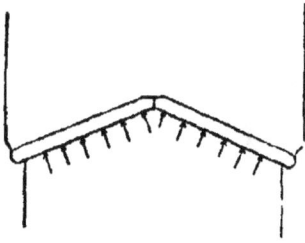

Mais, si le vantail supporte sur sa face aval la poussée de la houle, le poteau tourillon perd alors l'appui du chardonnet et il serait exposé à être chassé dans l'enclave, s'il n'était pas retenu par le collier et par la crapaudine.

L'effort de la houle se trouve donc reporté sur des organes dont le principal objet est de résister à des forces d'une tout autre direction, organes d'ailleurs assez délicats et qu'il faut affranchir, autant que possible, de fatigues anormales.

Toutefois, il en résulte qu'on doit donner au collier et aux crapaudines des dimensions assez fortes pour qu'ils puissent résister à ces efforts d'arrachement et de cisaillement exceptionnels.

En résumé, on doit, en principe, ne se servir des chaînes de manœuvre que pour les manœuvres elles-mêmes, et chercher un moyen indépendant ayant pour objet spécial de résister à la houle.

On peut adopter diverses solutions.

183. Portes de flot. — La première consiste à briser la lame avant qu'elle ne frappe la porte d'èbe.

On y parvient au moyen d'une autre porte placée en avant de la porte d'èbe, vers le port d'échouage, et se fermant en sens contraire ; on l'appelle porte de flot.

La porte de flot n'est pas destinée, en général, à supporter la poussée de la lame, mais seulement à briser la houle.

Son bordé n'est pas plein, il doit être, au contraire, à claire-voie ; la plus grande partie de l'agitation est arrêtée par les madriers et il n'en passe à travers les interstices qu'une partie assez petite pour ne pas fatiguer la porte d'èbe. On règle en conséquence, et par expérience, la proportion du vide au plein.

La disposition d'une porte de flot ne diffère pas, en principe, de celle d'une porte d'èbe ; mais, comme la première n'a jamais à résister qu'à de faibles efforts, comparativement à la seconde, sa construction n'a pas besoin d'autant de solidité et elle est rendue relativement facile.

Toutefois, dans certains cas, on est amené à se réserver la faculté de se servir de ces portes pour former un batardeau. Il convient alors de les faire exactement comme les portes d'èbe, tout en y ménageant des vannes pour assurer la communication entre l'avant-port et la région A B C D, limitée par les bajoyers et les portes d'èbe et de flot.

Si l'on ne prenait pas cette précaution, l'eau ren-

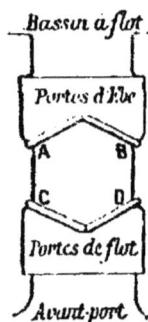

fermée dans cet espace, au moment du jusant, tendrait à prendre un niveau supérieur à celui du port d'échouage et ferait ouvrir les portes de flot, qui seraient ainsi soumises à des battements.

Au moment du flot, l'effet inverse se produirait; la porte de flot serait chargée et l'eau ne pourrait être introduite dans l'écluse.

L'établissement d'une porte de flot entraine l'allongement des bajoyers de l'écluse et, par suite, une assez grosse dépense, qui ne serait pas toujours justifiée si la porte de flot ne devait avoir pour objet que de briser la lame.

184. Portes valets. — Une autre solution, plus économique et plus simple, est le plus souvent suffisante : elle consiste à buter le vantail contre la poussée de la houle, au moyen de contre-fiches horizontales M dont une extrémité s'appuie sur le bajoyer A de l'enclave, et l'autre, en D, sur la face amont BC du vantail.

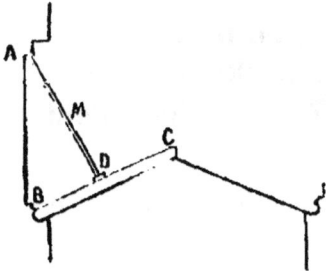

L'ensemble de ces contre-fiches constitue ce qu'on appelle la porte valet, ou simplement le valet.

Il semblerait, *à priori*, que la butée du valet dût être près du poteau busqué pour avoir le plus d'efficacité. Mais cette disposition aurait l'inconvénient, déjà signalé à l'occasion de l'emploi des chaines de fermeture comme moyen de retenue, de reporter toute la poussée de la houle sur le collier et les crapaudines.

Il faut que la butée soit un peu plus rapprochée du poteau tourillon que du poteau busqué (B D < DC), afin qu'il y ait un léger excès de poussée sur la surface du vantail au delà de la butée, vers le poteau busqué, par rapport à la poussée sur la partie du vantail située entre la butée et le tourillon.

De cette façon, le tourillon sera toujours appliqué sur le chardonnet, sans fatigue sensible pour le collier et les crapaudines.

Le valet se compose essentiellement de trois à cinq poutres.

Les poutres sont assemblées, d'un côté, dans un poteau tourillon parallèle à celui du vantail et situé à l'extrémité amont de l'enclave ; de l'autre côté, elles sont assemblées dans un poteau vertical de butée, qui s'appuie sur la face amont du vantail par l'intermédiaire de tasseaux ou sabots.

Habituellement, les poutres sont en bois résineux et ont un équarrissage de $0^m,20$ à $0^m,30$. Le poteau tourillon et le poteau de butée se font en chêne dont l'équarrissage varie de $0^m,30$ à $0^m,40$.

Quand on doit ouvrir la porte de l'écluse, il faut que le valet se rabatte et s'efface dans l'enclave, de façon à laisser libre la place nécessaire pour le logement du vantail.

L'enclave doit donc avoir plus de profondeur que n'en exige le vantail, là où il n'y a pas de valet. Cet excès de profondeur est, en général, de $0^m,50$ à $0^m,60$.

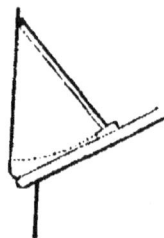

La position du tourillon du valet dépend, dans certains cas, de celle des puits des chaînes de manœuvre, dont les mouvements ne doivent pas être gênés.

Trois ou quatre tasseaux, répartis à égale distance sur la hauteur de la porte, suffisent en général pour assurer la butée.

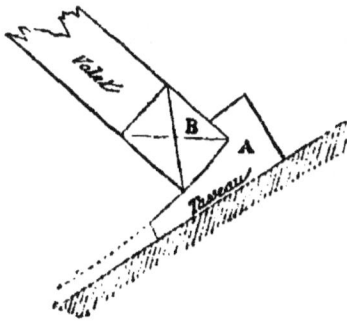

Ils sont disposés de manière à ne pas se trouver à la hauteur des poutres horizontales du valet, mais à se loger dans les espaces vides compris entre ces poutres.

Chaque tasseau A doit être taillé suivant un arc de cercle ayant son centre sur l'axe du tourillon du valet, afin qu'il n'y ait aucune composante tangentielle de pression qui puisse provoquer le glissement et, par suite, le dégagement du valet.

Dans son mouvement, le poteau de butée du valet ne doit pas toucher la face amont du vantail.

On se ménage, d'ailleurs, les moyens de coincer le valet sur les tasseaux[1].

En général, la crapaudine du tourillon est fixée sur le plancher de la chambre des portes ; mais cette disposition n'est pas nécessaire. La crapaudine peut être placée au-dessus de ce plancher, sur un contrefort de maçonnerie, ménagé *ad hoc* dans l'enclave, ce qui facilite la visite et les réparations.

L'ensemble des poutres formant le valet doit être fortement contreventé par des moises, pour

[1]. *Annales des ponts et chaussées*, 1887, cahier d'octobre.

empêcher le flambement des longues pièces horizontales soumises à la compression[1].

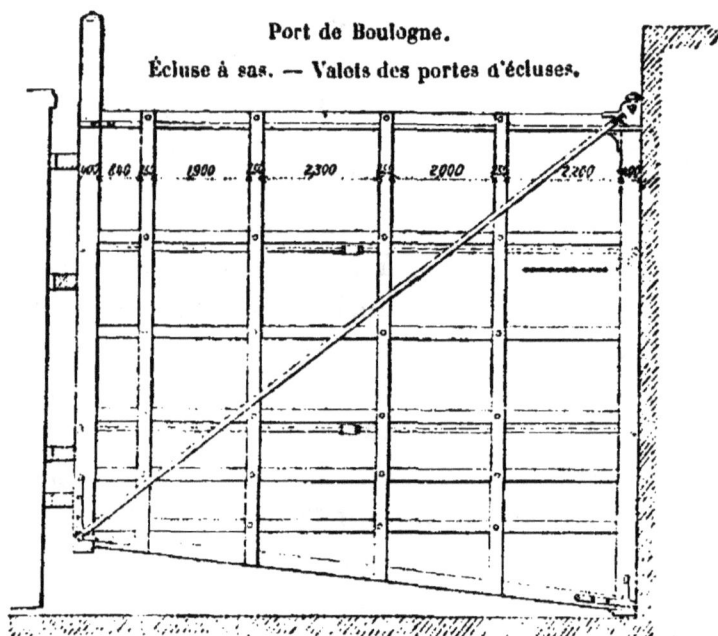

Port de Boulogne.
Écluse à sas. — Valets des portes d'écluses.

185. Aussières de retenue. — Ressorts Belleville. — Une troisième solution consiste à frapper, sur le poteau busqué, une aussière capelée à son autre extrémité (côté amont) sur une bitte d'amarrage, ou passée sur le tambour d'un treuil.

L'aussière ainsi disposée n'empêche pas l'ouverture du vantail, mais elle s'oppose à sa fermeture brusque.

La longueur de ces aussières doit être telle qu'elles se trouvent raidies lorsque le vantail a encore plusieurs centimètres à parcourir avant de se busquer.

1. Voir *Portefeuille des élèves de l'École des Ponts et Chaussées*, série 6, section D, Pl. IX : Dunkerque, Écluse du barrage ; série 6, section D, Pl. XXV : Boulogne, Écluse à sas ; série 6, section D, Pl. XXIX : Dunkerque. Écluse Freycinet ; — *Annales des ponts et chaussées*, 1887, Pl. XXXIX : Port du Havre.

Le filin étant assez élastique s'allonge, sous la traction de la porte, et, grâce à cette élasticité, les chocs auxquels les portes sont exposées au moment de la fermeture se trouvent amoindris.

Dans le même but, on a adopté récemment, pour certaines écluses, des ressorts système Belleville (Exemples : Le Havre, Boulogne).

A l'extrémité B d'une chaîne de retenue A B (Fig. 1, croquis p. 285) fixée, d'une part, au vantail et, d'autre part, au bajoyer, est attaché un ressort C d'une grande puissance (30 tonnes au Havre, pour une faible course de $0^m,21$). La tension du ressort, et par suite la résistance qu'il oppose à la fermeture du vantail, peut être modifiée dans une certaine limite à l'aide d'écrous EE et d'une vis F (Fig. 2 et 3). On ne porte cette tension à son maximum qu'en cas de houle.

Supposons qu'il s'agisse de fermer la porte ; les ressorts de chaque vantail ont une tension déterminée, 10 tonnes par exemple. Tant que la pression à l'amont du vantail n'atteindra pas 20 tonnes (le bras de levier de la chaîne étant à peu près le double de celui de la pression sur le vantail), la porte ne se fermera pas complètement. Si donc la houle ne produit pas cette pression, le vantail ne pourra venir choquer contre le busc. Mais, comme les vantaux incomplètement fermés ne laissent entre les poteaux busqués qu'un très faible intervalle, 3 à 4 centimètres par exemple, l'eau baisse plus rapidement dans l'avant-port que dans le bassin à flot, et il arrive un moment où la dénivellation suffit pour produire la fermeture de la porte. Comme la houle

est supposée ici ne pas donner une dénivellation
aussi grande, la porte ne s'entr'ouvrira plus et

Port de Boulogne.

restera appliquée sur le busc. A partir de ce moment,
on pourra débander les ressorts.

Les complications que l'effet de la houle introduit dans le calcul de la résistance des portes, dans les manœuvres d'ouverture et de fermeture, etc., font mieux comprendre l'intérêt qu'on doit attacher à placer les écluses dans des eaux aussi calmes que possible et, si le calme n'est pas suffisant, à développer dans le port d'échouage, surtout près de l'écluse, des talus brise-lames ou des criques d'épanouissement.

On comprend mieux aussi que, dans l'étude des portes, l'on ne doit pas craindre d'exagérer un peu les forces auxquelles il s'agit de résister, car aux efforts statiques, assez faciles à déterminer, se joignent des actions dynamiques brusques, accidentelles, qu'il est malaisé et même presque impossible d'apprécier *à priori* d'une façon tout à fait rassurante.

On voit enfin combien il est nécessaire d'arrêter d'avance les dispositions de la chambre et des enclaves des portes, où se trouvent tant d'appareils divers : valets, poulies, puits de chaînes, aqueducs, etc.

ANNEXES DES CHAPITRES II ET III

CHAPITRE II. — Écluses des Bassins a flot.
CHAPITRE III — Portes d'Écluses.

ANNEXE N° 1

ÉTABLISSEMENT DES GRANDS BATARDEAUX POUR FOUILLES PROFONDES

L'établissement d'un batardeau, pour le creusement d'une fouille profonde, comme celle qu'exige la construction d'une écluse marine, est souvent une entreprise difficile.

On donnera des exemples de quelques types de ces ouvrages.

I. — BATARDEAUX EN TERRE A TALUS COULANTS OU PLUS OU MOINS RAIDIS

Observations générales. — Quand le déblai fournit une quantité suffisante de matériaux de bonne qualité (sable, terre plus ou moins argileuse, etc.), on fait le batardeau avec le sol extrait de la fouille.

Quels que soient les matériaux employés, plusieurs conditions sont à observer :

1° Le batardeau sera soudé au sol, sur lequel il repose, afin d'éviter qu'il ne se forme des infiltrations sous sa base ;

2° La masse du remblai sera homogène, car, s'il s'y trouvait, par exemple, des pierres, de grosses mottes d'argile, etc., les tassements se feraient d'une façon inégale autour de ces matières hétérogènes ; il se formerait de petits vides par lesquels s'insinueraient les infiltrations ;

3° On ne doit pas, autant que possible, traverser le corps du batardeau par des conduites d'eau, etc., le long desquelles les infiltrations trouveraient un chemin tout tracé pour leur passage; toutefois, si l'on ne peut éviter de le faire, on aura soin d'établir des boucliers transversaux sur toute la longueur de ces conduites, afin de s'opposer le plus possible, par ces chicanes, au cheminement de l'eau;

4° On effectuera avec lenteur la vidange de l'enceinte abritée par le batardeau, pour éviter, sur le talus intérieur, les dégradations que produirait, pendant l'assèchement du remblai, la sortie des eaux contenues dans sa masse. Il faut, en tout cas, surveiller attentivement la façon dont se comporte ce talus, pour remédier aux avaries qu'il subirait;

5° La surface du talus extérieur sera protégée contre les dégradations que pourraient causer la houle, les courants, etc.

Le revêtement de protection ne sera pas fait en maçonnerie à bain de mortier, car les eaux pourraient produire des évidements dans la masse du remblai, au-dessous de cette maçonnerie, sans que le danger fût apparent à la surface, et la maçonnerie ne s'effondrerait que lorsque les dégradations seraient devenues trop graves pour que l'on pût facilement les réparer.

Il convient, au contraire, d'employer un revêtement mobile, qui suive les mouvements du talus et révèle les tassements aussitôt qu'ils tendent à se produire. Ces revêtements peuvent se faire, par exemple, au moyen de couches superposées d'argile, de fascines, de pierrailles, recouvertes d'une maçonnerie de pierres sèches.

Exemples de batardeaux à talus coulants : 1° *Batardeau construit en 1854, à Dunkerque, pour l'écluse du barrage.* — A Dunkerque, le sol naturel se compose de sable pur, très fin, d'une profondeur indéfinie, recouvert d'une couche de vase dans l'avant-port.

Le poids du remblai a suffi pour chasser la plus grande partie de la vase sous le batardeau, et permettre ainsi au massif de se souder convenablement au terrain sous-jacent.

Toutefois, comme il pouvait subsister, à la base du remblai, un peu de vase, formant une couche hétérogène de nature à faciliter le cheminement des infiltrations, on a défendu le pied des talus par des vannages en pieux et palplanches, *ab, a'b'*, destinés à empêcher le passage des eaux.

On a, en outre, établi à l'intérieur du batardeau une défense mobile A, de 2 mètres d'épaisseur, composée d'une couche d'ar-

gile, recouverte de fascines et de libages, ce qui permettait de
suivre les tassements du sol et d'y remédier, lorsque des infiltrations venaient à se produire.

Les talus du batardeau ont été protégés par des clayonnages,
tant à l'intérieur qu'à l'extérieur.

Batardeau d'aval de l'écluse du barrage, à Dunkerque.

2° *Batardeau des bassins de Freycinet, à Dunkerque.* — L'écluse
Nord des bassins de Freycinet, encore actuellement en construction, est comprise entre deux batardeaux, dont l'un, à l'amont
(côté du bassin à flot), a été construit de toutes pièces.

Batardeau des bassins de Freycinet, à Dunkerque.

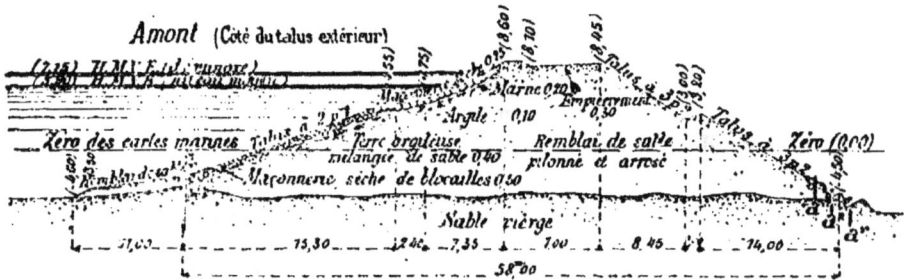

Il est constitué par un remblai de sable à talus très doux. Le
talus extérieur, ou amont, est défendu par une couche d'argile,
recouverte d'une maçonnerie sèche de blocailles. Le pied de ce
talus est protégé à l'aide d'un vannage appuyé par un remblai
en sable.

Le talus intérieur (côté
de la fouille) n'avait pas
été défendu. Or, on dut
remplir les bassins de
Freycinet pendant l'exécution de l'écluse Nord. Malgré la précaution que l'on
avait prise de n'effectuer

Coupe verticale du talus extérieur.

ce remplissage qu'avec une extrême lenteur, puisqu'il a duré

19

quatre mois, les eaux qui pénétraient à travers la masse du batardeau pendant cette opération rendaient le sable fluent sur le talus intérieur, qui subissait par suite des éboulements. On a dû, pour y remédier, établir des drains a, a', a'', près de la base du batardeau pour abaisser le plan d'infiltration jusqu'au pied du talus.

3° *Batardeau de l'avant-port et du bassin à flot de Calais.* — A Calais, le terrain naturel est également formé de sable, mais de sable moins fin qu'à Dunkerque.

Batardeau pour la construction d'un bassin à Calais.

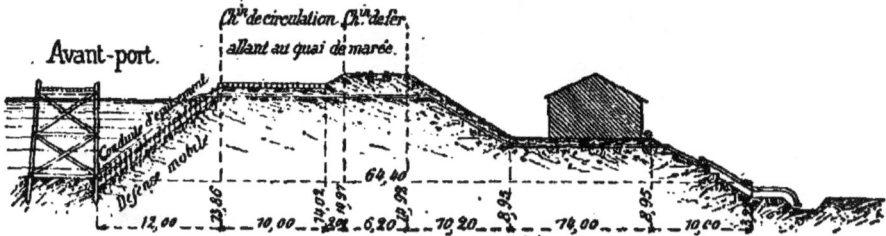

Les conduites de refoulement ont été posées à la partie supérieure du batardeau, pour éviter de leur faire traverser la masse du remblai ; le talus extérieur (côté de l'avant-port) a été défendu par des clayonnages, protégés par un revêtement en maçonnerie à pierres sèches.

Calais; coupe verticale du talus extérieur.

On n'a pas cru devoir protéger le talus intérieur à cause de la grande épaisseur du batardeau, qui d'ailleurs a été constitué, en fait, par le sol naturel, recouvert d'une faible hauteur de remblai.

On voit que la construction d'un batardeau à talus coulants entraine un grand empattement pour l'ouvrage ; or, il arrive souvent que les circonstances locales ne permettent pas de disposer d'un emplacement suffisant. On est alors obligé de réduire un des talus, ou même les deux talus, du remblai.

4° *Batardeau en terre, à talus raidis, projeté pour le port de Brest.* — Un projet de bassin à flot, pour le port de commerce de Brest, comportait l'exécution de deux écluses qui devaient être construites à l'abri d'un batardeau en vase, analogue à ceux qui avaient été employés avec succès pour la construction des deux écluses de Sunderland et de Leith (Angleterre).

Le rocher, situé à 12^m,50 au-dessous des plus basses mers, est recouvert d'une couche de vase compacte de 10 mètres d'épaisseur, et c'est cette vase qui devait être employée à former le massif du batardeau. On s'était assuré, par une expérience préalable, de l'étanchéité du produit des dragages.

Pour diminuer la largeur de la base du batardeau, on avait, d'une

Batardeau projeté au port de Brest.

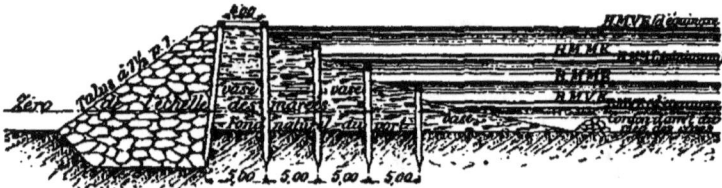

part, remplacé le talus intérieur par un massif d'enrochements, et, d'autre part, on avait contenu le corps du batardeau dans une série d'enceintes coffrées de hauteurs décroissantes ; le pied du talus de vase coulante devait être arrêté par un léger bourrelet d'enrochements jetés à sa base.

Dans ce projet, contrairement à la pratique ordinaire, les vannages sont reliés par des boulons traversiers ; mais ici la masse du remblai est considérable ; d'ailleurs, les boulons ne forment pas une file continue ; enfin, dans la vase, les pressions se transmettent en tous sens, à peu près comme dans un liquide visqueux, ce qui diminue les chances de formation de vides autour des boulons traversiers.

Bien que les batardeaux à talus raidis permettent de diminuer l'empattement de l'ouvrage, la base du remblai occupe encore une largeur assez considérable, dont on ne dispose pas toujours. Dans ce dernier cas, on doit recourir aux batardeaux coffrés.

II. BATARDEAUX EN TERRE, DANS UN COFFRAGE DE PIEUX ET PALPLANCHES.

Observations générales. 1° Ce genre de batardeau exige que le remblai contenu dans l'enceinte soit parfaitement corroyé.

2° Aucune pièce de bois ou de fer, quelque faible qu'en soit la section, ne doit traverser le corroi. Les parois ne seront donc reliées qu'à leur sommet par des moises transversales assemblées sur la tête des pieux.

3° Le pied du batardeau est solidement ancré dans le sol de fondation, au moyen de pieux et palplanches ayant une fiche suffisamment grande (4 à 6 mètres, par exemple).

4° Pour bien assurer la soudure du batardeau au sol imperméable de fondation, il convient d'enlever les couches molles ou perméables recouvrant le fond de l'enceinte coffrée.

5° Sous la poussée du corroi, les parois de l'enceinte tendent à fléchir; on s'oppose à cet effet au moyen d'étais ou de jambes de force, ou par tout autre procédé de butée équivalent.

6° Si la houle est notable dans l'avant-port, le pied extérieur de l'enceinte doit être protégé par une risberme contre les affouillements que peut produire le ressac; cette défense sera formée, par exemple, au moyen d'une couche d'enrochements suffisamment large et épaisse que l'on rechargera au besoin.

7° L'expérience conduit à donner au batardeau une épaisseur au plus égale à la moitié de sa hauteur.

8° La crête du talus de la fouille, dans l'enceinte abritée par le batardeau, doit être tenue à une distance du pied du vannage intérieur au moins égale à la hauteur du batardeau, pour laisser au pied de l'ouvrage un massif de terre capable d'en assurer l'ancrage.

Exemples de batardeaux en terre, dans des enceintes de pieux et palplanches : 1° *Batardeau de l'écluse du troisième bassin à flot de Rochefort*. — Ce batardeau a été établi pour isoler de la Charente la fouille dans laquelle devait être construit le troisième bassin à flot de Rochefort.

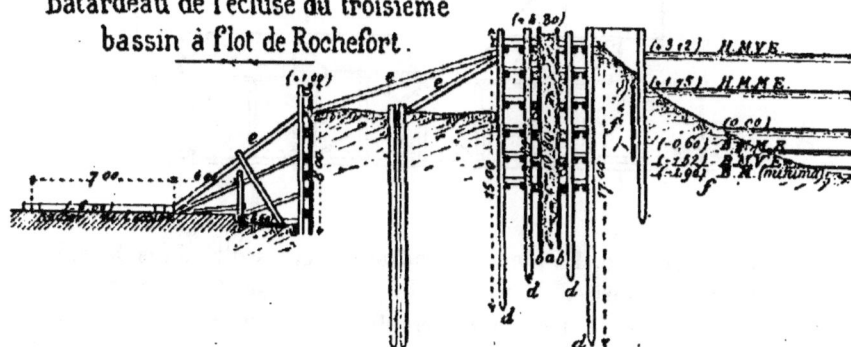

Batardeau de l'écluse du troisième bassin à flot de Rochefort.

Le corroi (*a*) est contenu entre deux files de palplanches (*b,b*), espacées de 1^m,05. On s'oppose à la flexion des parois de l'enceinte par des rangs de poutres horizontales (*c*) qui s'appuient, de chaque côté, sur deux files de pieux (*d,d*) solidement reliés entre eux.

Le batardeau est arcbouté par des étais (*e*) du côté de la fouille. Du côté de la rivière, il a été protégé par un remblai (*f*) sur toute sa hauteur.

Le batardeau a parfaitement résisté pendant toute la durée de la construction de l'écluse et du bassin à flot, c'est-à-dire pendant sept ans; on n'a eu qu'à remplacer quelques pièces de charpente atteintes par la pourriture.

2° *Batardeau construit à Villefranche-sur-Mer, pour l'appro-fondissement d'un bassin de radoub.* — Le batardeau repose sur

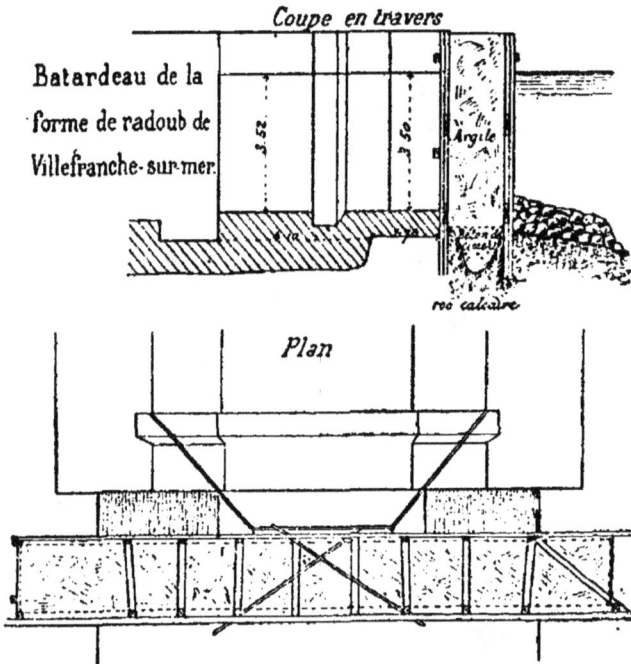

un roc calcaire. Le pied du coffrage a été scellé dans le sol au moyen de mortier de ciment; la partie basse de l'enceinte a été creusée dans le roc, puis remplie de béton de ciment, pour empêcher les infiltrations à travers la vase superficielle et le rocher fissuré. Le corps du batardeau a été formé par de l'argile plastique corroyée. Le pied extérieur du batardeau a été défendu par un massif d'enrochements; l'ouvrage est buté à l'intérieur (côté de la fouille) contre la poussée, par des étais en charpente, convenablement disposés.

Ce batardeau, construit en 1889, s'est très bien comporté pendant plus de deux ans et n'a exigé que le remplacement de quelques pièces de bois qui s'étaient détériorées.

III. BATARDEAUX EN MAÇONNERIE.

Dans les batardeaux en maçonnerie, on comprendra ceux qui sont faits avec du béton coulé sous l'eau et ceux qui sont constitués par des massifs de maçonnerie construits isolément, puis soudés entre eux.

Les batardeaux en maçonnerie sont toujours fondés sur le roc.

1° Batardeaux en béton coulé sous l'eau. — L'établissement d'un batardeau en béton coulé sous l'eau ne diffère pas de la construction d'un quai, dans les mêmes conditions, et ne comporte pas d'indications spéciales qui n'aient déjà été données.

Cependant, il convient que le béton ne soit traversé par aucune pièce, boulon ou autre, dans toute son épaisseur.

Batardeaux en béton, exécutés à Marseille. — La construction des bassins de radoub de Marseille a nécessité l'établissement de batardeaux assez importants, représentés en coupe par les croquis ci-joints.

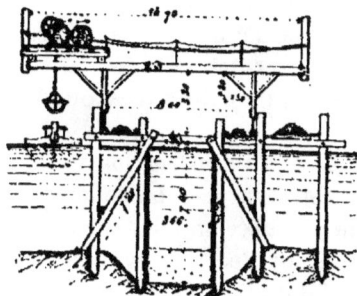

Fig. 1.

Le premier (Fig. 1), situé entre la branche Nord du batardeau général et la passe, était plus directement exposé à l'action de la mer; aussi l'a-t-on solidement étayé. Le coffrage est formé par une enceinte de pieux et palplanches.

Le second (Fig. 2) comprend deux vannages formés de poutrelles horizontales s'appuyant sur deux files de pieux. Les poutrelles n'étaient mises en place qu'au fur et à mesure de l'avancement des travaux, pour éviter qu'elles ne fussent enlevées par la mer.

Le coffrage du troisième (Fig. 3) est constitué par deux parois

Fig. 2.

formées de plaques de tôle; sur ces plaques étaient rivés des anneaux permettant de les glisser le long de pieux en fer rond. L'écartement des pieux et l'étayage étaient assurés au moyen de tringles également en fer rond, de sorte que l'on pouvait enlever les vannages après la prise du béton.

On trouvera les détails d'exécution de ces batardeaux dans l'ouvrage de M. Sébillotte sur *Les travaux du port de Marseille.*

Une note de M. l'inspecteur général Bernard, insérée dans les *Annales* d'avril 1880, donne également un exemple d'un batardeau en béton construit à Marseille pour l'enlèvement, à sec, d'un haut fond de rocher dans le bassin National.

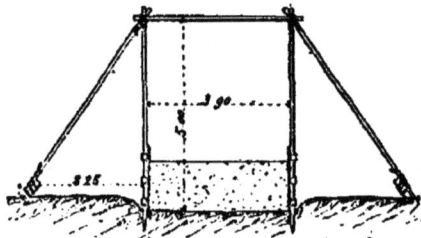

Fig. 3.

2° Batardeaux en maçonnerie. La fondation d'un batardeau en maçonnerie pleine et continue peut se faire comme un travail à la marée, lorsque le roc découvre à mer basse ou n'est alors recouvert que par une faible épaisseur de vase ou d'alluvions.

Mais, dans la plupart des cas, le roc ne découvre pas à mer basse et l'on est obligé de recourir, pour exécuter cette fondation jusqu'au niveau de basse mer, à l'emploi de puits havés ou de caissons à air comprimé.

Batardeau en maçonnerie, exécuté pour la construction de la nouvelle écluse du port de commerce de Cherbourg. — La construction d'une nouvelle écluse à Cherbourg a nécessité deux batardeaux : l'un au nord, l'autre au sud de la fouille.

La fondation du batardeau Sud a été faite à l'air comprimé dans un caisson fixe unique de 26 mètres de longueur et de 5 mètres de largeur, sur lequel reposent aussi les deux têtes Sud de l'écluse.

Dans l'emplacement du batardeau Nord, le rocher offrait une déclivité telle qu'une partie découvrait à basse mer et l'autre restait constamment sous l'eau.

Le batardeau Nord affectait, en plan, la forme d'une voûte de 16 mètres d'ouverture et de 1ᵐ,35 de flèche, comprise entre les bajoyers de tête de l'ancienne écluse.

Dans la partie où le rocher ne découvrait pas à la basse mer (cote 0.00), la fondation a été élevée jusqu'à la cote (+ 1,00) au moyen de deux massifs de maçonnerie, exécutés dans un caisson

Batardeau de l'écluse de Cherbourg.

Élévation.

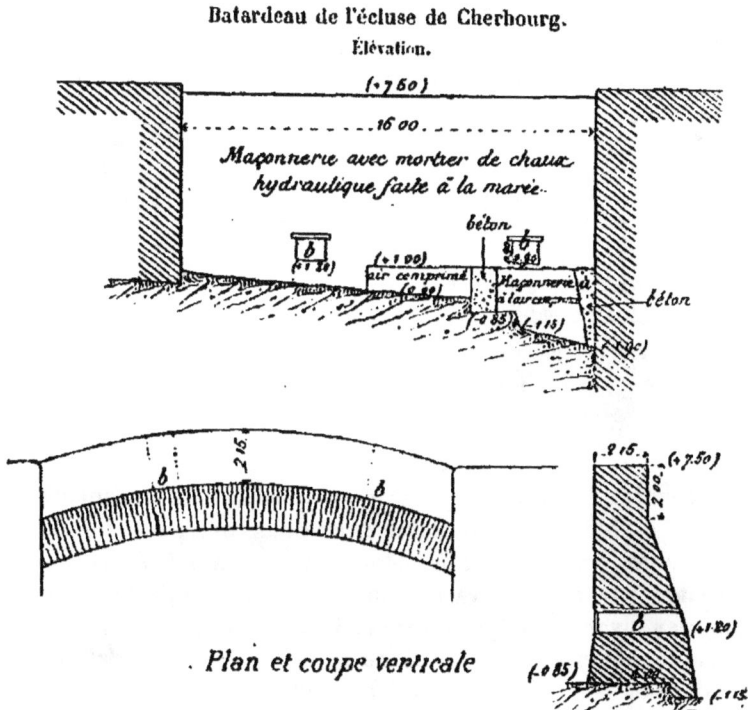

Plan et coupe verticale

amovible, à air comprimé, de 5 mètres sur 4 mètres; l'intervalle compris entre les deux massifs a été rempli de béton coulé sous l'eau. On a également rempli de béton le vide (*a*) laissé entre un des massifs et le bajoyer voisin de l'ancienne écluse.

Au-dessus de la cote (+ 1,00) et dans les parties où le rocher découvrait à mer basse, les maçonneries ont été faites à la marée.

Pour éviter toute inégalité de pression sur les deux faces du batardeau pendant sa construction, on avait ménagé, à la partie inférieure du mur, deux aqueducs (*b,b*) que l'on ferma ensuite par des clapets lorsqu'il fallut épuiser la fouille.

Le travail, ainsi exécuté, a donné de bons résultats, tant au point de vue de la solidité que de l'étanchéité.

3° **Batardeaux formés de puits havés, soudés entre eux.** — On constitue quelquefois le batardeau, sur toute sa hauteur, aussi bien au-dessous qu'au-dessus de basse mer, par le moyen de puits havés que l'on soude ensuite entre eux.

Batardeau de la forme n° 2 du port militaire de Lorient. — A Lorient, le sol résistant, terrain granitique, était recouvert d'une couche de vase assez épaisse. Les puits furent foncés à une petite distance l'un de l'autre.

Pour fermer l'intervalle laissé entre eux, on établit deux panneaux de palplanches jointives et calfatées avec soin, appuyés sur

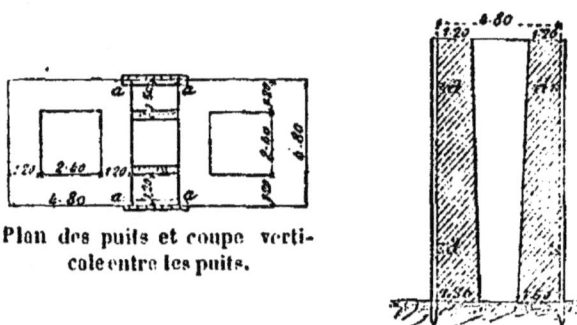

Plan des puits et coupe verticale entre les puits.

deux moises horizontales (*a, a*), encastrées dans la maçonnerie des puits. Le vide qui existait entre deux puits consécutifs fut ensuite dragué avec soin; puis, les blocs furent reliés à l'abri de cette enceinte par deux murs en maçonnerie, élevés derrière chaque panneau ayant 1^m,50 à la base et 1^m,20 au sommet.

La fouille exécutée à l'abri de ce batardeau descendait à 7^m,30 au-dessous des basses mers, soit en moyenne à 6^m,30 au-dessous de la fondation des puits.

4° **Batardeau en maçonnerie, fondé à l'air comprimé, pour le creusement de l'avant-port de La Pallice.** — A La Pallice, l'avant-port, compris entre les deux jetées, devait être creusé dans un roc calcaire. On décida de faire ce travail à sec dans un vaste batardeau que formeraient les deux jetées, d'une part, et, d'autre part, un mur réunissant les deux extrémités du large de ces jetées, pour clore l'enceinte du batardeau.

Les jetées devaient donc être pleines, continues et étanches; on constitua leur partie sous-marine au moyen de blocs maçonnés à l'air comprimé dans un caisson amovible.

L'intervalle vide laissé entre ces massifs fut fermé par un remplissage également exécuté à l'air comprimé. La maçonnerie au-dessus de basse mer fut faite à la marée.

On trouvera tous les détails relatifs à ces travaux importants, qui n'ont pas laissé que de présenter quelques difficultés, dans la notice de MM. Thurninger et Coustolle (*Annales*, 1889, 2ᵉ semestre), ainsi que dans le mémoire de MM. Schockke et Terrier : *Exécution des travaux sous-marins dans l'avant-port de la Pallice*. (Imp. Chaix).

ENLÈVEMENT DES BATARDEAUX EN MAÇONNERIE

Quand on fonde un ouvrage sur le rocher à l'abri d'un batar-deau en maçonnerie, il faut nécessairement, après l'exécution du travail, enlever ce batardeau. Mais quelquefois l'emplacement que l'on a dû lui donner est tel qu'il faut, en outre, enlever, sur une certaine étendue, le rocher qui le supporte, pour dégager l'entrée de l'ouvrage.

Le cas s'est présenté notamment à Brest, en 1867, à l'arsenal militaire, pour l'entrée d'un bassin de radoub.

Le batardeau était constitué par un ancien mur de quai, fondé

Enlèvement du batardeau des bassins du Salou, à Brest.

directement sur le rocher ; on l'avait renforcé par un massif de maçonnerie qui contrebutait son pied et en assurait en même temps l'étanchéité à la base.

On commença par opérer le déroctage à sec, à l'abri du batar-deau, jusqu'au niveau du radier de l'ouvrage.

Puis on creusa, à l'abri du batardeau, dans le rocher sous-jacent, une chambre suffisamment grande et profonde pour recevoir les matériaux situés au-dessus, qui y tomberaient quand on ferait éclater les mines destinées à faire sauter le massif supérieur.

Les produits de la démolition ne se rangeant pas jointivement dans l'excavation, il fut nécessaire, pour que leurs aspérités n'atteignissent pas le niveau du radier, de donner à la chambre une capacité plus grande (environ d'un tiers) que le cube qu'elle était destinée à recevoir.

On ménagea, à la partie supérieure de la chambre, un plafond de 3 mètres d'épaisseur pour assurer l'étanchéité et la solidité du batardeau pendant le travail.

On creusa la galerie, en conservant, de place en place, des piliers de roc, que l'on remplaça ensuite par des chapeaux et des poteaux en bois, distants d'environ 1 mètre, pour supporter le plafond.

Le front de la galerie fut également contrebuté par des pièces de charpente s'appuyant sur le rocher situé à l'arrière.

On dérasa ensuite le batardeau à la marée jusqu'au niveau de basse mer, pour diminuer le cube à faire sauter.

On détruisit enfin, à la mine, les supports du plafond de la galerie alors envahie par les eaux, et le massif vint s'effondrer dans la fosse qui lui avait été préparée.

ANNEXE N° 2

CALCUL D'UN VANTAIL PAR LA MÉTHODE DE CHEVALLIER

PORT DE DIEPPE : PORTES MÉTALLIQUES DE L'ÉCLUSE AVAL DU BASSIN DE MI-MARÉE

Note fournie par M. Alexandre, ingénieur en chef des ponts et chaussées.

Le procédé de calcul suivi, pour apprécier la résistance des portes, est tout à fait analogue à celui adopté pour les portes en tôle de Boulogne.

Ce procédé, qui a aujourd'hui la sanction de la pratique, est basé sur les expériences de Chevallier, relatives à la variation des efforts que supporte un système de dix entretoises équidistantes suivant qu'elles sont reliées par des armatures verticales plus ou moins puissantes [1].

1. *Annales des ponts et chaussées*, 1850, 1er semestre.

Les résultats des expériences dont il s'agit sont résumés dans le tableau suivant, qui correspond au cas de trois armatures verticales (montants placés aux quarts du vantail).

ÉPAISSEUR DES BORDAGES EN CENTIMÈTRES	CHARGE SUR LE SEUIL	ENTRETOISE LA PLUS CHARGÉE		CHARGE SUR L'ENTRETOISE SUPÉRIEURE	OBSERVATIONS
		Sa charge	Son rang		
∞	52,38	8,66	10	8,66	Calcul
3	43,16	6,94	7	6,79	Expérience
2	38,31	8,21	5	3,75	d°
1	26,72	11,81	4	0,67	d°
0	9,67	18 »	1	0,33	Calcul

La répartition la plus avantageuse des pressions a lieu, dans le cas de bordages, de 2 c. à 3 c.; c'est de ce cas que nous avons cherché à nous rapprocher, afin de placer nos dix entretoises égales et équidistantes dans les meilleures conditions, quant à la résistance.

Ce que Chevallier appelle la raideur relative du système des entretoises et des bordages, c'est-à-dire le rapport inverse des flèches prises sous une charge déterminée, est représenté, pour le cas des bordages de 1c., 2c. et 3c., respectivement par les chiffres 5,87 ; 49, 16 et 158,33.

Nous devons donc, tout d'abord, rechercher quelle est la raideur relative du système des entretoises et des armatures verticales adoptées dans les portes projetées, afin de reconnaître dans quelles conditions nous serons placés par rapport aux circonstances des expériences de Chevallier.

La raideur relative des trois armatures verticales et des dix entretoises s'obtient par la formule :

$$\frac{\rho_o}{\rho_e} = \frac{3}{10} \times \frac{19}{15} \times \frac{L_e{}^3}{L_{eq}{}^3} \times \frac{I_a{}^1}{I_e}$$

1.   ÉTABLISSEMENT DE LA FORMULE
(*Extrait du rapport de M. l'ingénieur Leblanc, du 19 mai 1866.*)

f_e étant la flèche qui prendra une de nos dix entretoises, considérée comme posée sur deux appuis de niveau, sous une charge P placée en son milieu, la flèche qui résultera de la distribution de la charge P en trois groupes égaux sur ses quarts sera $f_e \times \frac{19}{24}$. La raideur de l'entretoise aura ainsi pour expression $\dfrac{P}{f_e \times \frac{19}{24}}$; ce qui donne, pour la raideur du système des

I_a étant le moment d'inertie d'une armature et I_e étant le moment d'inertie d'une entretoise ;

L_a étant la portée d'une armature et L_e étant la portée d'une entretoise.

Or, le moment d'inertie d'une entretoise, sans tenir compte des tôles enveloppes, est de 0,004368.

Le même moment, en tenant compte des tôles enveloppes, est de 0,008778.

Le moment d'inertie d'une armature verticale, sans tenir compte des tôles enveloppes, est de 0,006240.

Le même moment, en tenant compte des tôles enveloppes, est de 0,01639.

$$L_e \text{ est égal à } 9^m,80$$
$$L_a \text{ est égal à } 10^m,20$$

On en déduit, pour la raideur relative du système, celle des entretoises étant 100 :

$$\text{dix entretoises, } f_e = \frac{10\ P}{f_c \times \frac{19}{21}}$$

De même, la flèche f_a prise par une des trois armatures verticales, considérée comme une pièce posée sur deux appuis de niveau, sous la même charge P, placée en son milieu, deviendra, lorsque cette charge sera distribuée sur elle, suivant les pressions de l'eau, $f_a \times \frac{15}{21}$.

D'où l'on conclut que la raideur de l'armature est égale à $\dfrac{P}{f_a \times \frac{15}{21}}$ et celle

f_a du système des trois armatures à $\dfrac{3\ P}{f_a \times \frac{15}{21}}$

Le rapport des raideurs est :

$$\frac{\rho_a}{\rho_e} = \frac{\dfrac{3\ P}{f_a \times \frac{15}{21}}}{\dfrac{10\ P}{f_e \times \frac{19}{21}}} = \frac{3}{10} \times \frac{19}{15} \times \frac{f_e}{f_a}$$

Mais $f_a = \dfrac{PL_a{}^3}{48\ EI_a}$, L_a étant la portée des trois armatures,

$f_e = \dfrac{PL_e{}^3}{48\ EI_c}$, L_e étant la portée des dix entretoises.

Substituant, on obtient :

$$\frac{\rho_a}{\rho_e} = \frac{3}{10} \times \frac{19}{15} \times \frac{L_e{}^2}{L_a{}^3} \times \frac{I_a}{I_c}$$

$$\frac{\rho a}{\rho^c} = 48,\ \text{sans tenir compte des tôles enveloppes.}$$

$$\frac{\rho n}{\rho^c} = 63,\ \text{en tenant compte de ces tôles}$$

Port de Dieppe.

Portes en tôle de l'écluse d'aval du bassin de mi-marée

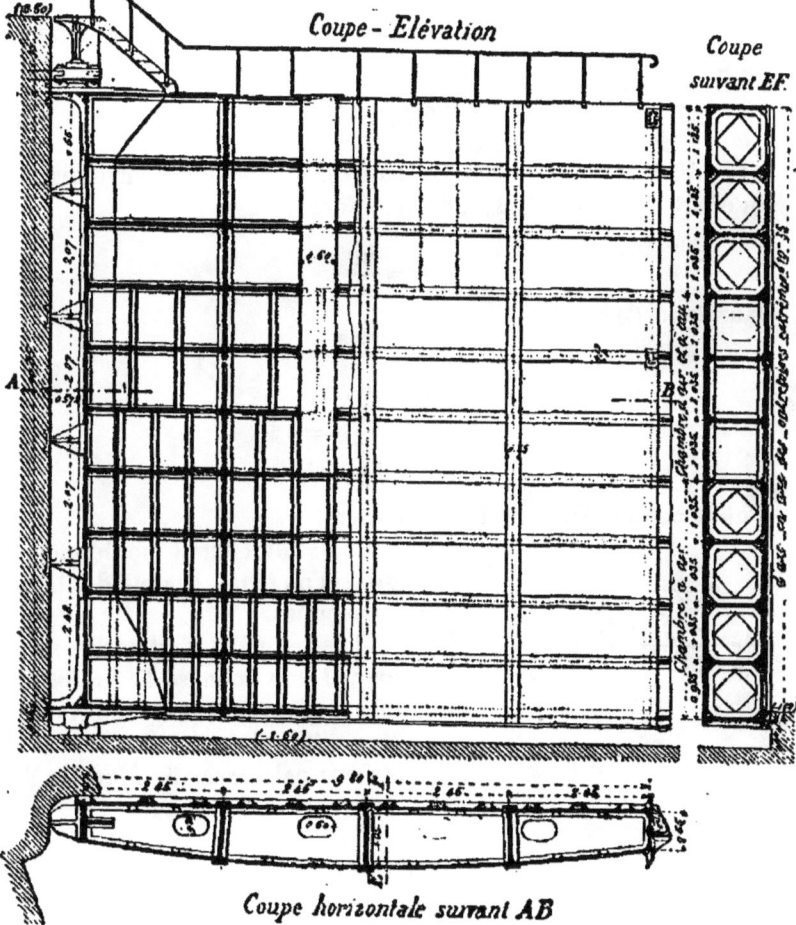

Coupe - Elévation

Coupe suivant EF

Coupe horizontale suivant AB

La raideur relative réelle étant comprise entre ces deux chiffres 48 et 63, nous sommes placés dans un cas intermédiaire, entre celui des bordages de 3ᵉ et celui des bordages de 2ᵉ de l'exemple de Chevallier, très voisin de ce dernier cas.

Nous admettons, par suite, d'après le tableau reproduit ci-dessus, que l'entretoise la plus chargée porte 8,20 0/0 de la charge totale.

Or, la charge par mètre courant de vantail, quand les eaux sont retenues jusqu'au niveau de l'entretoise supérieure, est de :

$$\frac{1.10 \times 10.20}{2} \times 9.10 = 51.415 \text{ Kgs};$$

et le poids total porté par les entretoises est de :

$$51.415 \times 9.675 = 497 \text{ tonnes.}$$

D'où il résulte que le poids porté par l'entretoise la plus chargée est de :

$$497^t \times \frac{8.2}{100} = 40^t,8$$

Ces 40 t. 8, uniformément réparties, soumettent l'entretoise à un effort maximum R, donné par la formule :

$$Pl = \frac{RI}{n}$$

dans laquelle :

$$2\ P = \frac{40^t,8}{2}$$
$$2\ l = 9^m,675$$
$$n = \frac{1,036}{2} = 0,518$$
$$I = 0,004368.$$

d'où R = 5 kil. 85 par millimètre carré.

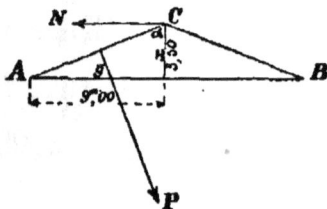

Ce résultat serait moitié moindre si l'on tenait compte des tôles enveloppes.

Mais cet effort n'est pas le seul auquel soit soumise l'entretoise; elle a encore à supporter celui de la réaction des vantaux.

Pour calculer cette réaction N, on se sert de la formule:

$$N = \frac{P}{2} \times \frac{1}{\cos \alpha}$$

P étant la pression normale agissant sur le vantail et α le demi-angle que forme le chevron du busc.

La composante de N dans la direction C A de l'entretoise est N sin α, ou

$$\frac{P}{2} \, \mathrm{tg} \, \alpha = \frac{P}{2} \times \frac{y}{x},$$

y étant la demi-ouverture de l'écluse et x la flèche. Pour l'entretoise la plus chargée qui porte 40 t. 8, l'effort de compression est de $\dfrac{40^{t},8 \times 9}{2 \times 3,50} = 52^{t},46$; or, la section normale de l'entretoise, tôles enveloppes comprises, est de $0^{mq},04198$.

D'où il résulte que l'effort de compression sur cette section est de $\dfrac{52^{t}460}{41,980} = 1^{k},25$ par millimètre carré. L'effort maximum qui se produit sur les fers de l'entretoise la plus chargée est donc de 5 kil. 85 + 1 kil. 25, soit 7 kil. 10 par millimètre carré. Dans les portes de Boulogne, cet effort atteint 8 kil. 47.

Nous pouvons maintenant appliquer à l'ensemble de la porte les calculs précédents, en admettant que la charge totale d'eau corresponde au cas le plus défavorable considéré dans les expériences de Chevallier, celui d'un bordage d'épaisseur nulle.

Dans ce cas, le seuil ne porte que 9.67 0/0 de la charge totale de 497 tonnes, indiquée précédemment, et le vantail est chargé d'environ 449 tonnes.

Or, le moment d'inertie total des dix entretoises et des tôles enveloppes est de 0,0899.

L'effort maximum se déduit donc de la formule :

$$Pl = \frac{RI}{n},$$

dans laquelle :

$$2P = 224^{t},5$$
$$2l = 9,675$$
$$n = 0,518$$
$$I = 0,0899$$

On en tire R = 3 kil. 11 par millimètre carré.

Il faut y ajouter pour la réaction des vantaux $\dfrac{449^{t} \times 9}{2 \times 3,5} = 577$ tonnes, qui, réparties sur la section transversale du vantail, $0^{mq},408$, donnent un effort de $\dfrac{577.000}{408} = 1$ kil. 41 par millimètre carré.

L'effort total maximum est donc pour l'ensemble d'un vantail de 3 kil. 11 + 1 kil. 41 = 4 kil. 52. On avait trouvé 5 kil. 400 pour les portes de Boulogne.

Tôles enveloppes. — Les tôles enveloppes, qui ont uniformément 0^m,01 d'épaisseur, sont soutenues dans la partie inférieure du vantail, où elles ont à supporter les plus grands efforts, jusqu'à la septième entretoise, par des fers en U verticaux, espacés de la manière suivante :

Entre le seuil et la 1re entretoise, de 0^m,49 d'axe en axe.

Entre la 1re et la 4e entretoise, de 0^m,62 d'axe en axe.

Entre la 4e et la 7e entretoise, de 0^m,82 d'axe en axe.

Il est facile de reconnaître que, grâce aux points d'appui qu'elles trouvent sur ces fers en U, les tôles enveloppes, considérées comme des pièces encastrées à leurs extrémités et chargées uniformément d'une hauteur d'eau correspondant à la profondeur à laquelle elles sont placées, ne travaillent pas à plus de 8 kilogrammes par millimètre carré, effort parfaitement admissible, en raison de ce qu'il n'est pas tenu compte de la liaison dans le sens vertical.

La formule à appliquer est la suivante :

$$1/2\ Pl = 1/6\ Rab^2$$

dans laquelle

$a = 1^m,00$
$b = 0^m,01$ (épaisseur de la tôle).
$2\ P =$ la moitié de la charge uniformément répartie.
$2\ l =$ la distance des points d'appui.

Entre le seuil et la 1re entretoise :

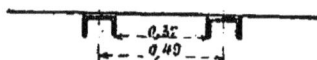

Cote du milieu de l'intervalle compris entre le seuil et la 1re entretoise.. (—0^m,682)
Charge par mètre carré, la mer étant à la cote (10^m,00) .... 18.682^k .
$$R = 5^k,5$$

Entre la 2e et la 3e entretoise :

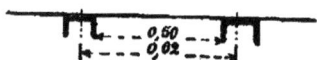

Cote du milieu de l'intervalle.... 1^m,337)
Charge par mètre carré......... 8.663^k.
$$R = 8^k,1$$

Entre la 5e et la 6e entretoise :

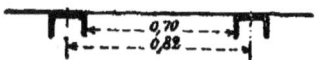

Cote du milieu de l'intervalle ... 4^m,442
Charge par mètre carré......... 5.558^k.
$$R = 7^k,80$$

A partir de la 7e entretoise, il n'y a plus de fers en U; la tôle enveloppe est fixée seulement aux entretoises :

20

Entre la 7° et la 8° entretoise :

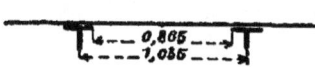

Cote du milieu.................. 6ᵐ,512
Charge par mètre carré........ 2.890ᵏ.

$$R = 7^k,93$$

Quant aux fers en U, nous nous sommes assurés qu'ils ne travaillent en aucun point à plus de 7 kilogrammes, en les supposant simplement appuyés sur les entretoises auxquelles ils sont fixés, la mer atteignant toujours son niveau maximum (10ᵐ,00).

Cloisons étanches. — La 4° entretoise sert de cloison étanche à la chambre à air; il est indispensable de vérifier que la tôle formant l'âme de cette entretoise n'a pas à supporter un effort trop considérable quand, la chambre étant vide d'eau, la mer s'élève à la cote (10ᵐ,00).

En calculant la résistance comme pour les tôles enveloppes par la formule

$$\frac{1}{2} Pl = 1/6 \, R \, a \, b^2$$

on a :

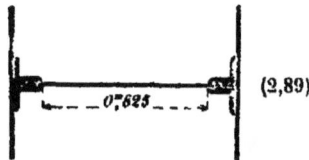 (2,89)

$a = 1^m,00$
$b = 0^m,016$ (épaisseur de la tôle).
$2 P = 7.110^k \times 0^m,825$
$2 l = 0^m,825$
$R = 7^k.$

Poteau tourillon. — L'écartement des disques de butée est de 2ᵐ,07 d'axe en axe, et la portée de la tôle formant poteau tourillon est de 1ᵐ,57. Il est nécessaire de savoir si cette tôle, renforcée par une lame verticale constituant avec elle une sorte de T, et par les tôles enveloppes, offre une résistance suffisante pour supporter la réaction des vantaux qui s'exerce par l'intermédiaire des entretoises.

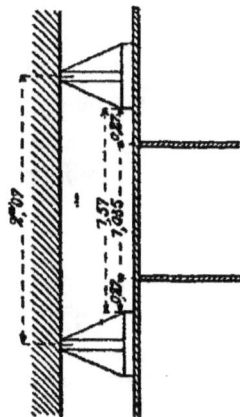

La composante de cette réaction, suivant l'entretoise la plus chargée, est de 52 tonnes, correspondant, au milieu de la portée (1ᵐ,57), à un effort de $\dfrac{52^t \times 0^m,27}{0^m,785}$ $= 17^t,9$

L'effort total exercé par les deux entretoises qui agissent dans l'intervalle de deux disques est donc inférieur à $2 \times 17^k,9$, soit $35^k,8$.

Le poteau tourillon a un moment d'inertie supérieur à celui du T ci-dessous, forme à laquelle nous avons ramené ce poteau pour simplifier les calculs.

Appliquant la formule connue :

$$P l = \frac{R I}{n},$$

Dans laquelle :

2 P = $35^k,8$
2 l = 1,57
I = 0,00086
n = 0,39
R = $6^k,1$

Soit environ 3 kilogrammes, en tenant compte de ce que la tôle formant poteau peut être considérée comme encastrée au droit des disques de butée.

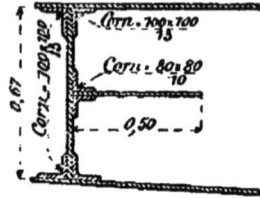

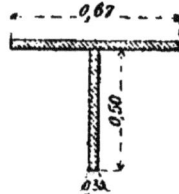

ANNEXE N° 3

CALCUL D'UN VANTAIL PAR LES FORMULES DE LAVOINNE, ET CALCUL DES CHAPAUDINES ET DU COLLIER

PORT DE CALAIS : PORTES D'ÈBE DES ÉCLUSES DU BASSIN A FLOT

Note extraite des calculs de M. Vétillart,
ingénieur des ponts et chaussées (avril 1884).

LÉGENDE

a. — 1/2 largeur d'un vantail.
b. — Hauteur du vantail.
n. — Nombre des entretoises équidistantes et d'égales dimensions.
m. — Moment d'inertie de chacune de ces entretoises.
s. — Section d'une entretoise.
v. — Nombre des intervalles égaux correspondant aux montants verticaux principaux.
μ. — Moment d'inertie de l'ensemble de ces montants et de toutes les pièces verticales comprises dans chaque intervalle.
α. — Angle du busc avec la normale à l'axe de l'écluse.

x, y. — Distances à l'axe neutre des points les plus écartés de cet axe (x pour les entretoises, y pour les montants).

p. — Poids du mètre cube d'eau de mer.

$k_i{}^k$. — Variable des tables 2 et 4 de Lavoinne.

q', q''. — Coefficients donnés par ces tables.

F', F''. — Efforts maxima qui tendent à se développer dans les deux systèmes (F' pour les entretoises, F'' pour les montants).

ÉCLUSE DE 21 MÈTRES

Entretoises et montants verticaux.

FORMULES (*Annales des ponts et chaussées*, 1867, 1er semestre, p. 424).

$$(1)\ k_i^k = 59,50\ \frac{\nu\mu a^3}{2\,n\,m\,b^3} = 4\,101\ \frac{\mu}{m}.$$

$$(2)\ F' = 1/4\,q'\,p\ \frac{a^2 b^2 x}{n\,m}\ \left(\frac{1+2m\ \text{cotg.}\ \alpha}{s\,a\,x}\right) = 65605\ \frac{q'}{m}\ \left(1+1,291\ \frac{m}{s}\right)$$

$$(3)\ F'' = 2\,q''\ \frac{p\,b^2 a\,y}{\nu\mu} = 1389930\ \frac{q''}{\mu}.$$

Données.

$a = 5,80$	$n = 8$
$b = 9,60$	$m = 0,011112$
$x = 0,66$	$\nu = 5$
$y = 0,66$	$\mu = 0,007095$
$p = 1026^k$	$s = 0,0384.$
$\alpha = 22° 1' 52''$	

Section d'une entretoise.

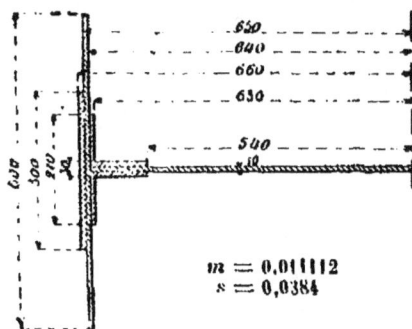

$m = 0,011112$
$s = 0,0384$

Ame pleine de 0m,010 d'épaisseur, 1m,28 de largeur. 4 cornières de $\frac{100 \times 100}{10}$

Bordé considéré comme faisant partie de l'entretoise sur une largeur de 0m,60.

Semelle additionnelle de 0m,30 de largeur.

Section d'un système vertical correspondant à un montant.

Ame évidée, discontinue. de 0m,010 d'épaisseur, 1m,28 de largeur.

4 cornières interrompues au passage de chaque entretoise de

$\dfrac{100 \times 100}{10}$. L'âme et les cornières, quoique interrompues, ne peuvent être complètement négligées dans la raideur du système vertical, parce que les divers tronçons sont reliés les uns aux autres, en se rivant sur les entretoises.

Bordé continu d'un côté sur toute la hauteur du vantail, interrompu de l'autre à la partie supérieure.

Semelle discontinue servant de fourrure entre les entretoises.

2 semelles continues sur toute la hauteur du vantail.

Couvre-joints.

Membrures verticales entre les montants principaux.

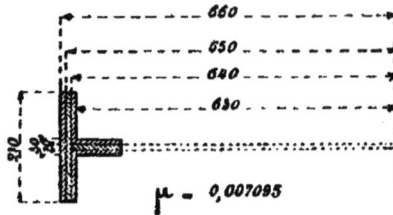

On peut substituer, pour le calcul, au système vertical détaillé ci-dessus, un montant dont la section continue serait conforme au croquis ci-dessus, ce montant donnant certainement une rigidité moindre que le système réel.

Formule (1).

$$
\begin{array}{ll}
\text{Log. } 4,101 = & 0,6128898 \\
\text{Log. } \mu = \text{log. } 0.007095 = & \overline{3},8509524 \\
\hline
 & \overline{2},4638422 \\
\text{Log. } m = \text{log. } 0.011112 = & \overline{2},0457922 \\
\text{Log. } 2,6185 = & 0,4180500 \\
\end{array}
$$

$$
\begin{array}{l}
k_1^4 = 2,6185 \\
q' = 0,788 \\
q'' = 0,0308 \\
\end{array}
$$

Formule (2).

$$
\begin{array}{ll}
\text{Log. } 65.605 = & 4,8169369 \\
\text{Log. } q' = & \overline{1},8963262 \\
\hline
 & 4,7134631 \\
\text{Log. } m = & \overline{2},0457922 \\
\hline
 & 6,6676709 \\
\text{Log. } 1,37 = & 0,1367206 \\
\text{Log. } 6374000 = & 6,8043915 \\
\end{array}
$$

$$
\begin{array}{ll}
\text{Log. } 1,291 = & 0,1109262 \\
\text{Log. } m = & \overline{2},0457922 \\
\hline
 & \overline{2},1567184 \\
\text{Log. } S = & \overline{2},5843312 \\
\text{Log. } 0.37358 = & \overline{1},5723872 \\
+ 1.00 & \\
\hline
1.37358 & \\
\end{array}
$$

$$
F' = 6^k,374 \text{ par } ^{m/m} q.
$$

Formule (3).

Log. 1389930 = 6,1429929
Log. q'' = $\overline{2,4885507}$

$\overline{4,6315436}$

Log. μ = $\overline{3,8509324}$

Log. 6034000 = $\overline{6,7805912}$

$F'' = 6^k,034$ par $^m/^m$ q.

Calculs de stabilité.

1er CAS. — *L'écluse à sec.*

DÉSIGNATION DES PARTIES	POIDS	DISTANCES	MOMENTS
	kilog.	m.	
Entretoises	29.780	5,92	176.298
1er montant	1.425	0,12	171
2e ''	2.780	2,44	6.783
3e —	2.780	4,76	13.233
4e —	2.454	7,08	17.374
5e —	2.454	9,40	23.068
6e —	1.457	11,72	17.076
1er intervalle entre les montants....	5.216	3,60	8.346
2e '' — ...	4.217	3,60	15.181
3e '' — ...	4.074	5,92	24.118
4e ... — ...	4.013	8,24	33 067
5e — — ...	4.206	10,40	43.742
Passerelle de service, écharpes, etc.	1.910	5,92	11.307
Attaches et accessoires...........	1.691	0,50	846
Bois pour défense, fourrures, etc...	6.451	5,92	38.190
Fers forgés pour clous et boulons..	284	5,92	1.681
P = 75.192			M = 430.481

P = 75,192^k.

A = $\dfrac{M}{10}$ = 43,048^k.

NOTA. — A représente l'effort horizontal qui s'exerce à la partie inférieure du vantail sur le pivot et à sa partie supérieure sur le collier; c'est aussi la valeur de la réaction horizontale du pivot sur la crapaudine du collier sur le tourillon.

CRAPAUDINE ET PIVOT

A. — *Charge verticale sur le pivot.*

1° A sec :

p — charge par $^m/^m$ q.
Poids total : 75.192^k.

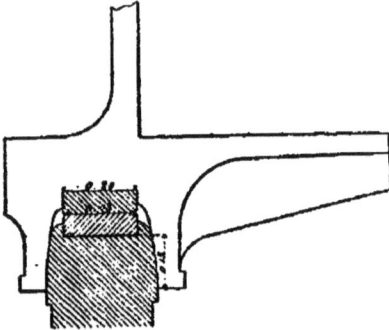

Surface portante du grain :

$$3.1416 \times 0.\overline{09}^2 = 25.447 \ ^m/^m \ q.$$
$$p = 2^k,955$$

2° Au commencement des sassements, le niveau de l'eau à la cote (+2.76), conditions les plus défavorables pour la rotation.

$p' =$ charge par $^m/^m$ q.
Poids total : 15.200^k.
$p' = 0^k,597$

B. — *Réaction horizontale de la crapaudine sur le pivot.*

1° A sec :

$r =$ pression par millimètre carré.

On peut admettre que le contact s'exerce sur un élément de surface cylindrique de 0^m,15 de hauteur, suivant la génératrice, et de 0^m,05 de largeur seulement ; la surface de contact est alors de 7,500 millimètres carrés, et l'on a :

$$r = \frac{A}{7500} = 5^k,739$$

2° Au commencement des sassements (dans les conditions les plus défavorables pour la rotation), l'eau à la cote (+ 2,76) :

$r' =$ pression par $^m/^m$ q.
$$r' = \frac{A'}{7500} = 0^k,732$$

Dans ces conditions, le frottement sera très doux.

TOURILLON

A. — *Réaction horizontale sur le collier.*

La hauteur du collier étant de 0^m,15, on peut admettre, comme pour la réaction de la crapaudine sur le pivot, que le contact du tourillon et du collier se produit seulement sur une zone cylindrique de 0ᵐ,05 de largeur, c'est-à-dire sur une surface de 7.500 millimètres carrés. La réaction étant égale à A comme ci-dessus, nous avons :

1° A sec :

$$r = 5^k,739$$

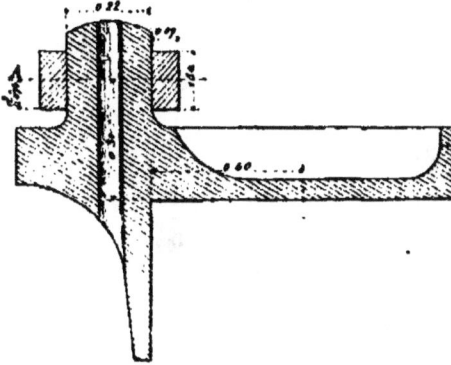

2° Au commencement des sassements (+ 2,76) :

$$r' = 0^k,732$$

B. — *Effort maximum de rupture sur le tourillon.*

Il suffit de calculer cet effort maximum dans les circonstances les plus défavorables, c'est-à-dire lorsque, l'écluse étant complètement à sec, aucune sous-pression ne soulage le poids de la porte :

Formule.	*Données.*
$R = A d \dfrac{n}{l}$	$A = 43.048^k.$
	$d = 0,075$
$R = 3^k,105$ par ᵐ/ᵐ q.	$n = 0,11$
	$l = 1/4 \pi (r^4 - r'^4) = 0,000114354.$

C. — *Résistance moyenne à l'arrachement des boulons attachant le tourillon à l'entretoise supérieure.*

Diamètre des boulons, 0ᵐ,05.
Nombre des boulons, 16.
On a :

Formule.	*Données.*
$A \times d = R \pi r^2 \times l \times n$	$A = 43.048^k.$
$R = \dfrac{43048 \times 0.31}{3,1416 \times 0,025^2 \times 0,40 \times 16}$	$d = 0,31$
	$r = 0,025$
	$l = 0,40$
$= 1^k,062$ par ᵐ/ᵐ q.	$n = 16$

D. — *Résistance moyenne des boulons au cisaillement.*

$$R = \frac{43048}{16 \times \pi r^2} = 1^k,370 \text{ par } ^m/^m \, q.$$

COLLIER

A. — *Résistance à la rupture du collier.*

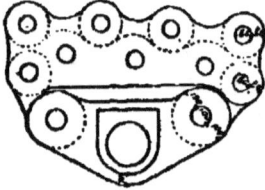

1° Section au milieu du collier en supposant que la réaction agit intégralement pour produire la rupture :

$$A = 43.048$$
$$S = 70 \times 150 = 10500 \ {}^m/mq.$$
$$R = \frac{A}{S} = 4^k,100$$

2° Section près des boulons.

En supposant que toute la réaction se reporte sur un seul des boulons du collier :

$$A = 43.048$$
$$S = 2 \times 100 \times 88 = 16.000 \ {}^m/m \ q.$$
$$R = \frac{A}{S} = 2^k,690$$

B. — *Résistance par cisaillement des boulons d'attache du collier.*

En supposant que la réaction A se transmet intégralement sur un seul boulon :

$$A = 43.048$$
$$S = \pi r^2 = 7854 \ {}^m/{}^m \ q.$$
$$R = \frac{A}{2 \pi r^2} = 2^k,740$$

C. — *Résistance à la rupture de la plaque centrale d'attache du collier.*

En supposant que la moitié de la réaction A peut agir sur le bord extérieur de l'un des œilletons extrêmes :

$$R = \frac{\dfrac{A}{2}}{80 \times 70} = 3^k,843$$

D. — *Résistance à la rupture des plaques jumelles.*

Mêmes hypothèses que ci-dessus :

$$R = \frac{\dfrac{A}{2}}{2 \times 40 \times 80} = 3^k,363$$

E. — *Résistance au cisaillement des boulons des plaques d'attache.*

En supposant que la réaction totale A transmet intégralement son action sur un seul boulon, ce qui est un cas limite évidemment irréalisable :

$$R = \frac{A}{2\pi r^2} = 4^k,282$$

ANNEXE N° 4

CALCUL DES DIMENSIONS PRINCIPALES DES PORTES, DU BORDÉ ET DE LA FLOTTABILITÉ SOUS PRESSION

PORTES MÉTALLIQUES DE ROCHEFORT

Note extraite des calculs de M. Crahay de Franchimont,
ingénieur des ponts et chaussées (mars 1886).

1° CALCUL DES DIMENSIONS PRINCIPALES DES PORTES

Calcul de la section transversale du vantail (au nu extérieur du bordé).

Le croquis ci-dessous représente le contour de la porte pris sur

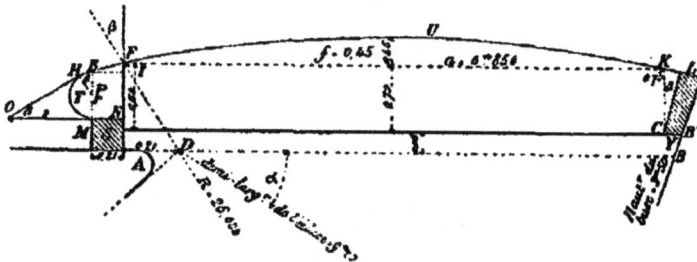

la face extérieure du bordé et réduit à ses éléments principaux. L'angle α que fait le busc avec l'axe transversal de l'écluse est défini par la relation

$$lg.\,\alpha = \frac{3^m,50}{9}$$

qui donne

$$\alpha = 21° 15' 2''$$

Si on se donne Y l'épaisseur de la fourrure du poteau busqué, du point B' au point C, soit $Y = 0^m183$, on a :

$$DB = \sqrt{3,5^2 + 9^2} = 9,657$$
$$= 0,183 - 0,06 \, tg. \, \alpha + 2 \, a = 0,21$$

d'où l'on tire

$$a = 4^m,854$$

Calcul du rayon de la partie circulaire du vantail.

On a

$$R = \frac{a^2 + {}^2 f}{2 f} = \frac{\overline{4,854}^2 + \overline{0,45}^2}{0,90} = 26^m,404$$

Calcul de l'angle β.

L'angle β est défini par la relation

$$\cos \beta = \frac{R - f}{R} = \frac{26,404 - 0,45}{26,404} = \frac{25,954}{26,404}$$

on trouve

$$\beta = 10° 35' 35''$$

on en déduit

$$2\beta = 21° 11' 10''$$

et

$$\frac{\beta}{2} = 5° 17' 47''$$

données qui sont utilisées ci-après.

Calcul de t = OM.

On a

$$t = \frac{ME}{tg \, \beta} = \frac{FN - FI}{tg \, \beta} = \frac{0,64 - 0,21 \, tg \, \beta}{tg \, \beta}$$

on trouve, en effectuant les opérations :

$$t = 3^m,21$$

Calcul de r = PM.

On a

$$r = t \, tg \, \frac{\beta}{2} = 0^m,298$$

Calcul de $l =$ PE.

On a

$$l = \frac{r}{\cos \beta} = 0^m,303$$

on a en même temps

$$r + l = 0,298 + 0,303 = 0,601$$

Les données qui précèdent suffisent pour déterminer la forme du vantail et permettent de calculer la section du vide de la porte.

On a, en effet :

1° triangle KCL $= \overline{0,70}^2 \frac{\sin 2\beta}{4} = $ $0^{m2},0443$

2° rectangle CKIS $= 0,70 \times 9,708 = $ $6^{m2},7952$

3° trapèze MEFN $= \frac{0,610 + 0,601}{2} \times 0,21 = $ $0^{m2},1306$

4° secteur PMTH $= \pi \times \overline{0,293}^2 \times \dfrac{90° - \dfrac{\beta}{2}}{180} = $ $0^{m2},1311$

5° surface segment KUF $= \pi \times \overline{26,404}^2 \times \dfrac{\beta}{180} = (26,404 = 0,45) \times 4,85 = 2^{m2},9140$

6° triangle HPE $= 1/4 \, \overline{0,303}^2 \sin 2\beta = $ $0^{m2},0083$

La surface totale S est ainsi égale à : $10^{m2},0235$
soit en nombre rond : 10^{m2}.

2° RÉSISTANCE DU BORDÉ SOUS LA PRESSION DE L'EAU
(PORTE AMONT)

Dans l'intervalle de deux entretoises consécutives, le bordé, qui a partout une épaisseur uniforme de $0^m,008$, est soutenu par les entretoises elles-mêmes et par une série de cornières de $\dfrac{90 \times 140}{10}$, disposées verticalement et à des intervalles qui varient selon la charge d'eau sur le vantail, savoir :

Au bas de la porte, dans les deux derniers intervalles, les cornières sont espacées de $0^m,384$ et la hauteur de la charge d'eau maximum est de $10^m,20$.

Dans les trois intervalles situés au-dessus des précédents, les cornières sont espacées de $0^m,502$ et la hauteur d'eau maximum est de $7^m,94$.

Dans les deux intervalles suivants, l'espacement des cornières est de 0^m,70 et la hauteur d'eau maximum de 5^m,68.

Dans les deux intervalles suivants, l'espacement des cornières est de 1^m,095 et la hauteur d'eau maximum 3^m,42.

Enfin, entre la première et la deuxième entretoise, il n'y a plus de cornières verticales.

Nous examinerons les quatre premiers cas que nous venons d'énumérer, tant au point de vue de la résistance du bordé qu'au point de vue de la résistance des cornières; après la vérification du quatrième cas, celle du cinquième sera évidemment inutile.

1er Cas. — Intervalle de 0^m,384. — Hauteur d'eau 10^m,20.

Nous ne connaissons pas de formule qui permette de calculer les épaisseurs à donner à une plaque de tôle rivée par ses quatre côtés sur un cadre en fer et uniformément chargée.

On peut néanmoins, pour obtenir une limite supérieure des efforts développés, faire abstraction de la couture établie sur le plus petit côté du cadre et considérer la plaque en question comme fixée seulement aux deux autres côtés.

La courbe résultant de sa flexion sera la même que celle d'un câble de pont suspendu, c'est-à-dire une parabole. Supposons, pour plus d'analogie, que nous découpions dans cette plaque une bande horizontale qui ait juste pour largeur l'épaisseur de la tôle.

Soit d la longueur avant la flexion, c'est-à-dire la portée du câble ($d = 0^m,384$); f, la flèche prise sous la charge uniformément répartie, p, par mètre courant; Ω, la section; T, la tension au milieu, qui est celle que nous cherchons; L, la longueur du câble.

Nous avons d'abord la relation :

$$T = \frac{p\,d^2}{8\,f} \quad (1)$$

D'autre part, la différence $L - d$ entre la longueur de l'arc parabolique et sa corde, c'est-à-dire l'allongement de la bande considérée, est donnée par la formule :

$$L - d = d\,\frac{8\,f^2}{3\,d^2} = \frac{8\,f^2}{3\,d}$$

La même expression de l'allongement, exprimée en fonction du coefficient élastique de la pièce, peut s'écrire :

$$L - d = \frac{d\,T}{E\,\Omega}$$

formule dans laquelle

$$E = 16 \times 10^9$$

On a donc

$$\frac{T}{E\,\Omega} = \frac{8\,f^2}{3\,d^2} \quad (2)$$

Éliminant la valeur de f entre les équations (1) et (2), il vient, toutes réductions faites :

$$T = \sqrt[3]{\frac{E\,\Omega\,p^2\,d^2}{24}}$$

ou bien, en remplaçant E par sa valeur :

$$T = 1000 \sqrt[3]{\frac{2\,\Omega\,p^2\,d^2}{3}}$$

dans cette formule, il suffit de faire :

$$d = 0,384$$
$$d^2 = 0,147456$$
$$\Omega = 0,008 \times 0.008 = 0^{m2},000064$$
$$p = 0.008 \times 10,20 \times 1000 = 81^k,60$$
$$p^2 = 6658,56$$
$$2/3\,p^2 = 4439,04$$
$$2/3\,p^2\,\Omega = 0,2 \cdot 40986$$
$$\text{et } 2/3\,p^2\,\Omega\,d^2 = 0,481092043$$

et l'on a :

$$T = \sqrt[3]{0,041892043} = 0,347, \text{ soit } 347^k$$

ce qui donne par millimètre carré :

$$\frac{347}{64} = 5^k,4$$

Cherchons maintenant quel est le travail maximum développé dans la cornière qui soutient le panneau de tôle, abstraction faite des rivures de cette tôle sur les entretoises adjacentes.

Considérons la cornière comme encastrée à ses deux extrémités, conception que justifient pleinement sa forme spéciale et son mode d'attache avec les âmes horizontales des entretoises.

La pression totale maximum, uniformément répartie sur cette poutre, est, par mètre courant :

$$10,20 \times 1000 \times (0,384 + 0,09) = 10200^k \times 0,474 = 4834^k,8$$

et l'on a :

$$\frac{4834^k,8 \times \overline{0,88}^2}{12} = 4834,8 \times 0,065 = 314.262 = R\frac{1}{n}$$

Pour la cornière choisie, on a :

$$\frac{1}{n} = 0,000035 \quad [1]$$

On tire de là :

$$R = \frac{314.262}{0,000055} = 5^k,6$$

3° FLOTTABILITÉ SOUS PRESSION

Chaque vantail est divisé en divers compartiments étanches par une ou deux entretoises horizontales, situées dans la partie supérieure, et par une cloison verticale au milieu. On se bornera à dire quelques mots de la porte d'èbe aval, à titre d'exemple.

Porte d'èbe aval. — La section horizontale du vantail est de 10^{mq}.

ABCD est un compartiment étanche, rempli de $10^{mc},700$ d'eau en service normal $\left(\dfrac{10^{mq}}{2} \times 2^m,14\right)$.

BEFGDC est un compartiment étanche rempli d'air.

La partie supérieure AHIE est en communication libre avec la marée.

Un puits de $0^{m2},33$ de section (ab) permet de communiquer à tout instant de l'extérieur dans la caisse à air.

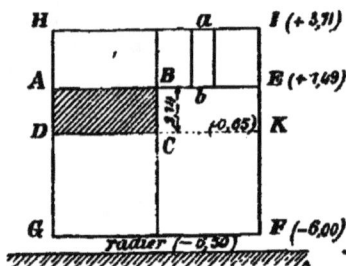

La porte pèse en tout 69,010 kilogrammes, ce qui donne $\dfrac{69,010}{9,71}$

[1] La cornière en question, à la résistance de laquelle se joint la partie de la tôle du bordé qui lui est rivée, est représentée par le croquis ci-contre. La ligne MN du centre de gravité est définie par la relation :

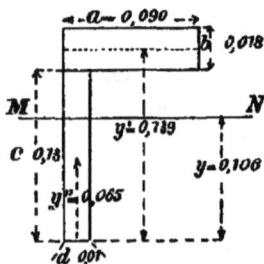

$$y = \frac{ab y' + cd y''}{ab + cd}$$

$$= \frac{0,09 \times 0,018 \times 0,139 + 0,13 \times 0,01 \times 0,065}{0,03 \times 0,018 + 0,13 \times 0,01}$$

$$= \frac{0,00022518 + 0,0000845}{0,00102 + 0,0013} = \frac{0,00030968}{0,00292}$$

$$= 0,106$$

soit, en nombre rond, 7.000 kilogrammes par mètre courant de hauteur.

Examinons quelles seront les conditions de flottabilité de la porte aux différents états de la marée.

a. — *Marée basse extraordinaire de vive eau, cote* (— 1,92). — La partie plongée de la porte est de 4ᵐ,08, ce qui la soulage de 40.800 kilogrammes. Son poids propre n'est plus alors que de 28.210 kilogrammes, augmenté du poids de l'eau dans la caisse à eau, 10 t. 7, soit en tout 38.910 kilogrammes.

b. — *Marée basse moyenne de vive eau, cote* (— 1,52). — La partie plongée est de 4ᵐ,48, ce qui soulage la porte de 44.800 kilogrammes. Son poids propre n'est plus alors que de 34.910 kilogrammes.

c. — *Niveau inférieur de la caisse à eau, cote* (— 0,65). — Le poids propre de la porte est de 79.710 kilogrammes, diminué du poids de la partie plongée de la chambre à air, 53.500 kilogrammes, soit 26.210 kilogrammes.

d. — *Niveau supérieur de la caisse à eau, cote* (+ 1,49). — Le poids propre de la porte est de 79.710 kilogrammes, diminué :

1° Du poids du métal plongé de la caisse à eau :

$7000 \times 2,14 \times 1000$, soit.................... 1000ᵏ en nombre rond.

2° du poids du volume plongé BEKC, soit   10700ᵏ

3° du poids du volume plongé DKFG, soit   53500ᵏ

Total................ 65200ᵏ

Ce qui donne pour le poids propre :

$$79.710^k - 65.200^k = 14.510^k$$

e. — *Marée d'équinoxe, cote* (+ 3,81). — La porte est entièrement plongée.

Son poids propre est de 79.710 kilogrammes, diminué :

1° du poids précédemment calculé 65.200ᵏ

2° du poids du volume des fers plongés entre la cote (+ 3,71) et (+ 1,49), soit :

$$\frac{2,22 \times 7000}{7780} \times 1000,$$ soit en nombre rond........... 2.000ᵏ

3° du poids du volume plongé du puits : $0,39 \times 2,22 \times 1000 =$ 870ᵏ

Total...................... 68.070ᵏ

Ce qui donne pour le poids propre :

$$79.710^k - 68.070^k = 11.640^k$$

ANNEXE N° 5

VANNE CYLINDRIQUE BASSE POUR ÉCLUSE DE BASSIN A FLOT.
PROJET.

Note de M. Moraillon, conducteur principal, faisant fonctions d'ingénieur
des ponts et chaussées, communiquée par M. Fontaine, ingénieur en chef
des ponts et chaussées (janvier 1887).

Cette vanne ne diffère de celles des écluses du canal du Centre [1]
que par ses dimensions et quelques dispositions de détail dont il
suffit sans doute d'indiquer ici les principales.

La vanne ferme ou dégage une section libre de $4^{mq},15$. Elle peut
fonctionner dans les deux sens, soit pour laisser entrer l'eau de
l'avant-port dans le bassin à flot, soit pour laisser revenir l'eau du
bassin dans l'avant-port.

La pression agit donc tantôt à l'extérieur de la vanne, tantôt à
l'intérieur. Dans le premier cas, l'étanchéité du joint supérieur est
assurée, comme dans les vannes du canal du Centre, par une bande
de cuir serrée entre les deux couronnes de la partie fixe et que la
pression de l'eau applique sous le rebord supérieur de la partie
mobile. Dans le second cas, cette étanchéité est obtenue par une
autre bande de cuir fixée sur le bord supérieur de la partie mobile
et qui vient s'appliquer sur la petite nervure horizontale que présente intérieurement le cylindre fixe dans lequel glisse la vanne.
Cette bande de cuir est découpée à l'emplacement des quatre petites
nervures verticales en saillie sur la surface intérieure du cylindre
fixe et qui guident la vanne pendant son mouvement.

Les quatre guides de la partie inférieure de la vanne sont disposés
de manière à empêcher tout mouvement de rotation autour de l'axe.

Le coût de l'appareil, en place, non compris le système de
manœuvre, la tige en fer creux et le tuyau d'évent, en fonte,
dont la longueur est variable, serait, en nombre rond, de

---

1. *Annales des ponts et chaussées,* août 1886.

2.800 francs, aux prix de la dernière adjudication des vannes du canal du Centre. Cette somme se décompose ainsi qu'il suit :

Fonte................	6.450ᵏ à 0 fr. 40 le kil. =	2.580 »
Fers forgés ordinaires.	188ᵏ à 0 fr. 90 — =	162 »
Fers forgés spéciaux ..	35ᵏ à 2 fr. 50 — =	87 50
Cuir................	30ᵏ à 8 fr. 58 — =	255 »
Caoutchouc..........	4ᵏ à 18 fr. 00 — =	72 »
Scellements..........	16ᵏ à 1 fr. 80 — =	28 80
	Total.................	3.185 30
	Rabais de 13 0/0........	414 09
	Reste.................	2.771 21

Le poids de la partie mobile, y compris une tige de manœuvre en fer creux, de 5 mètres de longueur, est de 1.800 kilogrammes environ.

Quand la charge sera extérieure, on aura sous le bord supérieur de la vanne une sous-pression A qui facilitera la manœuvre. Cette sous-pression sera de 230 kilogrammes par mètre de hauteur de charge [1]. On pourrait, dans ce cas, manœuvrer la vanne au moyen d'un cric au 1/300°. L'effort théorique à exercer sur la manivelle serait $\frac{1.800}{300} = 6$ kilogrammes. L'effort réel, en tenant compte du frottement des engrenages, peut être évalué à $6_k \times 1,50 = 9$ kilogrammes.

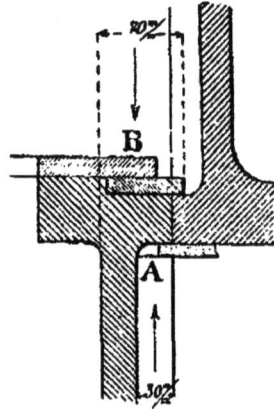

La course de la vanne est de 0m,60. Le chemin à parcourir par la manivelle serait, par suite, 0m,60 × 300 = 180 mètres. Le rayon de la manivelle étant 0m,30, sa circonférence est 1m,88. Il faudrait donc $\frac{180}{1,88} = 95$ tours de manivelle, soit près de 2 minutes, pour lever la vanne.

Pour rendre cette manœuvre plus rapide, on pourrait construire en tôle, rivée sur des cornières, la partie mobile de la vanne. Le poids de cette partie serait ainsi réduit des deux tiers environ, et la manœuvre, au moyen d'un cric très simple, au 1/100°, n'exigerait que 32 tours de manivelle, soit 35 à 40 secondes.

Mais, quand la charge sera intérieure, on aura sur le bord supérieur de la vanne une pression B, de 531 kilogrammes par mètre de charge [2], et le cric serait insuffisant.

La manœuvre de la vanne exige donc l'emploi de la force hydraulique.

1. 7,63 × 0,03 × 1000ᵏ = 230ᵏ.
2. 7,63 × 0,07 × 1000ᵏ = 531ᵏ.

CHAPITRE IV

PONTS MOBILES

§ 1er

CONSIDÉRATIONS GÉNÉRALES

186. Divers systèmes de ponts mobiles. — L'ouverture d'un pertuis de navigation, d'une écluse par exemple, a le plus souvent pour conséquence d'entraver la circulation des piétons et des voitures.

Les moyens que l'on peut imaginer pour remédier, autant que possible, à cet inconvénient ont tous pour principe de permettre alternativement la traversée du pertuis par les navires et le passage des véhicules, des personnes, etc., d'un bord à l'autre de ce pertuis.

Quel que soit celui que l'on adopte, il doit satisfaire, non seulement aux conditions spéciales et locales de chaque cas particulier, mais encore à quelques autres d'ordre à peu près général.

Deux s'imposent, pour ainsi dire, toujours : l'une relative à la rapidité de l'ouverture et de la fermeture du passage, l'autre à la facilité du mouvement des navires dans le pertuis.

La première condition conduit à renoncer, dans la plupart des cas, à l'emploi des pontons flottants raccordés aux terre-pleins de rive par des plans incli-

Ancien pont flottant du Havre.

nés mobiles (Voir croquis ci-dessus et annexe n° 6).

En effet, la manœuvre de ces pontons, analogue à celle des ponts de bateaux, est toujours lente ; d'ailleurs, la circulation sur des pontons flottants n'est possible que pour les personnes ou pour des véhicules légers.

La seconde condition entraine, le plus souvent, l'exclusion des ponts-levis et des ponts basculants, quoique, lorsqu'ils sont bien équilibrés, ils aient sur tous les autres l'avantage de n'exiger qu'un très faible travail pour effectuer leur ouverture.

La volée de ces ponts se dresse verticalement à une grande hauteur près des bajoyers du pertuis et forme un obstacle auquel peuvent se heurter les vergues des navires.

Les ponts-levis ont, en outre, l'inconvénient d'exiger pour leur manœuvre un échafaudage embarrassant au-dessus du terre-plein.

Les ponts basculants comportent, pour loger leur culasse, un encuvement d'autant plus profond, au-dessous du terre-plein, que leur portée est plus grande [1].

Il en résulte qu'aujourd'hui on cherche presque exclusivement la solution du problème, surtout pour les grandes largeurs de pertuis et pour la circulation des locomotives, dans l'emploi des ponts tournants ou des ponts roulants.

Les ponts tournants sont de beaucoup les plus usités et on ne recourt guère aux ponts roulants que dans des circonstances spéciales et quand on ne peut pas faire autrement. On en verra bientôt les motifs.

187. Emplacement et dispositions des ponts mobiles sur les pertuis. — L'emplacement d'un pont peut être quelquefois déterminé par des circonstances locales : disposition des routes existantes et qu'on ne peut dévier ; constructions élevées près des bajoyers, du pertuis et qu'il faut respecter, etc. Mais, dans les limites de variations que comporte cet emplacement, il convient, pour le fixer, d'avoir égard à un certain nombre de considérations, dont voici quelques exemples :

Si le pont doit être établi sur une écluse à sas, il est préférable de le mettre à l'aval de la porte aval, ou à l'amont de la porte amont, plutôt qu'entre les deux portes. S'il est en AB, par exemple, la circula-

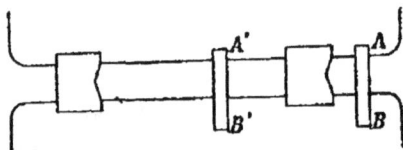

1. On a cependant exécuté à Rotterdam, sur la passe de 23 mètres du Binnenhaven, un pont basculant à deux volées sur lequel passe une voie ferrée (Voir Morandière, t. II, p. 1595 et 1596. Voir également l'annexe n° 7).

tion à terre ne sera interrompue que pendant le temps qu'un navire, venant de l'avant-port, mettra à passer en AB pour entrer dans le sas ; car on n'ouvrira le pertuis qu'au moment où l'avant du navire viendra toucher le pont pour ainsi dire, et on le fermera dès que l'arrière aura dépassé AB.

Tandis que, si le pont était dans la longueur du sas, en A′B′, la circulation serait forcément interrompue tout le temps que durerait l'occupation du sas.

Si le pont mobile doit être tournant et à une seule volée, il sera préférable de le faire tourner de l'aval vers l'amont (de A en C sur la figure), plutôt que dans le sens contraire, car, dans le premier cas, la volée fuira, en quelque sorte, devant le navire entrant qui s'approche d'elle, tandis que, dans le second, elle s'avancerait contre lui et risquerait de l'aborder.

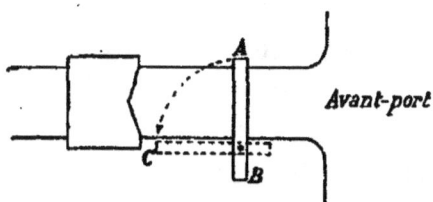

On remarquera que l'installation d'un pont tournant à l'amont ou à l'aval d'un sas conduit à donner quelquefois aux bajoyers de tête, au delà des portes, des longueurs beaucoup plus grandes que celles qui ont été mentionnées à propos des dispositions générales des écluses (p. 130).

188. Cas d'un pertuis simple. — Si la circulation à terre n'est pas très active, si le passage des navires est peu fréquent, ne se fait, par exemple, que vers le moment de la haute mer, et n'a qu'une courte durée, un seul pont suffit. C'est le cas le plus général.

Lorsque la circulation est active, lorsque le mouvement des navires dans le pertuis se prolonge pendant un temps assez long (comme dans le cas du sassement de plusieurs bateaux à la fois), deux ponts peuvent être jugés nécessaires. L'un d'eux sera établi à l'amont du pertuis et l'autre à l'aval (Exemple : les deux ponts de la Traverse de la Joliette, à Marseille).

189. Cas d'un pertuis double. — Lorsqu'une voie terrestre doit traverser deux pertuis, qui ne sont séparés que par un bajoyer ou par une pile, il est naturel et logique d'employer un pont à volée double et de placer le pivot sur le bajoyer ou la pile intermédiaire ; c'est, en effet, la solution généralement adoptée (Exemples : Bassin à flot de Bordeaux et Passe de l'abattoir, à Marseille, p. 330).

Toutefois, il faut observer que, si, le pont étant

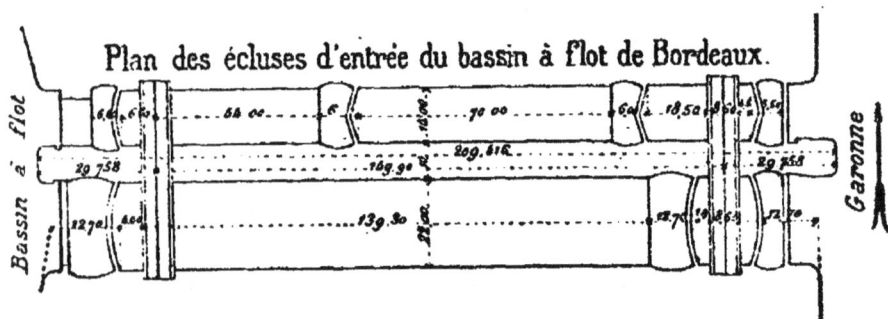

Plan des écluses d'entrée du bassin à flot de Bordeaux.

fermé, un accident l'empêche temporairement de fonctionner, les deux passes seront, par le fait même, rendues impraticables à la fois pendant le même temps. Tandis que si, au lieu d'un pont à volée double, on a deux ponts séparés à volée simple, un sur chaque passe, il est vraisemblable que tous deux ne seront pas en même temps hors de

Pont de l'Abattoir, à Marseille.

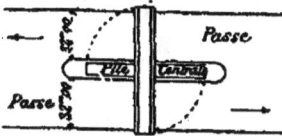

service et que l'un d'eux
pourra continuer à être utilisé. Cette considération a déterminé le choix de la disposition adoptée à Calais (Voir
Pl. X).

§ 2

DES PONTS TOURNANTS

190. Définitions. — 1° On dira qu'un pont est à
une volée, lorsqu'il couvre un pertuis simple au
moyen d'une travée unique (V), appelée *volée*, équi-

librée autour de l'axe de rotation AB par une travée plus
courte (C), appelée *culasse*;

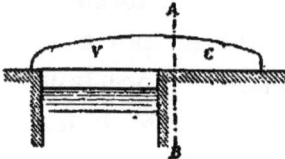

2° On appellera ponts à volée
double ceux qui couvrent un
pertuis double. Dans ce cas,
la culasse est égale ou sensiblement égale à la volée, et
l'axe de rotation AB est placé
sur le massif séparant les deux
parties du pertuis double;

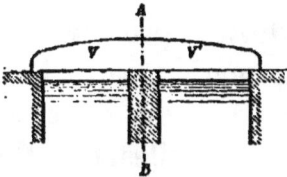

3° Un pont sera dit à deux volées lorsque, pour
couvrir un pertuis simple, il sera composé de deux
ponts à une volée, P et P', se joignant sur l'axe AB
de la passe (croquis p. 331).

En réalité, pour l'étude de la construction des

ponts tournants, ces trois catégories peuvent être ramenées à deux :

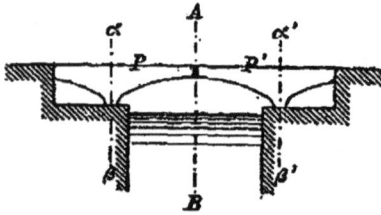

A. Les ponts à une volée, comprenant les ponts à volée double ;

B. Les ponts à deux volées.

191. Comparaison des ponts à une volée et des ponts à deux volées. — Il est généralement admis aujourd'hui que, lorsque cela est possible, il vaut mieux faire les ponts tournants à une seule volée plutôt qu'à deux volées.

La volée unique offre, en effet, un certain nombre d'avantages :

1° Quand un pont à une seule volée est livré à la circulation, ses poutres maîtresses reposent solidement sur des appuis fixes, tandis que, lorsqu'il y a deux volées, leurs extrémités sont en porte-à-faux au-dessus du pertuis, si elles ne sont pas arc-boutées, et, si elles le sont, l'arc-boutement donne lieu à des efforts dont le calcul est incertain, sinon impossible.

D'ailleurs, l'arc-boutement devient problématique au bout d'un certain temps de service, par suite du jeu résultant des fausses manœuvres, des chocs à la fermeture, des surcharges exceptionnelles, etc. Il en résulte que, sur un pont à deux volées, la circulation des poids lourds (wagons, locomotives, etc.) offre bien moins de sécurité que sur une volée unique ;

2° Quand on ferme un pont à deux volées, on est obligé d'ajuster, pour ainsi dire, les deux volées l'une au bout de l'autre, ce qui complique et ralentit la manœuvre. On évite cet inconvénient avec une volée unique;

3° Une seule volée permet d'économiser la construction d'un encuvement et l'établissement d'une fondation particulièrement solide, travaux qui entraînent toujours des sujétions spéciales;

4° Un encuvement étant supprimé, le halage est plus facile et les véhicules accèdent plus aisément au pont;

5° Le calcul montre que, dans la plupart des cas, la construction d'un pont à une volée ne coûte pas plus cher et est souvent plus économique que celle d'un pont à deux volées;

6° La manœuvre est plus simple, plus sûre et plus rapide, puisqu'elle ne dépend que d'une seule équipe, et souvent d'un seul homme qui en a toute la responsabilité.

192. A. Ponts à deux volées. — Les ponts à deux volées étant à peu près abandonnés, surtout dans les ports où les locomotives circulent, on se bornera à renvoyer, pour l'étude de ces ouvrages :

1° Au mémoire de M. Plocq, sur les ponts de Dunkerque (*Annales des ponts et chaussées*, 1859);

2° A celui de M. Aumaître, sur le pont de la Penfeld, à Brest (*Annales des ponts et chaussées*, 1867).

193. B. Ponts à une volée. Constitution des poutres maîtresses. — En faisant les ponts d'une seule volée, on est souvent conduit à leur donner de très grands poids. Le pont à volée double de la traverse de l'abattoir, à Marseille, qui couvre deux passes de 32 mètres de largeur chacune, pèse 500 tonnes;

Le pont du Pollet, à Dieppe, sur un pertuis de 40 mètres, 800 tonnes ;

Le pont de la passe d'Arenc (Marseille), d'une largeur de 50 mètres, 1.200 tonnes.

Ces lourdes masses étant d'une manœuvre délicate, il convient d'adopter, pour le pont, le système de construction permettant d'obtenir la plus grande légèreté compatible avec la solidité requise.

On est ainsi amené à substituer, pour l'exécution des poutres, l'emploi du fer à celui du bois et, dans certains cas, l'emploi de l'acier à celui du fer.

Pour le même motif, il est rationnel de recourir aux poutres en treillis, qui présentent d'ailleurs moins de surface que les poutres pleines à l'action du vent, action dont il y a lieu de tenir compte, comme on l'expliquera plus loin.

Dans cet ordre d'idées, les treillis à grandes mailles paraissent préférables aux treillis à petites mailles. Les grandes mailles ont, en outre, l'avantage de diminuer le nombre des pièces entrant dans la composition des poutres, ce qui rend moins incertaine la répartition des charges pour les calculs de résistance.

194. Établissement de la base d'appui ou pile du pont. — Bien que l'on s'efforce de rendre le pont aussi léger que possible, il représente souvent, comme on l'a vu, un poids considérable ; il importe donc de l'asseoir sur une base d'une solidité assurée et d'une fixité absolue, pour maintenir le pivot dans une position invariable.

On ne doit rien économiser pour assurer la stabilité de cette base, mais il faut restreindre la dépense à la partie qui **supporte** réellement le poids et qui forme la pile du pont.

Le poids du pont doit être **reporté** sur la maçonnerie de la pile par des assises de pierres de taille offrant une large assiette, de façon à y répartir aussi également que possible une pression modérée et

compatible avec la résistance des mortiers et des matériaux de la fondation.

195. Profil transversal des ponts mobiles. — On ne s'occupera pas de la détermination du profil transversal des ponts mobiles, car il ne diffère pas de celui des ponts métalliques ordinaires, appelés à desservir le même genre de circulation.

La seule particularité à mentionner concerne les ponts à deux voies, pour lesquels on partage souvent le plancher en deux parties, séparées, sur l'axe du pont, par un heurtoir (voir Pl. XIX, Fig. 4).

De cette façon, on régularise le passage des véhicules, en forçant ceux qui marchent dans la même direction à suivre le même côté du pont.

La position des charges se trouvant ainsi bien déterminée, le calcul des poutres transversales supportant le plancher ne présente pas d'incertitudes et, par suite, on peut faire le tablier plus léger.

196. Calcul du pont. — Pour le même motif, on se bornera à donner (Voir annexe n° 8) un exemple du calcul des poutres maîtresses et du tablier du pont du Pollet, récemment exécuté à Dieppe.

Mais on signalera, dans le paragraphe suivant, quelques considérations spéciales auxquelles il faut avoir égard dans ces calculs.

197. Conditions à observer dans l'étude d'un pont tournant. — Il y a deux genres de ponts tournants : 1° sur couronne de galets, comme les plaques tournantes des chemins de fer ; 2° sur pivot.

Quel que soit le système adopté, les conditions suivantes doivent être observées :

1° Quand le pont est ouvert, c'est-à-dire non livré à la circulation, la poutre la plus rapprochée du pertuis doit être en retraite par rapport à l'arête du bajoyer, de telle façon que les haleurs aient un chemin libre sur le bord du pertuis.

Cette retraite, ou reculement, est ordinairement de 1 mètre à 2 mètres.

L'axe de rotation sera donc distant du bajoyer de la demi-largeur du pont, augmentée du reculement.

2° Les extrémités des poutres maîtresses de la
volée reposent sur le bajoyer opposé à celui qui
supporte le pivot. Ordinairement, ces poutres dépassent d'au moins 0^m,50 la largeur du pertuis. La
saillie du tablier est un peu plus grande au milieu de la largeur du pont, par suite de la flèche AB de l'arc de cercle
qui termine l'extré-mité libre de la vo-lée.

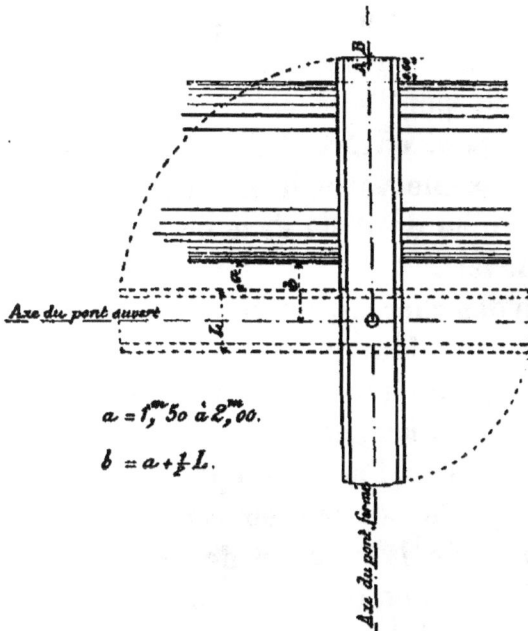

La surface des ap-puis sur lesquels on fait reposer la volée
sera calculée de telle façon que la pres-sion qui a lieu au
moment des plus grandes charges soit
incapable de déranger les pierres de taille supportant ces appuis. Les pierres de taille elles-mêmes
doivent avoir une assise assez grande pour bien
répartir la pression sur la maçonnerie ordinaire du
bajoyer.

Les deux conditions qui précèdent déterminent la
longueur de la volée, quand on connaît la largeur du
pertuis.

3° Il est désirable que le fond des encuvements ne
soit pas couvert par les eaux, et, par suite, soit au
niveau des plus hautes mers ; et comme, d'un autre
côté, la plate-forme supérieure du pont est forcément

$a = 1^m,5o$ à $2^m,00$.

$b = a + \frac{1}{3}L$.

au niveau des voies de circulation qui y aboutissent, tous les organes essentiels de l'appareil de rotation seront, autant que possible, concentrés entre ces deux niveaux.

Quand cette condition ne peut être remplie, des dispositions spéciales doivent être prises pour assurer l'asséchement de l'encuvement.

4° La résistance du pont sera calculée dans les deux hypothèses du pont ouvert et du pont fermé. Pour les ponts à une seule volée, le moment maximum de flexion a lieu au droit de l'axe de rotation, quand le pont est ouvert.

Dans l'estimation des charges, on tiendra compte des poids exceptionnels dont le passage peut être motivé par le voisinage de grandes usines métallurgiques, d'arsenaux maritimes, etc.

Il faut avoir égard aussi à l'inégale répartition, sur la volée et la culasse, des surcharges accidentelles résultant de la pluie, de la neige et de la composante verticale de la pression du vent, etc.

5° La flèche que prend la volée, quand elle est libre, détermine certains dispositifs des appareils de manœuvre, comme on l'expliquera plus loin.

L'expérience des grands ponts mobiles en fer a fait reconnaître la convenance de tenir compte, au moins dans certains cas, par exemple dans la Méditerranée, de l'augmentation de flèche résultant de l'excès de température que donne à la table supérieure des poutres l'action directe du soleil, par rapport à la température de la table inférieure, mieux abritée contre le rayonnement [1].

1. *Annales des ponts et chaussées* de 1872, 2° semestre. Note de M. Dyrion sur le pont tournant de la darse Missiessy, à Toulon.

En tout cas, lorsqu'on calcule la flèche, il vaut mieux pécher par excès que par défaut.

6° Dans les ponts à pivot, tout le poids du pont est reporté sur le pivot par l'intermédiaire d'une poutre transversale qu'on appelle le chevêtre.

Le chevêtre doit donc être très résistant, parfaitement relié dans toutes ses parties et solidement fixé aux poutres, car c'est lui qui supporte et transmet les plus grands efforts.

7° Les efforts tranchants, au droit du chevêtre, prennent ici une grande importance et seront largement calculés.

8° Lorsqu'un pont est fermé, c'est-à-dire livré à la circulation, il importe qu'il offre toute la stabilité et toute la résistance possibles.

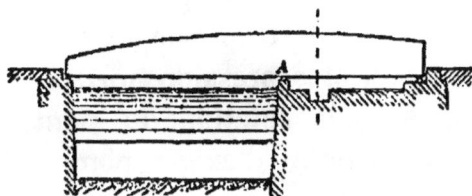

Il faut donc caler fortement les extrémités de la volée et de la culasse.

Dans le même but, il convient de réduire la portée de la volée à la largeur du pertuis, en lui ménageant un appui A sur le bord du bajoyer situé du côté du pivot.

198. Équilibre d'un pont autour de son axe de rotation. — D'une manière générale, un pont tournant en mouvement doit être en équilibre sur son axe de rotation dans le sens longitudinal et dans le sens transversal.

199. A. Équilibre longitudinal. — L'équilibre longitudinal se trouve réalisé quand le pont comporte deux volées égales.

Dans les autres cas, on l'obtient en prolongeant la volée au delà de l'axe de rotation par une culasse lestée.

200. Rapport de la longueur de la culasse à celle de la volée. — Une grande longueur de culasse nécessite un encuvement de grand rayon, qui coûte cher à cause des maçonneries de sujétion qu'il comporte, et qui, de plus, gêne la circulation aux abords du pont.

Une petite longueur de culasse exige un lest très lourd, ce qui impose au pivot une fatigue exagérée et détermine des efforts tranchants excessifs.

Si la culasse est beaucoup plus courte que la volée, les surcharges accidentelles (pluie, neige, composante verticale du vent) sont trop inégalement réparties par rapport à l'axe, et la pression horizontale du vent, qui s'oppose à la rotation du pont, prédomine sur la volée, au point d'exiger pour la manœuvre un surcroît notable de force et de travail [1].

On ne peut donc poser *à priori* de règle précise pour la détermination de la proportion de la longueur de la culasse à celle de la volée ; mais, en fait et en pratique, on a été amené à peu près partout à adopter une proportion de 50 à 60 p. 100, les longueurs étant mesurées à partir du pivot [2].

Le lest est placé le plus près possible de l'extrémité de la culasse et calculé en conséquence. Il peut être

---

1. On a quelquefois atténué l'effort horizontal du vent en prenant une âme pleine dans la culasse et une âme à treillis dans la volée (Voir pont d'Aubervilliers, *Annales des ponts et chaussées* de 1886).

2. Voir, à propos de cette proportion, le mémoire de M. Le Châtelier (*Annales des ponts et chaussées* de 1886, 2° semestre, p. 756).

utile qu'une partie du lest soit mobile, de façon à permettre de compenser rapidement, au moins en partie, les trop grandes inégalités des surcharges verticales accidentelles.

201. B. Équilibre transversal. — Les considérations qui précèdent permettent de déterminer l'équilibre dans le sens longitudinal, et cet équilibre suffit pour les ponts sur plaques tournantes, parce que les couronnes de galets ont l'avantage d'offrir une large base d'appui.

Mais il n'en est pas de même pour les ponts sur pivot, quand ils opèrent leur rotation. En effet, d'une part, la tête du pivot n'a qu'une très petite surface, n'est qu'un point, pour ainsi dire, et, d'autre part, le centre de gravité de la partie mobile du pont est toujours situé plus haut que la tête du pivot, de sorte que l'équilibre est instable.

Pour le rendre stable, il faut appuyer le pont en mouvement dans le sens transversal ; on y parvient au moyen de galets dits d'équilibre, disposés symétriquement par rapport à l'axe du pont et roulant sur le fond de l'encuvement.

Cette question sera traitée à l'occasion de la manœuvre des ponts sur pivot.

§ 3

MANŒUVRE DES PONTS TOURNANTS

202. Conditions générales. — Les conditions principales à remplir dans la manœuvre des ponts tournants sont : la rapidité et la sécurité.

203. Rapidité. — Un pont mobile est toujours une gêne pour la circulation à terre ; aussi importe-t-il que l'ouverture et la fermeture en soient aussi promptes que possible par tous les temps. Aujourd'hui, on demande que chacune de ces deux opérations puisse avoir lieu dans un intervalle de deux à quatre minutes.

Pour être assuré d'obtenir cette rapidité, il convient de calculer les résistances à vaincre dans les hypothèses les plus défavorables. Ainsi, on ne craindra pas d'exagérer un peu les frottements de roulement ou de glissement, en prévision soit d'un graissage imparfait, soit de l'introduction de corps étrangers, soit de dénivellations ou de déplacements relatifs accidentels de divers organes de l'appareil, etc. On aura notamment égard aux efforts dus à la pression d'un vent soufflant avec force, dans le sens opposé à celui de la rotation de la volée.

Lorsque l'on a égard à toutes ces conditions, le calcul montre que les forces à développer et le travail à produire atteignent de si grandes valeurs que l'on doit renoncer à la manœuvre à bras et recourir à l'emploi de moteurs mécaniques.

Les engins à eau sous pression sont presque exclusivement appliqués aujourd'hui dans ce cas, parce qu'ils permettent précisément de réaliser de grands efforts à un moment donné et de dépenser en un temps court un travail considérable.

Pour déterminer la puissance des appareils moteurs, on tiendra compte d'ailleurs de leur rendement propre, c'est-à-dire des résistances passives de toutes sortes que comporte le mécanisme ; par exemple, de la raideur des chaînes, du frottement des poulies, du frottement des plongeurs sur les garnitures de leurs presses, des pertes de pression que l'eau peut subir à l'introduction ou à l'évacuation, etc. On est ainsi conduit à adopter des engins hydrauliques capables de développer un travail très notablement plus grand (de 75 0/0 à 100 0/0) que le travail théorique calculé d'après les résistances admises.

204. Sécurité. — Pour la sécurité des opérations, il convient :

1° Que les dispositifs mécaniques soient simples et robustes. On rend ainsi moins probables les fausses manœuvres résultant de l'inattention du pontonnier, et l'on réduit les chances d'avaries aux appareils.

2° Que la stabilité du pont en mouvement soit assurée, même dans les circonstances les plus défavorables. On verra plus loin comment on réalise cette condition.

3° Que la visite, l'entretien et la réparation des appareils soient aussi commodes et aussi rapides que possible.

Ainsi, on abritera les surfaces frottantes contre l'introduction des poussières, des corps étrangers ;

on assurera le graissage de ces surfaces ; les garnitures des joints des engins hydrauliques seront
rendues aisément accessibles et d'un remplacement
facile, etc.

4° Que le public ne puisse pas envahir le pont au moment où on le
ferme et quand il n'est pas encore
complètement calé. Dans ce but, on
a quelquefois jugé nécessaire de barrer temporairement l'accès du pont au moyen de chaînes ou même
par des barrières tournantes (*ab*, *bc*).

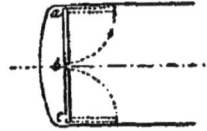

COMPARAISON DES PONTS SUR COURONNE DE GALETS
ET DES PONTS SUR PIVOT.

205. A. Ponts sur couronne de galets. — Les
plaques tournantes, à couronne de galets, ont l'avantage d'offrir une très large base d'appui au tablier,
et de donner ainsi une grande stabilité au pont. Par
contre, elles présentent plusieurs inconvénients :

1° Il est pratiquement impossible de répartir également la charge sur tous les galets. Il y en aura
toujours quelques-uns qui seront plus chargés que
les autres, par suite, soit d'inégalités dans leurs diamètres, soit d'irrégularités dans les surfaces des
plates-bandes de roulement, etc.

D'ailleurs, la pression du vent sur le pont modifie
nécessairement la répartition des charges sur les
galets.

2° On ne sait pas calculer théoriquement la résistance d'un galet à l'écrasement, car on ne peut
déterminer la surface de contact du galet avec les

plates-bandes de roulement entre lesquelles il est comprimé, cette surface n'étant pas définie géométriquement.

Pour tourner cette difficulté, quelques ingénieurs, se basant sur des faits d'expérience, admettent que la surface de contact s'étend sur un degré d'arc environ.

3° En supposant même qu'au moment de la construction tout ait été prévu et disposé le mieux possible, dès que le pont aura fonctionné quelque temps il n'en sera plus de même.

En effet, les galets n'offrent pas tous la même homogénéité ; et un galet pris en particulier peut présenter des inégalités de constitution sur son contour ; il s'introduit souvent des corps durs (tels que des petits cailloux) sur la plate-bande inférieure, etc. Par suite, les galets ne s'useront pas également, et la section d'un galet pourra perdre la régularité de sa forme circulaire.

Il faudra donc changer quelquefois les galets, ou les passer au tour, ce qui exige qu'on les démonte. Pour cela, il faut soulever le pont.

Au pont de la Penfeld (à Brest), on se sert, pour cette opération, de quatre presses hydrauliques, placées en quatre points de la couronne [1].

L'emploi de plusieurs presses, qu'on ne peut éviter dans ce cas, a l'inconvénient de rendre assez difficile un soulèvement régulier du pont.

4° La fixité absolue de la plate-bande inférieure de roulement, c'est-à-dire de celle qui repose sur la maçonnerie, est difficile à obtenir ; or, toute dénivel-

---

1. *Annales des ponts et chaussées* de 1867, 2ᵉ semestre, Note de M. Aumaître. *Portefeuille des élèves*, série 3, section C., Pl. XII à XVIII.

lation de cette plate-bande fait travailler quelques galets sous un effort exceptionnel.

5° La construction de plates-bandes circulaires à surface conique entraîne d'ailleurs des sujétions spéciales dès que leur diamètre dépasse une certaine grandeur.

Pour tourner celles du grand pont de la Penfeld, qui ont 9 mètres de diamètre et supportent une charge de 350 tonnes, l'usine du Creuzot a dû créer un outillage spécial.

6° Dans les ponts à plaque tournante, les galets supportent constamment la charge permanente ainsi que les surcharges. C'est là une cause de fatigue et, par suite, de réparations fréquentes à ces organes.

Ainsi, l'emploi des plaques tournantes à couronne de galets impose d'assez graves complications dès que le poids du pont devient considérable.

206. B. Ponts sur pivot. — 1° Dans les ponts sur pivot, tout l'effort à supporter est concentré sur une pièce unique d'assez petites dimensions, de sorte que les calculs de résistance sont relativement précis.

2° Le fait même que l'organe essentiel se réduit à une pièce unique, le pivot, est un gage de sécurité.

3° Le travail à dépenser pour la rotation du pont est moindre que dans le cas des plaques tournantes.

4° On n'a pas à redouter l'introduction de corps durs un peu volumineux entre les surfaces frottantes, et l'on peut généralement assurer un bon entretien et un bon graissage de ces surfaces.

5° Enfin, les perfectionnements introduits dans la constitution des pivots, par l'emploi de l'eau sous pression, ont permis de réaliser, en outre, un certain

nombre d'avantages que ne peuvent offrir les plaques tournantes.

(Cette question sera étudiée à l'occasion des pivots
hydrauliques.)

Aussi trouve-t-on le plus souvent préférable,
aujourd'hui, de faire tourner les grands ponts sur
pivot, plutôt que sur couronne de galets.

207. Des pivots. — Il y a deux espèces de pivots :
1° Les pivots fixes ;

2° Les pivots mobiles, qui sont tous actuellement
à eau sous pression et que l'on appelle d'habitude :
pivots hydrauliques.

PIVOTS FIXES

208. Constitution. — Le pivot, scellé dans l'encuvement, est habituellement en fer forgé et garni à

sa partie supérieure d'un grain
en acier offrant une surface
sphérique concave AB. Sur
cette surface repose un grain
d'acier convexe CD, qui forme
l'extrémité d'une pièce en fer

solidement reliée au chevêtre (Voir Pl. XX, pont de
Caen).

Aujourd'hui, on emploie exclusivement l'acier pour
constituer les parties frottantes, que l'on faisait généralement en bronze autrefois.

**209. Pressions que l'on peut faire supporter aux
pivots métalliques des ponts tournants. Graissage.**
— Ces deux questions sont connexes ; car, plus le
graissage des surfaces en contact sera facile et sûr,

plus grandes seront les pressions qu'on pourra leur faire supporter.

Au pont de l'écluse des Transatlantiques, au Havre, les pivots sont chargés à raison de 300 kilogrammes par centimètre carré ; or, malgré une manœuvre lente à bras d'hommes, les surfaces frottantes grippent quelquefois.

Cela tient non seulement à la difficulté qu'éprouve l'huile à se maintenir entre deux surfaces aussi fortement pressées l'une contre l'autre, mais surtout à ce que, le poids du pont portant toujours sur le pivot, il est malaisé d'introduire entre les deux surfaces en contact une quantité suffisante de matière lubrifiante. Aussi, dans des conditions semblables, il semble prudent de ne faire supporter au pivot que des pressions de 150 à 200 kilogrammes au plus par centimètre carré.

Mais il n'en est plus de même lorsque, par un moyen quelconque (le pont reposant sur des appuis fixes quand il couvre la passe), on peut établir un jeu de quelques millimètres entre les surfaces en contact, ainsi que cela a lieu à la travée tournante du canal de Marans (Ligne de La Pallice à La Rochelle, Annexe n° 9) et aux ponts du bassin à flot de Bordeaux (Annexe n° 10).

Le graissage est alors très facile et l'on peut faire supporter aux grains d'acier, qui ne sont plus en contact que pendant la manœuvre du pont, des pressions atteignant, comme à Bordeaux, jusqu'à plus de 900 kilogrammes par centimètre carré, sans craindre de grippement[1].

1. A Bordeaux, le pivot est soulevé par une presse hydraulique quand il doit supporter le pont ; il subit alors une pression égale à :

210. Stabilité des ponts sur pivot fixe. — Le pivot n'a pas, comme la couronne de galets, l'avantage d'assurer à lui seul la stabilité du pont pendant sa manœuvre ; on remédie à cet inconvénient par l'emploi de galets d'équilibre. D'autre part, la rotation sur pivot fixe exige le basculement du pont ; il faut donc disposer, vers l'arrière de la culasse, des galets de roulement, qu'on appelle aussi galets de culasse.

211. Galets d'équilibre et galets de culasse. — Les figures 1 et 2, page 349, indiquent deux des dispositions le plus généralement adoptées pour ces galets.

La première (Fig. 1) suffit pour assurer la stabilité ; mais, afin d'éviter le porte à faux des extrémités a et b de la culasse, on met souvent deux galets G_4 G_5 (Fig. 2) à la place de l'unique galet G_3 (Pont de Caen, Pl. XX).

Ces galets ne présentent plus les inconvénients de ceux des plaques tournantes.

En effet, le calcul des charges qu'ils doivent

Pivot des ponts de Bordeaux.

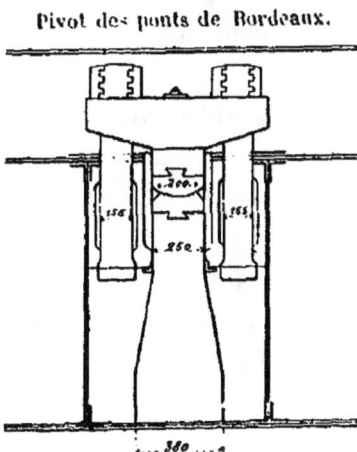

$$\frac{\text{Poids du pont}}{\text{surface de contact}} = \frac{290.000 \text{ kgs.}}{314 \text{ c}^2}$$
$$= 924 \text{ kgs. par cm}^2.$$

Or, ces ponts fonctionnent depuis le mois d'octobre 1878 et ont déjà subi plus de 20.000 ouvertures et autant de fermetures. Malgré ces nombreuses évolutions et les pressions énormes auxquelles est soumis le pivot, on n'a jamais changé les grains d'acier, ni constaté aucune déformation des surfaces en contact : leur usure a été insignifiante et le graissage s'est toujours très bien fait.

supporter est relativement sûr et précis, et ces charges, généralement faibles, ne s'exercent que pendant la rotation, c'est-à-dire momentanément.

D'ailleurs, on peut, le plus souvent, donner à ces

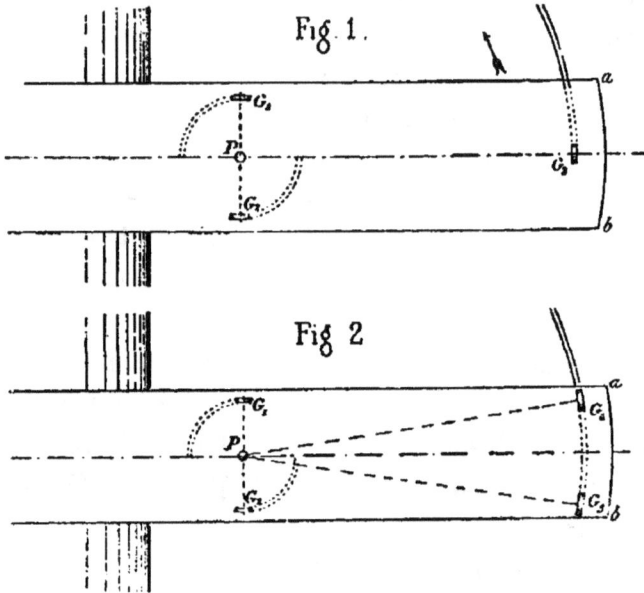

galets de grands diamètres, ce qui permet de les assimiler à des roues de wagons et d'arrêter leurs dimensions en conséquence, d'après des données pratiques offrant toute sécurité.

Les galets des plaques tournantes ont toujours, au contraire, des diamètres relativement petits, ce qui augmente comparativement leur résistance au frottement de roulement.

Quand chaque galet de culasse ne doit pas supporter un poids de plus de 6 à 7 tonnes, on n'en place qu'un sous la semelle de chacune des deux poutres maîtresses.

Si la charge par galet doit dépasser ce poids, il

est prudent d'en mettre un couple sous chaque poutre, et alors les deux galets d'un couple sont

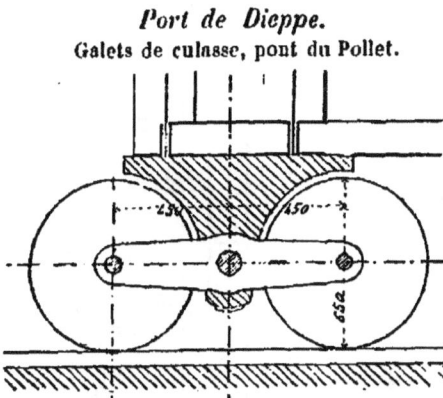

Port de Dieppe.
Galets de culasse, pont du Pollet.

reliés par un balancier oscillant pour répartir, aussi également que possible entre eux, la pression totale qu'ils supportent (Voir pont du Pollet, *Annales des ponts et chaussées* de 1892).

Les voies de roulement de ces galets sont habituellement composées de segments en fonte, assemblés bout à bout et scellés sur le radier de l'encuvement.

Mais il convient d'assurer à ces voies une assise bien régulière, car toute dénivellation détermine des efforts anormaux pendant la rotation.

§ 4

APPAREILS POUR LA MANŒUVRE DES PONTS TOURNANTS

212. Décalage. — Lorsqu'un pont est livré à la circulation, il est solidement calé à l'extrémité de sa volée et de sa culasse, de telle façon que son tablier soit au niveau des voies d'accès.

La première opération à faire pour ouvrir un pont est donc de le décaler.

Cette manœuvre dépend du système de rotation du pont.

213. A. **Pont sur plaque tournante.** — Il faut, dans les ponts sur plaque tournante, supprimer à la fois le calage de la volée et celui de la culasse, et, comme il y a une cale à chaque extrémité des deux poutres maîtresses, on a ainsi quatre appareils à faire fonctionner.

Il y a évidemment avantage, au point de vue de la rapidité et de la sûreté de la manœuvre, à conjuguer, d'une part, les deux cales de la volée, et, d'autre part, celles de la culasse, quand il n'en doit pas résulter trop de complications pour les mécanismes.

Le pont étant décalé, la volée et la culasse fléchissent, leurs extrémités s'abaissent ; les appareils de calage doivent donc, en se retirant, laisser assez de place pour permettre à ces flèches de se développer librement.

Il faut, en outre, ménager un jeu convenable entre le dessous des extré-

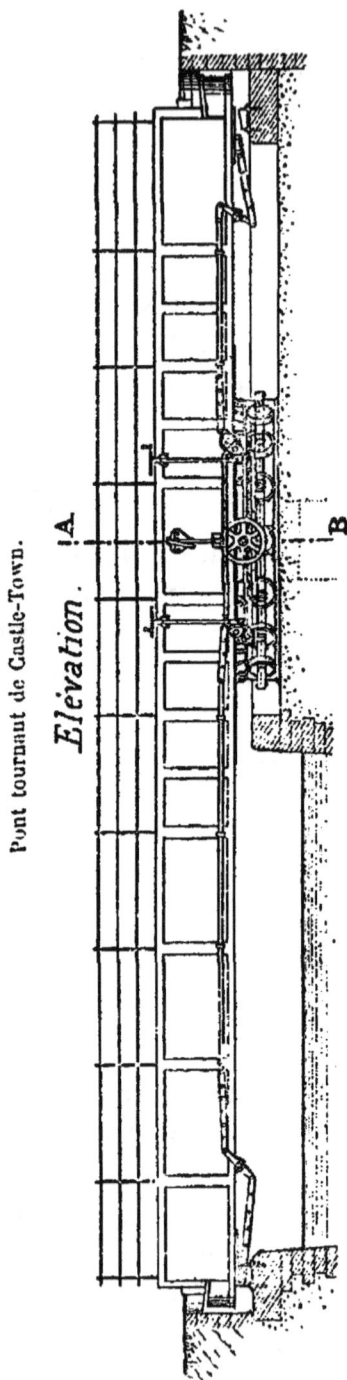

Pont tournant de Castle-Town.

Élévation.

mités des poutres, quand elles sont devenues libres, et le dessus des cales, afin que les poutres puissent passer par-dessus ces obstacles dans leur mouvement de rotation. Un jeu de 0^m,05 est, en général, suffisant.

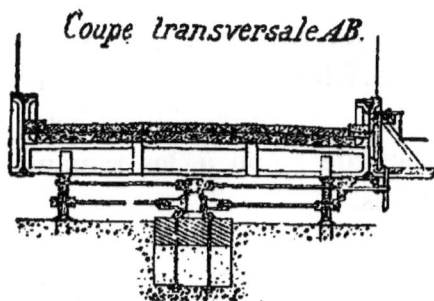

Coupe transversale AB.

214. B. Pont sur pivot. — Le décalage peut ici s'opérer plus simplement. Il suffit, en effet, de décaler la culasse et de la faire basculer légèrement autour du pivot, pour que la volée se dégage de ses appuis. Ce léger basculement exige que, dans le cas d'un pont sur pivot fixe, la tête du pivot soit une calotte sphérique[1].

L'abaissement de la culasse se fait, du reste, automatiquement au moment où on la décale, car on doit la rendre toujours un peu plus lourde que la volée.

Cet excès de poids est nécessaire pour équilibrer la différence d'action des forces verticales accidentelles (vent, pluie, neige, etc.) sur le tablier de la volée et sur celui de la culasse.

Quand, par suite du basculement, la volée est bien dégagée de ses appuis, la culasse vient porter sur l'encuvement par ses galets.

215. Calage. — En outre des conditions im-

---

[1]. L'ajustage de deux surfaces sphériques en contact est, en pratique, une opération des plus délicates, lorsque ces surfaces ont une certaine étendue et sont soumises à de fortes pressions.

posées par le décalage, la manœuvre d'un pont tournant doit satisfaire à celles qu'entraine le calage.

216. A. Pont sur plaque tournante. — Si le pont est sur plaque tournante, il faudra que les cales soient capables de soulever les extrémités infléchies de la volée et de la culasse, de façon à les ramener au niveau des voies d'accès.

217. B. Pont sur pivot. — Si le pont est sur pivot, il suffit de caler la culasse, la volée venant alors reposer naturellement sur ses appuis au niveau voulu, tant à son extrémité que près de l'arête du bajoyer où se trouve le pivot.

218. Appareils de calage ou de décalage. — Les appareils qui servent à produire le calage doivent naturellement permettre de décaler le pont.

Pour les ponts tournants de faible poids, on emploie des appareils mus à bras d'hommes, ce sont ordinairement des vérins (Pont de Caen, Pl. XX) ou des excentriques (Ponts de Dunkerque)[1].

Quand on se sert de vérins, il semble préférable de ne les utiliser que pour soulever temporairement le pont et introduire sous les poutres des coins, qui constituent les véritables appuis.

Dans les ponts d'un grand poids, la force nécessaire au soulèvement des extrémités des poutres, qu'il s'agit de caler ou de décaler, est empruntée à l'eau sous pression.

---

1. *Annales des ponts et chaussées*, 1859, 1ᵉʳ semestr:.

Les cales sont quelquefois des coins montés sur un axe mû par une presse hydraulique[1].

On peut se servir aussi de blocs ou tasseaux, à faces parallèles, que l'on introduit sous les extrémités des poutres soulevées momentanément par des presses hydrauliques. (On ne peut employer les presses hydrauliques pour assurer le calage permanent du pont. Les fuites inévitables des joints ne le permettent pas.)

Ces tasseaux sont manœuvrés par des appareils simples et peu puissants. (Voir pont du Pollet, *Annales des ponts et chaussées*, 1892, et les ponts du canal de Tancarville, *Annales des ponts et chaussées*, 1892.)

Le système des coins est plus simple que celui des tasseaux; mais ce dernier présente l'avantage de donner aux appuis une hauteur invariable, tandis que, si les coins sont inégalement engagés pour une cause quelconque, la dénivellation des appuis peut entraîner des efforts de torsion anormaux et variables aux extrémités du tablier.

APPAREILS DE ROTATION DES PONTS TOURNANTS

219. Manœuvre à bras. — Quand les ponts sont légers, on peut les faire tourner par des hommes qui les poussent à l'épaule, en se plaçant près de l'extrémité de la culasse. Si ce moyen doit devenir insuffisant, on y supplée au moyen d'engrenages.

La disposition la plus simple et le plus ordinairement employée, pour les ponts sur plaque tournante

---

[1]. *Annales des ponts et chaussées*, 1873, 1er semestre, Pont des bassins de radoub à Marseille.

comme pour les ponts sur pivot, consiste à fixer horizontalement sur le radier de l'encuvement une grande roue dentée, ayant pour centre l'axe du pivot; avec cette roue engrène un pignon fixé au tablier; le pignon est actionné au moyen d'engrenages manœuvrés à bras d'hommes[1].

Dans les ponts sur pivot, le pignon n'engrène qu'après que le mouvement de bascule a été opéré.

Lorsque les ponts sont lourds, on recourt généralement aujourd'hui, comme on l'a dit (p. 342), à l'emploi d'engins hydrauliques pour leur manœuvre.

Toutefois, même lorsqu'on se sert de machines, il convient de prévoir le cas où leur fonctionnement subirait une interruption de nature à compromettre le service régulier du pont, et l'on doit, par conséquent, installer en même temps des appareils pouvant être manœuvrés à bras d'hommes.

[1]. Une disposition spéciale a été adoptée pour un pont sur plaque tournante, construit, vers 1886, à Castle-Town (île de man), et pesant 80 tonnes (Voir les dessins p. 351 et 352).

La crémaillère (c), au lieu d'être fixée sur la maçonnerie de l'encuvement, fait corps avec la bague (ab) qui maintient les extrémités des axes des galets et tourne en même temps que le pont, mais avec une vitesse moitié moindre. On est obligé ainsi, il est vrai, d'appliquer sur les dents de cette crémaillère une plus grande pression que dans le cas où elle est fixée au sol; mais, par contre, le mouvement propre du pont s'ajoutant à celui de la crémaillère, la vitesse de rotation est proportionnellement plus grande. C'est ainsi qu'une crémaillère de 45 degrés permet de faire tourner le pont de 90 degrés.

Coupe transversale sur un galet.

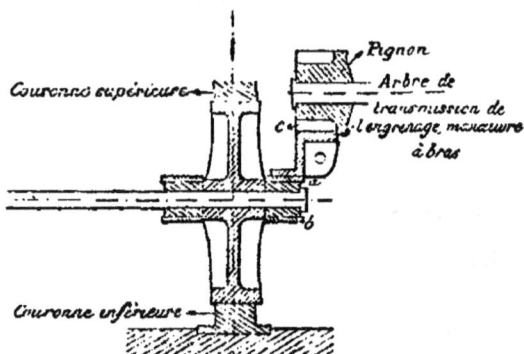

220. Manœuvre hydraulique. — Les engins hydrauliques ordinairement appliqués à la rotation des ponts tournants sont ou des machines rotatives ou des presses actionnant des moufles.

221. A. Machines rotatives. — Les machines rotatives appliquées jusqu'ici à la manœuvre des ponts tournants ont été à peu près exclusivement les moteurs Armstrong, à cylindres oscillants montés sur le même axe[1].

On pourrait également se servir des autres types de moteurs rotatifs, par exemple : des moteurs Worthington à double effet et deux cylindres conjugués ; des moteurs à cylindre fixe et à fourreau (type Fives-Lille, etc.).

Toutes ces machines utilisent moins bien l'eau sous pression que les presses mouflées, à cause de leur grande vitesse de marche, des pertes d'eau qui ont lieu par les tiroirs, des frottements, etc. Elles exigent, d'ailleurs, un entretien plus délicat et plus attentif.

En outre, elles nécessitent l'emploi d'engrenages. Or, si, pour une cause quelconque, la machine vient à s'arrêter ou même seulement à se ralentir d'une façon notable, la force vive acquise par une masse aussi considérable que celle du pont exerce sur les engrenages des efforts excessifs et des chocs qui entraînent souvent des ruptures de dents[2].

1. Engineering, 28 septembre 1877. *Note sur le grand pont tournant de Newcastle.*
Engineering, 1883, tome Ier, pages 59, 132, 155, 200). *Note sur le Niederbaumbrücke, à Hambourg.*
Génie civil, tome XV, page 261. *Pont tournant sur le Thames-River, à New-London (Connecticut).*
2. Voir, à propos de la transmission du mouvement de rotation par

Par contre, elles ont quelques avantages. Généralement, ces machines actionnent un pignon fixé sur
l'encuvement, et ce pignon engrène avec une grande
roue dentée, fixée sous les poutres du pont; on
évite ainsi tout effort de traction sur la crapaudine
et le pivot.

De plus, si la machine vient à ne pas fonctionner,
on peut de la façon la plus simple actionner le pignon à bras d'hommes.

222. B. Presses à moufles. — Aujourd'hui, on
se sert à peu près exclusivement de presses à moufles
pour la manœuvre des ponts tournants.

Deux presses sont alors nécessaires : l'une pour
l'ouverture, l'autre pour la fermeture. Le brin courant de la chaîne est commun aux
deux moufles et s'enroule sur la gorge d'une grande poulie P, fixée sous
les poutres du pont; la chaîne est,
d'ailleurs, fixée en un point A de cette
gorge.

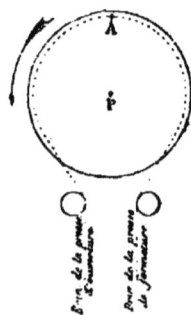

Pendant que l'une des presses est
actionnée par l'eau comprimée, l'autre est en communication avec la
conduite d'évacuation, pour ne pas s'opposer au
mouvement.

En vue d'augmenter le bras de levier de l'effort de
traction produit par les presses, on supprime quelquefois la grande poulie, et l'on attache directement
la chaîne au pont, en ayant soin de la faire passer

engrenages, dans le *Génie civil* (14 février 1891), une note sur un pont
tournant nouvellement construit à Gand. On y a rendu les chances de
ruptures de dents moins nombreuses, en transmettant à l'engrenage le
mouvement de la turbine motrice au moyen de cônes de friction.

sur des poulies de renvoi, convenablement disposées, pour que sa direction soit toujours sensiblement perpendiculaire à celle du pont.

Ce dispositif a été adopté au pont Bellot, au Havre (Pl. XIX et *Annales des ponts et chaussées* de 1889).

La chaîne fixée en A passe sur des poulies P_1P_2, telles que OP_2 soit plus petit que OA.

Dans le mouvement de rotation, la chaîne se détache de la poulie P_1, avant que A soit venu sur le rayon OP_1, et l'attache A peut passer sans être arrêtée par la gorge de la poulie P_1; et ainsi de suite.

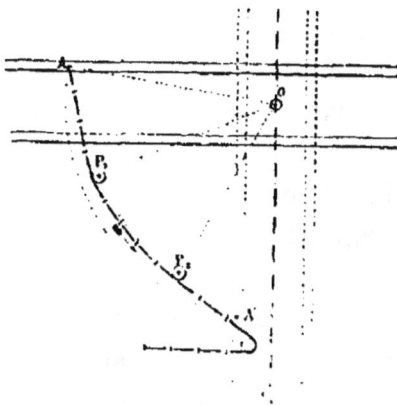

Dans les ponts sur pivot, quand le brin courant s'enroule sur une couronne, il faut avoir égard au mouvement de bascule que doit opérer le tablier au décalage ou au calage et faire en sorte que la traction de la chaîne se maintienne toujours à peu près dans le plan de la gorge de cette couronne.

Ce basculement a d'ailleurs une autre action sur la chaîne des presses à moufles.

Comme il s'effectue autour d'un axe projeté en O, toujours situé à une certaine distance au-dessous du plan de la couronne de rotation, cette dernière se déplace horizontalement de la quantité $Aa = Bb$ (qui est de $0^m,013$ au pont du

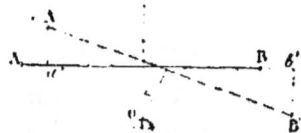

Pollet) vers la culasse, quand celle-ci s'abaisse ;
vers la volée, quand la culasse est soulevée. Le premier mouvement donne du mou aux chaînes ; il n'a
aucun inconvénient. Le second tendrait trop les
chaînes, qui ont déjà un grand effort à supporter.

Donc, lorsque, après une manœuvre du pont, on
l'a ramené à être perpendiculaire à la passe, il faut
avoir soin d'ouvrir les deux presses à l'évacuation,
avant de soulever la culasse ; les chaînes pourront
alors, par un léger mouvement, regagner le déplacement de la couronne.

Les presses à moufles sont de beaucoup les appareils les plus simples, et c'est là un grand avantage ;
mais elles ont l'inconvénient d'exercer une traction
sur le pivot, qu'il faut, par suite, contre-buter. On y
parvient ordinairement au moyen de galets horizontaux, appelés galets de butée.

On en parlera en traitant la question des pivots
hydrauliques.

Enfin, pour les presses funiculaires, une installation de manœuvre à bras, destinée à assurer temporairement la rotation du pont, en cas d'accident
aux appareils hydrauliques, est généralement moins
simple que pour les machines rotatives. On peut
cependant, par exemple, actionner par des cabestans
le brin courant de la chaîne de manœuvre.

**223. De l'emploi des appareils à double pouvoir
pour la rotation des ponts.** — Pour les ponts tournants de grandes dimensions et exposés à l'action de
vents violents, on a installé quelquefois des appareils dits à double pouvoir.

Dans les machines rotatives, on peut réaliser cette

variation de puissance en modifiant le rapport des
engrenages moteurs, sauf à ralentir la manœuvre.

Quand on se sert de presses funiculaires, le double
pouvoir s'obtient par l'emploi de ce que l'on appelle
le type différentiel.

Pour le simple pouvoir, on met les deux orifices

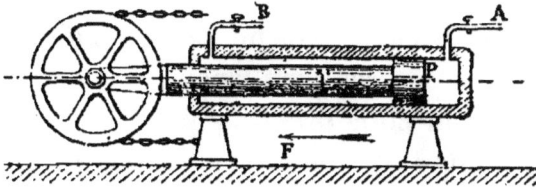

A et B en communication simultanée avec la conduite d'eau sous pression ; l'ouverture ou la fermeture du pont est alors produite par le mouvement du
piston P, qui se déplace dans le sens de la flèche F,
sous un effort correspondant à la section de la tige T
du piston.

Pour le double pouvoir, A seul est ouvert à l'introduction, B est mis à l'évacuation ; l'eau agit alors
sur la section totale du piston P.

Toutefois, l'économie qu'on peut réaliser ainsi sur
la consommation d'eau peut devenir négligeable, si
le double pouvoir ne doit être que rarement employé,
car les presses funiculaires de ce système coûtent
10 0/0 environ plus cher que celles à simple pouvoir.
Elles ont, en outre, l'inconvénient d'être plus compliquées, et par suite d'un entretien plus onéreux et
plus difficile. Pour changer, par exemple, la garniture étanche du piston, on devra enlever la chaîne de
la moufle, démonter le fond du cylindre, que les
poulies rendent très lourdes, et sortir le piston.

§ 5

PONTS SUR PIVOT HYDRAULIQUE

224. Généralités. — On ne saurait aujourd'hui, dans la plupart des cas, se dispenser de recourir à l'emploi de l'eau sous pression pour la manœuvre des grands ponts tournants. On a donc cherché à se servir de cette force d'une façon encore plus complète, en l'utilisant pour la constitution du pivot lui-même.

225. Soulèvement des ponts sur plaques tournantes. — Pour éviter d'avoir à faire le décalage des ponts sur couronne de galets, on imagina d'abord de soulever la plaque tournante, à l'aide de quatre presses hydrauliques, pour regagner la flèche des extrémités du tablier, qui se trouvaient ainsi, par une seule manœuvre, dégagées toutes en même temps de leurs appuis. Mais le poids à soulever n'est presque jamais réparti d'une façon absolument égale entre toutes les presses, qui d'ailleurs ne peuvent être rigoureusement identiques dans leur construction. Il est donc pratiquement impossible que ces presses parcourent des espaces égaux en des temps égaux, condition nécessaire cependant pour assurer le soulèvement régulier du pont.

226. Ponts sur pivot hydraulique et à soulèvement droit. — Les ingénieurs songèrent alors à supprimer la plaque tournante et à soulever le tablier à l'aide d'une presse unique, dont le plongeur servirait à la fois d'appui et de pivot de rotation.

De cette façon, la résistance au mouvement est très atténuée, puisque le pivot, qui supporte toute la charge, évolue sur l'eau de la presse et que les frottements se trouvent réduits à celui du plongeur sur la garniture du presse-étoupe [1].

On réalise ainsi une grande simplicité dans le nombre et la disposition des appareils qui assurent la mobilité du pont.

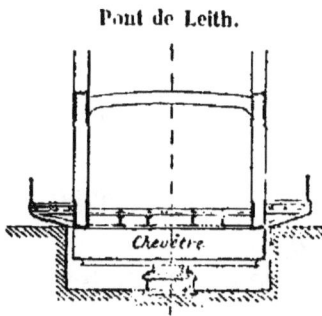

Pont de Leith.

227. Pivot hydraulique invariablement relié au chevêtre. — A l'origine de l'emploi des pivots hydrauliques, le plongeur était invariablement relié au chevêtre. Mais cette disposition, adoptée notamment au pont de Leith (Angleterre), jeté en 1874 sur une passe de $36^m,84$ d'ouverture, présentait de sérieux inconvénients.

En effet, le pont en service repose ainsi constam-

---

1. D'après les expériences de Barret, sur la Machinerie hydraulique des Docks de Marseille, le frottement du plongeur sur le presse-étoupe de la presse est donné par la formule :

$$F = \frac{1}{100} \ P_{kg}$$

P étant la charge du plongeur.

On représente aussi quelquefois le frottement par la formule empirique :

$$F = 5,000^{kg} \times D$$

D est le diamètre du plongeur, exprimé en mètres.

Au pont du Pollet, à Dieppe, ce frottement, rapporté à la couronne de rotation, où s'exerce la traction des chaines, n'est que de 863 kilogrammes.

ment sur la presse, et lui transmet les charges et surcharges qu'il est exposé à subir.

Si le pont supporte deux voies de fer, comme à Leith, quand l'une de ces voies est seule surchargée, le tablier tend à fléchir de ce côté, et il en résulte sur la presse des efforts latéraux anormaux.

Aussi, aujourd'hui, la presse n'est-elle plus invariablement liée au tablier ; elle peut, au contraire, se séparer du chevêtre, et l'on fait reposer le pont, livré à la circulation, non plus sur la presse, mais sur des appuis fixes.

228. Pivot hydraulique indépendant du tablier. — Les appuis qui supportent le pont en service sont au nombre de trois pour chaque poutre maîtresse : ceux des extrémités de la culasse et de la volée et un troisième, intermédiaire, placé soit sous le chevêtre (pont d'Arenc), soit sur l'arête du bajoyer situé du côté du pivot (pont du Pollet).

Le soulèvement du pont le dégage en même temps de tous ces appuis ; l'opération inverse l'y fait reposer de nouveau ; puis le plongeur, continuant son mouvement de descente, se sépare du chevêtre. Les organes du mécanisme sont alors complètement affranchis des charges du pont ; on peut facilement les surveiller et les réparer sans toucher au tablier.

229. Inconvénients du soulèvement horizontal du tablier des ponts sur pivot hydraulique. — Tant qu'un pont est entièrement soulevé par le plongeur qui le supporte, il ne repose qu'en équilibre instable sur une base très restreinte, tout en étant exposé à subir accidentellement l'action de couples tendant à renverser la presse.

On peut dans une certaine limite, comme on l'expliquera plus loin, atténuer l'effet de ces couples par l'emploi de galets de butée. Mais la stabilité du pont et sa résistance aux efforts obliques, dus à la pression du vent, seront évidemment mieux assurés s'il repose constamment sur l'encuvement par une large base d'appui.

Or, on peut réaliser cette base en ne soulevant pas horizontalement le tablier, mais en le laissant basculer sur la tête du pivot, de telle façon que la culasse repose toujours par des galets sur le fond de l'encuvement. On a donc construit des ponts à basculement et à soulèvement sur pivot hydraulique (Exemples : pont des formes de radoub à Marseille ; pont Bellot, au Havre, etc.).

230. Ponts à soulèvement et à basculement. — Avec le basculement, on évite, il est vrai, les inconvénients du soulèvement droit, en en conservant les principaux avantages ; toutefois, la durée du mouvement se trouve augmentée de celle du calage et du décalage de la culasse.

Mais, par le fait même que le pont doit basculer sur son pivot, le chevêtre ne peut plus reposer sur la tête du plongeur par une surface plane, comme dans le cas des ponts à soulèvement droit ; il faut, au contraire, que les surfaces en contact permettent une légère rotation autour d'un axe horizontal.

Or, l'ajustage de pareilles surfaces frottantes, quelles que soient celles qu'on adopte, est un problème de technique pratique assez difficile, car toute irrégularité dans leur dressage est de nature à déterminer des frottements excessifs et même des grippements.

231. Stabilité pendant la rotation. — La stabilité du pont, pendant son mouvement, doit être assurée malgré l'action des forces extérieures qui peuvent alors agir accidentellement sur lui.

232. A. Composantes verticales des forces extérieures accidentelles. — On suppose généralement que la composante verticale du vent ajoutée au poids de la pluie ou de la neige, produit, au maximum, l'effet d'une surcharge de 50 kilogrammes par mètre carré, répartie uniformément sur toute la surface du tablier.

233. B. Composantes horizontales. — On admet que la poussée horizontale ne dépasse pas 50 kilogrammes par mètre carré ; car, par des vents plus forts, le mouvement du matériel naval peut être considéré comme suspendu.

234. Stabilité longitudinale. — Les forces verticales étant, par hypothèse, uniformément réparties, leur résultante passe au milieu de l'axe longitudinal du pont. Elles ne dérangent donc pas son équilibre s'il est à volée double, c'est-à-dire si le pivot est à peu près au milieu de sa longueur.

Lorsque le pont est à une volée, la culasse étant plus courte que la volée, la résultante reste toujours sur l'axe du pont; mais elle la traverse en un point situé entre le pivot et l'extrémité de la volée.

Cette résultante, combinée avec le poids propre du pont, supposé concentré exactement sur l'axe du pivot, donnera une seconde résultante définitive, qui sera située à une certaine distance (d) du pivot du côté de la volée.

Pour l'examen de quelques grands ponts, voir les croquis et le tableau ci-dessous [1].

235. Stabilité transversale. — La force horizontale, de beaucoup la plus importante, est celle du vent frappant plus ou moins normalement les poutres maîtresses.

Dans le cas d'âmes pleines, on suppose que le vent n'agit que sur la surface d'une poutre. Si les fermes sont à treillis, on admet, comme pour les ponts fixes, que la pression agit non seulement sur les parties pleines de la poutre au vent, mais encore sur la moitié de celles de l'autre poutre.

1.

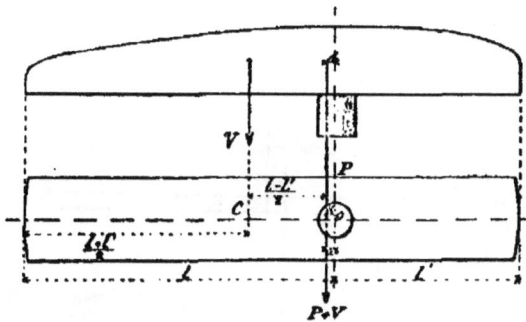

	PONT NOTRE-DAME au HAVRE	PONT BELLOT au HAVRE	PONT DU POLLET à DIEPPE	PONT D'ARENC à MARSEILLE
Longueur de culasse. $l' =$	$10^m,20$	$17^m,22$	$23^m,50$	$36^m,00$
Longueur de volée... $l =$	$20^m,50$	$35^m,80$	$47^m,00$	$59^m,20$
Rapport............. $\frac{l'}{l} =$	$0,50$	$0,481$	$0,50$	$0,608$
Longueur totale...... $L =$	$30^m,70$	$53^m,00$	$70^m,50$	$95^m,80$
Largeur du tablier... $z =$	$6^m,80$	$8^m,20$	$8^m,54$	$8^m,85$
Surface du tablier.... $S = L z =$	209^{mt}	435^{mt}	602^{mt}	840^{mt}
Pression verticale.... $V = S \times 50 k. =$	$10.450 k.$	$21.750 k.$	$30.100 k.$	$42.000 k.$
Poids total du pont... $P =$	$150.000 k.$	$420.000 k.$	$800.000 k.$	$1.200.000 k.$
Valeur de $\dfrac{V}{P+V} =$	$\dfrac{1}{11,30}$	$\dfrac{1}{19,30}$	$\dfrac{1}{26,66}$	$\dfrac{1}{28,50}$
Bras de levier de $V = \dfrac{l-l'}{2} =$	$5^m,15$	$9^m,30$	$11^m,75$	$11^m,60$
Valeur du déplacement $d = \dfrac{l-l'}{2} \cdot \dfrac{V}{P+V} =$	$0^m,360$	$0^m,481$	$0^m,440$	$0^m,407$

La résultante H de cette pression est appliquée au centre de gravité I' de la surface pleine des fermes ; elle passe à une hauteur (a) au-dessus de la tête AB du plongeur.

Cette résultante horizontale H se compose avec la résultante verticale $(P+V)$ du poids du pont P et

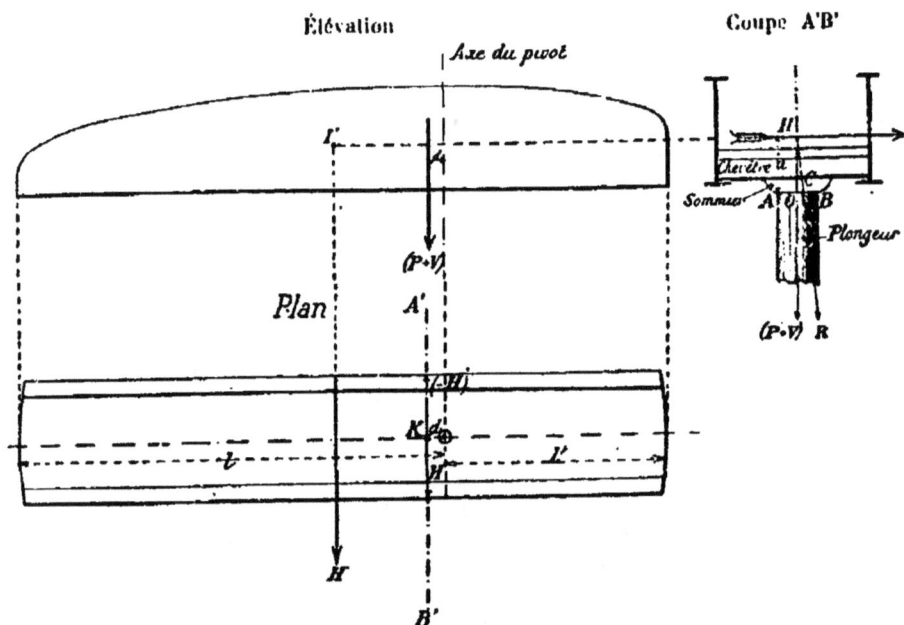

Élévation   Coupe A'B'

des forces verticales V, qui est appliquée à une distance (d) du pivot.

Comme H et $(P+V)$ ne sont pas dans un même plan, le pont est soumis : 1° à un couple horizontal $(H, — H)$ qui influe sur la résistance à vaincre pour effectuer la rotation ;

2° A la résultante R des deux forces $(P+V)$ et H situées dans le même plan vertical A'B' (Voir coupe A'B').

Cette résultante oblique R rencontre le plan AB de la surface d'appui du sommier sur la tête du plongeur, en un point C, à une distance (d) de l'axe du pivot, donnée par $d = a \dfrac{\text{H}}{\text{P} + \text{V}}$.

L'action de H ne peut faire glisser le sommier sur la tête du plongeur, car le

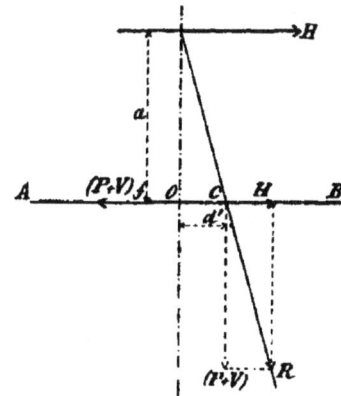

frottement $(\text{P} + \text{V})\, f$ lui est toujours bien supérieur (f coefficient de frottement). On peut d'ailleurs toujours s'opposer à ce glissement, soit en faisant rentrer la base du sommier dans la tête du plongeur (saillie $a\,b$, Fig. 1), soit en faisant pénétrer la tête du plongeur dans la base du sommier (cavité $a'\,b'$, Fig. 2).

Dans les ponts à volée double, où le déplacement longitudinal (d) est nul ou presque nul, le déplacement transversal (d') est seul à considérer.

Fig. 1

Fig. 2

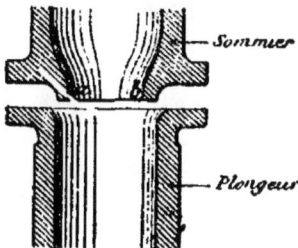

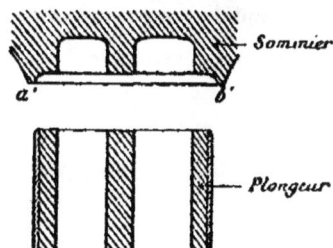

Pour les ponts à une volée de grandes dimensions et à treillis, un calcul assez simple montre que d' n'est toujours qu'une fraction de d ; en général, on a : $d' < \dfrac{1}{5} d'$.

1. En effet : 1° H s'applique à une surface moindre que la moitié de

Il s'ensuit que la résultante de ces deux déplacements $\sqrt{d^2 + d'^2}$ est très sensiblement égale à d.

236. Condition de stabilité des ponts à soulèvement droit. — Pour que le tablier ne soit pas exposé à être renversé pendant le soulèvement et la rotation, la résultante du poids du pont et des forces extérieures ne doit pas sortir de la surface d'appui du sommier du chevêtre sur la tête du plongeur.

celle du tablier. Dans les grands ponts, le tablier est établi pour deux voies charretières, soit avec une largeur d'environ 8 mètres, tandis que la hauteur des fermes diminue du pivot aux extrémités et n'atteint une dimension comparable à cette largeur de 8 mètres qu'au droit du pivot et seulement dans le cas de poutres à treillis.

On a donc tout au plus, en considérant H comme appliquée à 1 fois 1/2 la surface d'une ferme : $H \leqslant \dfrac{V}{2}$

2° La distance verticale (a) de la tête du plongeur à la force H, ne dépasse jamais la moitié de la hauteur des fermes au droit du pivot; or, cette hauteur est tout au plus égale au $\dfrac{1}{10}$ de la longueur totale.

Donc, $a < \dfrac{L}{20}$

Quand la longueur de la culasse atteint 60 0/0 de celle de la volée, cas le plus défavorable, le bras de levier $\dfrac{l-l'}{2}$ de la force verticale V est

$$\frac{l-l'}{2} = \frac{l}{5} = \frac{L}{8}$$

Donc, on a, en général

$$\frac{l-l'}{2} > \frac{L}{8}$$

C'est-à-dire

$$\frac{l-l'}{2} > a \times \frac{5}{2}$$

Par suite

$$\frac{l-l'}{2} V > 5 a H$$

Ou

$$\frac{l-l'}{2} \frac{V}{P+V} > 5 a \frac{H}{P+V}$$

$$d > 5 d'$$

24

Or, dans les grands ponts à soulèvement droit et même dans ceux de moyenne importance, eu égard à la pression de l'eau habituellement employée et au poids à soulever, la section du plongeur est toujours largement suffisante pour que cette condition soit remplie.

237. Transmission au pot de presse des efforts appliqués au pont pendant sa rotation. — L'eau sous pression, qui agit sur la face inférieure du plongeur, a une résultante $(P+V)$ toujours dirigée suivant l'axe de la presse.

Le poids P est aussi très sensiblement appliqué suivant cet axe.

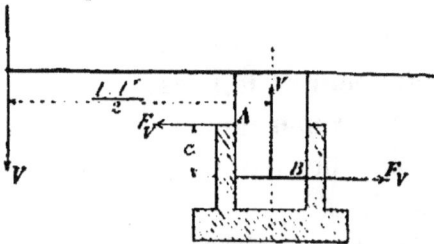

La différence V de ces deux forces forme, avec les actions verticales V, agissant à la distance $\dfrac{l-l'}{2}$ du pivot, un couple qui réagira sur le pot de presse.

Or, il existe toujours, entre le plongeur et la presse, un léger jeu, quelque faible qu'on puisse le réaliser en pratique.

Le plongeur, sous l'action du couple V, portera en A et B, et le pot de presse sera soumis au couple F_v, tel que :

$$(1) \qquad F_v \times \quad c = V \times \frac{l-l'}{2}$$

D'autre part, l'action horizontale H (Fig. p. 371) donnera lieu sur la presse à une action $F_\shortparallel$ appliquée en C et à une autre $F'_\shortparallel$ appliquée en D, telles que :

(2)
$$F_H \times c = H \times b$$
$$F'_H = F_H - H$$

Dans le plan supérieur du pot de presse (Fig. 1, ci-après), la composition de F_H et F_V donnera un effort résultant F_R qui imposera une fatigue anormale à la garniture de la presse.

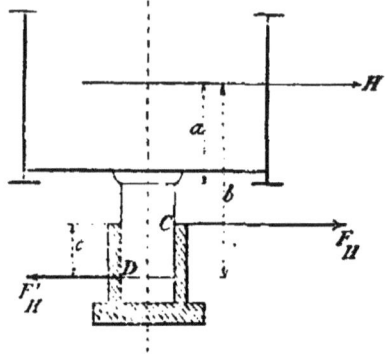

Dans le plan de la face inférieure du plongeur (Fig. 2), la résultante F'_R de F_V et F_H est de nature à déterminer des frottements et des grippements entre le plongeur et la presse.

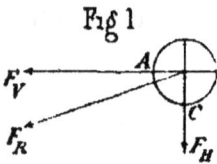

Fig 1

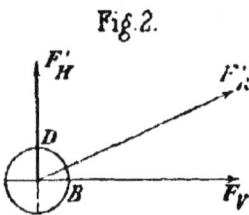

Fig. 2.

On remarquera que l'action F_V est beaucoup plus grande que F_H

On a, en effet :

$$\frac{F_V}{F_H} = \frac{V}{H} \times \frac{l - l'}{\frac{B}{2}}$$

Or, on a vu que V est plus grand que 2 H (renvoi de la page 368), et, d'autre part, en pratique, $\frac{l-l'}{2}$ est toujours plus grand que b.

238. Effets de ces actions latérales sur le pot de presse. Dispositions adoptées pour les diminuer et y résister. — De ces actions transversales accidentelles il doit résulter, comme on vient de le dire :

d'une part, une usure plus rapide de la garniture et, par suite, des chances de fuite de l'eau sous pression ; d'autre part, à cause des grippements possibles, un accroissement, qu'on ne saurait calculer, dans les résistances à vaincre pour effectuer le soulèvement et la rotation du pont.

Pour atténuer ces effets, il convient :

1° De donner à la partie du plongeur engagée dans la presse une longueur assez grande qui, d'après les ponts exécutés, paraît devoir être, en pratique, à peu près égale au diamètre du plongeur ;

2° De réduire, autant que possible, la course que le plongeur doit effectuer pour le soulèvement du pont ;

3° De maintenir, à l'aide d'une couronne de galets de butée, le plongeur à sa partie supérieure, et de lui fournir ainsi un nouveau plan d'appui A'B' pour résister aux actions transversales.

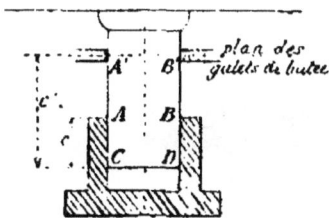

Ces galets soulagent en partie la garniture des réactions agissant dans le plan AB et réduisent celles qui tendent à s'exercer à la partie inférieure du plongeur.

Cet organe complémentaire des pivots à soulèvement droit sera examiné tout à l'heure avec quelques détails.

239. Stabilité du pot de presse. — Comme on le verra plus loin, la presse n'est pas scellée dans le radier. Elle doit, au contraire, pouvoir être facilement retirée pour permettre le remplacement ou la réparation de la garniture étanche.

La stabilité de la presse doit donc être assurée, ce qu'il est toujours facile d'obtenir en donnant une section convenable à la base par laquelle elle repose sur l'encuvement.

240. Galets de butée des ponts à soulèvement droit. — Les galets de butée ont pour objet, comme on vient de le dire, de soulager le plongeur de la plus grande partie des efforts transversaux susceptibles d'agir accidentellement sur le pivot (vent, traction des chaînes de rotation, chocs, vibrations, etc.).

Ces galets G, à jante horizontale, c'est-à-dire à

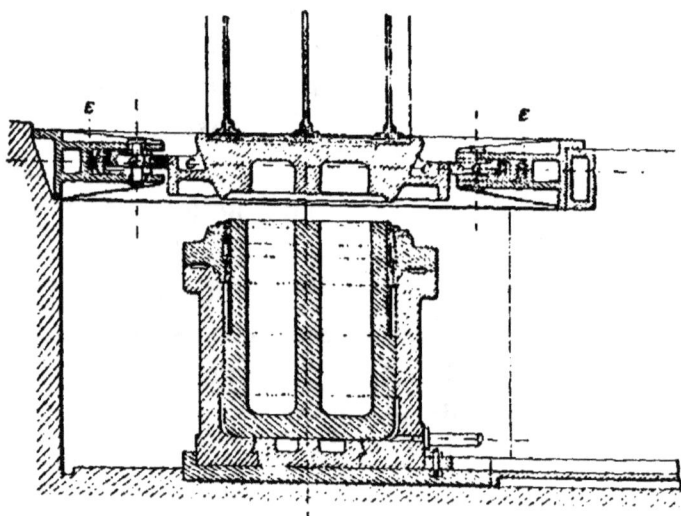

axe vertical, ont environ 0^m,50 de diamètre ; ils sont scellés, d'une part, dans les maçonneries de l'encuvement et s'appuient, d'autre part, sur une couronne de centrage (C) que porte le sommier.

Cette couronne a été quelquefois attachée au plongeur lui-même, notamment au pont des formes de radoub à Marseille[1] (Fig. page 372). Mais cette disposition abaisse nécessairement le niveau du plan de butée ; or, plus la couronne de galets est élevée et plus elle est efficace (Fig. page 373) ; d'ailleurs, les galets sont ainsi plus rapprochés du plan dans lequel s'opère la traction des chaînes des appareils de rotation ; enfin, la transmission des efforts provenant des vibrations ou des chocs du tablier, etc., se fait directement du tablier à la couronne de galets, au lieu d'agir d'abord sur la presse.

Pour permettre l'application exacte des galets sur la couronne de centrage, on les monte sur des chapes en fonte, susceptibles de subir de petits déplacements latéraux sous l'action de clavettes à écrou (E).

Le nombre et la disposition des galets peuvent varier d'un point à un autre dans de larges limites.

Aujourd'hui, on emploie généralement quatre couples de galets montés sur balancier. Il est ainsi facile de mettre le tambour en contact avec chacun de ces couples, puisqu'il n'y a, en principe, que quatre points d'appui à angle droit. Un effort quelconque, s'exerçant sur la couronne, sera donc toujours réparti au moins entre les deux galets d'un même couple et plus généralement entre quatre galets de deux couples voisins.

241. Des ponts à soulèvement et à basculement. — Lorsque le pont a de très grandes dimensions, les galets de butée auraient à résister à des efforts excessifs[2].

---

1. *Annales des ponts et chaussées* de 1875, 1er semestre. — *Mémoire de Barret.*

2. Ainsi, pour l'effort qui provient des actions verticales extérieures V, on devrait avoir :

Or, ces efforts ne sont dangereux qu'à cause du principe même de la manœuvre, qui consiste en un soulèvement vertical de toute la masse du pont sans aucun autre appui que celui de la presse.

Mais on peut modifier ce principe et trouver une autre solution en combinant, avec le soulèvement, un basculement analogue à celui des ponts sur pivot fixe.

Le basculement, grâce au double appui offert par les galets de culasse et à l'excès de poids de la culasse, a l'avantage d'annuler les effets produits sur la presse par les forces accidentelles verticales.

On n'est même plus obligé de recourir à la couronne de galets de butée pour résister aux forces accidentelles horizontales (H), car leur action est toujours beaucoup moindre que celle des forces verticales (p. 368) et peut être alors reportée sans inconvénient sur la presse elle-même, surtout dans les grands ponts.

242. Du basculement. — Le mouvement de basculement peut s'opérer de trois façons différentes :

1° Au moyen d'une rotule, en forme de calotte sphérique, comme au pont de Leith ;

2° Sur un couteau, comme au pont des bassins de radoub de Marseille ;

$$F_v \times c = \frac{l - l'}{2} V \qquad \text{(p. 370)}$$

c varie peu avec la longueur du pont, tandis que V et $\frac{l-l'}{2}$ croissent très vite.

Pour le pont du Pollet, par exemple, où $c = 2$ mètres, on aurait :

$$F_v \times 2^m,00 = 30.100^k \times 11^m,75$$
$$F_v = 176.837 \text{ kgs.}$$

Quatre galets au plus peuvent être appelés à résister à une telle pression, ce qui leur imposerait une fatigue exagérée.

3° Sur une surface cylindrique (Exemples : le pont du Pollet, à Dieppe ; le pont Bellot, au Havre ; le pont d'Arenc, à Marseille, etc.).

Le basculement détermine nécessairement, entre les surfaces en contact, un frottement qui se reporte sur la presse et qu'il convient, par suite, de réduire autant que possible.

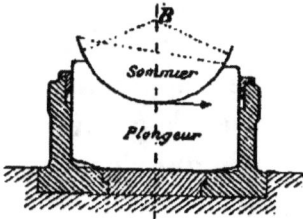

Or, en ce qui concerne les surfaces sphériques, leur ajustage a déjà été signalé comme un problème de technique pratique très délicat. Le travail le plus soigné laissera toujours de petites inégalités qui, malgré un bon graissage, donneront lieu à des efforts de frottement considérables et même à des grippements.

Le couteau n'est, en réalité, qu'un cylindre de très petit diamètre ; il substitue, en somme, au frottement de glissement un frottement plus faible de roulement.

Mais cette disposition donne lieu à de fortes pressions sur de très petites surfaces. A Marseille, le pont pèse 700 tonnes et repose sur une longueur d'arête de 1^m,20 ; en admettant avec Barret que la largeur de contact est de 0^m,01, le sommet du pivot est chargé à raison de 6.000 kilogrammes par centimètre carré[1].

Les rotules à surface cylindrique sont généralement employées aujourd'hui, parce qu'elles présentent beaucoup moins de difficultés comme ajustage que les surfaces sphériques et imposent au métal des fatigues moins grandes que les couteaux.

---

1. Il est bon d'ajouter cependant que les couteaux des balances destinées aux épreuves de résistance des matériaux travaillent, sous les plus fortes charges, à plus de 40.000 kilogrammes par centimètre carré.

Le graissage des surfaces cylindriques en contact est assuré parce qu'on a soin de laisser entre elles un jeu de quelques millimètres quand le pont est en service, c'est-à-dire reposant sur ses appuis fixes.

243. Conditions relatives à l'entretien des ponts sur pivot hydraulique. — On doit s'efforcer de rendre aussi facile que possible l'entretien des appareils mécaniques. Dans les engins hydrauliques, la garniture des joints étanches est la seule partie qui s'use, mais elle en est aussi la partie essentielle.

Coupe A B.

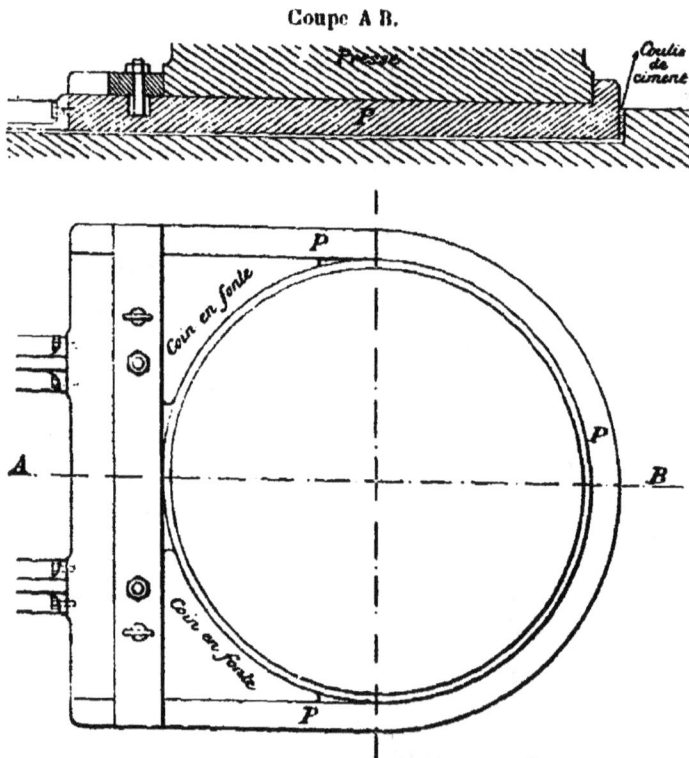

Or, le fait que le plongeur tourne dans la garniture de la presse entraîne comme conséquence l'usure de cette garniture et, par suite, la nécessité de la visiter et de la remplacer de temps en temps.

C'est pourquoi, aujourd'hui, le joint étanche est constitué par un presse-étoupe ordinaire, qui offre l'avantage de pouvoir être rechargé, sans qu'on ait besoin de déplacer aucun organe pesant. Il suffit, en effet, pour réparer la garniture, de descendre le plongeur à fond de course, de déboulonner le chapeau et de le maintenir le plus haut possible. La garniture étant rechargée, on replace le chapeau et l'on serre les écrous des goujons.

Cette opération ne demande environ que de deux à quatre heures.

A Marseille, on change tous les six mois environ les garnitures des ponts mobiles.

Pour une réparation de plus longue durée (par suite de vétusté ou d'accident), la presse doit pouvoir être retirée de dessous le chevêtre; elle ne sera donc pas scellée dans l'encuvement, mais elle restera mobile sur sa plaque de fondation PP (croquis page précédente), et on ménagera un chemin facile où l'on puisse la faire glisser, pour l'amener dans un espace bien libre et y faire les travaux nécessaires.

La disposition employée dans ce but consiste en un escalier E, établi à l'extrémité d'un couloir radial ABCD de l'encuvement.

On est quelquefois même conduit à renoncer à des

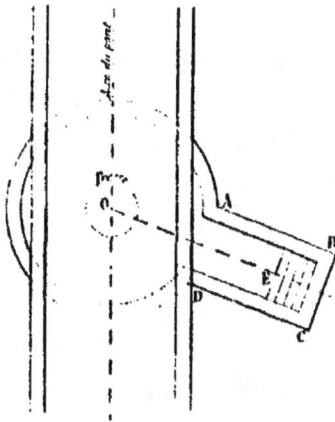

dispositifs mécaniques qui, si ingénieux qu'ils puissent paraître, entraîneraient pour leur réparation à des manœuvres trop difficiles ou trop longues.

Comme exemple, on renverra à ce qui a été dit des appareils de rotation à double pouvoir et des sujétions qu'impose l'emploi de pistons au lieu de plongeurs dans les presses funiculaires (p. 359).

244. Tampon d'inertie. — Les ponts que l'on fait tourner à l'aide d'engins hydrauliques sont exposés à être manœuvrés avec trop de vitesse, par suite d'un défaut d'attention du pontonnier ou d'une cause accidentelle toujours à prévoir.

Dans ce cas, il faut que la volée, arrivant au bout de sa course, puisse amortir sa vitesse contre un tampon de choc.

Barret a inventé un tampon hydraulique dont voici le principe :

Un piston B (croquis p. 380) se meut dans un cylindre A, complètement fermé, comme le fait le piston d'une machine à vapeur à double effet ; ce cylindre est plein d'eau et le piston est percé d'une ouverture. Supposons que le piston soit à l'extrémité antérieure du cylindre et qu'on le pousse vers l'autre ; le mouvement ne pourra avoir lieu qu'autant que l'eau placée en avant du piston passera derrière lui, par l'orifice dont il est percé. Imaginons maintenant que l'orifice, large au début, se rétrécisse successivement à mesure que le piston avance ; le mouvement, d'abord facile, deviendra de plus en plus difficile ; et, si ce mouvement est donné à la tige C du piston par le choc de la volée du pont, on conçoit que ce choc puisse être amorti progressivement. Les détails mécaniques très ingé-

nieux qu'il a fallu imaginer, pour rendre cette solution pratique, ne sauraient trouver place ici. On se
contentera de renvoyer à la note de Barret publiée

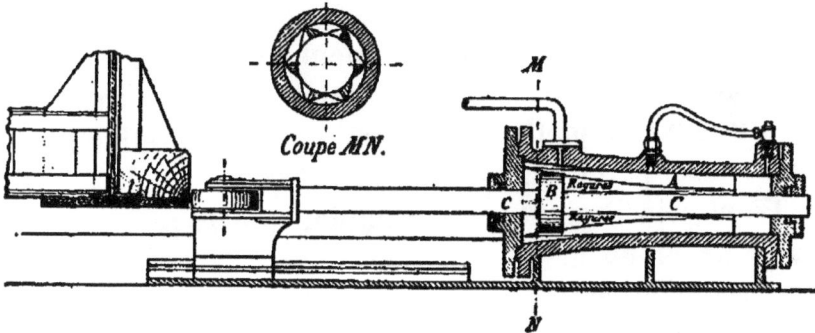

Coupé *MN*.

dans le *Bulletin* de la Société scientifique de Marseille
du 4ᵉ trimestre 1879[1].

**245. Perfectionnements apportés récemment dans
les dispositions des pivots hydrauliques.** — Si l'on
réfléchit que, pendant tout le temps de sa rotation, un
pont, soit à soulèvement droit, soit à soulèvement
avec basculement, ne repose que sur l'eau contenue
dans la presse, on apercevra là un danger sérieux.

En effet, si, par suite d'un défaut dans la matière
formant la garniture (par suite de vétusté, de
manque de surveillance, etc.), le joint étanche
venait à céder brusquement, pendant que le pont
effectue sa rotation et couvre encore en partie la
passe maritime, il pourrait en résulter de graves
avaries pour le mécanisme et l'ossature. De plus, les
deux voies de terre et de mer seraient, selon les circonstances, exposées à être obstruées pendant plusieurs semaines. Les mêmes inconvénients seraient

1. Voir aussi Morandière, *Ponts métalliques*, tome II, page 1612.

encore à redouter si la pression venait à manquer
dans la conduite générale d'eau comprimée et que
les soupapes de sureté ne fonctionnassent pas. Aussi,
pour les grands ponts construits dans ces dernières
années, a-t-on adopté des dispositions qui permettent
au plongeur de rester constamment appliqué sur le
fond de la presse pendant la rotation, tout en y exerçant une pression théoriquement nulle et pratiquement aussi petite qu'on voudra.

Pour cela il suffit, par exemple, que la pression
sous le plongeur
soit égale exacte-
ment au poids du
pont ; cette pres-
sion ne soulèvera
pas le pont, car le
frottement de la
garniture s'y op-
pose ; le pont re-
posera donc tou-
jours sur le fond
de la presse, et
c'est là le point
essentiel, mais il
s'y appuiera si peu

Coupe MN

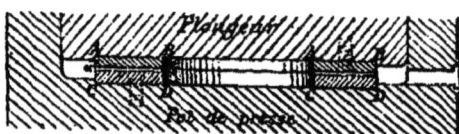

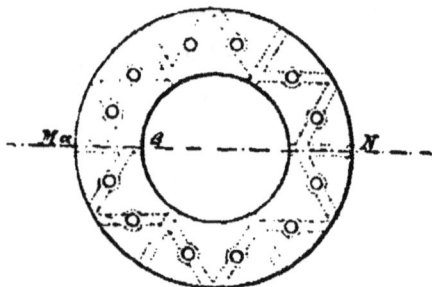

qu'il n'en résultera pas de frottement sensible.

Pour que la pression s'exerce librement au-dessous
du plongeur et que l'on n'ait à redouter aucun grippement, voici la disposition adoptée dans ce genre
de pivot :

Le plongeur est muni, à sa partie inférieure, d'une
couronne d'acier AB, dressée avec soin, qui repose,
pendant la rotation, sur une autre CD, fixée sur le

fond du pot de presse. Pour diminuer les frottements et se rapprocher autant que possible du pivot hydraulique, la pression s'exerce sous ce dernier en dehors des parties frottantes et même entre les couronnes.

A cet effet, la plaque annulaire fixée sous le plongeur est creusée de rainures ($\alpha\beta$, $\alpha'\beta'$) assurant la facile circulation du liquide sur toutes les surfaces en contact des couronnes.

Le liquide employé pour le graissage de ces pivots est la glycérine. Un petit réservoir, installé près de la presse centrale, contient une réserve de ce corps lubrifiant.

Le coefficient de frottement que l'on applique à ces couronnes d'acier ne dépasse pas 0,08. Leur usure est à peu près nulle, étant données les faibles charges qu'elles sont appelées à supporter.

Mais, du fait même que le plongeur repose constamment sur le fond du pot de presse, il résulte qu'on ne peut plus soulever le pont sans soulever la presse elle-même.

Or, le soulèvement du pont pendant sa rotation offre, comme on l'a vu, un certain nombre d'avantages. Il peut être d'ailleurs une des conditions à remplir par suite de circonstances spéciales relatives à un ouvrage déterminé ; on a donc cherché le moyen de soulever la presse. Plusieurs solutions peuvent être imaginées ; on indiquera celle qui a été, jusqu'ici, jugée la plus sûre et la plus pratique.

246. Soulèvement de la presse au moyen d'un coin. — Le soulèvement de la presse par un coin a été notamment employé au pont Bellot, au Havre (Voir Pl. XIX).

La presse verticale est établie dans une chaise en fonte qui fixe sa position ; mais, au lieu de s'appuyer directement sur le radier de l'encuvement, comme cela a lieu ordinairement, la chaise repose sur la base par l'intermédiaire d'un coin ; ce coin est actionné par une seconde presse dont l'axe est horizontal. Pour soulever la presse et par suite le pont, il suffit donc de faire avancer le coin qui la supporte.

Cette disposition offre évidemment toute sécurité, car une fuite de la garniture du joint étanche de la presse verticale ou de la presse horizontale ne peut donner lieu à aucun accident ; il n'en résulterait, en tout cas, qu'un arrêt momentané de la circulation, une garniture pouvant être refaite en moins de trois heures. Mais le coin ne laisse pas que d'être un appareil assez coûteux et délicat au point de vue du premier établissement et de l'entretien ; il nécessite un encuvement plus profond et plus étendu, il comporte, par suite, plus de maçonneries de sujétion que les autres systèmes de ponts tournants.

Toutefois, il faut remarquer que le soulèvement du pont par le plongeur n'offre de danger réel que pendant la rotation, car, si on se borne à le faire momentanément, lorsque le pont est au-dessus de ses appuis fixes, le seul accident possible est une chute brusque du pont sur le fond de la presse ; or, l'effet de cette chute peut être très atténué si l'on réduit autant que possible la hauteur du soulèvement. Dans cet ordre d'idées, on a adopté la solution suivante, qui paraît très satisfaisante.

247. Soulèvement momentané du pont. — Ce sys-

tème, adopté pour le pont du Pollet, à Dieppe, vient
d'être appliqué, avec de très légères modifications, au
pont qui couvre la passe d'Arenc, à Marseille. Voici
en quoi il consiste :

En service, le pont repose sur trois appuis : deux
fixes A et B, un mobile C, constitué par des tasseaux
de calage. La presse du pivot n'a pas un diamètre
suffisant pour pouvoir à elle seule soulever le pont

quand il s'agit de le décaler. Afin d'obtenir ce soulèvement, on a disposé, à l'extrémité de la culasse,
deux presses E, dites presses de basculement.

La manœuvre d'ouverture comporte alors les opérations suivantes :

1° *Donner la pression dans la presse du pivot :* le
pivot se soulève et regagne le jeu de quelques millimètres qui existe, quand le pont est en service, entre
sa partie supérieure formant crapaudine et la rotule
cylindrique qui permet le basculement.

2° *Donner la pression dans les presses de basculement.* Sous l'effort combiné de ces deux presses et
de celle du pivot, le tablier se soulève de quelques
millimètres au-dessus de sa position normale horizontale et le décalage peut s'effectuer.

3° *Décaler la culasse.*

4° *Faire basculer le tablier.* A cet effet, on ouvre

les presses de basculement à l'évacuation, les galets de culasse viennent reposer sur leur chemin de roulement. Pendant ce basculement, la presse centrale reste en pression ; mais, comme elle ne peut supporter à elle seule le poids du pont, son plongeur vient porter sur le fond du pot de presse.

5° *Faire tourner le pont.* Pendant la rotation, la pression de l'eau continue, bien entendu, à s'exercer dans la presse centrale pour diminuer la charge sur les surfaces frottantes [1].

1 L'introduction des presses de basculement a l'inconvénient de compliquer la manœuvre, mais leur fonctionnement et leur entretien sont beaucoup moins délicats que ceux de la presse à coin du système précédent. Leur prix de revient est, du reste, moins élevé.

Le système du Pollet a, d'ailleurs, l'avantage de nécessiter une consommation moins considérable d'eau sous pression. Ainsi, la dépense d'eau pour l'ouverture et la fermeture du pont Bellot est de : 612^L +

Fig 1 Pont Bellot au Hâvre

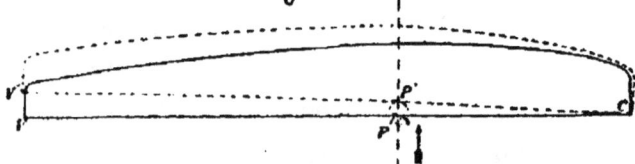

Fig 2 Pont du Pollet à Dieppe

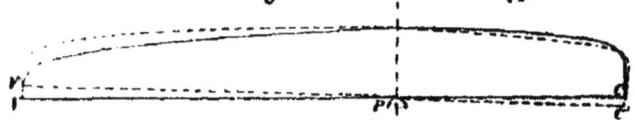

528^L = 1140^L à 53^k, tandis que, pour le pont du Pollet, elle est de : 495^L + 509^L = 1004^L à 50^k.

Or, le pont Bellot ne couvre qu'une passe de 30 mètres et pèse 420 tonnes, tandis que celui du Pollet est jeté sur un chenal de 40 mètres de largeur et a un poids de 800 tonnes.

Cette économie provient de ce que, dans le système de la presse à coin, pour dégager les appuis de la volée, on est obligé d'effectuer un soulèvement important PP' (Fig. 1) du poids total du pont, tandis qu'au Pollet le même résultat est obtenu par un basculement légèrement plus prononcé de la culasse, mais sans soulèvement du pont (Fig. 2).

Voir l'Annexe n° 10 pour le système tout spécial des ponts tournants du bassin à flot de Bordeaux.

§ 6

DES PONTS ROULANTS

248. Observations générales. — Les circonstances locales ne permettent pas toujours l'emploi des ponts tournants, soit parce que l'on ne dispose pas sur les terre-pleins de l'espace nécessaire pour y établir l'encuvement, soit parce que le pont, dans sa rotation, viendrait rencontrer des ouvrages qu'on ne peut modifier, des portes d'écluses, par exemple, soit pour tout autre motif.

En pareil cas, on recourt à des ponts qui effectuent leur mouvement dans le sens de leur longueur, en roulant sur des galets, et qu'on appelle des ponts roulants.

Les ponts roulants permettent, d'ailleurs, d'éviter certains inconvénients spéciaux aux ponts tournants.

Ainsi : 1° l'encuvement d'un pont tournant est toujours une gêne pour la circulation le long des rives du pertuis, et, de plus, dans tout l'espace occupé par cet encuvement, on ne peut installer aucun appareil saillant, tel que poteau d'amarrage, cabestan, etc., dont la présence serait pourtant quelquefois si utile.

Un pont roulant, au contraire, laisse les terre-pleins entièrement dégagés, sauf sur une bande égale à sa largeur, qui est toujours beaucoup plus petite que sa longueur.

2° La volée d'un pont tournant, dans son évolution, balaie une certaine étendue (*a b c*) du pertuis ; si un

navire s'avance suivant la direction (*de*), on ne pourra
l'engager dans cette partie du pertuis avant que le
pont ne soit complètement
ouvert. On peut, au contraire,
ne manœuvrer un pont rou-
lant que lorsque le navire est
sur le point de le toucher,
pour ainsi dire.

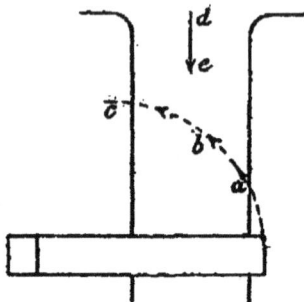

3° Dans le cas d'un pont
tournant, l'obligation de ménager un chemin de halage
conduit à allonger la volée de la largeur de ce chemin, plus de la demi-largeur du tablier.

Avec un pont roulant, on dégage le passage des
haleurs en retirant l'extrémité de la volée, en arrière
de l'arête du bajoyer, d'une quantité égale à la largeur
du chemin, sans augmenter pour cela la longueur du
pont.

Mais, à d'autres points de vue, les ponts roulants
donnent lieu à beaucoup d'observations critiques que
ne soulèvent pas les ponts tournants.

**249. Conditions générales à observer dans l'éta-
blissement d'un pont roulant.** — Pour que la stabilité
d'un pont roulant soit constamment assurée pendant
toute la durée de son mouvement de va-et-vient, il
faut que la résultante des forces agissant sur lui, dans
les circonstances les plus défavorables (poids de
l'ouvrage, pluie, neige, vent, etc.), passe toujours
dans l'intérieur du périmètre circonscrit par les
galets de roulement.

Eu égard au genre de circulation qu'il doit desservir, le pont doit, en outre, être d'un facile accès.

Enfin, les manœuvres d'ouverture et de fermeture doivent être rapides.

250. Passerelles roulantes. — Lorsqu'il s'agit d'une simple passerelle destinée exclusivement au passage des piétons, toutes ces conditions sont faciles à remplir, et l'on peut dire que, dans ce cas particulier et surtout pour un ouvrage provisoire, une passerelle roulante a souvent de sérieux avantages sur une passerelle tournante.

A titre d'exemple, on citera la passerelle roulante qui fait l'objet de la note de M. Alexandre, dans les *Annales des ponts et chaussées* (octobre 1881) [1].

Là, les galets sont fixés au tablier; les rails sont posés sur le terre-plein; des rampes d'accès fixes sont installées aux deux extrémités de la passerelle; la manœuvre se fait à bras; quatre pontiers suffisent pour l'assurer en une minute environ.

251. Pont roulant pour voitures et wagons. — Lorsque le pont sert à la circulation de voitures, de wagons, de locomotives, le tablier doit être à la hauteur des voies d'accès et a toujours une assez grande épaisseur, de $0^m,60$ à $0^m,80$ (égale à peu près au dixième de sa largeur, qui, dans ce genre de pont, varie de 6 à 8 mètres).

La première idée qui se présente est de faire rouler le pont sur le fond d'un encuvement d'une profondeur égale, au moins, à l'épaisseur du tablier. Quand le pont sera ouvert, il remplira cette espèce de tiroir ($abcd$); mais, quand il sera fermé, il laissera

---

1. Voir également la note de M. Floucaud de Fourcroy sur le bac roulant exécuté à Saint-Malo, dans des conditions toutes spéciales (*Annales des ponts et chaussées*, 1874, 2e semestre, p. 5).

derrière lui un vide ($ac a'c'$) qui rendra l'accès du
pont impossible. Pour couvrir ce vide, il faudrait

avoir (en $cc'gh$ par
exemple) une pla-
te-forme mobile
que l'on amènerait
en ($ac a'c'$) par
un mouvement la-
téral et que l'on
retirerait ensuite

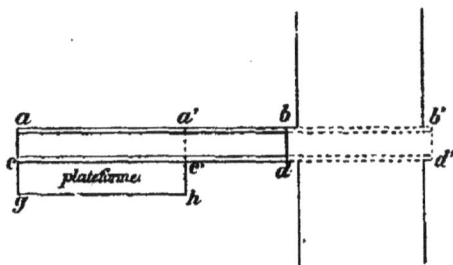

avant d'ouvrir le pont. On serait ainsi conduit à
avoir deux ponts roulants à construire et à manœuvrer, au lieu d'un seul.

D'ailleurs, le vide ($cc'gh$) empêcherait toujours,
d'un côté, l'accès du pont. Cette solution coûteuse,
compliquée, incommode, a donc été abandonnée.

Aujourd'hui, on fait rouler le pont au niveau du
terre-plein; mais alors il faut le soulever jusqu'à ce
niveau de toute l'épaisseur au moins du tablier.

Ce soulèvement représente un travail considérable,
car ce genre de pont peut atteindre un poids de 200
à 300 tonnes. On l'effectue au moyen de presses
hydrauliques; mais on remarquera que, si la garniture étanche venait à manquer pendant que le pont
est soulevé, celui-ci serait exposé à retomber d'une
assez grande hauteur et pourrait, par suite, subir de
graves avaries.

252. Soulèvement du pont. — On a d'abord
employé plusieurs presses pour soulever les ponts
roulants; mais, par suite des inconvénients inhé-
rents à ce système et qui ont été déjà signalés à
diverses reprises dans les chapitres précédents, on

ne se sert plus aujourd'hui que d'une seule presse.

Deux modes de soulèvement sont appliqués :

1° Le soulèvement avec basculement;

2° Le soulèvement droit.

253. Soulèvement avec basculement. — Le pont livré à la circulation repose sur des appuis fixes A, B, C; il porte sur C par l'intermédiaire de deux pattes obliques P, fixées sous l'extrémité des poutres maîtresses de la volée, et que l'on appellera les pènes.

Chaque pène P s'engage dans une retraite du bajoyer, qu'on appellera la gâche.

Dans la gâche est scellée une barre de fer rond ρ, qui est presque en contact avec le pène. Près de l'extrémité de la culasse, deux galets fixes D sont établis, au droit des poutres maîtresses, dans le terre-plein, dont ils dépassent à peine la surface, c'est-à-dire de quelques centimètres seulement. Le

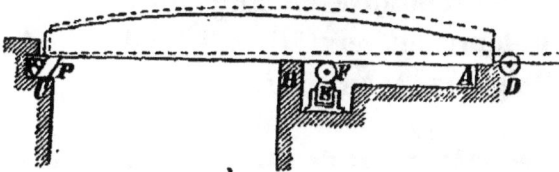

plongeur E de la presse porte deux galets F, placés au-dessous des semelles des poutres maîtresses. Si l'on introduit l'eau dans la presse, le plongeur tendra à soulever le pont; l'extrémité de la volée étant retenue par les pènes, le pont basculera autour de cet arrêt; bientôt le dessous de l'extrémité de la culasse sera ainsi amené à un niveau un peu plus élevé que celui de la jante du galet D.

Si, à ce moment, l'on opère une traction dans le

sens de la longueur du tablier, l'extrémité de la culasse arrivera au-dessus des galets D, sur lesquels elle viendra s'appuyer dès que le pène P sera dégagé de son arrêt ρ, car la culasse est un peu plus lourde que la volée.

Puis, la jante du galet F étant amenée au niveau de celle du galet D, on continuera à tirer le pont pour l'ouvrir.

La fermeture s'effectuera par une série d'opérations analogues, mais en sens inverse.

On attribue à ce mode de soulèvement un avantage qui consiste en ce que la presse n'a jamais à supporter qu'une partie du poids du pont, l'autre partie étant reportée sur des appuis fixes, d'abord sur les arrêts ρ, puis sur les galets D.

Mais ce système entraîne des manœuvres assez compliquées.

En fait, il n'a pas été adopté en France, bien qu'il ait été employé en Angleterre dans plusieurs ports, notamment aux Milwall Docks de Londres [1], et, en Belgique, à Anvers [2].

254. Soulèvement droit. — Le soulèvement droit d'un pont roulant se fait exactement comme celui d'un pont tournant. Cette manœuvre présente, dans ce cas, les mêmes avantages que dans celui des ponts tournants, mais elle en offre aussi les dangers, et cela d'autant plus que l'on soulève généralement un pont roulant plus haut qu'un pont tournant.

---

1. Voir les *Minutes of Proceedings of Institution of civil Engineers*, volume LVII, pages 21 et 36.
2. Voir *Anvers port de mer*, page 131 (édité par la typographie E. Guyot, à Bruxelles). — Voir également Morandière, *Traité de la construction des ponts*, pages 1623 à 1632.

On se bornera ici à donner quelques indications concernant les ponts roulants à soulèvement droit ; elles seront tirées surtout des faits pratiques observés dans l'établissement et le fonctionnement des ponts de Saint-Nazaire et de Saint-Malo.

Pour les détails relatifs à ces ouvrages, voir :

1° Morandière, *Cours de Ponts*, tome II, pages 1633 à 1642 ;

2° Barret, *Bulletin de la Société scientifique industrielle de Marseille*, 1879, 4ᵉ trimestre ;

3° Pont roulant de Saint-Malo (*Collection des dessins distribués aux élèves de l'École des Ponts et Chaussées*, 20ᵉ livraison, 1885) ;

4° Pont roulant de Saint-Nazaire (*Annales des Travaux publics*, année 1886, p. 1503-1505, note de M. Kerviler, ingénieur en chef des ponts et chaussées).

DES PONTS ROULANTS A SOULÈVEMENT DROIT

255. Fondation. — La presse, supportant à un moment donné tout le poids du pont, devra reposer sur une pile inébranlable, comme dans le cas des ponts tournants.

Mais les galets établis sur le terre-plein doivent aussi supporter, à certains instants, une partie notable du poids du pont, et il est à peu près impossible d'apprécier avec quelque exactitude le maximum de la charge, variable d'ailleurs, à laquelle ils peuvent être soumis. D'autre part, tout tassement, toute dénivellation d'un galet entraînerait pour les autres des surcharges exceptionnelles, produirait des déformations dans la charpente métallique et serait, par suite, la cause d'efforts anormaux et excessifs pour quelques parties de l'ouvrage.

Il est donc nécessaire que les galets reposent aussi sur une base inébranlable, qu'il faudra asseoir tantôt sur pilotis, tantôt directement, à de grandes profondeurs, sur le terrain solide, etc., ce qui peut conduire, dans certaines circonstances, à des dépenses considérables de fondation.

256. Ossature du pont. — Les ponts roulants doivent être aussi légers que possible, car les résistances de toutes sortes, qui s'opposent à leur mouvement, sont à peu près proportionnelles au poids du pont.

L'emploi de l'acier, pour l'ossature de l'ouvrage, paraît donc particulièrement justifié dans ce cas, où il importe d'autant plus de diminuer les résistances à vaincre que le chemin à parcourir est toujours très long, de 20 à 30 mètres par exemple.

L'acier est, en tout cas, nécessaire pour former la semelle de la plate-bande inférieure de chacune des deux poutres maîtresses. En effet, cette semelle, constamment laminée, pour ainsi dire, par son roulement sur les galets, subit des fatigues et des altérations spéciales auxquelles le fer résisterait mal.

Les têtes des rivets, traversant la semelle, doivent être fraisées et ne présenter aucune saillie.

Quant aux formes et aux dispositions générales des poutres maîtresses, elles sont les mêmes que dans le cas des ponts tournants.

257. Flexion des poutres. — Aux considérations

présentées à propos de la détermination des flèches
des poutres maîtresses des ponts tournants, il convient d'en ajouter une nouvelle, particulière aux ponts
roulants. Elle consiste en ce que les poutres subissent des vibrations énergiques pendant leur mouvement, vibrations de nature à déterminer des oscillations de la culasse et à en amplifier ainsi accidentellement la flèche, dans des limites que l'on ne
saurait actuellement ni calculer, ni apprécier d'avance.

On ne voit aussi, *à priori*, aucune raison pour ne
pas mettre le dessus des jantes de tous les galets
exactement dans le même plan horizontal.

Or, supposons que le pont soit actuellement porté
par les galets A et B, et marche dans le sens indiqué
par la flèche. Lorsque l'ex-
trémité D de la culasse sera
arrivée près du galet C, elle
aura subi un certain abaissement, conséquence de la
flexion des poutres, et elle viendra, par suite, buter
brusquement contre le galet C.

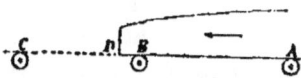

Pour éviter ce choc, il faut, de deux choses l'une :
1° ou assurer à la culasse une grande raideur pour
diminuer sa flèche, au besoin lui donner une contre-
flèche, et, de plus, tailler légèrement en biseau l'extrémité D; 2° ou mettre le galet C un peu au-dessous
de la ligne AB, de façon à ce que l'extrémité D,
infléchie, puisse passer d'abord librement au-dessus
de C et vienne ensuite se poser sur ce galet lorsque,
le centre de gravité du tablier ayant dépassé B, le
pont basculera autour de B, quittera A et viendra
reposer sur B et C.

258. Stabilité du pont. — Quand le tablier est

soulevé par la presse, la résultante de son poids et
des forces accidentelles, tant verticales qu'horizontales, pouvant agir sur lui, dans les circonstances les
plus défavorables, doit passer toujours dans le périmètre de la surface d'appui du pont sur le plongeur.
Cette condition exige que la volée soit convenablement équilibrée par une culasse.

**259. Proportion de la longueur de la culasse à celle
de la volée.** — La proportion de la longueur de la
culasse à celle de la volée est habituellement, comme
dans les ponts tournants, de 50 à 60 0/0. Mais une
culasse courte entraîne la nécessité d'un lest lourd,
ce qui augmente le poids du pont ; et, comme il faut
réduire autant que possible le poids des ponts roulants, on sera quelquefois conduit, tous calculs faits,
à adopter une proportion un peu plus forte, de 60 à
70 0/0.

MANŒUVRES DU PONT

260. Observations générales. — Il convient que la
presse de soulèvement et les galets de roulement ne
soient chargés que pendant le temps où ils doivent
fonctionner. Voici comment on y parvient : supposons que, comme à Saint-Nazaire (Pl. XXI), la tête
du plongeur soit munie d'un sommier ou chevêtre
supportant quatre galets de roulement (deux sous
chaque poutre maîtresse) ; quand le pont est livré à
la circulation, il repose sur des appuis fixes, et il est
alors facile de séparer des poutres les galets du
sommier, en laissant descendre le bas du plongeur
sur le fond du pot de presse.

Lorsqu'on voudra manœuvrer le pont, on fera remonter le plongeur ; les galets viendront bientôt en contact avec les plates-bandes des poutres, dont ils ne sont séparés que par un intervalle libre de quelques millimètres ; puis le pont se soulèvera verticalement, en équilibre sur les quatre galets qui lui offrent une large base d'appui.

Lorsque le dessous des plates-bandes sera au niveau des galets du terre-plein, on tirera le pont pour le mettre en mouvement. Mais il est inadmissible, pour les raisons déjà expliquées précédemment, de se servir de la presse comme d'un support fixe pendant le roulement du pont ; il faudra donc caler fortement les extrémités du chevêtre pendant la durée de cette manœuvre.

A cet effet, on soulèvera le pont un peu au-dessus de sa position définitive ; on introduira sous le sommier les cales qui doivent le supporter, et l'on fera enfin redescendre le pont sur ces nouveaux appuis fixes ; la presse se trouvera ainsi complètement déchargée.

A Saint-Malo, le sommier du plongeur ne porte pas les galets.

Il faut nécessairement les introduire sous les poutres, après le soulèvement du pont. Ces galets devront donc être mobiles ; leur base d'appui glissera, par exemple, transversalement au pont, sur une chaise en fonte, ce qui permettra de les engager sous les plates-bandes ou de les en retirer, en soulevant le pont un peu au-dessus de leur jante.

261. Guidage du sommier du plongeur. — Le sommier doit être bien guidé pendant son mouvement vertical, afin que le plongeur ne transmette à la presse aucun effort transversal qui fatiguerait sa garniture étanche et pourrait même compromettre sa stabilité.

On observera, en effet, que la course du plongeur, pour soulever le pont, est toujours assez longue (de $0^m,80$ à 1 mètre par exemple) ; on est ainsi conduit à donner à la presse une hauteur à peu près double de cette course (soit de $1^m,60$ à 2 mètres), pour que le plongeur y reste constamment engagé d'une longueur suffisante. D'un autre côté, la hauteur du sommier ne saurait être notablement inférieure à 1 mètre. Par suite, la résultante de la poussée d'un vent, soufflant normalement à la surface des poutres du pont (qui s'élèvent encore au-dessus du sommier), passera à une hauteur de plus de 4 à 5 mètres au-dessus de la base de la presse et tendra à la renverser.

De plus, on est quelquefois conduit à installer sur le sommier une partie des engins de manœuvre, qui tirent alternativement le pont dans un sens ou dans l'autre et déterminent ainsi des tractions énergiques sur la tête du plongeur, tractions auxquelles le guidage doit résister.

Ces engins, installés sur le sommier, doivent pouvoir s'ajuster exactement avec les organes de transmission des machines établies près de l'encuvement, ce qui exige que le guidage soit très précis.

Enfin, le sommier doit monter bien verticalement pour que les appuis (tasseaux ou galets) qu'il supporte restent toujours dans un même plan horizontal et viennent s'appliquer en même temps et avec

la même force sous les semelles des poutres maîtresses.

On satisfait ordinairement à ces diverses conditions en maintenant chacune des deux extrémités du
sommier dans une rainure ou glissière en fonte,
scellée sur les parois de l'encuvement de la presse.
Dans cette rainure, parfaitement dressée et lubrifiée,
glisse la languette, également en fonte, ajustée à
chaque bout du sommier.

262. Des galets. — Les galets sont répartis, sous
chaque poutre maîtresse, de façon à ce qu'il y en ait
deux, en file, vis-à-vis l'un de l'autre, dans une section transversale du pont.

Pour qu'un pont reposant sur des galets y soit
bien assis, il faut que ces galets soient au nombre
de quatre ; mais les deux files ne seront presque
jamais également chargées, car le centre de gravité
du tablier en mouvement se déplace. Si, à un moment
donné, le centre de gravité est, par exemple, précisément au-dessus d'une file, cette file supporte, au
moins en principe, tout le poids du pont. De plus,
ce poids ne se répartira certainement pas, en pratique, d'une façon égale entre les deux galets d'une
même file (par suite de la poussée du vent, par
exemple). Il faudrait donc qu'un galet fût capable de
supporter un peu plus de la moitié du poids du pont.

Or, un poids de 200 tonnes est loin d'être exagéré
pour un pont sur lequel doivent circuler des locomotives et qui couvre une passe d'une vingtaine de
mètres.

Un galet devrait ainsi être capable de porter
100 tonnes au moins. Bien que l'on puisse certaine-

ment faire des appareils de cette force, si la nécessité s'en impose, il y a évidemment avantage à se tenir, quand on le peut, dans des limites plus modérées

En fait, les galets des ouvrages dont le fonctionnement régulier est démontré par un long usage ont été généralement établis pour une charge de 40 à 50 tonnes.

Il en résulte la nécessité de multiplier le nombre des galets, de le porter, par exemple, de quatre à huit.

Mais alors se présente le problème de répartir aussi également que possible le poids entre ces galets.

La solution consiste à grouper les galets par couples de deux et à monter sur balancier les deux galets de chaque couple. Le balancier est soutenu, à chacune de ses deux extrémités, par un sommier élastique formé de ressorts Belleville (Voir le pont de Saint-Malo).

La jante des galets doit être formée par un bandage d'acier, pour résister aux actions énergiques qu'elle subit (poids, chocs, vibrations, etc.). Le bandage porte un boudin, comme les roues de wagons; ce boudin sert à maintenir le tablier contre toute action qui tendrait à le déplacer latéralement (la poussée du vent, par exemple).

Si les dispositions adoptées ne permettaient pas de munir les galets d'un rebord, il faudrait recourir à un autre système de guidage, par exemple des cornières sous la semelle d'acier des poutres maîtresses, ou bien maintenir le pont au moyen de quatre rouleaux ou galets à axe vertical, s'appuyant deux à deux sur le côté de chaque plate-bande inférieure. Ces rouleaux seraient aussi écartés que possible dans le sens de la longueur du pont; l'un serait placé, par exemple, vers l'extrémité de la culasse, l'autre près du bajoyer, au delà de la presse.

On donne aux galets un grand diamètre (de $0^m,80$ à 1 mètre), pour diminuer le frottement de roulement. La jante a aussi une grande largeur (de $0^m,30$ à $0^m,40$) pour atténuer la pression, par unité de surface, qui s'exerce entre elle et la semelle. Si l'on admet, comme on le fait souvent, que la pression est à peu près uniformément répartie sur un arc de 1 degré, cet arc aura, dans le cas d'un galet de $0^m,80$, environ 7 millimètres de longueur; si la jante a 400 millimètres de largeur, la surface de contact sera de 2.800 millimètres carrés. Pour un galet devant supporter de 40 à 50 tonnes, la pression par millimètre carré atteindrait de 15 à 18 kilogrammes. Ce chiffre, bien qu'élevé, ne paraît être cependant que le tiers ou le quart de la pression que l'on peut admettre sans danger, au moins accidentellement et pendant un temps relativement court, dans un roulement lent d'acier sur acier. Cette marge de sécurité semble parfaitement motivée d'ailleurs en pareil cas.

La plate-bande inférieure des poutres maîtresses a naturellement une largeur à peu près égale à celle de la jante (soit de $0^m,30$ à $0^m,40$); avec de telles dimensions, elle aurait une tendance à se déformer, à se gondoler, si l'on ne la renforçait pas par de solides goussets, peu distants l'un de l'autre (de $0^m,70$ à 1 mètre, par exemple).

L'axe ou le tourillon des galets tourne dans des coussinets qui doivent être lubrifiés, et sur lesquels, par suite, la pression doit rester modérée. Or, l'expérience des chemins de fer conduit à admettre que, pour un bon graissage, la pression par centimètre carré de la section médiane du tourillon ne doit pas dépasser 30 à 35 kilogrammes; mais, pour des mouvements comparativement très lents, comme ceux dont il s'agit ici, on peut, en toute sécurité, porter ce chiffre à 60 ou 70 kilogrammes.

La longueur du tourillon dans les coussinets est habituellement égale à une fois et demie son diamètre (d); sa section médiane est donc égale à $d \times 1,50 d$. Pour un galet supportant 40 à 50 tonnes, on trouve que le tourillon doit avoir 15 à 17 centimètres de diamètre.

263. Appareils de traction. — La traction s'opère au moyen d'une chaîne attachée, sous le pont, aux extrémités et dans l'axe du tablier.

La chaîne est actionnée soit par un pignon, soit par des presses à moufle.

Le pignon ou les presses sont installés, tantôt sur l'encuvement du pont, tantôt sur le sommier du plongeur.

On préfère généralement ce dernier arrangement, parce que la chaîne reste toujours ainsi dans la même position relative par rapport au tablier et agit suivant une direction très sensiblement horizontale.

264. Transmission par pignon. — Le pignon est commandé par une machine rotative, généralement du type Brotherood; ses dents engrènent avec les barreaux d'une chaîne Galle (Pont de Saint-Nazaire, Pl. XXI).

La machine, installée à demeure sur le terre-plein, doit conduire le pignon fixé sur le sommier qui est mobile ; par suite, les engrenages des arbres de transmission devront être disposés de façon à s'engager lorsque le pont est levé et à se dégager quand il s'abaisse, ce qui exige une grande précision d'ajustage et de montage du sommier et des appareils.

Les machines rotatives ont encore ici les avantages et les inconvénients déjà signalés à propos des ponts tournants. Elles permettent de substituer facilement la manœuvre à bras à la manœuvre mécanique ; mais elles utilisent médiocrement l'eau sous pression et elles nécessitent l'emploi d'engrenages exposés à se rompre sous des efforts anormaux accidentels, toujours à prévoir.

Le calcul du travail à dépenser pour la manœuvre du pont, bien que possible en théorie, devient à peu près impraticable en fait, tant sont nombreux, divers et incertains, les éléments dont il faudrait tenir compte.

On avait estimé que, pour mettre en mouvement le pont de Penhouët, à Saint-Nazaire, l'effort ne serait pas, en moyenne, de plus de 3 0/0 du poids du tablier, qui pèse 300 tonnes.

Mais, en fait, il s'élève à 10 0/0 environ, par suite des résistances de toutes sortes qu'ajoutent les mécanismes de transmission, les pertes d'eau, etc.

Ainsi, pour ouvrir le pont, on dépense pratiquement 1.500 litres d'eau à 50 atmosphères, soit 750.000 kilogrammètres. La course du tablier est de 27 mètres.

En représentant par une fraction (*f*) du poids du

pont l'effet de toutes les résistances, frottements de diverses espèces, chocs, trépidations, pertes d'eau, etc., on a :

$$f \times 300.000 \times 27^m = 750.000 \, \mathrm{K^g M.}$$

d'où

$$f = \frac{750}{8100}, \text{ soit de } \frac{1}{10} \text{ à } \frac{1}{11}$$

Cette fraction f peut cependant être considérée comme relativement faible, si on la compare au coefficient de frottement (0,329) constaté à Bordeaux, par exemple, dans la rotation d'un pont sur pivot métallique ordinaire (Voir Annexe n° 10); mais on remarquera que la course du pont de Saint-Nazaire est de 27 mètres, tandis que le chemin parcouru par la résistance due au frottement sur le pivot est certainement inférieur à 0ᵐ,15, dans le pont de Bordeaux, pour un quart de révolution.

Il n'est pas douteux, du reste, que la manœuvre d'un pont roulant exige un travail notablement plus grand que celle d'un pont tournant.

265. Transmission par presses à moufle. — Dans ce cas, il y a deux chaînes : l'une qui actionne la volée et l'autre la culasse ; elles sont à maillons ordinaires.

Chacune d'elles est commandée par une presse spéciale, montée sur le sommier et reliée par une jonction flexible à la conduite de distribution d'eau sous pression (Voir le pont de Saint-Malo).

Pour déterminer le mouvement du pont, une des presses est mise à l'introduction et l'autre à l'évacuation.

Les presses à moufle utilisent mieux l'eau sous pression que les machines rotatives ; elles sont d'une construction plus robuste et d'un entretien plus facile.

Mais elles se prêtent moins bien à l'installation d'une manœuvre à bras et elles alourdissent le sommier qu'il faut soulever. Comme elles doivent, d'ailleurs, avoir une grande puissance pour le démarrage, elles peuvent faire acquérir au pont, si le pontonnier n'est pas très attentif, une vitesse notable en fin de course, d'où chances de chocs violents contre les heurtoirs qui limitent la course du tablier.

Ces chocs sont d'autant plus préjudiciables que leur effet s'ajoute à celui des trépidations qui se produisent toujours, plus ou moins, pendant la manœuvre, et qui sont de nature à altérer le métal des poutres, déjà soumises, par la force des choses, à des efforts tranchants, incessamment variables, à des mouvements de flexion en différents sens, etc. On pourrait, il est vrai, limiter exactement la course des plongeurs par un échappement, mais les chaînes varient de longueur avec le temps et leur réglage précis présente de très sérieuses difficultés pratiques.

266. De la presse de soulèvement. — La course du plongeur de la presse doit être limitée à la hauteur strictement nécessaire et suffisante, car il importe de ne pas soulever inutilement toute la masse du pont et du sommier.

Si l'on doit, par exemple, engager des galets sous les poutres, comme à Saint-Malo, on n'élèvera les plates-bandes qu'à 15 ou 30 millimètres au-dessus des jantes.

Pour limiter la course, on peut faire cesser automatiquement l'introduction à une hauteur déterminée, mais on a toujours à craindre qu'un mécanisme automatique ne fonctionne précisément pas au moment voulu.

A Saint-Malo, l'on a préféré une autre solution. Le pot de la presse a un rayon un peu plus fort (de 2 centimètres) à sa partie inférieure (a' a') qu'à sa partie supérieure (a a).

Le plongeur est, au contraire, plus large en bas (b b) qu'en haut (b' b').

Il en résulte que le plongeur ne peut plus monter dès que la saillie (a a') est en contact avec (b b') ; mais l'on voit que la fonte de la presse est soumise alors à une traction verticale, qu'on peut considérer ici comme un effort anormal.

Malgré la stabilité que donne à la presse un bon guidage du sommier, on a cru quelquefois nécessaire, notamment à Saint-Malo, de se donner un surcroît de sécurité en augmentant le diamètre de la presse, au delà de ce qu'eût comporté la pression de l'eau dont on disposait.

A Saint-Malo, l'eau était à 60 atmosphères dans l'accumulateur, tandis qu'une pression de 35 atmosphères était suffisante pour soulever le pont, étant donnée la grande section de la presse.

D'un autre côté, on ne peut s'empêcher d'être frappé de la consommation considérable d'eau qu'entraîne le soulèvement du pont, à 0m,80 ou 1 mètre de hauteur, dans une presse de grand diamètre.

On a donc cherché à réduire le volume d'eau à haute pression, qu'il fallait employer, en récupérant une partie du travail dépensé dans le soulèvement du pont.

267. Récupérateur. — Une solution ingénieuse a été donnée par Barret au moyen d'un appareil nommé récupérateur, appliqué à Saint-Malo, et dont voici le principe :

Le plongeur p d'une presse A est chargé d'un poids π, qui détermine en A une pression de 35 atmosphères, par exemple, pour fixer les idées. A communique, par une conduite t, avec une seconde presse A', dont le piston p' est chargé d'un poids π', qui détermine en A' une pression de 34 atmosphères seulement le robinet r du tuyau t étant supposé fermé).

La tige B du piston p' traverse, dans une garniture étanche, le sommet $c\,c$ de la presse A'.

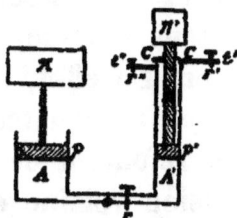

Un tuyau t', muni du robinet r', met la partie de la presse A', située au-dessus du piston p', en communication avec l'accumulateur chargé à 60 atmosphères.

Un tuyau t'' permet l'évacuation de l'eau située au-dessus de p' lorsque l'on ouvre le robinet r''.

Supposons les robinets r et r' fermés et r'' ouvert; on ouvre r, l'eau passe de A en A' en vertu de la différence de pression; le piston p' s'élève; l'eau située au-dessus de p' s'écoule par t''.

Le plongeur p de la presse A étant arrivé au bas de sa course, on ferme r'' et on ouvre r'; la pression de l'accumulateur s'exerce sur la couronne annulaire comprise entre la section du piston p' et celle de la tige B.

Si cette charge additionnelle sur la couronne détermine en A′ une pression de 36 atmosphères, l'eau passe de A′ en A et le plongeur p est soulevé.

Si l'on suppose que le poids π représente celui d'un pont, on voit que, de cette façon, on ne dépense, en eau à 60 atmosphères, que le travail justement nécessaire pour vaincre les résistances passives (frottements, etc.) et compenser la différence de pression entre A et A′. La réalisation pratique de l'appareil, dont on vient de donner le principe théorique, a conduit à des dispositions particulières dont on trouvera le détail dans le mémoire déjà cité de Barret et dans la note spéciale qui accompagne les dessins du pont de Saint-Malo.

Cet appareil, sorte de balance hydrostatique, peut être aussi considéré comme un diviseur de pression; or, en le faisant fonctionner en sens inverse, il devient un multiplicateur de pression. En effet, si, pendant la descente du plongeur p, l'évacuateur t' est fermé, et si t est ouvert, on refoulera dans l'accumulateur de l'eau à une pression voisine de 60 atmosphères, bien que la pression en A ne soit que de 35. On a eu l'occasion d'appliquer un appareil basé sur ce principe pour le soulèvement du pont tournant des bassins de radoub, à Marseille[1].

Plusieurs autres dispositifs de récupération peuvent être imaginés. Le plus simple consisterait à

1. Voir *Annales des ponts et chaussées*, 1875, 1er semestre, pages 434 et suivantes, *Mémoire de Barret*.

recevoir, dans un accumulateur auxiliaire, l'eau refoulée par le plongeur pendant la descente du pont; toutefois, la pression dans cet accumulateur serait naturellement inférieure à celle de la distribution générale, et il faudrait avoir des appareils spéciaux pouvant consommer à bref délai l'eau ainsi emmagasinée.

Mais tous ces engins accessoires compliquent encore un ouvrage qui est déjà, par lui-même, loin d'être simple dans sa construction et dans son fonctionnement; ils en augmentent les frais de premier établissement; ils multiplient les chances de fausses manœuvres, etc. Aussi, malgré leur ingéniosité, ne paraissent-ils pas aujourd'hui d'une application courante, au moins dans les ports, où la conduite des appareils mécaniques, exposés à tant de chances d'avaries, ne peut pas être confiée à des ouvriers techniques.

268. Conclusion. — Les indications qui précèdent suffisent, sans doute, pour montrer la variété des combinaisons que l'on peut imaginer dans une étude de pont roulant et la nature des difficultés que l'on y rencontre.

En résumé, un pont roulant sera généralement plus lourd qu'un pont tournant, parce qu'il doit avoir plus de raideur, des assemblages plus massifs et plus robustes; il coûtera, par suite, plus cher, et d'autant plus que certaines parties de l'ouvrage, notamment la plate-bande inférieure, exigent une exécution très soignée.

Les fondations seront aussi plus dispendieuses, par suite de la nécessité d'asseoir solidement, non seulement la presse, mais encore tous les galets du terre-plein.

L'entretien sera plus onéreux à cause du grand nombre d'organes mécaniques à maintenir en parfait état de service.

Enfin, les manœuvres, plus compliquées, consomment une plus grande quantité d'eau sous pression. On peut donc dire qu'il convient de ne recuurir à un pont roulant que lorsqu'on ne saurait se servir, dans le même but, d'un pont tournant.

ANNEXES DU CHAPITRE IV

ANNEXE N° 6

PORT DE GRANVILLE

Passerelle flottante sur la coupure entre le bassin à flot et la darse d'Orléans.

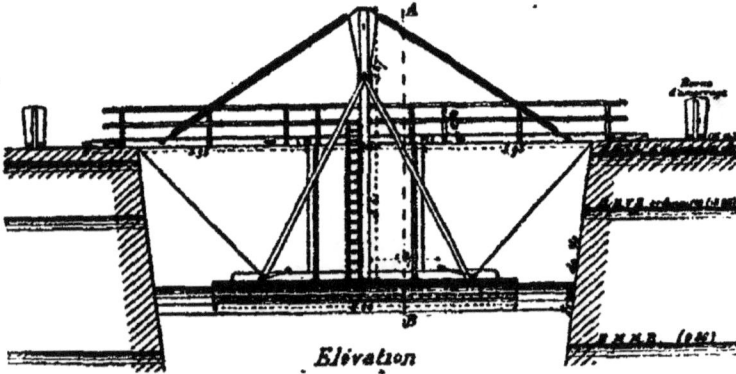

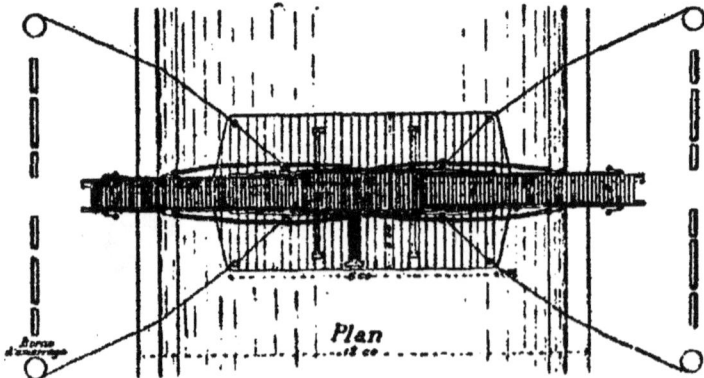

Élévation

Plan

Coupe *suivant AB*

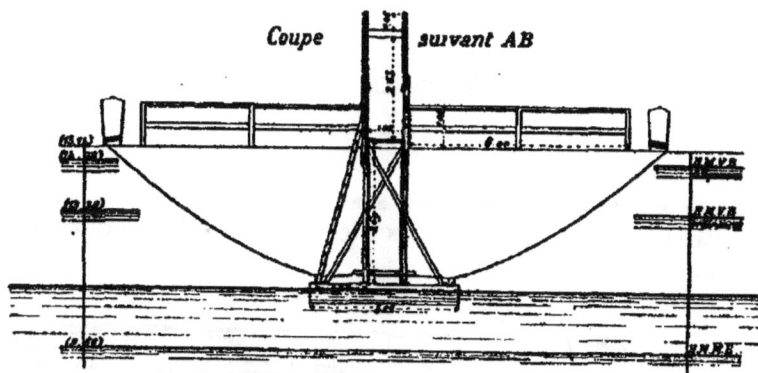

Positions diverses de la passerelle au moment des pleines mers de vive eau
d'équinoxe, ordinaires et de mortes eaux.

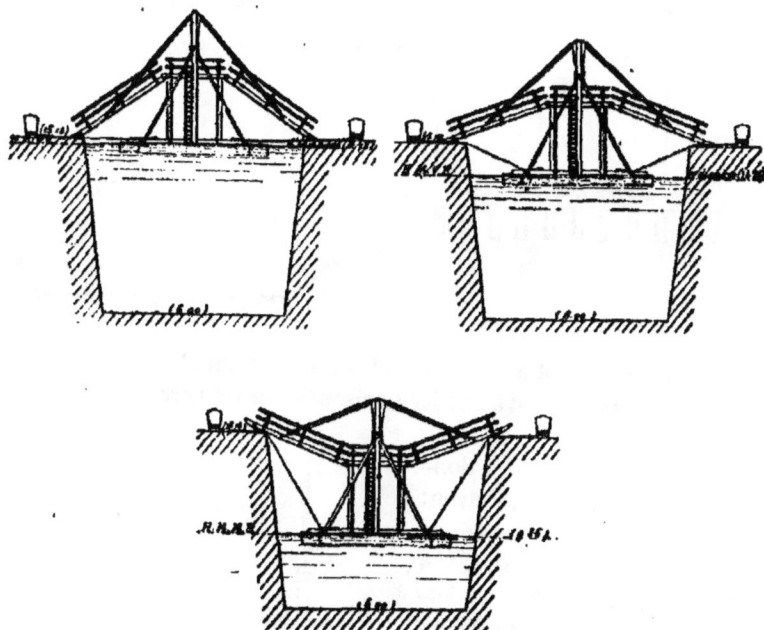

Les dessins ci-dessus ont été fournis par M. Jourde,
ingénieur des ponts et chaussées.

ANNEXE N° 7

Note sur le pont basculant construit sur le **Binnenhaven**, à **Rotterdam**. — A Rotterdam, tous les ponts mobiles sont basculants.

Pont de Rotterdam.

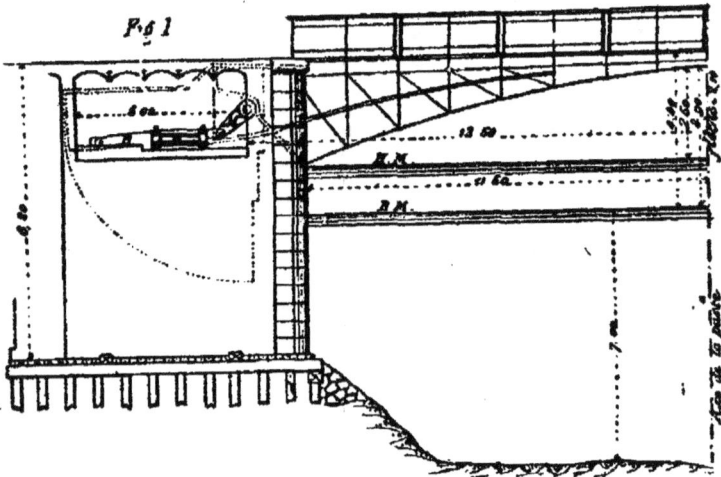

Les anciens sont à dos d'âne et à arc-boutement.

Les nouveaux sont à tablier horizontal, et un verrou en assemble les deux volées.

Voici les principales données du pont du Binnenhaven:

Le tablier est formé de quatre poutres maîtresses ($a\,a$ $a'a'$) (Fig. 2) entre lesquelles sont fixés les deux fléaux (ff') supportant le contrepoids. Les poutres se composent, en réalité, de deux ponts accouplés. Cette disposition permet, en cas de réparations, de conserver une moitié du pont à la circulation; il suffit, en effet, pour cela de démonter les boulons de couplage.

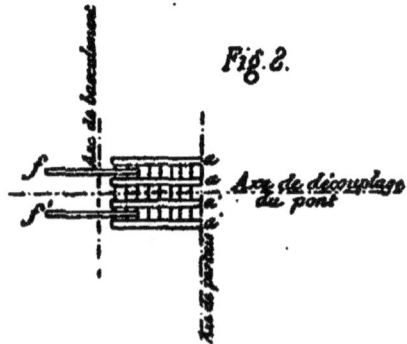

Le fent est mobile sur le fléau pour contrebalancer l'action variable de la pluie, etc.

Le mouvement de rotation est communiqué à l'axe de basculement par deux machines identiques; chacune comporte :

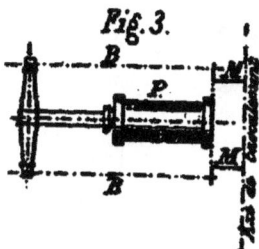

Fig. 3.

Deux manivelles M, reliées à deux bielles en treillis B, qui sont commandées par la tige à T du plongeur d'une presse hydraulique P (Fig. 3).

L'eau comprimée est à 3 atmosphères.

Elle est donnée par un moteur à gaz Otto.

La largeur de la voie que dessert le pont est de 8 mètres.

ANNEXE N° 8

CALCUL D'UN PONT TOURNANT

PONT DU POLLET, A DIEPPE

Communication de M. Alexandre, ingénieur en chef des ponts et chaussées.

Pour la description et la justification des dispositions adoptées dans ce pont, voir la note insérée par M. l'ingénieur en chef Alexandre dans les Annales *de 1892.*

TABLIER

I. — *Longeron sous voie charretière.*

Les entretoises sont espacées de 2^m,425 d'axe en axe; en tenant compte des deux goussets qui relient le longeron à l'entretoise, le longeron a un porte-à-faux de 1^m,925.

Le longeron doit supporter par mètre courant :

1° Son propre poids, soit .... 56^k
2° Une zone de platelage de 1^m,40 de largeur, soit 1^m,40×150^k [1] = 210^k

Total... 266^k

1. Le poids du platelage se décompose comme il suit :

Les voitures les plus lourdes, en usage aux environs de Dieppe, sont les voitures de 8 tonnes, mais on doit prévoir également le passage d'une locomotive routière, dont l'essieu le plus chargé supporte 10 tonnes. Le cas le plus défavorable est donc celui où les roues de la locomotive se trouvent à égale distance des deux entretoises voisines.

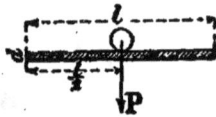

Soient 2 P ce poids de 10 tonnes,
l la longueur du longeron,
p le poids mort par mètre courant.

Le moment fléchissant maximum est :

$$X = \frac{pl^2}{8} + \frac{Pl}{4} = \frac{l}{8}(pl + 2\,P) = 2529,45$$

Comme le moment d'inertie est :

$$I = \frac{1}{12}(bh^3 - b'h'^3 - b''h''^2) = 0,0000445$$

le travail maximun R du fer, par millimètre carré, sera :

$$R = \frac{X\,\dfrac{h}{2}}{1.000.000\,I} = 5^k,68$$

II. — *Entretoises.*

Espacées de 2^m,425, elles ont un porte-à-faux de 6^m,94.

La charge permanente qu'elles supportent se décompose comme il suit :

1° Poids de l'entretoise = 152^k × 6,94 =	1.055^k
2° Poids des quatre longerons = 4 × 2^m,425 × 56^k =	545
3° Poids du tablier (trottoir compris)................	2.619
4° Contreventement....................................	190
Total....................	4.409^k
Soit....................	4.450^k

On peut admettre que ce poids est uniformément réparti ; le poids mort, par mètre courant, sera donc de :

Bois..	56.700^k
Bandes de roulage...............................	16.800^k
Boulons, clous, etc.............................	2.500^k
Total.................	76.000^k

La surface du tablier est de : 70,50 × 7,24 = 510^m,42
Le poids par mètre carré est donc de 150^k.

$$p = \frac{4450^k}{6,94} = 641^k$$

Le pont peut être traversé, soit par la locomotive routière, soit par des voitures de 8 tonnes à un seul essieu. L'écartement des roues étant de $2^m,50$, la locomotive ne pourrait passer sur le pont qu'en occupant les deux voies charretières. La charge la plus défavorable, pour l'entretoise, résultera du passage de deux voitures de 8 tonnes se croisant, en supposant le trottoir portant sa surcharge réglementaire de 300 kilogrammes par mètre courant. Le moment fléchissant maximum se produira au milieu de l'entretoise et aura pour expression, en appelant 2π la surcharge du trottoir, P le poids de la voiture et l la longueur en porte-à-faux de l'entretoise :

$$X = \frac{pl^2}{8} + (P + \pi)\frac{l}{2} - \pi\left(\frac{l}{2} - 1,22\right) - \frac{P}{2}\left(\frac{l}{2} - 1,44\right) - \frac{P}{2}\left(\frac{l}{2} - 2,99\right)$$

$$X = 22.138$$

Le moment d'inertie de l'entretoise est donné par la formule :

$$I = \frac{1}{12}(bh^3 - b'h'^3 - b''h''^3 - b'''h'''^3)$$

$b = 0^m,300$	$h = 0^m,600$
$b' = 0^m,090$	$h' = 0^m,580$
$b'' = 0^m,180$	$h'' = 0^m,560$
$b''' = 0^m,020$	$h'' = 0^m,380$

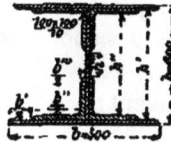

$$I = 0,001211$$

Le travail maximum du fer, par millimètre carré, sera :

$$R = \frac{X\,\frac{h}{2}}{1.000.000\,I} = \frac{22.138 \times 0,3}{1.211} = 5^k,48$$

III. — Calcul du contrepoids.

Supposons d'abord que le pont, pendant la rotation, soit en équilibre sur son pivot ; la somme des moments des forces, pris par rapport à un plan vertical passant par l'axe du pivot, devra être nulle. Les forces qui agissent sont : le poids de la volée, le poids de la culasse et le poids du lest. On peut admettre, avec une exactitude suffisante, que les deux premiers poids sont appliqués l'un au milieu de la volée, l'autre au milieu de la culasse.

Soient :

P' le poids de la volée, c'est-à-dire.............. 293.255^k
P le poids de la culasse, c'est-à-dire............ 170.145^k
ω le poids de la caisse à lest, c'est-à-dire......... 3.400^k
π le poids inconnu du lest, appliqué à une distance
de 21^m,2125 de l'axe du pivot.

On doit avoir :

$$P' \times 23,4175 = P \times 11,5875 + \omega \times 21,2125 + \pi \times 21,2125$$

d'où l'on déduit :

$$\pi = 229.603^k$$

Comme il faut un certain excédent de poids du côté de la culasse, pour appuyer les galets sur leur chemin de roulement, le lest sera de 240.000 kilogrammes.

POUTRES MAITRESSES

I. — Calcul des moments fléchissants pendant la rotation du pont.

Nous admettrons, en faisant abstraction du lest et de la caisse à lest, que les poids sont uniformément répartis. On se place ainsi dans des conditions légèrement défavorables, puisque les poutres maîtresses sont moins lourdes aux extrémités que près du pivot.
Soient :

a la longueur de la poutre dans la culasse, c'est-à-dire..... 25^m,175
a' la longueur de la poutre dans la volée, c'est-à-dire...... 46^m,835
p le poids par mètre courant supporté par chaque poutre de
rive dans la culasse, c'est-à-dire........................ 3.671^k
p' le poids par mètre courant supporté par chaque poutre
de rive dans la volée, c'est-à-dire..................... 3.152^k
d la longueur de la caisse à lest, soit...................... 3^m,925
π le poids par mètre courant du lest et de la caisse à lest... 29.681^k

en supposant le lest réduit au poids nécessaire pour équilibrer la poutre et ne tenant pas compte de la partie du lest qui
sert à appuyer le pont sur ses galets de
roulement.
Les moments fléchissants dans la volée,
à une distance x du pivot, sont donnés par la formule :

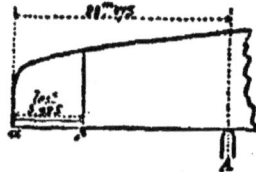

$$(1) \quad X = \frac{1}{2} \, p' \, (a' - x)^2$$

Dans la culasse de A en β, ils le sont par la formule :

$$(2)\ X = -\frac{1}{2}\ p\ (a - x)^2 - \pi d\left(a - \frac{d}{2} - x\right)$$

Et de β en α par :

$$(3)\ X = -\frac{1}{2}\ (p + \pi)\ (a - x)^2$$

II. — Calcul des moments fléchissants, le pont étant en place et soumis
aux surcharges réglementaires.

Quand le pont est fermé, chacune des deux poutres de rive repose sur trois appuis, l'appui intermédiaire étant sur le bord du mur de quai du chenal. On a donc un pont à deux travées solidaires inégales. Nous n'avons pas à nous occuper, dans le calcul, de la partie du pont qui contient le lest et la caisse à lest, et qui reposera sur des appuis fixes. Les portées des deux travées seraient donc de 24m,37 et 41m,715.

La surcharge la plus défavorable que le pont ait à supporter résulte du passage de voitures de 8 tonnes en même temps dans les deux sens. Pour la travée de 24m,37, chaque file de voitures de 8 tonnes, attelée de quatre chevaux (mémoire de M. l'inspecteur Kleitz, *Annales des ponts et chaussées* de 1877), peut être remplacée par une surcharge uniforme de 760 kilogrammes par mètre courant; comme le pont est à deux voies charretières, la surcharge totale par mètre courant est de 1.520 kilogrammes, plus la surcharge de 300 kilogrammes par mètre carré sur les trottoirs.

Pour la travée de 41m,715 de portée, chaque file de voitures de 8 tonnes pourrait être remplacée par une surcharge uniforme de 610 kilogrammes; comme la voie charretière a une largeur de 2m,25, cette surcharge est inférieure à celle que l'on obtiendrait en supposant le pont occupé tout entier par des piétons, comme cela arrivera au moment de la remise en service du pont; la surcharge de 300 kilogrammes par mètre carré à appliquer dans ce cas donne, pour la largeur de 2m,25, une surcharge de 675 kilogrammes par mètre courant, soit 1.350 kilogrammes pour toute la largeur du pont; la surcharge la plus défavorable que le pont ait à supporter dans la volée est donc de 1.350 kilogrammes par mètre courant, plus la surcharge de 300 kilogrammes par mètre carré sur les trottoirs.

Par suite, dans la première travée, chaque poutre supportera :

1° La moitié du poids mort, soit.................... . 3.802^k
2° La moitié de la surcharge sur les voies charretières.   760^k
3° La moitié de la surcharge sur les trottoirs, soit...   411^k

Total p = 4.973^k

Dans la deuxième travée, chaque poutre supportera :

1° La moitié du poids mort........................ 3.044^k
2° La moitié de la surcharge de 300^k sur toute la
largeur du pont, soit....................... 1.086^k

Total p' = 4.130^k

Soit a la longueur de la première travée,
$a = 24^m,37$.

Soit a' la longueur de la deuxième travée,
$a' = 41^m,715$.

Le moment fléchissant X_2 au droit de
l'appui B est donné par l'équation (Voir
1er volume du cours de M. l'inspecteur général Collignon, p. 188
à 194).

$$2 X_2 (a + a') = \frac{1}{4} pa^3 + \frac{1}{4} p'a'^3$$

$$(\alpha)\ X_2 = \frac{pa^3 + p'a'^3}{8 (a + a')}$$

X_2 étant compté positivement de gauche à droite dans le sens
de la flèche.

Les réactions T_1, T_2 et T_3 sur les points d'appui sont données
par les formules suivantes :

$$(\beta)\ T_1 = \frac{1}{2} pa - \frac{X_2}{a}$$

$$(\gamma)\ T_2 = \frac{1}{2} pa + \frac{1}{2} p'a' + \frac{X_2}{a} + \frac{X_2}{a'}$$

$$(\delta)\ T_3 = \frac{1}{2} p'a' - \frac{X_2}{a'}$$

Ces formules montrent :

1° Que X_2 et T_2 sont maxima lorsque p et p' sont les plus
grands possible, c'est-à-dire quand à la charge vient s'ajouter la
surcharge sur les deux travées.

2° Que T_1 est maximum lorsque, p étant le plus grand possible,
X_2 est minimum, c'est-à-dire lorsque la première travée est sur-

chargée et que la seconde supporte seulement la charge permanente.

3° Que T_3 est maximum lorsque, p' étant le plus grand possible, X_2 est minimum, c'est-à-dire quand la deuxième travée est seule surchargée.

Soit c la charge permanente par mètre courant de poutre dans la première travée et c' la même charge dans la deuxième. Le maximum de T_1 correspondra à la valeur de X_2, donnée par la formule :

$$(\varepsilon) \quad X_2 = \frac{pa^3 + c'a'^3}{8(a+a')}$$

et le maximum de T_3 correspondra à la valeur de X_2 donnée par la formule :

$$(\gamma) \quad X_2 = \frac{ca^3 + p'a'^3}{8(a+a')}$$

Les formules (α), (ε) et (γ) donnent :

$$X_2 = 703.208$$
$$X'_2 = 554.096$$
$$X''_2 = 671.251$$

La valeur maximum de T_1. qui correspond au cas où la première travée est seule surchargée, est donc :

$$T'_1 = \frac{1}{2} \cdot pa - \frac{X'_2}{a} = 37.859$$

La valeur maximum de T_2, correspondant au cas où les deux travées sont surchargées, est :

$$T'_2 = \frac{1}{2} \cdot pa + \frac{1}{2} \cdot p'a' + \frac{X_2}{a} + \frac{X_2}{a'} = 192.450$$

La valeur maximum de T_3, correspondant au cas où la deuxième travée est seule surchargée, est :

$$T'_3 = \frac{1}{2} p'a' - \frac{X'_2}{a'} = 72.859$$

Si l'on suppose la culasse et la volée toutes deux surchargées, on trouve :

$$T_1 = 31.741 \qquad T_2 = 192.450 \qquad T_3 = 69.284$$

Les moments de flexion dans la première travée, à une distance x du point d'appui intermédiaire, sont fournis par l'équation :

$$(4) \quad X = T_3 (a-x) - \frac{1}{2} p (a-x)^2$$

quand on suppose la première travée seule surchargée, et par l'équation :

$$(5) \quad X = T_4 (a-x) - \frac{1}{2} p (a-x)^2$$

en supposant les deux travées surchargées.

Dans la deuxième travée, les moments de flexion à une distance x du point d'appui intermédiaire sont donnés par l'équation :

$$(6) \quad X = - T_3 (a'-x) + p' \frac{(a'-x)^2}{2}$$

dans le cas de la deuxième travée seule surchargée, et par l'équation :

$$(7) \quad X = - T_3 (a'-x) + \frac{p' (a'-x)^2}{2}$$

quand les deux travées sont surchargées.

Tous ces moments fléchissants ont été calculés au droit de l'appui intermédiaire et suivant les axes des montants verticaux.

III. — Calcul des moments d'inertie en divers points de la poutre et efforts maxima correspondants, les fers travaillant à 6 kilogrammes par millimètre carré.

Les moments d'inertie sont donnés par la formule :

$$I = \frac{bh^3 - b'h'^3 - b''h''^3 - b'''h'''^3 - b^{iv}h^{iv3}}{12}$$

Le moment fléchissant correspondant, que peut supporter la poutre, les fers travaillant à 6 kilogrammes par millimètre carré, est :

$$X = \frac{12.000.000 \; I}{h}$$

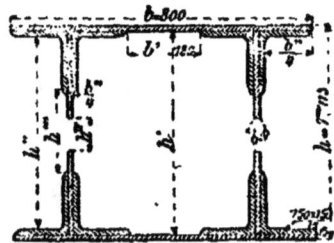

On ne donnera ici l'application de ces formules que pour la section des poutres au droit du pivot.

Le nombre des semelles n'a d'influence que sur la quantité h dans ces formules.

Au droit du pivot, il en faut quatre de 0ᵐ,015 et une de 0ᵐ,010 haut et bas, et on a :

$h\ \ = 0^m,800$ $h\ \ = 7^m,113$

$b'\ = 0^m,180$ $h'\ = 6^m,973$ $I = 2,108253$

$b''\ = 0^m,540$ $h''= 6^m,843$

$b'''\ = 0^m,060$ $h'''= 6^m,673$ $X = 3,556740$

$b^{iv}= 0^m,020$ $h^{iv}= 5^m,323$

IV. — Épure de la répartition des t:les.

On a représenté sur cette épure, page 432, les courbes des moments fléchissants qui se produisent dans la poutre.

1° Pendant la rotation du pont, ces moments sont alors donnés par les formules (1), (2), (3).

2° Quand le pont repose sur ses appuis et supporte la surcharge sur les deux travées ou sur une seule.

On emploie pour cela les formules (4), (5), (6), (7).

On a représenté, d'autre part, la courbe des moments auxquels la poutre pourrait résister en supposant que le travail du fer fût exactement de 6 kilogrammes par millimètre carré. On voit, sur cette épure, que les premières courbes sont constamment à l'intérieur de cette dernière.

Le travail maximum R du fer par millimètre carré a lieu dans les environs du pivot pendant la rotation du pont; il est donné par l'expression :

$$R = \frac{X\,\dfrac{h}{2}}{1.000.000\,I}$$

Remplaçant. dans cette expression, X par la valeur du moment fléchissant maximum, h par la hauteur de la poutre au pivot et I par son moment d'inertie, on trouve :

$$R = 5,83$$

V. — Calcul des efforts tranchants pendant la rotation du pont.

Les efforts tranchants s'obtiennent en prenant la dérivée par rapport à x des formules donnant les moments fléchissants.

On obtient respectivement les formules :

$(1)'\ P = p'\,(a'-x)$

$(2)'\ P = p\,(a-x) + \pi d$

$(3)'\ P = (p-\pi)\,(a-x)$

Au droit du pivot, la formule (1)' donne :

$$P = -147.999$$

et la formule (2)' :

$$P = 201.573$$

Les autres résultats sont consignés dans l'épure des efforts tranchants.

VI. — *Calcul des efforts tranchants, le pont étant en place et soumis aux surcharges réglementaires.*

Ils s'obtiennent, de même que les précédents, par les formules :

$$(4)' \quad P = -T_1 + p \ (a - x)$$
$$(5)' \quad P = -T_1 + p \ (a - x)$$
$$(6)' \quad P = \quad T_2 - p' \ (a' - x)$$
$$(7)' \quad P = \quad T_2 - p' \ (a' - x)$$

Au droit du pivot, la formule (4)' donne :

$$P = +83.363$$

la formule (5)' donne :

$$P = +89.451$$

la formule (6)' donne :

$$P = -99.413$$

la formule (7)' donne :

$$P = -102.999$$

Les autres résultats ont servi à composer l'épure des efforts tranchants.

On remarquera que le plus grand effort tranchant qui ait lieu au droit du pivot est fourni par les charges de culasse pendant la rotation du pont.

VII. — *Calcul des efforts tranchants que peut supporter la poutre, le fer travaillant à 6 kilogrammes par millimètre carré de section.*

Les parties de la poutre qui doivent résister aux efforts tranchants sont :

1° Les tôles verticales de $1^m,05$ de hauteur à la partie inférieure et de $0^m,60$ à la partie supérieure;

2° Les croisillons dans les montants verticaux et les grandes croix de Saint-André dans le reste de la poutre.

Pour les âmes verticales, l'effort tranchant qu'elles peuvent supporter, le fer travaillant à 6 kilogrammes par millimètre carré, est donné par la formule : $E_1 = S \times 6$; S représentant la section exprimée en millimètres carrés;

d'où :

$$F_1 = 32.880 \times 6 = 198.000$$

Soit s la somme des sections des côtés des croisillons ou des croix de Saint-André que rencontre un plan vertical, α l'angle de ces pièces avec la verticale; l'effort tranchant E_2, auquel elles peuvent résister, sera :

$$\frac{E_2}{\cos. \alpha} = s \times 6 \qquad E_2 = s \times 6 \times \cos. \alpha$$

L'effort tranchant, auquel peut résister la poutre, est donc :

$$E = E_1 + E_2$$
$$E = 198.000 + s \times 6 \times \cos. \alpha$$

Cette formule a permis de calculer les efforts tranchants auxquels peut résister la poutre, au droit de chacun des montants et dans les intervalles. On a trouvé pour le montant du pivot $\alpha = 42° 40'$.

Un plan vertical coupe 20 barres de treillis de 150 millimètres de largeur sur 15 millimètres d'épaisseur, donc :

$$s = 45.000 \quad \text{et} \quad E = 396.531$$

Pour le premier intervalle. — Les angles des branches de la croix de Saint-André avec la verticale sont :

$$\alpha = 30° \qquad \alpha = 29°40'$$
$$E = 406.188$$

Section des croix de Saint-André.

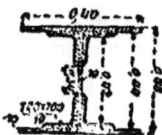

Les autres résultats sont consignés dans l'épure des efforts tranchants.

Aux extrémités de la culasse et de la volée, dans les parties où les âmes en tôle règnent sur toute la hauteur de la poutre, l'effort tranchant auquel peut résister cette poutre sera donné par la formule :

$$E = h \times e \times 6$$

h étant la hauteur de l'âme et *e* son épaisseur.

Pour la culasse, l'effort tranchant variera de :

$$E = 751.080 \quad \text{pour } h = 6^m,259$$
$$\text{à } E = 713.880 \quad \text{pour } h = 5^m,949$$

Pour la volée, l'effort tranchant auquel peut résister la poutre variera de :

$$E = 396.720 \quad \text{pour } h = 3^m,306$$
$$\text{à } E = 326.040 \quad \text{pour } h = 2^m,717$$

On voit sur l'épure des efforts tranchants que le travail du fer est loin d'atteindre, en n'importe quel point, 6 kilogrammes par millimètre carré.

VIII. — Calcul de la flèche prise par l'extrémité de la volée du pont pendant la rotation.

Comme on l'a vu, ce calcul a une très grande importance pour l'établissement des appareils de manœuvre du pont. Voici comment on a opéré à Dieppe :

La flèche prise par l'extrémité de la volée du pont, pendant la rotation, est produite par deux causes : les moments fléchissants et les efforts tranchants. La première cause tend à faire tourner une section normale à la fibre neutre et à lui faire faire un certain angle avec la section infiniment voisine ; la seconde fait glisser une section d'une certaine longueur par rapport à la section précédente.

Considérons une section AB normale à la fibre neutre MO. Nous admettons que la section AB est parvenue à sa position d'équilibre, une fois la déformation effectuée, et nous nous proposons de déterminer par rapport à AB le mouvement de la section CD sous l'action des forces qui la sollicitent vers la droite. Ces forces se réduisent à un couple X (moment fléchissant) et à une force verticale P (effort tranchant). Sous l'action du couple, CD va tourner d'un angle ψ, qui est donné par la formule (Bresse, 1re partie, p. 285 de la 3e édition) :

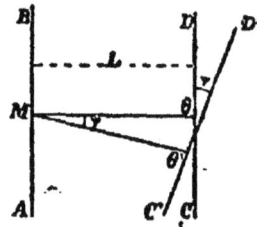

$$\psi = \frac{XL \sin \theta}{\Sigma Eu^2 \omega}$$

Dans le cas actuel, $\theta = 90°$, $\sin \theta = 1$; et, comme le métal est homogène et que E est constant :

$$\Sigma E u^2 \omega = EI$$

I désignant le moment d'inertie.

La formule générale devient donc :

$$(1) \quad \psi = \frac{XL}{EI}$$

Cette rotation portera CD en C'D'; la fibre neutre, devant rester normale à la section, dans sa position nouvelle, viendra en M θ', et l'abaissement, mesuré sur la perpendiculaire à la direction initiale de la fibre neutre, aura pour valeur M θ' sin ψ ou L sin ψ ou L ψ, puisque ψ représente un angle très petit. De la section C'D', on peut passer à une section voisine, et ainsi de suite.

La volée du pont peut être considérée comme encastrée à l'aplomb de l'axe du pivot; la section correspondante ne bougera pas dans la déformation; toutes les autres sections qui seront prises suivant les axes des montants verticaux tourneront d'angles $\psi_1 \ldots\ldots \psi_{10}$, qu'on déterminera par la formule (1) :

$$
\begin{aligned}
\psi_1 &= 0,00054 & \psi_6 &= 0,00033 \\
\psi_2 &= 0,00044 & \psi_7 &= 0,00025 \\
\psi_3 &= 0,00042 & \psi_8 &= 0,00018 \\
\psi_4 &= 0,00042 & \psi_9 &= 0,00008 \\
\psi_5 &= 0,00040 & \psi_{10} &= 0,00001
\end{aligned}
$$

L'abaissement aura pour valeur :

$$F_1 = L_1\psi_1 + L_2(\psi_1 + \psi_2) + L_3(\psi_1 + \psi_2 + \psi_3) + \ldots\ldots + L_{10}(\psi_1 + \psi_2 + \ldots\ldots + \psi_{10})$$

en appelant $L_1 L_2 \ldots\ldots L_{10}$ les intervalles compris entre deux sections successives.

$$F_1 = 0,093$$

Pour avoir l'abaissement suivant la verticale, il faudrait multiplier F_1 par le cosinus de l'angle formé par la fibre neutre et l'horizontale, lequel est très sensiblement égal à l'unité.

D'autre part, sous l'action de l'effort tranchant P, la section CD glisse par rapport à AB d'une quantité y, donnée par la formule (Bresse, 1re partie, p. 285 de la 3e édition) :

$$y = \frac{PL}{G\Omega}$$

$$y_1 = 0,0018 \qquad y_6 = 0,0008$$
$$y_2 = 0,0014 \qquad y_7 = 0,0007$$
$$y_3 = 0,0013 \qquad y_8 = 0,0005$$
$$y_4 = 0,0011 \qquad y_9 = 0,0004$$
$$y_5 = 0,0010 \qquad y_{10} = 0,00003$$

L'abaissement total F_2 dû aux efforts tranchants, sera :

$$F_2 = y_1 + \cdots\cdots + y_{10} = 0,0090$$

La flèche F prise par l'extrémité de la volée, pendant la rotation du pont, sera donc :

$$F = F_1 + F_2 = 0,098 + 0,009 = 0,107$$

Aux épreuves, le pont, décalé et abandonné à lui-même pendant quatre heures consécutives, a pris le profil ci-dessous :

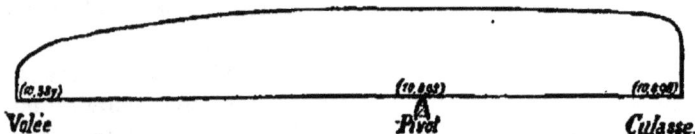

Volée   (10,381)   (10,843) Pivot   (10,839) Culasse.

(Les chiffres entre parenthèses indiquent les cotes au-dessus des plus basses mers à Dieppe.)

La volée, comme on le voit, a pris une flèche de 0,111 et la culasse est demeurée horizontale (on avait eu soin d'enlever l'excès de lest nécessaire pour le basculement du pont sur les galets de culasse).

CHEVÊTRE

Au moment du soulèvement ou pendant la rotation du pont tournant du chenal du Pollet, le chevêtre doit supporter l'ensemble du poids du pont ; ce poids est de 750.000 kilogrammes ; chacune des deux moitiés du chevêtre supportera donc un poids de 375.000 kilogrammes ; nous supposerons ce poids agissant suivant l'axe de la poutre du pont.

Le chevêtre doit, en outre, porter la couronne de rotation, qui, avec la chaîne, pèse 18.000 kilogrammes ; cette couronne est fixée aux pièces du pont et aux extrémités du chevêtre ; on admettra qu'une partie de la couronne, du poids de 10 tonnes, est portée par le pont (ces 10 tonnes viennent alors s'ajouter au poids total du pont) et qu'une autre partie, du poids de 8 tonnes, est fixée aux extrémités du chevêtre.

Enfin, le chevêtre doit porter son propre poids; son poids total, tel qu'il résulte de l'avant-métré, étant de 40.500 kilogrammes, le poids p par mètre courant sera :

$$p = \frac{40500}{8^m,54} = 4742^k,4$$

I. — Calcul des moments fléchissants.

Pour le calcul des moments fléchissants, le chevêtre étant également chargé des deux côtés du pivot, nous calculerons les moments pour une moitié seulement du chevêtre, en supposant que cette moitié serait encastrée suivant l'axe du pivot; le calcul serait identique pour l'autre moitié du chevêtre.

Pour la partie comprise entre A et B, le moment fléchissant, à une distance x de l'axe, sera donné par la formule :

$$(1) \quad M = 380.000 \, (3,87 - x) + 4.000 \, (4.27 - x) + \frac{4742.4 \, (4.27 - x)^2}{2}$$

et, pour la partie comprise entre B et C, par la formule :

$$(2) \quad M = 4.000 \, (4.27 - x) + \frac{4742.4 \, (4.27 - x)^2}{2}$$

Pour $a = 0,00$, c'est-à-dire au centre du chevêtre, on trouve :

$$M = 1.530.914$$

II. — Calcul des moments d'inertie et efforts maxima correspondants, le fer travaillant à 6 kilogrammes par millimètre carré.

La partie de la poutre devant résister aux moments fléchissants sera formée par les semelles et les cornières ; les parties des âmes verticales, comprises entre les cornières, résisteront aux efforts tranchants.

Les moments d'inertie sont donnés par la formule :

$$I = \frac{bh^3 - b'h'^3 - b''h''^3 - b'''h'''^3}{12}$$

Le moment fléchissant maximum que peut supporter la poutre, les fers travaillant à 6 kilogrammes par millimètre carré, est :

$$M = \frac{12.000.000 \, I}{h}$$

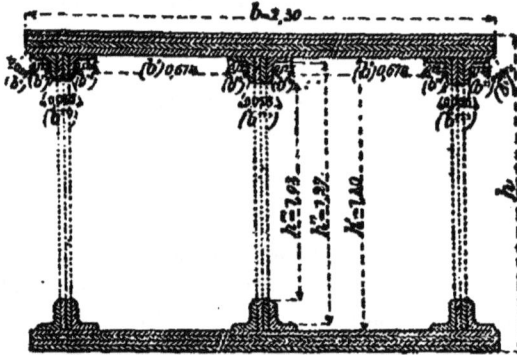

Au centre du chevêtre, il faut sept semelles de 0m,12 d'épaisseur haut et bas ; on a alors :

$$b = 2,30 \qquad h = 1,468$$
$$b' = 1,382 \qquad h' = 1,30 \qquad I = 0,210450$$
$$b'' = 0,75 \qquad h'' = 1,27 \qquad M = 1.720.000$$
$$b''' = 0,168 \qquad h''' = 1,02$$

On a représenté sur une épure la courbe des moments fléchissants qui se produisent dans le chevêtre; on a représenté, d'autre part, la courbe des moments auxquels pourrait résister la poutre en supposant le travail du fer exactement de 6 kilogrammes par millimètre carré; on voit sur cette épure que la première courbe est constamment à l'intérieur de la deuxième.

Le travail du fer au droit de l'axe du pivot est donné par l'expression :

$$R = \frac{M h}{2.000.000 \, I}$$

Remplaçant dans cette expression M par la valeur du moment fléchissant au droit de l'axe du pivot, h par la hauteur de la poutre au droit du même axe et I par son moment d'inertie, on trouve :

$$R = 5^k,33$$

III. — Calcul des efforts tranchants.

De A en B (voir la figure page 427), les efforts tranchants sont donnés par la formule :

$$(1)\ P = 380.000 + 4.000 + 4742,4\ (4,27 - x)$$

et de B en C par :

$$(2)\ P = 4.000 + 4742,4\ (4,27 - x)$$

Pour $x = 0,00$, c'est-à-dire au centre du chevêtre, la formule (1) donne :

$$P = 404.250$$

IV. — Calcul des efforts tranchants que peut supporter le chevêtre, le fer travaillant à 6 kilogrammes par millimètre carré de section.

Les parties du chevêtre qui doivent résister aux efforts tranchants sont les trois âmes verticales formées chacune de deux tôles de 13 millimètres d'épaisseur et de $1^m,02$ de hauteur. L'effort tranchant auquel elles peuvent résister, le fer travaillant à 6 kilogrammes par millimètre carré, est donné par la formule :

$$P = s \times 6$$

s représentant la section de ces pièces, exprimée en millimètres carrés.

$$P = 3 \times 26 \times 1020 \times 6 = 477.360$$

valeur supérieure à chacune de celles qui ont été trouvées précédemment pour l'effort tranchant que doit supporter le chevêtre.

Le travail maximum R du fer dans les âmes peut d'ailleurs se calculer par la formule :

$$R = \frac{P}{s}$$

dans laquelle on remplacera P par la plus grande valeur de l'effort tranchant (404.250) et s par la section des âmes, exprimée en millimètres ; on en tire :

$$R = 5^k,08$$

On a tracé sur une épure, d'une part, les droites représentant les

efforts tranchants qui se produisent dans le chevêtre, d'autre part,
la droite représentant les efforts tranchants auxquels peut résister
le chevêtre en supposant que le travail du fer soit de 6 kilogrammes par millimètre carré. On voit sur cette épure que les
premières lignes sont constamment à l'intérieur de cette dernière.

V. — Calcul de la flèche prise par l'extrémité du chevêtre.

Ce calcul est identique à celui que nous avons indiqué pour les
poutres maîtresses ; nous n'en donnerons que le résultat.

On trouve pour la flèche F prise par chacune des extrémités du
chevêtre pendant le soulèvement ou la rotation du pont :

$$F = 0,00376$$

On fera remarquer qu'il est nécessaire que cette flèche soit
très faible pour éviter les déformations dans les poutres maîtresses.

Pour les calculs d'établissement des appareils de manœuvre
du pont, on se bornera à renvoyer aux indications intéressantes que
renferme à ce sujet la note de M. l'ingénieur en chef Alexandre,
insérée dans les *Annales des ponts et chaussées* de 1892.

Calcul simplifié pour des ponts tournants de moindre importance.

Le calcul précédent ne s'applique qu'aux grands ponts tournants.
Il serait trop long et trop compliqué pour les ponts ordinaires.

Aussi, dans ce cas, a-t-on recours à des méthodes plus simples.
On en trouvera un exemple dans le mémoire sur le canal de
Tancarville, par M. Maurice Widmer, ingénieur des ponts et
chaussées (*Annales des ponts et chaussées* de 1892).

CHEVÊTRE

Epure de la répartition des tôles.

Échelles { Longueurs : 0^m,02 pour 1 mètre.
Moments : 0^m,004 pour 100,000 kg.

Épure des efforts tranchants.

Échelles { Longueurs : 0^m,02 pour 1 mètre.
Efforts tranchants : 0^m,02 pour 100.000 kg.

Epur de la répartition des tôles dans les poutres maîtresses.

Epure des Efforts tranchants.

ANNEXE N° 9

LIGNE DU PORT DE LA PALLICE A LA ROCHELLE

Travée tournante du pont sur le canal de Marans.

Exemple d'un pivot fixe soulagé quand le pont est en service (Note fournie par M. Gérard, ingénieur en chef des ponts et chaussées, et M. Claise, ingénieur ordinaire des ponts et chaussées).

Description du pont tournant.

L'axe du pont fait avec l'axe du canal un angle de 73° 59'.

Son ouverture, mesurée normalement entre le parement de la pile et celui du bajoyer, est de 7 mètres.

La distance du pivot au parement de ce bajoyer, mesurée dans l'axe du pont, est de 3^m,095.

L'ossature métallique se compose essentiellement de deux poutres : l'une de 17^m,228 de longueur et l'autre de 16^m,252 de longueur, distantes d'axe en axe de 3^m,40, réunies à leur partie inférieure par des poutrelles transversales distantes d'axe en axe de 1^m,60, par le chevê-

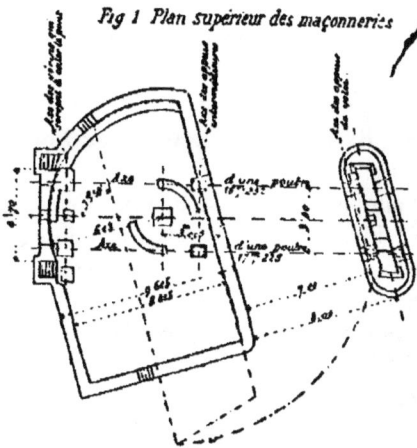

Fig 1 Plan supérieur des maçonneries

tre placé au-dessus du pivot et par des masques fermant le pont à la volée et à la culasse.

Le chevêtre est formé par deux poutrelles, distantes d'axe en axe de 0^m,673 et réunies, à leur partie inférieure, par une tête recevant la crapaudine du pivot.

Pendant son mouvement de rotation, le pont repose sur son pivot et sur le galet de culasse.

L'équilibre dans le sens transversal est assuré par un galet placé sous chaque poutre au droit de l'axe transversal passa nt par le pivot.

La tige du pivot en fer forgé présente un diamètre de 0ᵐ,200. La tête de ce pivot est constituée par un grain trempé ; elle s'engage

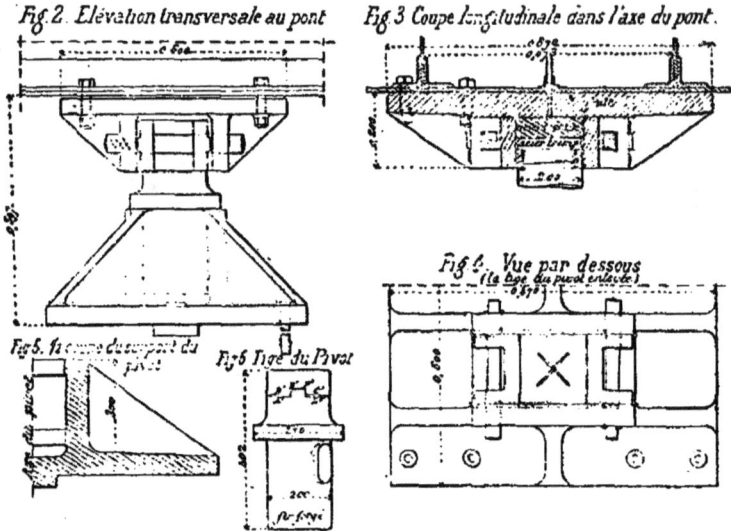

Fig. 2. Elévation transversale au pont

Fig 3 Coupe longitudinale dans l'axe du pont.

Fig 4. Vue par dessous (la tige du pivot enlevée)

Fig 5. figure du pivot

Fig 6 Tige du Pivot

dans une crapaudine en fonte, fixée sous le chevêtre, portant également un grain d'acier trempé.

Le grain du pivot repose simplement sur la tige par deux plans (AB, A'B') et (CD, C'D') (voir Fig. 3 et 6) à inclinaison contrariée, afin d'empêcher tout déplacement de ce grain dans le sens longitudinal, c'est-à-dire parallèlement à l'axe du pont. D'autre part, les déplacements dans le sens transversal sont rendus impossibles au moyen d'un tenon (EF, E'F') (Fig. 3 et 6).

La tige du pivot est fixée dans un support inférieur en fonte, scellé dans la maçonnerie ; elle repose sur ce support par un collet.

Nécessité d'une réparation facile.

Il y avait le plus grand intérêt à adopter des dispositions permettant la visite et la réparation de toute pièce de l'appareil de rotation, et cela sans nuire à la circulation sur la voie ferrée. Le nombre des trains devait être, en effet, assez considérable, tandis que la navigation du canal, étant peu active, pouvait être interceptée sans qu'il en résultât de grands préjudices.

Par le calage, le pivot est complètement dégagé.

On a considéré comme une des premières conditions à réaliser pour un ouvrage mobile construit sur une voie ferrée, parcourue par des véhicules lourds, animés de vitesses qui peuvent atteindre 60 kilomètres, la nécessité d'avoir le dégagement complet du pivot une fois le calage achevé. L'étude très précise des différentes flèches que prend le pont ouvert ou fermé a permis d'obtenir, tout en conservant les trois appuis parfaitement au même niveau, un jeu de 2 millim. 5 à 3 millimètres entre la crapaudine et le pivot.

Ce dégagement est suffisant, car il est supérieur à la flèche observée en ce point sous le passage des plus lourdes machines de l'Administration des chemins de fer de l'État.

La surface de contact du pivot et de la crapaudine est plane.

Pendant le calage, le grain de la crapaudine, qui est complètement libre dans le sens vertical, ne quitte pas le grain du pivot. On évite ainsi l'introduction des poussières qui peuvent produire des grippements et le graissage des deux surfaces en contact est toujours meilleur. De plus, ces surfaces de contact ayant reçu la forme plane, il est facile, grâce au dégagement indiqué précédemment, de faire glisser le grain de la crapaudine sur le grain du pivot; il suffit pour cela d'enlever l'une des brides qui constituent les parties mobiles de la crapaudine. On peut alors examiner ces deux grains et leur faire subir le nettoyage qui convient. On retirera également et sans difficulté le grain du pivot, puis la plaque de fonte qui forme sommier sous le chevêtre. L'enlèvement même du support de la tige du pivot pourra être obtenu sans soulever le pont de ses appuis.

Les réparations aux différentes pièces de l'appareil de rotation se feront, par suite, sans amener aucune perturbation sur la voie ferrée; mais le passage de certains bateaux serait toutefois intercepté pendant cette période.

Ce résultat se trouve réalisé par l'emploi de la surface adoptée pour le contact du pivot et de la crapaudine. Toutefois, il en résulte un inconvénient assez sensible et qu'on ne rencontre pas lorsque cette surface est une portion de sphère, même très aplatie.

Inconvénient de la surface plane.

Dans ce dernier cas, en effet, si la travée n'est pas maintenue parfaitement horizontale, elle oscillera autour du point de suspension, et le contact réel existera encore sur toute la surface du pivot. Si l'on a affaire à un plan, le contact n'existera plus que sur une portion restreinte de celui-ci, puisqu'il est pratiquement impossible d'obtenir un équilibre transversal parfait. Par suite, le poids de la travée métallique pourra se reporter complètement sur l'un des bords du pivot, et charger ainsi la tige de celui-ci d'une façon très irrégulière par rapport à son axe de figure. C'est là un défaut très appréciable, mais qui, dans le cas actuel, ne peut avoir grande portée par suite de la faible longueur de la tige du pivot par rapport à son diamètre.

On remarquera, en effet, que le diamètre de 0^m,20 adopté est fort par rapport au poids total à porter. qui atteint environ 40 tonnes.

Conclusions.

En résumé, cette surface plane a permis de réaliser une décomposition très simple d'un pivot absolument fixe et qui peut cependant se démonter complètement sans avoir à soulever le pont de ses appuis; mais elle présente le défaut de charger inégalement la tige du pivot.

Elle permet aussi de tremper seulement les portions en contact des deux grains sans s'exposer à rendre cassantes ces pièces.

Cette disposition a été étudiée par la Société des ponts et travaux en fer (anciens établissements Joret).

ANNEXE N° 10

NOTE SUR LES PONTS DE BORDEAUX

Les deux ponts tournants du bassin à flot de Bordeaux sont identiques et appartiennent à la catégorie des ponts à volée double et par suite à soulèvement droit. Les deux volées ne sont cependant pas égales : l'une est de 28 mètres, l'autre de 20 mètres, et elles couvrent respectivement des écluses de 22 mètres et 14 mètres de largeur.

La rotation se fait exclusivement sur un pivot métallique. Ce pivot est porté par le piston plongeur d'une presse hydraulique qui ne peut prendre qu'un mouvement vertical. Lorsque le pont est livré à la circulation, le pivot est abaissé de façon à se trouver à 1 ou 2 centimètres au-dessous de la crapaudine fixée au chevêtre, et le vide ainsi produit se remplit de la matière lubrifiante tenue en réserve dans deux graisseurs.

(Voir p. 440 pour le détail de ces pivots métalliques.)

Un tambour vertical de 5 mètres de diamètre et de 2^m,75 de hauteur, fixé très solidement sur les poutres longitudinales et transversales du pont, assure sa stabilité à l'aide de deux couronnes de 12 galets de butée.

C'est également sur ce tambour que s'enroulent les chaînes des appareils de rotation.

Ce système présente deux avantages :

1° La presse du pivot travaille dans de très bonnes conditions. D'après Barret, en effet, les garnitures des presses, dont les plongeurs ne sont animés que d'un mouvement rectiligne de va-et-vient, ont une durée trois fois plus grande que celles dont les plongeurs sont assujettis à un mouvement vertical et à un mouvement de rotation.

2° Le sommet du pivot a été placé le plus haut possible, ce qui le rapproche du centre de gravité du pont et donne à l'ouvrage une stabilité relative. On a cependant constaté qu'il eût été peut-être préférable de donner à la crapaudine métallique portée par le plongeur un peu moins de hauteur et de faire travailler un peu plus les galets d'appui du tambour de rotation.

Il est convenable, en tout cas, de donner une grande longueur au corps du plongeur engagé dans la presse, par suite même de la hauteur du point de rotation.

Il faut également que la tête du pivot et la crapaudine puissent être démontées facilement pour être réparées, ce qui n'a pas lieu avec la disposition des grains d'acier en queue d'aronde du pivot de Bordeaux.

La manœuvre des ponts de Bordeaux a donné lieu à des expériences intéressantes, relatées dans la note suivante :

Coupe longitudinale sur l'axe.

Elévation longitudinale.

Plan

le tablier enlevé

au dessus des poutrelles du tablier

au dessous du tablier.

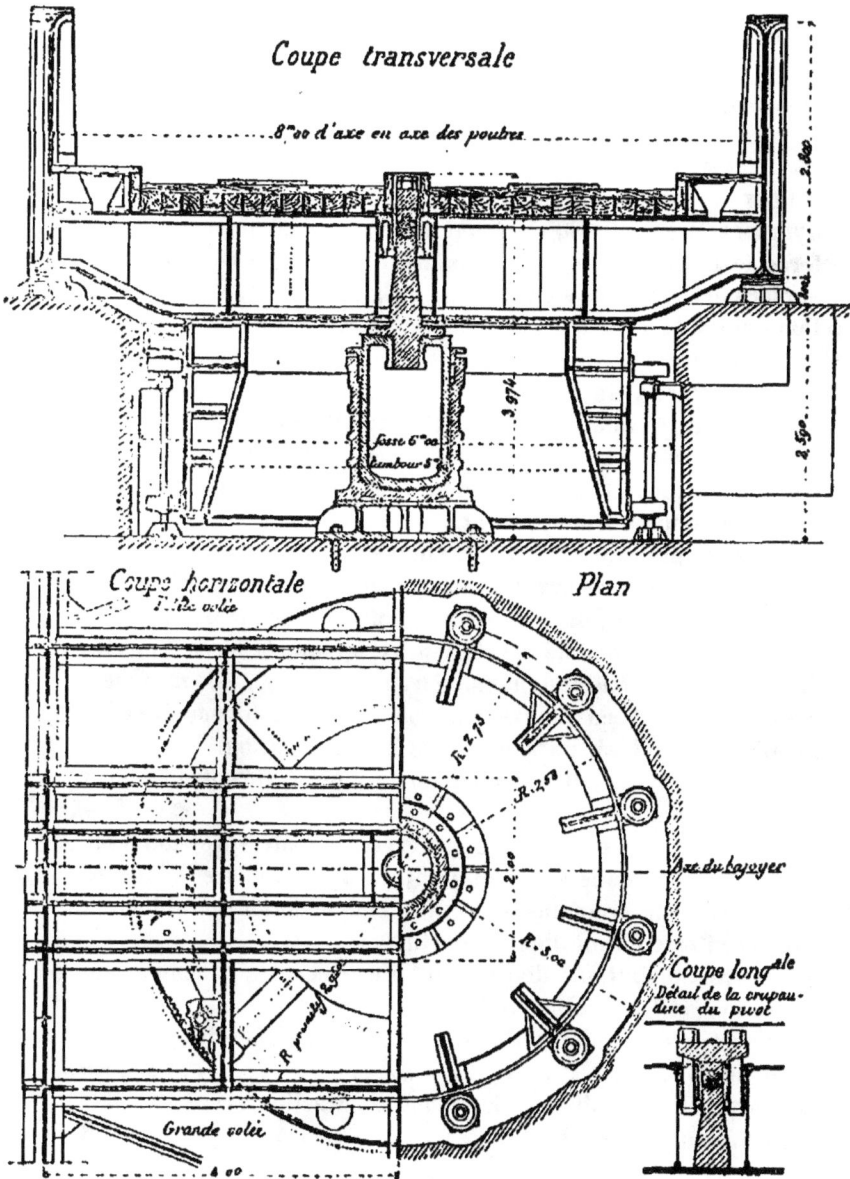

Coupe transversale

8ᵐ·00 d'axe en axe des poutres

fosse 6ᵐ·00
tambour 5ᵐ

3,974

2,60

2,50

Coupe horizontale
Petite voûte

Plan

R.2,73

R.2,58

Axe du foyer

R.500

2,00

R grande voûte R.3,00

Coupe long^le
Détail de la crapau-
dine du pivot

Grande voûte

4 00

Note sur l'effort que comporte la manœuvre des ponts tournants
de Bordeaux.

(*Lettre de M. de Volontat, ingénieur des ponts et chaussées à Bordeaux,
du 28 février 1891.*)

« Pour déterminer la résistance à la rotation, on a employé un
« dynamomètre de 0ᵐ,30 de diamètre et de 1ᵐ,50 de long, d'une
« force de 15 tonnes. Ce dynamomètre a été monté sur rouleaux
« et placé dans la galerie de passage de la chaîne de commande de
« l'un des ponts tournants; un chemin de roulement en tôle avait
« été préparé pour avoir un effort constant de traction de l'appa-
« reil; cet effort a été déterminé par une manœuvre directe; il a
« été trouvé de 40 kilogrammes; cette quantité est assez faible pour
« que l'on puisse, à la rigueur, la négliger, eu égard à la sensibilité
« de l'instrument et à la grandeur des efforts constatés pour
« mettre le pont en mouvement.

« Cet essai préliminaire fait, la chaîne de traction coupée, les
« bouts ont été maillés sur le dynamomètre et le pont soulevé par
« sa presse centrale; on a alors, par introduction lente, raidi la
« chaîne de commande de la rotation, et, lorsque la force d'inertie
« du pont a été vaincue, le dynamomètre accusait 3.500 kilogrammes.

« Le pont étant en mouvement, on a réglé l'introduction de
« manière à entretenir un mouvement lent de rotation.

« Les efforts accusés par le dynamomètre ont varié entre 1.500 et
« 2.500 kilogrammes.

« Dans une autre expérience, on a exercé la contre-pression pour
« arrêter le pont dans son évolution; le dynamomètre a accusé
« alors 5.000 kilogrammes. Cet effort augmenterait notablement
« avec la vitesse d'évolution à amortir.

« Ces trois opérations diverses ont été exécutées chacune plu-
« sieurs fois, et les résultats ont été les mêmes.

« Le rayon du tambour d'enroulement sous chevêtre
« étant de... 2ᵐ,509
« La longueur du maillon de la chaîne de traction ayant
« 0ᵐ,086, dont la moitié est de...................... 0ᵐ,043

« Le bras de levier de l'effort est de..... 2ᵐ,552

En supposant la pression répartie d'une façon mathématique-
ment égale sur toute la section droite du pivot, ce qui est une
abstraction théorique, si l'on considère dans cette section un sec-

teur circulaire, d'un angle extrêmement petit, on pourra assimiler ce secteur à un triangle, et, dans ce triangle, la résultante des pressions sera située au centre de gravité, c'est-à-dire aux deux tiers du rayon, à partir du centre.

Dans cette hypothèse, il résulte de la note ci-dessus que :

1° Le coefficient de frottement au départ est donné par la formule :

$$290.000^k \times f \times \frac{2}{3}\ 0,10 = 3.500^k \times 2^m,52 ;\ \text{d'où } f = 0,461$$

2° Le coefficient de frottement pendant la rotation a été de 0,198 au minimum et de 0,329 au maximum.

CHAPITRE V

MOYENS D'OBTENIR & D'ENTRETENIR LES PROFONDEURS
A L'ENTRÉE DES PORTS

§ 1. *Entretien des profondeurs à l'entrée des ports à marée débouchant sur des plages mobiles.* — § 2. *Chasses artificielles : fondation, construction et défense des ouvrages.* — § 3. *Des portes de chasse.* — § 4. *Pratique des chasses.* — § 5. *Enlèvement direct par des moyens mécaniques des alluvions à l'entrée des ports.*

§ 1er

ENTRETIEN DES PROFONDEURS A L'ENTRÉE DES PORTS
A MARÉE DÉBOUCHANT SUR DES PLAGES MOBILES

269. Des chasses naturelles. — On a vu (*Travaux maritimes*, chap. IV), que les jetées construites pour fixer le chenal d'un port débouchant sur une plage mobile n'empêchent pas d'une façon durable le déplacement de la passe sur la barre.

Dans quelques circonstances, la hauteur d'eau, à pleine mer, serait pourtant suffisante, et la navigation s'en contenterait, si la passe se maintenait dans une position stable.

Toutefois, aujourd'hui, par suite de l'accroissement incessant des dimensions des navires, on a besoin, le plus souvent, non seulement de fixer la passe, mais encore d'augmenter le tirant d'eau qu'on y trouve.

On a cherché la solution de ce double problème dans un ordre d'idées tout spécial.

On savait par l'histoire, ou même par les souvenirs des plus anciens habitants, que les chenaux de certains ports, situés à l'entrée d'estuaires à marée, avaient eu autrefois plus de fixité et plus de profondeur qu'à l'époque actuelle.

C'est qu'autrefois la superficie des lagunes couvertes par la marée était beaucoup plus considérable, et, par conséquent, les courants avaient plus de force et de durée.

On a pu suivre, pour ainsi dire pas à pas, les progrès parallèles de la diminution du volume des eaux de marée et de l'aggravation de l'état de l'entrée du port.

On a pu même faire la contre-épreuve. Les digues de terrains conquis sur l'estuaire ayant été rompues, soit par accident, soit volontairement, on a constaté presque de suite plus de profondeur et plus de fixité dans la passe.

Aussi, comme règle générale, convient-il de ne rien laisser prendre de la surface des lagunes que couvrent les eaux et de chercher à reprendre tout ce qu'on a perdu. C'est l'application du précepte : « grande lagune, bon port. »

Mais il est souvent impossible de recourir à des mesures de ce genre.

Les terrains conquis sur la mer sont d'une grande valeur à cause de leur fertilité ; d'ailleurs, ils ne sont endigués que lorsqu'ils ne sont plus baignés qu'exceptionnellement par les hautes marées ; il faudrait donc les draguer pour abaisser leur niveau de telle façon qu'ils soient couverts à toute haute mer.

De plus, comme la nature agit incessamment pour envaser les estuaires, il faudrait maintenir leurs profondeurs par des dragages d'entretien.

Au point de vue économique, la solution des grandes lagunes est donc rarement applicable, du moins en France, sur une échelle suffisante.

Par contre, si l'on ne peut augmenter notablement le volume des eaux de marée, on peut augmenter l'efficacité de leur action.

En effet, les courants utiles sont ceux de jusant, et ils sont surtout efficaces sur la passe quand les eaux de la mer sont basses, car le courant est alors bien dirigé par le chenal vers la barre, qui est à ce moment couverte d'une épaisseur d'eau aussi faible que possible.

Il semble donc logique d'emmagasiner dans un bassin spécial les eaux à mer haute et de les lancer à mer basse, par le pertuis de la retenue, de façon à renforcer le courant de jusant devenu trop faible.

Tel est le principe des chasses artificielles, auquel on a été conduit par l'étude des effets dus aux chasses naturelles.

270. Des chasses artificielles. — L'application du principe des chasses comporte donc un bassin dont le pertuis puisse être ouvert ou fermé à volonté.

271. Du bassin. — La forme de bassin la plus convenable a paru à quelques ingénieurs devoir être celle qui permettrait aux molécules liquides les plus éloignées d'arriver toutes dans le même temps vers le pertuis; elle serait, à leur avis, celle d'un secteur de cercle ayant l'orifice pour centre, la profondeur d'eau dans le bassin étant supposée uniforme.

L'ancien bassin de chasse de Dunkerque offrait à peu près cette forme.

Mais, le plus souvent, on n'est pas libre d'adopter la forme qui paraîtrait théoriquement la plus satisfaisante, parce que la disposition des lieux ne s'y prête pas, et surtout parce que la capacité du bassin est de beaucoup plus importante que sa forme.

D'ailleurs, comme on est dans l'impossibilité de calculer la superficie du réservoir d'après l'effet à produire, mieux vaut utiliser tout l'espace dont on peut disposer.

272. Du pertuis. — Le pertuis doit avoir un large débouché, et cela pour plusieurs motifs.

Il faut que le remplissage du bassin puisse se faire en une seule marée de vive eau.

Il faut, en outre, que ce remplissage n'exige pas une trop grande vitesse des eaux près du pertuis, afin d'éviter des affouillements considérables à l'intérieur du bassin.

On considère comme désirable que cette vitesse ne dépasse pas 2 mètres à $2^m,80$ par seconde dans les terrains de sable.

Il faut que le débit du pertuis soit aussi grand que possible dans les premiers moments de la chasse; l'expérience de tous les ports de la Manche et de la mer du Nord a enseigné que l'effet principal des chasses est produit dans le premier quart d'heure qui suit la lâchure, et qu'il n'y a jamais intérêt à prolonger la chasse pendant plus de trois quarts d'heure.

Le débouché du pertuis dépendant de sa hauteur et de sa largeur, pour augmenter sa section il faut accroître, autant que possible, ces deux dimensions.

273. Hauteur du pertuis. — La hauteur du pertuis est limitée dans le sens supérieur par le niveau des hautes mers de vive eau; il faudrait donc, pour augmenter la hauteur, abaisser le radier.

Mais il y a intérêt à pouvoir visiter le radier et le réparer au besoin aux basses mers de vive eau; il ne convient donc pas de le placer au-dessous de ces basses mers.

274. Largeur du pertuis. — La détermination de la largeur exige un certain nombre de données sans lesquelles le problème serait insoluble.

Ces données sont d'abord les courbes de niveau du bassin et le régime moyen des marées de vive eau, autrement dit les hauteurs de la mer à chaque instant.

Les autres données résultent d'observations et de faits pratiques:

Les chasses sont, avons-nous dit, surtout efficaces dans les premiers moments de la lâchure et leur effet diminue rapidement à mesure que l'eau baisse dans la retenue; c'est un fait d'expérience. Mais on peut aussi s'en rendre compte comme suit:

Soit h la hauteur de la retenue dans le bassin de chasse au-dessus du radier aval qu'on suppose à peu près découvert.

La section d'écoulement est proportionnelle à h, la vitesse à $\sqrt{h}$; par suite, la masse lancée par seconde à $h\sqrt{h}$.

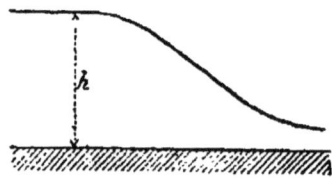

Il semble naturel d'admettre que le travail que les eaux sont capables de produire à chaque instant, dans l'entraînement des alluvions, est approximativement proportionnel à leur puissance vive, c'est-à-dire à leur masse multipliée par le carré de vitesse, soit à $h \sqrt{h} \times h = h^2\sqrt{h}$.

Si h diminue de $\frac{1}{9}$, cette expression devient

$$\frac{8^2}{9^2}\sqrt{\frac{8}{9}} \; h^2\sqrt{h}$$

ou environ

$$\frac{3}{4} \; h^2\sqrt{h}$$

Ainsi, à un abaissement de $\frac{1}{9}$ dans la hauteur de la retenue correspond une réduction de 1/4 environ dans l'effet utile de la chasse.

Il résulte de ce fait deux conséquences :

Premièrement, on ne chasse ordinairement qu'en vive eau, car, à cette époque, h, la retenue, atteint son maximum de hauteur; il y a, d'ailleurs, à basse mer, au moment de la chasse, moins d'eau stagnante dans le chenal entre les jetées, et la barre est plus découverte.

Secondement, il suffit d'utiliser pour la chasse une tranche d'eau d'épaisseur relativement faible, prise à à la surface de la retenue.

Cette épaisseur ne peut être déterminée *à priori*, elle dépend du régime des marées, de la profondeur du bassin de chasse et de beaucoup d'autres circonstances. Dans nos ports de la mer du Nord, à l'époque où les chasses étaient habituellement pratiquées, elle variait de 1^m,50 à 2^m,50.

La réduction au strict nécessaire du volume des eaux lâchées n'a aucun inconvénient au point de vue de l'efficacité des chasses, et elle a un avantage sérieux à d'autres égards.

En effet : 1° le volume d'eau à introduire pour compléter le remplissage de la retenue étant peu considérable et l'introduction de l'eau n'ayant lieu que quand la mer est déjà montée dans le port à la plus grande partie de sa hauteur, l'appel du bassin ne déterminera pas dans le chenal des courants gênants pour la navigation. On ne fait aussi entrer dans le bassin que des eaux peu chargées de vase, ce qui diminue les curages à opérer sur le fond de la retenue, c'est-à-dire du bassin de chasse.

2° C'est en 45 minutes au maximum que l'on doit pouvoir lancer la tranche d'eau consacrée à la chasse, comme il a été dit page 446.

3° On peut admettre que le bassin se remplit et se vide par couches horizontales, quand il reste dans le bassin un matelas d'eau d'une hauteur suffisante au-dessous de son plus bas niveau, soit de 1 mètre à 1ᵐ,50 d'eau, par exemple.

4° Bien qu'il s'agisse ici d'un mouvement incessamment varié des eaux, on peut adopter dans ces conditions, pour les calculs, les formules d'hydraulique analogues à celles qu'on a déduites d'expériences sur l'écoulement uniforme ; on semble autorisé à agir ainsi parce que les variations de la vitesse dans chaque intervalle de temps sont très faibles.

Ainsi, la formule à appliquer pour la vidange de la retenue sera de la forme suivante :

$$Q = K L h. \sqrt{2hg}.$$

Q, débit par seconde ;

L, largeur du pertuis ;

h, hauteur de la retenue au-dessus du seuil, supposé constamment découvert ;

K, coefficient numérique qu'on peut fixer à 0,35 d'après les expériences de Lesbros.

Cette formule peut être ramenée à la forme $K'Lh^{\frac{3}{2}}$.

K' étant un nouveau coefficient égal à 1,6. Si h_0 représente la hauteur de la retenue au commencement de la chasse, et si, pendant un temps très petit, t, on suppose le débit constant, le niveau de la retenue se sera abaissé de h' au bout du temps t, et l'on aura :

$$K' \times L \times h_0^{\frac{3}{2}} \times t = S(h_0) \times h',$$

ou

$$K' \times L \times t = h' \frac{S(h_0)}{h_0^{\frac{3}{2}}}$$

$S(h_0)$ est la superficie du bassin au niveau h_0.

On peut prendre h' constant, égal à $0^m,10$, par exemple, et l'équation donnera t en secondes.

Pour un nouvel abaissement de h', on aura :

$$K'L(h_0 - h')^{\frac{3}{2}} \times t = S(h_0 - h') h'$$

et, en posant

$$h_0 - h' = h_1$$

$$K'.L\,h_1^{\frac{3}{2}} \times t = S(h_1) h'$$

ou

$$K' \times L \times t = h' \frac{S(h_1)}{h_1^{\frac{3}{2}}}$$

On en conclut

$$K'L\Sigma t = h' \Sigma \frac{S(h)}{h^{\frac{3}{2}}}$$

et, comme Σt doit être égal à 45' au plus, ou à $45 \times 60''$, on en conclura la valeur de L.

Mais il faut que la largeur ainsi trouvée pour le pertuis permette au bassin de se remplir en une seule marée.

On pourra appliquer pour ce nouveau calcul une
formule qui représente les résultats pratiques de
remplissage observés à Dunkerque, pourvu, bien
entendu, que les circonstances locales où l'on se
trouve ne diffèrent pas trop de celles que l'on rencontre dans ce port.

Cette formule est la suivante :

$$Q = 0.98 \, L \, \frac{H + h}{2} \, \sqrt{2 \, g \, (H - h)},$$

Q, débit par seconde ;

L, largeur du pertuis ;

H, niveau de la mer dans l'avant-port, à l'instant considéré, au-
dessus d'un plan de
comparaison ;

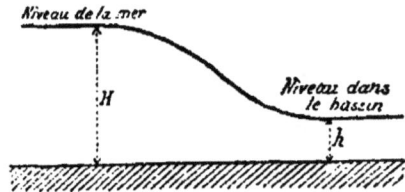

Niveau de la mer

Niveau dans le bassin

H

h

h, niveau de l'eau
dans la retenue par
rapport au même plan.

Cette formule peut être mise sous la forme

$$Q = KL \, (H + h) \, \sqrt{H - h},$$

H est une fonction du temps donnée par la courbe
des marées, $H = f(t)$.

A un certain moment (t), la mer montante est au
niveau de l'eau dans la retenue, c'est-à-dire que
$f(t) = h$, et on ouvre le pertuis pour remplir le bassin.

Mais, pour faire les calculs, on suppose que, pendant un temps très court θ (exprimé en secondes), on
laisse monter la mer au-dessus de la retenue avant
d'ouvrir cette dernière ; puis on admet que, les portes
étant ouvertes, la différence de niveau entre la mer
et le bassin reste constante pendant un nouvel intervalle de temps θ.

On a alors l'équation :

$$KL\left(f(t+\theta)+h\right)\left(\sqrt{\overline{f(t+\theta)-h}}\right)\theta = S(h)\,dh,$$

on peut donc calculer dh.

On connaîtra ainsi la nouvelle hauteur de l'eau dans le bassin $h' = h + dh$.

Pour un nouvel intervalle de temps θ, on prendra comme hauteur de la mer $H' = f(t+2\theta)$ et l'on aura :

$$KL\left(H'+h'\right)\left(\sqrt{\overline{H'-h'}}\right)\theta = S(h')\,dh'$$

Si $\theta = 5'$, on remplacera θ par $5 \times 60'' = 300''$.

Il faudra qu'au moment de la mer haute on ait :

$$KL\,\theta\,\Sigma\,\frac{(H'+h')\sqrt{\overline{H'-h'}}}{S(h)} = H - h$$

H étant le niveau de la pleine mer et h le niveau de l'eau dans la retenue au commencement du remplissage.

On aura ainsi une seconde valeur de L et on adoptera la plus grande des deux.

On s'assurera enfin que la vitesse

$$K\left(H'+h'\right)\sqrt{\overline{H'-h'}}$$

n'excède jamais la limite qu'on s'est fixée, soit de 2 à 3 mètres.

La largeur libre du pertuis étant déterminée, il s'agit de fixer les dispositions que devra présenter cet ouvrage.

§ 2

CHASSES ARTIFICIELLES : FONDATION, CONSTRUCTION ET DÉFENSE DES OUVRAGES

275. Longueur du radier du pertuis. — La longueur du radier, entre culées, doit être plus grande que la largeur libre totale calculée pour le débouché.

En effet, le débouché est formé de plusieurs pertuis partiels, il faut donc tenir compte de l'épaisseur des piles qui les séparent.

Il faut, en outre, avoir égard à ce que les portes fermant ces pertuis partiels occupent, quand elles sont ouvertes, une certaine largeur (un dixième environ de celle du pertuis), comme on l'expliquera plus loin.

Disons de suite ici que les portes de chasse tournent autour d'un axe vertical, situé à peu près vers le milieu de leur longueur.

276. Largeur des piles. — Il est impossible de calculer l'épaisseur ou, autrement dit, la largeur à donner à une pile d'après les efforts auxquels elle peut être exposée, car la détermination de ces efforts est elle-même impossible.

En tout cas, il est nécessaire que cette largeur ne soit pas trop petite, afin que les hommes appelés à circuler sur les piles pour les manœuvres puissent travailler facilement et sans danger.

À ce point de vue, la largeur de 2^m,50 paraît être une limite inférieure, et une largeur de plus de 3^m,50 ne semble devoir jamais, pour ainsi dire, être nécessaire. Les épaisseurs des piles des pertuis de chasse de nos ports sont comprises dans ces limites.

L'épaisseur des culées est celle qu'on donne ordinairement aux murs de quai, soit 40 à 50 0/0 environ de leur hauteur.

Les culées se terminent par des murs en retour d'équerre, ayant une longueur égale à trois ou quatre fois au moins la hauteur de la retenue, pour empêcher le cheminement des eaux du bassin vers le chenal de fuite, à travers le massif de remblai où l'ouvrage est enraciné à ses deux extrémités.

Les considérations qui précèdent permettent de fixer la longueur du radier.

277. Largeur du radier. — Il ne faut pas chercher à réduire outre mesure la largeur du radier, car une écluse de chasse est un barrage destiné à résister à une charge d'eau qui peut atteindre une grande hauteur (jusqu'à 7 mètres à Calais).

Le sol où sont établis ces ouvrages est presque toujours très mobile et perméable. Or, il peut se produire sous les fondations des cheminements d'eau, favorisés d'ailleurs par les affouillements qui tendent à se former à l'amont et à l'aval du radier.

La largeur et la profondeur du massif de fondation agissent efficacement pour empêcher ces cheminements, en réduisant peu à peu la vitesse de l'eau qui circule dans les interstices capillaires du sol de fondation.

En tout cas, la largeur du radier doit être suffisante pour remplir un certain nombre de conditions (Pl. XXII, Fig. 2).

1° Si l'écluse de chasse est exposée à la houle, il

faut protéger les portes, car les dispositions que comporte leur fonctionnement les rendent incapables de résister, au moment de la haute mer, à une agitation notable des eaux.

On y parvient en les abritant par des portes de flot ou par des vannes.

Ces appareils ont, en outre, l'avantage de former très facilement batardeau pour les travaux d'entretien et de réparation que peuvent exiger les ouvrages du bassin de chasse.

2° Il est nécessaire de ménager dans les piles, vers leurs extrémités, des rainures pouvant recevoir les poutrelles d'un batardeau pour visiter et réparer les portes de chasse et celles de flot.

3° La création d'un pertuis de chasse interrompt presque toujours une route ou un chemin, et il faut rétablir la circulation par une passerelle.

4° Le fonctionnement des portes de chasse exige un certain espace libre dans la longueur du pertuis, comme on le verra tout à l'heure.

La longueur des piles ou, ce qui revient au même, la largeur du radier se détermine donc par des considérations analogues à celles qui ont été présentées à l'occasion des bajoyers des écluses.

En fait et en pratique, on est ainsi conduit à donner au radier une largeur qui peut varier de 15 à 25 mètres.

278. Épaisseur du radier. — On donne généralement au radier une épaisseur plus considérable que celle à laquelle conduiraient les calculs basés sur les diverses hypothèses que l'on peut imaginer.

C'est que l'on doit redouter, dans ce cas, des

sous-pressions considérables et des cheminements d'eau qui tendent à altérer les mortiers.

A Dunkerque, on a donné 3 mètres d'épaisseur au radier pour une largeur de pertuis de 4 mètres ; à Calais, de 3^m,25 à 3^m,50 pour une largeur de 6 mètres, soit de 55 à 75 0/0 de la largeur.

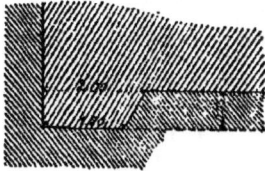

Aux deux extrémités amont (côté de la retenue) et aval (côté de l'avant-port) du radier, on augmente l'épaisseur de 0^m,50 à 0^m,75 pour former deux parafouilles sur une largeur de 1^m,50 à 2 mètres.

279. Fondation du radier. — Le plus souvent, le sol, dans l'emplacement des pertuis de chasse, est meuble sur une grande profondeur et le radier doit être fondé sur pilotis. Le pilotis est indispensable, parce que l'ouvrage est trop court pour empêcher absolument le cheminement des eaux sous le radier, qui finirait par s'effondrer s'il n'était pas soutenu par le pilotis.

C'est le pilotis seul qui a sauvé l'écluse de Bergues, à Dunkerque, d'une ruine presque complète.

L'épaisseur totale du radier se partage en deux parties à peu près égales : la couche inférieure est en béton sur une hauteur de 1^m,50 à 1^m,75, la couche supérieure est en maçonnerie.

La tête des pieux est noyée dans le béton sur une hauteur de 0^m,50 à 0^m.75.

Le radier est compris sur toute sa longueur, d'une culée à l'autre, entre deux parafouilles profonds. Chacun de ces deux parafouilles établis, l'un devant la tête amont (côté de la retenue), l'autre devant la tête aval du pertuis, se compose d'un massif de béton coulé dans une enceinte de pieux et palplanches.

Le béton doit descendre à la profondeur la plus grande que permettent d'atteindre, soit les moyens d'épuisement dont on dispose, si l'on peut creuser la fouille à sec, soit les engins de dragage, si l'on doit la creuser sous l'eau.

A Calais, pour le pertuis de chasse exécuté le plus récemment, le béton descend à 5^m,50 au-dessous des plus basses mers.

Les deux files de pieux et palplanches, formant l'enceinte, doivent être enfoncées dans le sol, au-dessous du béton, à une profondeur suffisante pour assurer leur résistance contre la poussée des terres qu'elles supportent.

A Calais, les pieux descendent à 3^m,70 et les palplanches à 3^m,20 au-dessous du béton.

L'écartement entre les deux files, et par suite l'épaisseur du béton, peut être assez faible ; il dépasse rarement 10 0/0 de la hauteur du béton coulé entre elles.

Les pertuis de chasse étant construits à l'intérieur des ports, c'est-à-dire dans des eaux relativement peu agitées, on les exécute presque toujours à l'abri de batardeaux.

280. Plate-forme supérieure du radier. — On a déjà dit que le dessus du radier ne doit pas être placé plus bas que le niveau des basses mers de vive eau, afin qu'on puisse le visiter de temps en temps et l'entretenir sans trop de difficulté.

La partie la plus basse du radier sera donc à peu près à ce niveau.

Mais, s'il doit y avoir des portes de flot, le busc de ces portes ne peut avoir moins de $0^m,25$ à $0^m,30$ de hauteur, le radier sera donc relevé de $0^m,30$ environ à l'amont (vers la retenue) des portes de flot.

D'autre part, il est nécessaire que la porte ne soit jamais exposée à frotter sur le radier dans son mouvement de rotation, et, pour éviter toute chance de frottement, on laisse $0^m,05$ de jeu environ entre le dessus du radier et le dessous de la porte.

Mais, si ce vide existait sous la porte quand elle est fermée, on perdrait beaucoup d'eau de la retenue; on fait donc reposer la porte sur un seuil ayant une hauteur presque égale au jeu, et situé, par conséquent, à $0^m,35$ à peu près au-dessus de la partie la plus basse du radier.

281. Avant-radier et arrière-radier. — Les courants de chasse et de remplissage tendent à déterminer des affouillements au pied du radier, soit du côté de l'avant-port, soit du côté de la retenue; on a constaté des affouillements de 5 mètres de profondeur au Havre, de 6 mètres à Boulogne, de $7^m,50$ à Anvers, de 8 mètres à Terreneuse.

Si des ouvrages défensifs ne s'opposent pas à ces dangereux effets, les terrains meubles (sables, par exemple) qui forment la fondation de l'ouvrage s'éboulent peu à peu dans ces fouilles, leur talus se prolonge sous le massif de fondation. Ces éboulements sont aidés par des infiltrations qui se produisent sous le radier par suite de la hauteur de la retenue quand elle est pleine et quand, en même temps, la mer est basse à l'aval du pertuis. L'écluse finit par crouler, ainsi que cela est arrivé à Calais, si l'on n'a pas pu, comme à Dunkerque, se rendre compte à temps du danger.

Les ouvrages défensifs s'appellent l'avant-radier et l'arrière-radier.

282. De l'avant-radier. — Les affouillements le plus à craindre sont ceux qui se forment à l'aval pendant les chasses. On ne peut les empêcher complètement, on doit donc s'efforcer de les éloigner le plus possible de l'écluse.

L'avant-radier, dans les ouvrages les plus récents (Calais, Dunkerque), est composé de trois parties (Pl. XXII, Fig. 1).

1° La première partie est absolument fixe et solide, pour empêcher tout mouvement de se produire aux abords même de l'ouvrage et pour recevoir le premier choc de la chasse.

Elle est formée par un massif de béton de 2 mètres environ d'épaisseur, dont la surface supérieure, arasée au niveau du dessus du radier, doit être protégée contre la corrosion qu'exercerait le courant violent des eaux de chasse, qui entraînent toujours des matières solides et dures (du sable, par exemple).

Cette protection peut être obtenue au moyen d'un double plancher de madriers posés à plats joints et disposés de façon que leur longueur soit dans le sens du courant. Les madriers du plancher supérieur recouvrent les joints du plancher inférieur. Les planchers sont cloués sur des chapeaux tranversaux fixés à des files de petits pieux ou pilots noyés dans le béton.

Une végétation légère recouvre rapidement le plancher, favorise le dépôt des vases et le rend presque inattaquable.

Ce mode de protection, employé autrefois, est aujourd'hui généralement remplacé par une maçonnerie de 0^m,70 à 0^m,80 d'épaisseur, faite avec un mortier riche en ciment et dont les joints de parement sont garnis profondément avec le plus grand soin (Exemple : Calais).

Cette première partie a 30 mètres de long à Calais, 24 mètres à Boulogne, 30 mètres à Dunkerque, soit quatre à six fois la hauteur de la retenue au-dessus du plancher.

Elle se termine par une ligne de pieux et palplanches, derrière laquelle on fait descendre aussi profondément que possible le béton du radier de cette première partie.

2° La seconde partie protège la première partie, comme celle-ci protège l'ouvrage, mais elle doit être susceptible de tassements pour les motifs suivants :

Le premier avant-radier étant fixe, les affouillements pourraient se produire au-dessous de lui et se propager fort loin, sans qu'on en fût averti ; sa rupture se produirait brusquement, et il serait à craindre qu'il n'y eût déjà formation de cavernes au-dessous du radier du pertuis lui-même.

Pour qu'on soit prévenu à temps d'un danger possible, il faut qu'un second avant-radier puisse, par ses tassements, éveiller l'attention.

Le second avant-radier doit être suffisamment résistant pour que les affouillements ne puissent se produire qu'à son extrémité aval.

Si des affouillements ont réellement lieu, le second avant-radier doit pouvoir s'affaisser verticalement, de manière à tapisser constamment le fond de ces fouilles et à empêcher l'action directe du courant de chasse ou des remous.

A Boulogne, cette deuxième partie se compose de plates-formes en fascinages, maintenues entre des files de pieux battus transversalement à la direction du courant ; les fascines sont chargées d'enrochements.

Ces plates-formes, suivant facilement les plissements du sol, restent très flexibles et empêchent le mouvement de l'eau de mettre le sable en suspension.

Les plates-formes, ou matelas en fascinages, peuvent être remplacées par une couche de terre glaise de $0^m,75$ à 1 mètre d'épaisseur, recouverte de gravier ou de pierres cassées sur $0^m,40$ à $0^m,50$, enfin d'enrochements sur $0^m,70$ à $0^m,80$ d'épaisseur.

Pour faciliter le roulage des matériaux qu'il faut transporter sur la glaise, on recouvre celle-ci d'une couche de paille ou de roseaux de $0^m,10$ à $0^m,15$, puis d'une seconde couche de brindilles ou de branchages verts sur $0^m,20$ à $0^m,25$ d'épaisseur.

Les enrochements peuvent être remplacés par des blocs en maçonnerie, posés à sec les uns à côté des autres, qui forment ainsi un véritable dallage, n'offrant aucun obstacle au courant et incapable, par suite, d'être déplacé autrement que dans le sens vertical.

A Calais, ces blocs ont une section carrée d'environ 2 mètres sur 2 mètres et une épaisseur de

$0^m,80$; on y a ménagé des trous de louve pour faciliter leur mise en place.

Cette seconde partie de l'avant-radier a une longueur à peu près égale à celle de la première, soit de quatre à six fois la hauteur de la retenue. Elle se termine par un parafouille en béton, analogue à celui du radier du pertuis.

3° La troisième partie se compose d'enrochements déposés dans une fouille creusée à l'aval du deuxième avant-radier, sur une longueur de 5 à 6 mètres et sur une profondeur variant de 4 à 5 mètres, près du parafouille, à zéro près de l'extrémité aval de la fouille.

Ces enrochements sont destinés à couler au fond des affouillements, à les empêcher de se prolonger et de s'approfondir; ils s'arriment et se tassent jusqu'à ce qu'il se soit produit un état d'équilibre à peu près stable à la suite de rechargements successifs, auxquels on procède dès que l'on constate des enfoncements notables.

283. De l'arrière-radier. — Les affouillements du côté de la retenue sont moins redoutables qu'à l'aval du pertuis, quand on a eu soin de donner au débouché une largeur libre suffisante pour que la vitesse de remplissage ne dépasse pas 2 ou 3 mètres et quand les eaux entrantes trouvent dans la retenue un matelas d'eau d'une hauteur suffisante (de $1^m,50$ à 2 mètres, par exemple) qui amortit leur puissance vive.

Ces affouillements ont pour cause les remous produits au moment de l'introduction des eaux, par la diminution brusque de vitesse qu'éprouve le courant, en rencontrant les masses d'eau relativement tranquilles du bassin.

L'arrière-radier se compose de trois parties analogues à celles de l'avant-radier, mais moins longues que celles-ci.

La longueur de chaque partie peut n'être que les deux tiers environ de celle qui lui correspond dans l'avant-radier.

284. Défense du chenal de fuite et des talus du bassin de chasse. — Non seulement les courants affouillent le plafond du chenal de fuite et du bassin de retenue, ils corrodent aussi le pied des rives du chenal et la base des talus du bassin de chasse près du pertuis.

Il importe de s'opposer à ces corrosions, car les eaux, sous la pression de la retenue, finiraient par se créer un chemin direct à travers la levée dans laquelle l'ouvrage est enraciné, en contournant les culées. De pareils accidents se sont produits plusieurs fois.

La défense du talus doit être plus ou moins forte, selon qu'ils sont plus ou moins exposés à la violence des courants et des remous.

On donnera, à titre d'indication, deux exemples de défense en terrain de sable.

Il peut sembler *à priori* qu'il y ait avantage à donner au talus une faible inclinaison, mais l'expérience ne confirme pas cette présomption.

Lorsque l'inclinaison est petite, de 2 mètres de base sur 1 mètre de hauteur par exemple, la défense du talus subit des enfoncements ; lorsque l'inclinaison est forte, de 1 sur 1 par exemple, elle présente des gonflements et tend à être renversée en avant. L'inclinaison la plus convenable paraît être de 1 1/4 à 1 1/2 de base pour 1 de hauteur.

1° **Talus peu exposés.**

La défense se compose d'un perré à pierre sèche, de 0^m,30 environ d'épaisseur, reposant sur une couche de pierres cassées d'égale épaisseur, disposée elle-même sur une couche d'argile de 0^m,30 à 0^m,40 d'épaisseur.

Une ligne de pieux et palplanches, descendant à 4 ou 5 mètres au-dessous du plafond du chenal, soutient le pied du perré.

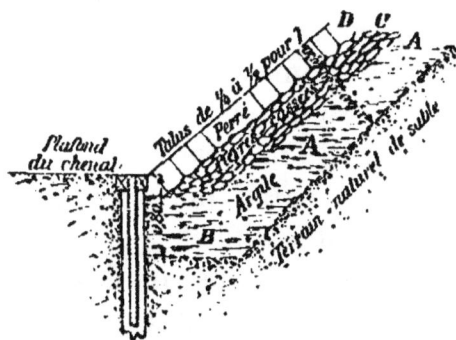

L'argile descend de 0^m,75 à 1 mètre au-dessous du plafond.

2° **Talus très exposés.**

La couche d'argile (A) du profil précédent est remplacée par une couche de sable pilonné, arrosé au lait de chaux, sur 0^m,50 à 0^m,60 d'épaisseur.

L'argile située au-dessous du plafond B est remplacée par un massif de béton, descendant de 1 mètre à 1^m,50 au-dessous du plafond.

A la pierre cassée (C) on substitue du béton, et au perré (D) une maçonnerie que des harpes (moellons à longue queue) relient parfaitement au béton. Le béton et la maçonnerie sont faits avec du mortier de ciment.

285. — Substitution de parafouilles profonds aux avant et arrière-radiers. — Tous ces travaux d'avant-radier, d'arrière-radier ne laissent pas que d'exiger beaucoup de soins, de peine et d'argent. Aussi, quand les forages ont fait reconnaître le fond solide à une profondeur non excessive, on est amené à rechercher s'il ne vaut pas mieux remplacer la plus grande partie de ces ouvrages par un parafouille descendant jusqu'au terrain résistant.

La question s'est présentée notamment à Honfleur et à la Perrotine (île d'Oléron). A Honfleur, le sol de bonne nature était à 14 mètres de profondeur au-dessous du radier, et, pour éviter les infiltrations, on jugeait nécessaire de donner au mur parafouille, situé à l'aval de l'écluse de chasse (côté de l'avant-port), une longueur de 42 mètres [1].

La construction d'un pareil mur était donc elle-même une entreprise très difficile ; cependant, elle fut décidée à la suite de la discussion des considérations multiples auxquelles il fallait avoir égard dans cette circonstance.

Il n'y a pas longtemps qu'un semblable travail eût été jugé radicalement impraticable, et le problème n'a pu être résolu que grâce à l'emploi de l'air comprimé ; encore a-t-il fallu donner au mur, pour le rendre exécutable, une épaisseur de 5 mètres, bien qu'il ne dût supporter aucune surcharge verticale.

286. Quelques particularités des bassins et appareils de chasse, à Honfleur. — Les chasses d'Honfleur offrent d'ailleurs d'autres particularités intéressantes.

Ainsi :

1° L'alimentation a lieu par un long déversoir de superficie, situé loin du pertuis.

---

1. Exposition universelle de 1889. — Notices sur les modèles, cartes, dessins et documents divers, réunis par les soins du ministère des Travaux publics.

Ce mode d'alimentation était justifié, à Honfleur, par la convenance de n'introduire dans la retenue que les eaux relativement peu vaseuses de la surface de la mer, à marée haute, en baie de Seine (Exposition universelle de 1889, p. 425) [1].

2° A Honfleur, les portes de flot sont remplacées par des vannes de garde qui permettent de soulager les portes de chasse à basse mer.

3° On y a résolu d'une façon originale et susceptible d'application le problème de la mise en communication de deux bassins voisins, séparés par une digue, et dans lesquels le niveau de l'eau n'est pas le même.

On connait les difficultés que présente, dans ce cas, l'établissement d'un pertuis ou d'un aqueduc, par suite des précautions à prendre pour empêcher le passage des infiltrations, surtout quand la digue a peu d'épaisseur.

Il serait plus simple, plus économique et plus sûr d'établir la communication au moyen d'un siphon passant par-dessus la digue, et l'expérience a montré que cette idée est réalisable. Les circonstances dans

lesquelles on a été amené à l'appliquer à Honfleur sont indiquées en détail :

1° Dans les notices déjà citées de l'Exposition universelle de 1889 (p. 431 et suivantes) ;

_____

1. Voir aussi la collection de dessins distribuée aux élèves de l'École des Ponts et Chaussées. — Bassin de retenue des chasses du port de Honfleur, 19° livraison, page 294, série VI, section C, Pl. I, II, III.

2° Dans une brochure autographiée (du 25 mars 1885), de M. Joseph Picard, ingénieur des ponts et chaussées, auteur du projet.

Les avantages d'une communication par siphon sont les suivantes :

1° La fermeture est complètement étanche si la selle S du siphon est au niveau le plus élevé N que les eaux puissent atteindre ;

2° La traversée du siphon dans le remblai ne compromet pas la solidité de la digue ;

3° Le seul travail de défense à exécuter est un radier R au débouché aval du tuyau.

Mais, quand le débit doit être considérable, il faut employer plusieurs siphons ayant chacun un grand diamètre (de 1 mètre à $1^m,20$ par exemple).

Alors, l'amorçage deviendrait un travail assez difficile s'il fallait enlever, avec des pompes, l'air renfermé dans les siphons, dont la capacité représente plusieurs mètres cubes.

La solution ingénieuse adoptée à Honfleur consiste à faire entraîner l'air par l'eau elle-même.

En voici le principe : soit un siphon ABC fonctionnant à plein débit ; la pression vers le sommet B est, dans ce siphon, nécessairement plus faible que la pression atmosphérique.

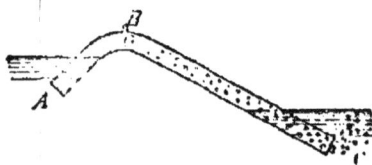

Si donc on ouvre, vers B, dans la paroi du tuyau un trou (O), l'air rentrera dans le siphon et le désamorcera.

Mais l'expérience montre que, si cet orifice est suffisamment petit, l'air qui pénètre est entraîné par l'eau et que le siphon n'est pas désamorcé.

De sorte que, si O est relié par un tube à un réservoir fermé, plein d'air à la pression atmosphérique, le passage de l'eau dans le siphon aspirera l'air
de ce réservoir.

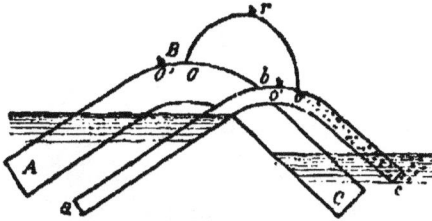

Soient maintenant
deux siphons placés
l'un à côté de l'autre ;
le premier, de petit
diamètre (*abc*), est fa-
cile à amorcer méca-
niquement d'une manière quelconque, par suite
même de son faible volume ; on suppose qu'il coule
actuellement à plein débit ; le second ABC, de grand
diamètre, est relié au premier par un tuyau O*o*, muni
d'un robinet *r*.

Si l'on ouvre *r*, le petit siphon aspire l'air contenu dans le grand, qui se trouve ainsi bientôt
amorcé.

Pendant l'amorçage, les bulles d'air se dégagent
en *c*.

Lorsque l'écoulement est déterminé dans le grand
siphon, on ferme le robinet *r* et les deux appareils
fonctionnent simultanément, mais indépendamment
l'un de l'autre.

Pour désamorcer les siphons et, par suite, arrêter
instantanément le passage de l'eau, il suffit d'avoir
près du sommet de chacun d'eux un orifice suffisamment grand (O' *o'*), muni d'un robinet, qu'on ouvrira
au moment voulu.

En résumé, on voit que l'amorçage d'un grand
siphon, qui paraît, *à priori*, assez embarrassant,
peut avoir lieu très simplement au moyen d'un

siphon aspirateur beaucoup plus petit, dont le fonctionnement est toujours facile à assurer.

§ 3

DES PORTES DE CHASSE

287. Fermeture des pertuis de chasse. — Les conditions à remplir par le système de fermeture d'un pertuis de chasse sont de deux sortes :

1° Pouvoir ouvrir les portes aussi vite que possible, pour lancer, au moment de la basse mer, une grande masse d'eau sous la pression maximum de la retenue;

2° Pouvoir fermer les portes quand le niveau de la retenue s'est abaissé de la hauteur reconnue suffisante (de 1^m,50 à 2^m,50 par exemple), et cela bien que le courant soit encore, à ce moment, dans toute sa violence.

Le principe de la solution a été trouvé autrefois par deux ouvriers charpentiers hollandais.

Il consiste à faire les portes mobiles autour d'un axe vertical situé, non exactement au milieu, mais près du milieu du vantail.

La porte se trouve ainsi partagée, dans le sens de sa largeur, en deux panneaux inégaux.

On est parvenu à ouvrir instantanément ces portes et à les fermer très vite contre le courant, et cela presque automatiquement.

288. Hauteur des portes de chasse. — La hauteur des portes dépend du niveau du radier, d'une part, et du niveau des plus hautes mers, d'autre part.

On examinera plus loin à quelle hauteur doit être situé le seuil des portes; il suffira d'indiquer ici que, d'une manière générale, le dessus du radier est habituellement de $0^m,30$ à $0^m,50$ environ au-dessus des basses mers de vive eau.

Le dessus des portes doit atteindre au moins le niveau des plus hautes mers connues dans l'avant-port, en tenant compte, bien entendu, de la houle qui s'y fait sentir.

289. Largeur des portes de chasse. — L'expérience a appris que la largeur des portes de chasse doit être assez faible, et l'on conçoit qu'il en doive être ainsi pour un appareil exposé à des chocs, dans des manœuvres brusques. Une largeur de 6 mètres parait être la limite supérieure admissible.

Les portes de Boulogne ont 6 mètres, mais elles sont peu exposées à la houle.

Les portes de Calais n'ont que 4 mètres, et elles manœuvrent très facilement, malgré une houle notable. Il semble donc prudent de se tenir dans les limites de 4 à 6 mètres.

Si les grandes portes ont l'inconvénient d'entraîner plus de sujétions que les petites, pour l'ouverture et la fermeture, les petites portes ont, de leur côté, l'inconvénient d'exiger la construction d'un plus grand nombre de piles intermédiaires que les grandes.

La largeur libre totale du débouché du bassin de chasse doit être, en effet, toujours très supérieure à 6 mètres; il faut donc la diviser en plusieurs parties au moyen de piles.

Or, plus il y a de piles, plus il faut allonger le radier du pertuis, plus il y a d'engins à manœuvrer et plus il y a de force vive perdue par suite des remous dus à la présence des piles.

Il faut remarquer que la porte supposée ouverte et placée exactement dans le fil du courant occupe, par son épaisseur, une partie de la largeur libre du pertuis qu'elle fermait.

L'épaisseur d'une porte en bois est à peu près le dixième de sa longueur, soit de $0^m,50$ environ pour une porte de 5 mètres.

On diminue, il est vrai, cette épaisseur en employant le fer au lieu du bois; mais, qu'elles soient en bois ou en fer, les portes ne se placent presque jamais exactement dans le fil de l'eau ; de plus, leurs faces verticales présentent souvent des saillies (des glissières de vannes, par exemple), de sorte qu'on peut admettre, à titre de première approximation, qu'une porte ouverte occupe, par son épaisseur, le dixième au moins de la largeur de son pertuis.

290. Manœuvre des portes de chasse [1]. — On a déjà indiqué qu'une porte de chasse est formée par un grand panneau MN, mobile

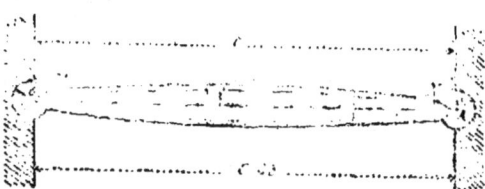

---

1. Consulter tout spécialement, au sujet des chasses artificielles et des portes de chasse :

1° Le Cours de construction des ouvrages hydrauliques des ports de mer, par Minard ; 1846, Paris, Carilian-Gœury et V. Dalmont.

2° Le Cours de ports de mer, professé par Frissard, à l'École nationale des Ponts et Chaussées en 1848-1849.

3° Le Cours de travaux maritimes, professé par Chevalier à l'École nationale des Ponts et Chaussées en 1866-1867.

autour d'un axe vertical P qui est situé vers le milieu de sa largeur.

L'axe partage ainsi la porte en deux vantaux inégaux, MP, PN. Quand la porte ferme la retenue et en supporte la pression, elle s'appuie à chacune de ses extrémités sur un poteau ayant la forme d'un demi-cylindre à base circulaire, à arêtes verticales, et qu'on appelle poteau-valet, A.

Chaque poteau-valet est lui-même mobile autour de son axe vertical O et peut s'effacer complètement dans une rainure demi-cylindrique du bajoyer du pertuis (Fig. p. 471).

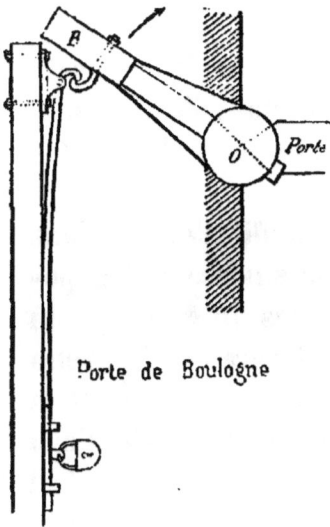

Supposons la porte fermée ; si l'on fait tourner de 45° le poteau-valet sur lequel s'appuie le grand vantail, ce valet se logera dans son enclave, le grand vantail sera devenu libre et la pression de l'eau fera ouvrir instantanément la porte.

Pour faire tourner le poteau, il n'y a, en général, qu'à déclancher l'arrêt B, qui maintient le levier OB quand la porte est fermée, car la pression de l'eau suffit le plus souvent pour le forcer à opérer lui-même sa rotation, si la rainure du bajoyer est bien dressée et polie au besoin.

Ainsi, non seulement l'ouverture de la porte est instantanée, mais elle est encore automatique, pour ainsi dire.

Porte de Boulogne

Mais les portes doivent pouvoir être fermées contre
le courant pendant la chasse ; car, à un certain moment, non seulement le courant de vidange du bassin devient inutile (comme chasse proprement dite),
mais encore il peut être gênant pour les bateaux qui
commencent à rentrer au port quand la mer a suffisamment monté sur la barre.

D'ailleurs, si l'on vidait inutilement une partie de
la retenue, il faudrait y réintroduire le volume
dépensé en pure perte au moyen d'eau de la marée
montante, eau généralement chargée d'alluvions et
qui colmaterait la retenue.

On doit se rappeler enfin qu'il convient d'avoir
toujours dans la retenue un matelas d'eau d'une
épaisseur suffisante pour amortir la violence des
courants de remplissage.

Pour pouvoir fermer la porte, il suffit d'ouvrir dans
le grand vantail un orifice dont la surface soit supérieure à la différence des superficies du grand et du
petit vantail ; car le grand vantail sera ainsi devenu
le plus petit, et il suffira d'incliner légèrement la
porte dans le courant pour que la force de l'eau
referme la porte contre la chasse ; de sorte que c'est
le courant lui-même qui devient la puissance
motrice utilisée pour la manœuvre.

L'orifice à ouvrir dans le grand vantail peut être
fermé lui-même par une vanne tournante, comme
à Honfleur. Mais alors la fermeture de la porte a lieu
très brusquement ; l'eau, subitement arrêtée dans sa
course, jaillit à une grande hauteur par-dessus la
porte et occasionne des chocs à l'ouvrage ; ces jets
d'eau sont tout au moins une gêne pour les hommes
chargés des manœuvres.

Aussi, afin d'éviter cet inconvénient, l'orifice du grand vantail est-il, le plus souvent, muni d'une vanne ordinaire, que l'on ouvre progressivement, pour rendre la fermeture aussi douce que possible.

L'ouverture et la fermeture de la porte se font donc rapidement ; il faut même éviter que la fermeture ne devienne trop brusque ; on y parvient en réduisant la différence de surface des deux vantaux.

291. Position de l'axe de rotation. — Moins la différence des deux vantaux sera grande, moins les mouvements de la porte seront violents et moins on aura besoin de lever la vanne du grand vantail pour déterminer la fermeture. L'expérience a démontré que la différence de largeur des deux vantaux n'a jamais besoin d'être supérieure à 10 0/0 et peut être réduite à 5 0/0 de la largeur totale pour des portes de 4 à 6 mètres d'ouverture ; quelquefois même, l'axe est exactement au milieu de la porte, et l'on pratique alors une vanne dans chacune des moitiés.

Dans ce dernier cas, la porte peut opérer une révolution complète, et ses faces peuvent alors se présenter indifféremment à l'amont ou à l'aval.

292. Construction d'une porte. — Jusqu'à une époque toute récente, les portes de chasse ont été construites en bois.

Mais les portes en bois exigent une assez grande épaisseur et, par suite, font perdre une proportion notable du débouché.

Ainsi, une porte de 5 mètres de largeur devra avoir un poteau-axe de $0^m,40$ à $0^m,45$ d'équarrissage.

De plus, les coulisses des vannes font une saillie

de 0ᵐ,10 à 0ᵐ,15 sur les faces du poteau-axe.

La porte ouverte occupe donc dans le pertuis une largeur de 0ᵐ,50 à 0ᵐ,60, soit 1/10 à 1/8 de la largeur du débouché.

Porte des Gravelines.

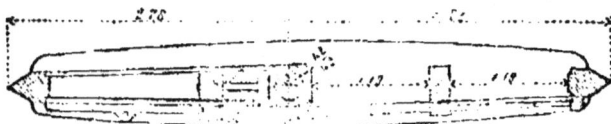

Avec des portes en fer, on peut réduire cette proportion à moins de la moitié, à 1/20 par exemple (Dunkerque, Pl. XXII) [1].

1. Note de M. Gauthier, conducteur principal des ponts et chaussées, chargé de l'entretien du port de Dunkerque (1891).

Écluses des Bastions 27 et 28

Porte de chasse.

Les écluses de chasse des bastions 27 et 28, qui constituent le débouché à la mer des fossés de l'est et de l'ouest, sont composées : l'une, celle du bastion 27, de trois pertuis de 4 mètres ; l'autre, celle du bastion 28, de quatre pertuis de 4 mètres, munies toutes deux de portes. de flot en bois et de portes de chasse en fer.

Les portes de chasse, du même type pour les deux écluses, ont été construites en 1879-1880.

Quoique le service des chasses soit abandonné à Dunkerque depuis plusieurs années, ces portes continuent à rendre les meilleurs services dans les manœuvres régulières et à toutes les marées pour le desséchement du pays.

Système de portes tournantes adopté. — La plupart des fossés et des canaux intérieurs, qui constituaient les réservoirs de chasse desservis par les deux écluses, sont en même temps des voies de navigation intérieure. Il faut donc qu'on puisse fermer les portes et arrêter soit la chasse, soit l'écoulement, au moment où le niveau du réservoir atteint le point de navigation.

Cette nécessité de service a fait écarter tous les systèmes de portes qui n'étaient pas susceptibles de se fermer contre le courant sortant de l'écluse.

Le système de portes, un peu excentré, avec vanne dans le grand côté, atisfait à la condition de fermeture.

Emploi de fer dans la construction des portes. — Pour atténuer l'inconvénient que présente le système des portes adopté, de diminuer le débouché linéaire des écluses d'une quantité égale à leur épaisseur, les portes ont été construites en fer.

Une porte en bois, avec les saillies de ses montants de vanne, occupait

Que l'on fasse les portes en bois ou en fer, il ne faut pas perdre de vue les efforts brusques et violents auxquels elles peuvent être soumises.

Ainsi, il conviendra d'admettre dans les calculs une largeur d'environ 0ᵐ,60. La porte en fer n'occupe qu'une largeur de 0ᵐ,20.

La différence entre ces deux chiffres représente 1/10 de la largeur totale du pertuis.

Les portes en fer ont l'avantage, sur les portes en bois, d'être plus rigides, mieux reliées dans toutes leurs parties et, par suite, plus aptes que les portes en bois à subir sans fatigue les chocs, souvent assez brusques, qui résultent des manœuvres d'ouverture et surtout de fermeture.

Description sommaire des portes. — L'ossature de la porte se compose d'une traverse supérieure et d'une traverse inférieure, reliées par trois poutres verticales, savoir : deux poteaux battants qui complètent le cadre de la porte, et un poteau central.

Des membrures horizontales soutiennent le bordage en tôle, ou servent d'appui au cadre de la ventelle à jalousie, disposée dans le grand côté du vantail.

La ventelle et ses glissières sont logées dans l'épaisseur de l'ossature de la porte. Il en résulte que le bordage a été placé sur la face aval de la porte.

Cette disposition du bordage facilite d'ailleurs l'ouverture du vantail, le poteau battant du petit côté qui fait ainsi saillie sur la face d'amont du bordage joue en effet, lors de l'ouverture, le même rôle que les volets saillants dont on est souvent obligé de munir les portes tournantes en bois pour les amener à se placer dans le fil du courant.

Les poteaux battants et la traverse inférieure sont munis de fourrures en bois, qui s'appliquent, d'une part, sur les poteaux valets, d'autre part sur un seuil en bois de chêne, encastré dans le radier.

Le pivot supérieur et la crapaudine inférieure de la porte sont en acier. La crapaudine porte sur un pivot en acier, scellé dans le radier. Le pivot supérieur est embrassé par le coussinet en bronze d'un palier en fonte, qui est fixé sur une traverse en tôle et cornières, encastrée dans les deux bajoyers du pertuis.

Manœuvre des portes. — La manœuvre des portes se fait très facilement :

Pour l'ouverture, les poteaux-valets sont déclenchés après l'ouverture des vannes, puis un petit effort sur la barre fait tourner le poteau-valet. Le poteau-valet ouvert, la porte part et s'ouvre complètement, sans choc.

Pour la fermeture dans le courant, la vanne est amenée et la porte se ferme très facilement, sans choc exagéré.

A l'époque où le service des chasses se faisait, les eaux étaient tenues dans les fossés à une cote variant entre 4ᵐ,50 et 5 mètres, et les manœuvres se faisaient sans difficulté. Les niveaux de crue ne dépassent pas souvent 3ᵐ,50 à 4 mètres. Les manœuvres d'ouverture et de fermeture se font à n'importe quel moment de la marée, sans aucune difficulté ni avarie.

pour la résistance des matériaux des chiffres un peu moindres que dans le cas d'ouvrages soumis à des charges statiques.

Si la porte est en bois, on n'emploiera pas de clavettes pour raidir les tirants de serrage, car les vibrations feraient prendre du jeu à ces clavettes.

Si la porte est en fer, on augmentera le nombre et la force des rivets d'assemblage.

Porte de chasse avec clefs et tirants.   Porte de chasse de l'écluse de Gravelines.

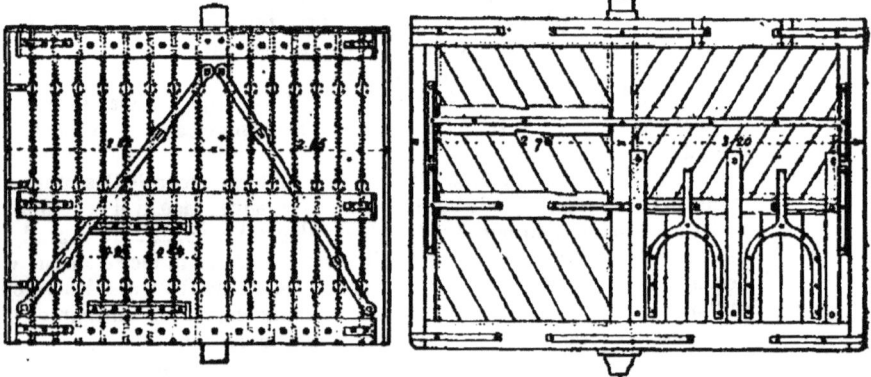

On calculera la résistance des pivots au cisaillement et à la rupture en tenant compte du surcroît de pression que l'arrêt du courant peut produire au moment de la fermeture.

La même recommandation s'applique au calcul de la résistance de l'axe, et, de plus, pour cet axe, il faut se rendre compte de la flexion qu'il subira sous la charge maximum de la retenue.

En effet, les tangentes extrêmes de la courbe qu'affecte alors l'axe infléchi déterminent la conicité minimum à donner aux crapaudines pour que le pivot ne s'y coince pas latéralement, comme cela a eu lieu quelquefois.

Quand la porte est ouverte, elle n'a d'autre appui fixe que son axe vertical; les assemblages doivent donc être disposés de façon à reporter sur cet axe tous les efforts verticaux qui tendent à se produire.

Le poteau-valet doit s'appuyer aussi exactement que possible dans son enclave pour empêcher une perte d'eau trop notable par le joint; à cet effet, l'enclave ou chardonnet sera en pierre dure (granit, par exemple), parfaitement dressée et même polie; mais on ne peut éviter un certain jeu a entre le dessous de la porte et le dessus de son seuil, et il convient de réduire ce jeu au strict minimum, soit à 1 ou 2 centimètres au plus.

293. Emplacement des portes dans le pertuis. — Il convient de mettre les portes tournantes le plus possible à l'amont du pertuis, vers la retenue.

A Boulogne, on avait posé d'abord la porte à l'aval; mais, lors des premières chasses, elle fut emportée par le courant; son pivot avait été rompu à la base. Elle fut rétablie à l'amont du pertuis et, depuis, elle s'est toujours bien comportée.

Ce fait peut s'expliquer ainsi:

Le débit dans toutes les sections transversales de l'écluse pendant la chasse est le même. Or, il résulte de la forme que prend la nappe déversante que la hauteur de la section, qui est à l'amont (A) (vers le bassin) celle de la retenue, diminue beaucoup et s'annule presque vers l'aval (B); la diminution de section entraîne une augmentation

proportionnelle de vitesse; or, la force vive croît
comme le carré des vitesses. La même masse d'eau
est donc douée de forces vives inégales à l'amont et
à l'aval, et peut exercer sur les obstacles qu'elle y
heurte des efforts très différents.

C'est vers l'amont, et autant que possible dans la
région des eaux relativement tranquilles, qu'il faut
placer les ouvrages formant obstacle au courant et
recevant le choc de l'eau.

En plaçant les portes vers l'amont, on en rend
aussi la manœuvre plus facile.

Il convient de signaler ici que, en fait et en pratique, les portes ne se mettent pas toujours d'elles-
mêmes parallèlement aux bajoyers des pertuis, à
cause de l'obliquité même des courants par rapport
à ces bajoyers ; on est donc amené quelquefois à
redresser plus ou moins les portes.

Les expériences faites à Boulogne ont montré
qu'on était beaucoup plus maître de la direction
à donner aux portes, pour les amener parallèlement
aux bajoyers, quand elles sont placées en amont que
lorsqu'elles sont à l'aval du pertuis.

D'autre part, pour les fermer contre la chasse, il
faut que le jeu des vannes soit assuré.

Or, ces vannes ne peuvent descendre jusqu'au bas
des portes, car le bas des portes est formé par une
forte et solide entretoise; il faut cependant qu'elles
aient une certaine hauteur pour produire leur effet
et qu'elles soient toujours noyées; on doit donc
mettre la porte du côté où l'eau a le plus de profondeur, c'est-à-dire vers la retenue (croquis p. 480).

Cette considération conduit à opérer quelquefois
la manœuvre de la porte de la manière suivante :

La porte étant fermée, on ouvre d'abord la vanne du grand vantail, qui devient ainsi le plus petit en surface. La porte s'ouvre ; la vanne se trouve donc à l'amont du poteau-tourillon, c'est-à-dire dans les eaux les plus profondes.

Pour la fermeture, il suffit de baisser les vannes.

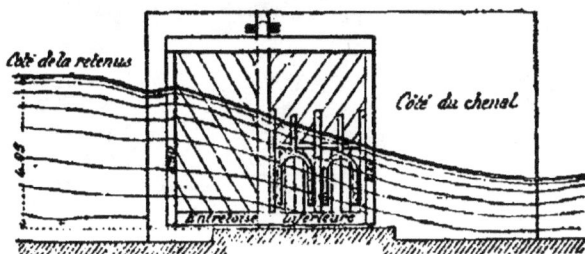

Enfin, pour que les pressions se fassent sentir d'une façon à peu près égale sur chaque côté de la porte, il faut que les vitesses soient elles-mêmes aussi modérées et aussi régulièrement distribuées que possible ; il convient donc encore, pour cette raison, de placer la porte vers l'amont, où le mouvement des eaux est le moins désordonné.

Mais, même dans la partie amont du pertuis, on a affaire à des effets dynamiques impossibles à prévoir, les filets liquides se réfléchissent et ricochent, pour ainsi dire, contre les bajoyers ; ils forment des tourbillons, etc.

La direction et la poussée des filets liquides semblent même varier aux différentes époques de l'écoulement ; on comprend ainsi que, le plus souvent, les portes se placent obliquement par rapport à l'axe du pertuis.

Or, il est très difficile de redresser une porte dans le courant ; par contre, il est assez facile de l'empêcher d'achever complètement sa rotation. Si donc une porte, en s'ouvrant, tend à décrire un angle de plus de 90°, on pourra l'arrêter dans son évolution

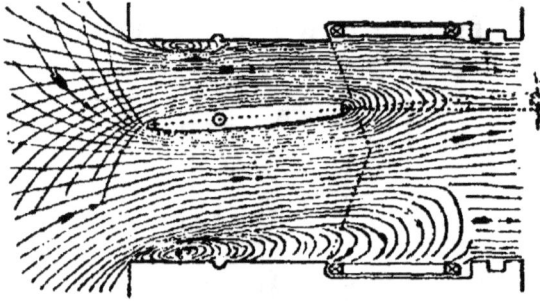

à l'aide d'amarres et la maintenir parallèlement aux bajoyers.

Cette observation fournira d'utiles indications pour la disposition de la porte quand, d'après la dissymétrie du bassin de chasse, on pourra prévoir la direction probable que les courants feront prendre à la porte ouverte.

§ 4

PRATIQUE DES CHASSES

294. Fonctionnement des chasses. Les chasses n'ont lieu que deux ou trois jours avant et après les syzygies.

Aux autres époques, la retenue serait trop basse, le chenal entre les jetées contiendrait trop d'eau stagnante à basse mer et la barre ne serait pas assez découverte.

Quand il y a beaucoup de houle, on ne chasse pas, car la fermeture des portes à l'étale de haute mer devient alors dangereuse à cause du ressac.

Si, pour un motif quelconque, on n'utilise pas tous les pertuis d'un bassin de chasse, il convient de faire fonctionner ensemble des appareils symétriquement placés par rapport à l'axe du chenal de fuite des eaux. On a eu fréquemment l'occasion de constater que, lorsqu'un des pertuis latéraux de l'écluse de chasse de Calais ne peut pas fonctionner, le courant, au lieu de se maintenir dans l'axe du chenal, se reporte de préférence d'un côté ou de l'autre et dégrade les ouvrages de défense des rives.

C'est dans les premiers moments qui suivent l'ouverture des portes que la masse et la vitesse de la chasse sont à leur maximum, puisque c'est alors que l'eau s'écoule sous la plus grande charge et par la plus grande section.

La tête du flot affecte tout à fait la forme du mascaret et son passage met en mouvement les eaux stagnantes du chenal.

Cependant, on croit avoir constaté que l'action de la chasse sur le fond du chenal n'atteint son maximum qu'un certain temps (très court à la vérité) après le passage du flot.

Les choses se passeraient comme si la force vive du flot se transmettait successivement du haut en bas à l'eau stagnante du chenal.

Théoriquement, il serait désirable que le chenal de fuite des chasses fût dans l'axe même du chenal du port et que le pertuis de chasse fût aussi près que possible de la barre.

Pratiquement, l'axe du chenal de chasse doit être aussi peu oblique que possible par rapport au chenal d'entrée du port, et ces deux chenaux doivent se joindre aussi près que possible de la laisse des hautes mers.

Or si, dans ces conditions, on ouvre le pertuis, le flot de la chasse, en arrivant dans le chenal, va se partager.

La plus grande partie suivra le chenal d'entrée du

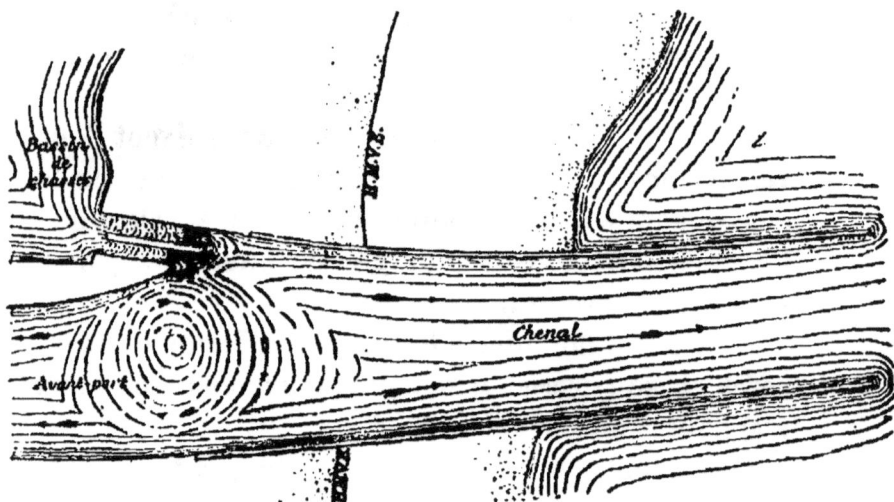

port en allant vers la mer ; le reste remontera vers le port d'échouage. Ce flot remontant n'a que des inconvénients ; il ramène des vases dans le port d'échouage et peut y produire un ressac nuisible ; il faut donc en empêcher la propagation.

Pour y parvenir, on doit commencer par exhausser le niveau de l'eau dans le port d'échouage et y déterminer un courant.

Ce résultat s'obtient à l'aide de chasses secondaires pratiquées au moyen d'eau prise dans les bassins à flot.

Pour les motifs qui viennent d'être exposés, on doit commencer les chasses secondaires par celles des bassins les plus éloignés de la mer, et ce n'est qu'au moment où le flot de la première chasse passe devant le débouché de la seconde qu'on ouvre celle-ci, et ainsi de suite.

Voici, comme exemple, la manœuvre à Dunkerque, dans l'hypothèse du fonctionnement du système complet des chasses, tel qu'il avait été conçu d'abord :

1° On ouvre les vannes des écluses du bassin du commerce.

Il se produit un gonflement qui entraîne les vases

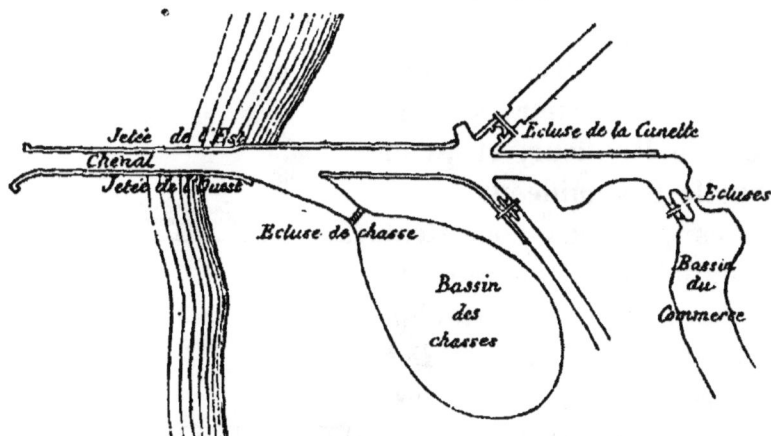

du port d'échouage et se propage, au bout de quelque temps, jusqu'à l'écluse de la Cunette.

2° A ce moment, on ouvre le pertuis d'écoulement de l'écluse de la Cunette. Les deux flots s'unissent pour nettoyer l'avant-port.

3° A l'instant où ils passent à la hauteur de l'écluse de chasse, on ouvre les cinq pertuis de cette écluse.

Il faut ouvrir l'écluse de chasse au moment le plus

bas de la marée ; l'expérience a montré qu'il fallait pour cela ouvrir les vannes des bassins à flot quinze à vingt minutes avant la basse mer.

295. Guideaux pour diriger les chasses au delà des jetées. — Lorsque le courant de chasse a dépassé les musoirs des jetées, il n'est plus contenu ; il s'épanouit et, par conséquent, il a déjà perdu notablement de sa puissance quand il arrive sur la barre située en avant de l'entrée du chenal.

Si la passe n'est pas dans l'axe des jetées, le courant a une tendance à se porter vers elle au lieu de la ramener dans la direction du chenal.

Par suite, on a été conduit à rechercher les moyens de contenir et de guider les chasses au delà des musoirs.

On y est parvenu au moyen d'appareils imaginés au siècle dernier pour le port de Honfleur, et qu'on appelle des guideaux.

Les guideaux consistent essentiellement en radeaux de charpente, recouverts d'un plancher de madriers. Des poutres, appelées béquilles, les traversent verticalement en différents points, près d'un de leurs longs côtés. Les béquilles sont mobiles et peuvent être enfoncées plus ou moins dans l'eau.

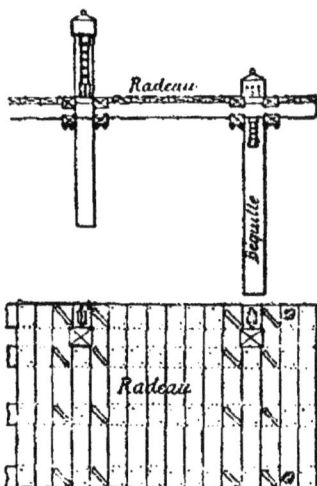

Si un pareil radeau flotte à haute mer, il arrivera un moment où, la mer baissant, ces béquilles toucheront le fond. A partir de ce moment, le radeau s'inclinera en pivotant autour de l'axe formé par la ligne du pied des béquilles et il finira par appliquer sur le fond son arête inférieure ; il formera alors un plan incliné analogue au talus d'une berge de canal.

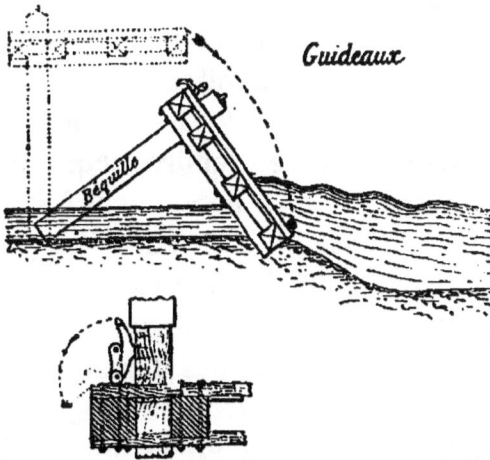

On conçoit qu'en réunissant ensemble, bout à bout, un certain nombre de ces guideaux et les mouillant d'une façon solide dans une direction convenable, on pourra former une rive artificielle de chaque côté du chenal au delà des musoirs et diriger ainsi les chasses jusqu'auprès de la barre.

Ce système a été appliqué à Dunkerque [1].

On a aussi cherché à augmenter l'effet des chasses en désagrégeant le sol à l'aide de pelles, de herses ou de râteaux, et aussi au moyen de jets d'eau.

296. Désagrégation du sol pour faciliter l'action des chasses. — De tout temps on a cherché à désagréger les alluvions et à les mettre en suspension pour faciliter leur entraînement par les courants. On s'est servi dans ce but d'un grand nombre de

---

1. Atlas des Ports de France, volume I, page 69. — Voir aussi les notices publiées en 1867 par le ministère des Travaux publics sur les modèles admis à l'Exposition universelle de Paris.

moyens différents pour attaquer le sol : piochage, pelletage, labourage à la charrue, hersage, etc.

On a utilisé les remous, les tourbillons, le ressac que déterminent dans leur voisinage des obstacles fixes ou mobiles ; on a mis les alluvions en suspension par des jets d'eau, etc. ; et l'on peut imaginer encore d'autres procédés pour atteindre le même résultat. Ces manœuvres ont rendu des services réels et sont encore susceptibles d'en rendre, dans des cas déterminés, comme on le verra notamment à l'occasion du dévasement des parties intérieures des ports ; mais elles donnent toutes lieu à une critique de principe. Par ces opérations, en effet, on arrive à déplacer les alluvions, mais on ne les fait pas disparaître ; or, le plus souvent, il importerait surtout de les enlever.

On se bornera à citer trois exemples des résultats obtenus par divers moyens sur des barres de chenaux maritimes :

1° On doit se rappeler que l'amélioration de l'embouchure du « Regii Lagni » (Voir *Travaux maritimes*, p. 325) était basée sur ce fait que le ressac déterminé au pied des pieux affouillait le sable et le mettait en suspension, ce qui permettait aux courants littoraux de l'entraîner à travers les vides ménagés entre les pieux[1].

1. Un effet du même genre, mais peut-être plus accentué, a été constaté dans les circonstances suivantes :

Sur une plage de sable de la Méditerranée, on avait construit une petite cabine de bain, en bois, par une profondeur d'eau de 0^m,80 environ.

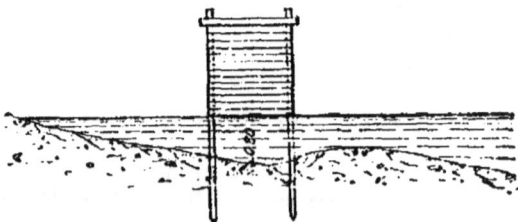

Les planches inférieures arasaient à peu près le niveau de la mer. Or,

2° A Honfleur, devant l'entrée du chenal, il s'était formé un banc de sable de 250 mètres de longueur.

Pour couper ce banc, à l'aide des chasses artificielles, il fallait d'abord y creuser une première rigole qui maintiendrait et dirigerait les chasses.

On y parvint par un procédé imité de celui qu'emploient les marins dans la baie de Seine, pour dégager leurs ancres ensablées (*Annales des ponts et chaussées*, 1873, 1er semestre, p. 489, note de M. Arnoux).

En voici sommairement le principe : une manne en osier est attachée par des cordes à une pierre, suffisamment lourde, légèrement enfouie dans le sable. L'ouverture du panier est tournée vers le bas, c'est-à-dire vers la pierre, dont elle est peu distante (de 1m,50 par exemple).

La présence de ce simple obstacle flottant suffit pour que les courants, qui s'entonnent dans le panier, subissent des contractions, des remous, des tourbillons qui affouillent le fond; de sorte que la pierre s'enfonce dans le sable en entraînant le panier avec elle.

Il se forme ainsi un trou d'une certaine profondeur et à talus doux.

A Honfleur, au moyen d'une file de 80 paniers, espacés de 2m,50, on réalisa en deux marées une rigole de 200 mètres de longueur et de 1m,50 de profondeur maximum, large de 5 à 6 mètres. Les chasses achevèrent de creuser le chenal.

3° M. Bergeron, ingénieur civil, imagina de mettre

à la suite d'un coup de vent d'été, peu violent, on constata que la profondeur de l'eau dans l'emplacement de la cabine avait augmenté de près de 1 mètre et que l'on y perdait pied.

le sable de la barre de Boulogne en suspension au
moyen de jets d'eau, vers le moment de la fin du
jusant. A cet effet, une file de tuyaux en fonte de
$0^m,15$ environ de diamètre, dont la paroi était percée
de trous, fut posée sur la barre ; une pompe, actionnée par une machine à vapeur, lançait de l'eau dans
ces tuyaux : l'eau, en s'échappant par les trous, mettait
en suspension le sable, que l'on espérait voir ainsi
entraîné au loin par les courants ; il n'en fut rien. Le
sable se déposait à une petite distance des tuyaux ;
ceux-ci s'enfonçaient dans les alluvions qui bou-
chaient les orifices d'injection et encombraient les
tuyaux, etc. Bref, on dut renoncer à une expérience
qui ne laissa pas que d'être assez coûteuse, bien
qu'elle fût organisée à faux frais, et qui eût certainement exigé de grandes dépenses pour être installée
dans des conditions offrant, au dire de l'inventeur,
plus de chances de succès.

297. Résultat des chasses. — Les chasses, quand
elles sont assez puissantes et convenablement diri-
gées, produisent des résultats satisfaisants. Elles
fixent la passe au droit du chenal et elles l'approfon-
dissent jusqu'à un certain point.

Elles ont permis de gagner, à l'entrée de certains
ports, jusqu'à $1^m,50$ de profondeur de plus que ce
qu'on avait sur la barre avant leur emploi. Elles
entretiennent dans le chenal, entre les jetées, des
hauteurs d'eau, souvent suffisantes, de 2 à 3 mètres
au-dessous des plus basses mers.

Les bassins de retenue seront d'ailleurs toujours
nécessaires dans les pays de Wateringues, comme
nos départements du Nord, pour emmagasiner à mer

haute les eaux d'écoulement des marais et les évacuer à mer basse.

Mais les chasses donnent lieu à bien des critiques.

298. Critique des chasses. — Les chasses ne sont applicables que dans les ports à marée et seulement dans ceux de ces ports où l'amplitude des marées de vive eau est assez considérable, de 5 à 6 mètres au moins.

Elles ne sont efficaces que dans les parties relativement étroites des chenaux, balayées directement dans toute leur largeur par un flot de chasse d'une hauteur suffisante ($0^m,60$ à $0^m,80$ par exemple).

Elles ne font pas disparaître les matériaux de la barre, elles les repoussent seulement vers le large.

Les vases qu'elles entraînent à marée basse vers la mer rentrent en partie dans le port à marée montante.

Il résulte de l'expérience de tous les ports que les chasses sont incapables de donner sur la passe une profondeur de plus de 2 mètres à basse mer, et encore cette profondeur est-elle généralement considérée comme un maximum ; or, beaucoup de ports demandent aujourd'hui plus de tirant d'eau à leur entrée.

Pour l'emploi des chasses, il convient que le chenal ne soit pas trop large, afin que le courant ne s'affaiblisse pas en se répandant dans une grande section d'eau stagnante, et cependant il faudrait élargir les chenaux dans l'intérêt de la navigation.

Les bassins de retenue occupent de grandes surfaces de terrains qui seraient très utiles pour le développement des bassins à flot et pour les besoins du commerce.

Pour que les chasses soient efficaces, il faut non seulement qu'on les fasse en vive eau, mais encore par mer suffisamment calme, ce qui réduit le temps pendant lequel on peut y recourir utilement.

Quand on établit un système de chasses, il est impossible de savoir d'avance le résultat utile qu'on en peut espérer comme compensation du sacrifice d'argent toujours considérable qu'on s'impose.

Aussi les chasses sont-elles aujourd'hui abandonnées dans la plupart des ports.

On y a renoncé au Havre, depuis que le chenal a été approfondi à $(-2^m,50)$; celles dont on disposait n'avaient plus aucun effet utile, le volume d'eau était insuffisant et les pertuis étaient d'ailleurs mal orientés.

Du reste, au Havre, les chasses n'auraient fait que rejeter sur le grand banc horizontal, qui s'étend à l'ouvert du port jusqu'à 2 kilomètres au large, à la cote $(-2^m,00)$, les matériaux qu'elles auraient charriés : il aurait donc fallu les y draguer à grands frais ; on a pensé que mieux valait les draguer dans le port.

En Angleterre, les chasses n'ont jamais été employées sur une très grande échelle, et depuis de longues années on y a à peu près complètement renoncé.

Toutefois, on pratique actuellement à Liverpool[1] un système spécial de chasses pour le dévasement d'un avant-port où débouchent plusieurs bassins à flot très importants (Canada Basin).

Là, les bassins à flot permettent d'alimenter de grands tuyaux métalliques, disposés horizontalement sous le plafond de l'avant-port, qui a été bétonné.

1. *Proceedings of the Institution of civil Engineers* (London, vol. C, 1889-1890). Mémoire de M. G.-F. Lyster.

Sur ces tuyaux horizontaux s'élèvent, de distance en distance, des branchements verticaux qui viennent affleurer le dessus du radier.

L'orifice des branchements verticaux est fermé par une plaque mobile que la force de l'eau peut soulever.

L'eau doit s'échapper alors en jets annulaires horizontaux, mettre la vase en suspension et l'entraîner à marée baissante dans la Mersey.

299. Conclusions. — En résumé, si les chasses artificielles ont permis de réaliser, à une certaine époque, un progrès notable dans l'amélioration des ports, elles ne répondent plus, dans la plupart des cas, d'une manière complète, aux besoins de l'époque actuelle.

Toutefois, les ouvrages, souvent difficiles, qu'a exigés l'établissement des bassins de chasse, les dispositifs ingénieux des appareils qu'il a fallu inventer pour la fermeture des pertuis, les observations qu'on a eu l'occasion de faire sur certains phénomènes spéciaux, etc., sont de nature à offrir d'utiles renseignements, applicables à d'autres travaux ; il a donc paru à propos d'en conserver au moins une trace sommaire.

§ 5

ENLÈVEMENT DIRECT, PAR DES MOYENS MÉCANIQUES, DES ALLUVIONS A L'ENTRÉE DES PORTS.

300. Observation générale. — En même temps qu'on reconnaissait l'insuffisance des chasses, on avait, d'une part, recueilli sur l'importance des apports annuels des alluvions et sur la puissance de la mer pour les mettre en mouvement, des données qui modifiaient certaines idées admises autrefois. D'autre part, les engins mécaniques de dragage avaient fait de très grands progrès et permettaient de conduire à bonne fin des travaux qu'on eût considérés naguère comme impossibles.

301. Importance des apports annuels d'alluvions sur les plages découvrant à basse mer. — On croyait autrefois que la masse des alluvions littorales charriées par la mer était si considérable que ce qu'on pourrait en enlever serait incapable de modifier, si peu que ce fût, le relief des plages.

Cependant, l'observation enseigna tout d'abord que cette opinion n'était pas fondée en ce qui concerne les galets.

302. Du galet. — Lamblardie [1] avait démontré que la quantité de galets qui se forme en moyenne

1. Mémoire sur les côtes de la Haute-Normandie, comprises entre l'embouchure de la Seine et celle de la Somme, considérées relativement au galet qui remplit les ports situés dans cette partie de la Manche, par Lamblardie, ingénieur des ponts et chaussées, 1789.

par année, entre la Seine et la Somme, n'est pas très grande, car elle est en rapport avec la destruction des falaises, qui est, en réalité, fort lente.

Dans quelques ports, comme à Dieppe et à Fécamp, on constata que le cube des galets enlevés comme lest suffisait pour entretenir la plage dans un état permanent.

Dans certains autres, le Havre notamment, cet enlèvement appauvrissait même la plage au point de compromettre la défense de quelques parties du rivage ; on dut l'interdire ou, du moins, le réglementer.

303. Du sable. — Des observations analogues firent reconnaître plus tard que les apports de sable n'étaient pas non plus toujours excessifs.

La mer mettait quelquefois un temps très notable à combler les fouilles qu'on faisait pour prendre le sable comme lest près de l'enracinement des jetées.

304. Puissance de la mer pour mettre les alluvions sous-marines en mouvement. — Autrefois, on croyait aussi que l'action des lames sur les alluvions du fond de la mer était si puissante que les fouilles que l'on pratiquerait sous l'eau seraient presque immédiatement nivelées. Mais ultérieurement on avait vu que le résultat des chasses se maintenait convenablement d'une vive eau à l'autre.

Les chasses ayant été interrompues pendant un certain temps, par suite d'accidents, on constata que leur effet persistait même durant quelques mois, au moins dans une certaine limite.

Ainsi, la mer n'avait pas une puissance de comblement aussi rapide qu'on le pensait.

D'autre part, on remarqua que les déblais jetés en mer près du rivage mettaient toujours un temps assez long à disparaître.

A Port-Saïd, débouché du canal de Suez dans la Méditerranée, on vidait sous le vent des jetées les dragages provenant du creusement du port; ces déblais formèrent une espèce de banc sous-marin qui subsista, avec une hauteur notable, pendant plusieurs années après l'achèvement des travaux, et dont le relief n'a même pas encore complètement disparu depuis plus de vingt ans (1869-1891).

Ainsi, la mer n'avait pas non plus la puissance d'affouillement qu'on était porté à lui attribuer.

Il résulte de ce fait d'observation quelques enseignements pratiques :

1° Lorsqu'on porte des dragages en mer, il convient de les emmener loin du rivage, par de grandes profondeurs, de les répartir sur une grande surface, de s'assurer, par des sondages fréquents, que le fond de la mer n'est pas relevé d'une façon notable dans les parages de la vidange, etc.

2° Dans les rades, on doit interdire aux navires de jeter à la mer leur lest, les escarbilles de leurs foyers de chaudières, etc.

305. Dragages de barres à l'entrée des ports. — On fut donc conduit à essayer d'entretenir les profondeurs à l'entrée des ports au moyen de dragages.

La question se présenta notamment pour l'entrée du canal de Suez, dans la Méditerranée, à Port-Saïd.

La grande jetée au vent (Nord-Ouest) s'avance en mer jusque par les fonds de 8^m,50 ; l'entrée est située sous le vent du delta du Nil, dont la plage est formée de sable. Dans ces conditions, on devait s'attendre à ce que les profondeurs ne se maintiendraient pas devant le port.

Avant de recourir à la solution qu'on avait prévue dès l'origine des travaux et qui consistait à prolonger les jetées au fur et à mesure du relèvement du fond devant l'entrée, on essaya de draguer les dépôts d'alluvions qui se formaient chaque hiver. On réussit, pendant la belle saison, à rétablir les fonds primitifs de 8^m,50 à 9 mètres et on reconnut que, pendant l'hiver suivant, l'exhaussement n'atteignait pas un niveau gênant.

Aujourd'hui, l'entretien des profondeurs devant l'entrée de Port-Saïd est assuré au moyen de dragages qu'on renouvelle chaque année, durant l'été.

Il est vrai que la Méditerranée n'a pas de marée notable ; mais le même système est appliqué également avec succès dans les mers à marée, par exemple à Ymuiden, débouché du canal d'Amsterdam à la mer du Nord, à l'entrée de la Meuse, au Hœck van Hollande [1], à l'entrée de la Tyne, etc.

Toutefois, dans les exemples qui précèdent, il faut observer que l'extrémité des jetées est située par de grandes profondeurs de 6 à 9 mètres au-dessous de basse mer. Or, dans les grands fonds, l'action des lames sur les matériaux de la plage sous-marine est beaucoup moins énergique que par de faibles hauteurs d'eau.

1. Mémoire de M. Quinette de Rochemont, *Annales des ponts et chaussées*, 1890, 1er semestre.

On pouvait donc craindre que ce mode d'entretien des profondeurs à l'entrée, par dragage, ne réussît pas dans les ports où les jetées ne s'avançaient point au delà de l'estran.

Le port de Dunkerque, qui débouche sur des fonds de sable, est dans ce cas. Cependant, il importait beaucoup d'obtenir sur la barre une profondeur d'eau plus grande que celle que les chasses seules avaient pu donner.

Il fut décidé qu'on essaierait d'approfondir la passe à l'aide de dragages.

Les exigences multiples que comportait l'exécution du travail conduisirent à employer des engins spéciaux appelés dragues marines aspiratrices et porteuses, dont on parlera un peu plus loin.

Le résultat fut des plus satisfaisants ; non seulement on approfondit la passe sur la barre extérieure, mais, en outre, on fit disparaître le banc de sable qui s'appuyait à la tête de la jetée ouest et qui, mis en mouvement par les lames de l'ouest, venait quelquefois barrer l'entrée du port après une tempête. A la place de ce banc, on créa une sorte de réservoir où les alluvions s'emmagasinent pendant les mauvais temps et d'où elles sont ensuite enlevées par dragage, quand le calme est revenu.

Ce système est aujourd'hui appliqué et produit également d'excellents effets sur les fonds de sable à Calais, à Boulogne, à Ostende, etc.

306. Observations sur les dragages à l'entrée des ports. — Bien que les résultats des dragages à l'entrée de différents ports débouchant sur fonds de galets ou sur fonds de sable aient été remarquablement satisfaisants et aient même quelquefois dépassé

les espérances qu'on avait fondées sur eux, on ne
saurait dire pourtant que ce moyen d'approfondissement des passes sur les barres meubles offre les mêmes
chances de succès dans toutes les circonstances.

Ainsi, malgré la proximité des ports de Dunkerque
et d'Ostende, malgré l'analogie apparente de la
constitution et du régime de leurs plages aussi bien
que des fonds sous-marins qui s'étendent devant eux,
on a obtenu devant Ostende, pour le même cube
d'alluvions enlevé par les dragues, des profondeurs
plus grandes qu'à Dunkerque.

A quoi tiennent ces différences? On ne saurait
encore l'expliquer. La grosseur du sable, la vitesse
des courants, la force et la direction des lames, etc.,
ont certainement une influence, qu'il est d'ailleurs
à peu près impossible d'analyser et d'apprécier; mais
il intervient, à n'en pas douter, d'autres phénomènes
beaucoup moins connus.

Ainsi, sur les plages qui découvrent à basse mer
et que l'on peut, par conséquent, observer à loisir, on
constate des faits dont l'interprétation reste encore
très obscure; sur les plages sous-marines, les observations deviennent beaucoup plus difficiles, plus
incertaines et les phénomènes restent souvent peu
compréhensibles.

Par exemple, la laisse de basse mer d'un rivage de
sable qui, à première vue, semble en ligne droite sur
une grande étendue de côte, offre, en réalité, des
courbures alternativement concaves et convexes, qui
lui donnent une forme sinusoïdale très aplatie. Les
saillants et les rentrants de ces ondulations se dépla-
cent et avancent généralement dans le sens de la
marche des alluvions. Ces variations continuelles de

la largeur de l'estran se maintiennent habituellement dans de faibles limites, de sorte que l'inclinaison de la plage ne subit elle-même que de petits changements.

Mais il arrive quelquefois, sans que l'on puisse en découvrir les motifs, que, pendant une longue série d'années, certaines concavités se localisent et s'accentuent dans une région déterminée. Alors, la plage s'appauvrit de plus en plus, son talus se raidit, les lames le corrodent, attaquent le rivage et compromettent l'existence des terres cultivées situées en arrière. Il semble à peu près certain qu'un creusement analogue doit se produire en même temps sous l'eau, de sorte que, si l'on vient à faire des dragages dans cette région, pendant cette période d'appauvrissement, l'effet en sera favorisé par le fait même de la tendance naturelle du fond à s'affouiller.

Dans d'autres cas, certains travaux de main d'homme peuvent exercer une influence utile. Ainsi, à Boulogne-sur-Mer, en même temps qu'on draguait à l'entrée des anciennes petites jetées, on construisait à l'ouest (au vent) du port une jetée nouvelle, en eau profonde, qui arrêtait la marche des alluvions le long du littoral, déviait les courants, affaiblissait les lames sur la barre, etc. ; il ne semble pas douteux que ces circonstances ont dû contribuer à la réalisation de ce résultat remarquable, à savoir que les dragages ont permis d'abaisser jusqu'à 3 mètres au-dessous des plus basses mers le banc qui s'élevait naguère devant l'entrée à 1 mètre environ au-dessus de ce niveau.

Il existe quelquefois des bancs sous-marins d'alluvions qui s'étendent devant le rivage et à peu près parallèlement à lui, comme à Dunkerque et à Ostende, par exemple.

Entre ces bancs se trouvent des sillons ou chenaux plus ou moins profonds, creusés par les courants, et qui forment souvent des mouillages précieux, servant de rades aux ports situés sous leur abri. Or, ces bancs changent presque incessamment de forme, de relief, d'étendue, et cela dans des périodes de temps plus ou moins longues, plus ou moins variables. Il semble qu'il y ait entre eux un échange continuel des matériaux qui les constituent. Tantôt, le banc le plus rapproché de terre paraît abandonner du sable au rivage, et tantôt lui en reprendre ; et, pendant ce temps, la profondeur du chenal intermédiaire subit elle-même des variations.

L'entrée d'un port débouchant sur le chenal pourra donc être elle-même affectée par ces changements.

307. Régularisation du mouvement des alluvions près de l'entrée des ports. — Une des difficultés que l'on rencontre dans l'entretien des profondeurs devant l'entrée des ports débouchant sur plages meubles tient à ce que, à un moment donné, les alluvions sont amenées en quantité considérable, 30.000 à 40.000 mètres cubes par exemple, devant les jetées, dans un temps très court (en quelques jours et même en quelques heures), sous l'action d'une violente tempête.

Il est évidemment désirable de diminuer l'importance de ces brusques apports.

Dans ce but, on dispose quelquefois, sur la plage
au vent, un certain nombre d'épis ab, $a'b'$, $a''b''$
(Fig. 1) qui entravent la marche des alluvions et la
régularisent
dans une cer-
taine mesure.

Ces épis (Fig.
2, 3 et 4) s'é-
tendent sur la
largeur de l'es-
tran, leur crête
a l'inclinaison
moyenne de la
plage, dont elle
dépasse un peu
la surface.

Ces épis se
font générale-
ment en char-
pente, comme
à Dymchurch
et au Havre
(Fig. 5), où
avec remplis-
sage en enro-
chements (Fig.
6), et leur cons-
truction, tou-
jours facile, ne
semble com-

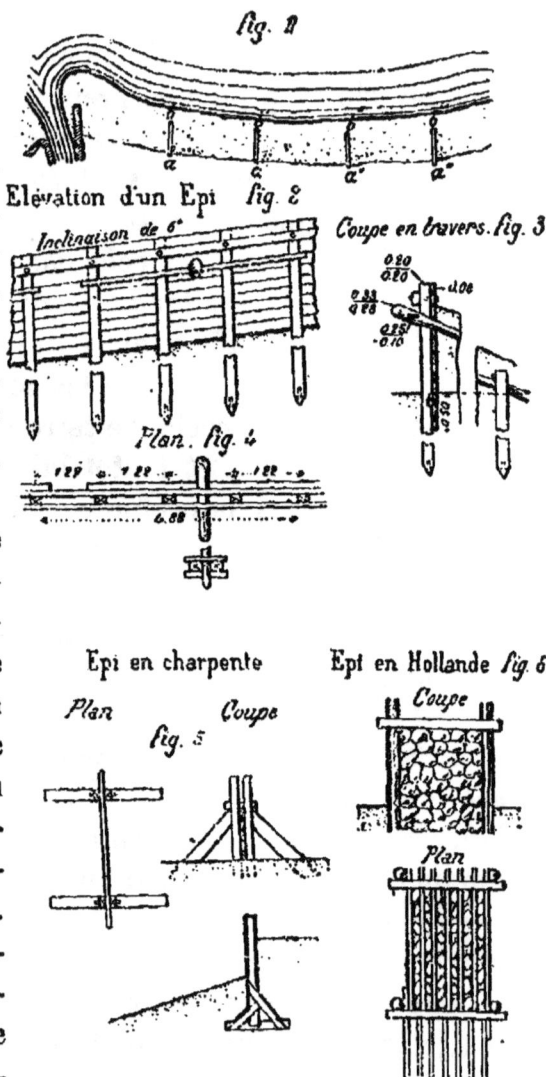

Fig. 1

Elévation d'un Epi   fig. 2

Inclinaison de 6°

Coupe en travers. Fig. 3

Plan. Fig. 4

Epi en charpente   Epi en Hollande Fig. 6

Plan   Coupe   Coupe

Fig. 5

Plan

porter d'ailleurs aucune indication spéciale.

Les circonstances, les ressources, les habitudes
locales sont les meilleurs guides pour le choix à

faire par l'ingénieur du mode d'exécution le plus simple et le plus économique.

308. Abaissement des barres au moyen de dragages pratiqués le long et sous l'abri des jetées. — Soit un chenal, compris entre les deux jetées A A', B B',

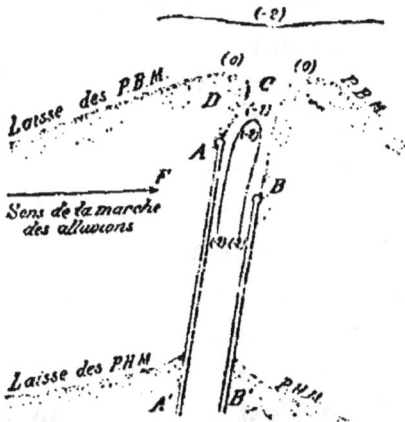

débouchant sur une plage de sable. La laisse de basse mer finira, tôt ou tard, par prendre une forme analogue à celle qui est figurée au croquis ci-contre.

La passe sera vers le point C de la barre, et, pour assurer artificiellement la conservation de sa profondeur, il faudra draguer, en dehors de l'abri des jetées, non seulement dans la région C, mais encore dans l'espace où se trouve la pointe D du banc amont (sens de la marche des alluvions) que les tempêtes viendraient pousser en travers du chenal. C'est ce qu'on a fait à Dunkerque, par exemple.

Or, les dragages en mer, quel que soit d'ailleurs le système d'engins que l'on emploie, présentent de telles difficultés dès que la houle est un peu forte (de 0^m,60 par exemple), qu'on doit alors les interrompre. C'est là une sujétion regrettable et onéreuse. On s'est demandé s'il ne serait pas possible de réduire l'importance des dragages au large en laissant passer le sable, au moins partiellement, à travers la jetée A A' et en le draguant dans le chenal

sous l'abri de cette jetée. De cette façon, on pourrait
espérer rapprocher la laisse de basse mer et l'empêcher
de dépasser, peut-être même d'atteindre, le musoir A.

A l'appui de cette présomption, on peut citer des
faits qui la rendent probable.

Le chenal de Malamocco (lagunes de Venise) est formé par deux jetées parallèles en enrochements. Le
jeu des marées entretient dans ce chenal des courants
alternatifs d'une force plus que suffisante pour entraîner le sable qui constitue les fonds sous-marins.

Or, d'une part, le sable de la plage ne s'est avancé
le long de la jetée au vent que jusqu'à une assez
faible distance de l'enracinement; d'autre part, les
profondeurs du chenal se maintiennent d'une manière remarquablement constante sous l'action des
chasses naturelles; enfin, il ne s'est pas formé de
barre devant l'entrée, ou, plus exactement, les profondeurs devant l'entrée ne sont pas inférieures à
celles du chenal.

La jetée étant faite en enrochements laisse pénétrer
dans ses interstices le sable, qui y prend un certain
talus. S'il n'y avait pas de courants dans le chenal, le
pied du talus tendrait à envahir le plafond de ce
chenal; mais, les courants enlevant constamment le
sable le long de la jetée, celui-ci est continuellement
appelé de la plage au vent dans l'intérieur du chenal,
d'où les courants l'emportent.

Dans un des projets présentés pour la création
d'un port en eau profonde à Boulogne-sur-Mer, on
avait proposé de former, à l'amont (sens des alluvions) de la jetée au vent une sorte de réservoir à

sable, abrité par les tronçons d'une enceinte discontinue, dans lequel on serait venu draguer sans avoir
à redouter une trop grande agitation.

Depuis quelques années, la Compagnie du Canal
de Suez applique, pour faciliter l'entretien des profondeurs à l'entrée de Port-Saïd, un système de dragages
le long et sous l'abri de la jetée au vent.

Cette jetée est formée, sur la plus grande partie
de sa longueur, par un amoncellement de blocs artificiels de 10 mètres cubes, jetés pêle-mêle.

Le sable a passé de A en C, à travers les grands

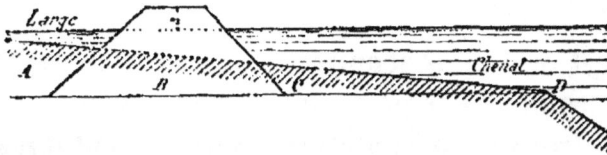

vides qui existent entre ces blocs en B, et le pied de
son talus très doux s'avance assez loin dans le chenal,
sous l'abri de la jetée. On drague ce dépôt intérieur,
sans compromettre toutefois la stabilité de la jetée.

De cette façon, on doit diminuer l'avancement de la
plage au vent et le cube des dragages à faire en dehors
de tout abri.

**309. Ports dont l'entrée est débarrassée de toute
barre par les courants littoraux.** — On a admis
comme un fait d'expérience que l'estran s'avance à
mesure que l'on allonge les jetées, de sorte que la
barre tend incessamment à se reformer devant l'entrée.

Mais les choses ne se passent pas toujours et partout ainsi.

On trouve en Hollande l'exemple d'un chenal

débouchant en mer, sur un fond sous-marin composé de sable, entre des jetées d'une longueur presque nulle, et qui cependant n'a aucune espèce de barre devant son entrée; c'est le port de Niewediep, à la pointe du Helder [1].

L'explication de ce fait, si exceptionnel qu'il paraît anormal, est dans l'existence de courants de marée très violents, directement alternatifs, qui rasent l'entrée du port et n'y permettent, par conséquent, la formation d'aucun dépôt d'alluvions. Ces courants sont si forts que le cap formé par la pointe du Helder a dû être défendu par une grande épaisseur d'enrochements sur toute la hauteur de son talus sous-marin.

S'il est rare de rencontrer des circonstances aussi favorables dans des ports débouchant en mer libre, on les trouve, au contraire, fréquemment dans les ports des fleuves à marée.

Ces ports sont toujours situés sur les rives concaves, et, en jetant les yeux sur la carte d'un fleuve, on peut avancer presque à coup sûr que les principaux centres de population doivent se trouver sur les concavités les plus accentuées, tandis que les rives convexes seront peu habitées.

C'est que les rives concaves sont balayées par les courants de jusant et de flot, qui y sont directement alternatifs, au moment où ils sont respectivement à leur maximum de puissance, et, par suite, entretiennent naturellement sur ces rives les grandes profondeurs nécessaires à la navigation.

---

1. Stœcklin et Laroche, *Des ports maritimes considérés au point de vue des conditions de leur établissement et de l'entretien de leurs profondeurs*; Simonnaire et Cie, Boulogne-sur-Mer, 1878.

Si l'on fait déboucher l'entrée de bassins à flot sur les grandes profondeurs d'une courbe fortement concave, on conçoit que cette entrée ne sera jamais obstruée par une barre d'alluvions, sans qu'il soit nécessaire pour cela de donner une saillie sensible sur la rive aux ouvrages de l'entrée.

C'est le cas du port d'Anvers notamment et de la plupart des ports en rivières.

Si donc il existe à une certaine distance du rivage une zone où règnent des courants directement alternatifs assez forts pour empêcher tout dépôt d'alluvions, on doit espérer qu'en poussant les jetées d'un port jusque dans cette zone il ne se formera pas de barre en avant de l'entrée.

C'est en se basant sur ce principe qu'on a décidé la construction du port en eau profonde de Boulogne-sur-Mer [1].

Les courants de marée, assez faibles devant l'entrée du port actuel, acquièrent, à une distance de 2 milles environ vers le large, une puissance suffisante pour balayer le fond de la mer jusqu'au roc. On n'a encore exécuté qu'une seule jetée, celle de l'ouest, dont le musoir se trouve par des fonds de 8m,50 au-dessous de basse mer; la partie la plus avancée en mer de cette jetée est orientée dans la direction même des courants qui, à Boulogne, sont directement alternatifs.

310. Importance de la longueur des jetées au point de vue du maintien des profondeurs à l'entrée

1. Rade et port de Boulogne. — Inauguration de la digue sud-ouest par M. Carnot, Président de la République, le 5 juin 1889 ; Imprimerie de la Chambre des députés, Maison Quantin, 7, rue Saint-Benoît, Paris.

des ports. — Quand devant un port ne se rencontre pas la circonstance favorable de courants puissants balayant l'entrée, on doit craindre que les alluvions, en s'accumulant sans cesse le long de la jetée au vent, ne finissent par en déborder le musoir et par reformer une barre en avant.

Toutefois, il faut un certain temps pour que cet effet se produise, et un temps d'autant plus long que les jetées seront plus longues; or, pratiquement, la question de temps a une grande importance.

On a déjà dit que, dans beaucoup de cas, la masse des arrivages d'alluvions n'est pas excessive, que la mer n'a pas une puissance indéfinie pour les mettre en mouvement et que son action s'atténue considérablement par les grandes profondeurs.

Par suite, les conséquences que l'on est disposé à tirer des faits constatés sur les jetées courtes, au sujet de la rapidité de l'avancement de l'estran, peuvent ne pas être applicables aux très longues jetées, du moins dans certains cas.

C'est ce que l'observation confirme.

La grande jetée de Douvres, construite depuis près de vingt-cinq ans, n'a encore, à son enracinement, qu'un dépôt de galets d'une très petite longueur.

La grande jetée de Malamocco, qui date de plus de quarante ans, n'est également ensablée que sur une faible distance à partir du rivage primitif.

Quand les effets utiles d'un ouvrage persistent pendant un si grand espace de temps, on peut dire qu'il répond pratiquement à l'objet qu'on avait en vue.

Grâce à l'emploi des longues jetées parallèles et

aux dragages, on est même parvenu à améliorer l'embouchure de fleuves se jetant dans des mers sans marée, ce qui constitue un des problèmes les plus difficiles de l'art de l'ingénieur.

Le Danube[1] se jette dans la mer Noire par trois branches ; la bouche de Sulina a été prolongée et endiguée en mer par deux longues jetées à l'entrée desquelles se maintiennent des profondeurs de 6 mètres à 6m,50, sous l'action combinée des lames, du courant du littoral et du courant du fleuve.

On poursuit en ce moment, en Amérique, dans le même système, l'amélioration d'une des embouchures du Mississipi[2], où l'on réalise un tirant d'eau de 8 à 9 mètres, au moyen de jetées et à l'aide de quelques dragages.

311. Résumé. — On peut donc espérer entretenir les profondeurs à l'entrée d'un port sur plage mobile en recourant, suivant les circonstances, aux chasses naturelles ou artificielles, aux dragages, au prolongement des jetées, ou en combinant ces différents moyens entre eux.

L'embouchure de la Tyne[3] (Angleterre) a été complètement transformée par la construction de deux grandes jetées, par le dragage de la barre intérieure,

---

1. *Navigation intérieure : rivières et canaux*, par P. Guillemain, inspecteur général des ponts et chaussées. — *The Sulina Mouth of the Danube*, by C.-H.-J. Kühl. — *Proceedings of the Institution of civil Engineers*, volume LXXXXI, page 329.

2. *Annales des ponts et chaussées*, 1884, 2e semestre, Mémoire de M. G. Cadart, sur l'amélioration de l'embouchure du Mississipi. — *A History of the jetties at the mouth of the Mississipi river*, by E.-L. Corthell, 1881; New-York, John Wiley et Sons, 15, Astor place.

3. Plocq et Laroche, *Étude sur les principaux ports de commerce de l'Europe septentrionale*. — *Memoir on the River Tyne*, by W.-A. Brooks. — *Proceedings of the Institution of civil Engineers*, volume XXVI, page 398.

par le curage et l'approfondissement du lit de la rivière sur une échelle énorme, ce qui a puissamment augmenté l'effet des chasses naturelles dues au mouvement alternatif des eaux de marée.

De ce que la création et l'entretien des profondeurs à l'entrée des ports s'obtiennent de plus en plus, aujourd'hui, par des dragages souvent considérables, qu'il faut renouveler chaque année, résulte une situation qui ne laisse pas de paraître assez inquiétante à quelques esprits. On s'est demandé, par exemple, ce que deviendraient certains ports créés et entretenus artificiellement à grands frais, si, à un moment donné, par suite de circonstances calamiteuses, qui se sont déjà présentées plus d'une fois dans l'histoire, on ne pouvait plus leur consacrer les fonds que leur maintien réclame.

Cette considération doit au moins rendre très prudent dans le choix des emplacements des nouveaux établissements maritimes que l'on projette.

312. Extraction des roches devant l'entrée des ports. — L'entrée de certains ports peut être rendue dangereuse par la présence de roches sous-marines sur le chemin des navires.

L'extraction des roches sous l'eau, hors de tout abri, est toujours une opération très difficile, comportant l'emploi de procédés spéciaux dans chaque cas particulier.

On se borne, le plus souvent, à les briser en fragments au moyen de l'explosion de charges de poudre, de dynamite, etc., qu'on dépose à la surface du rocher dans des enveloppes étanches (touries, bon-bonnes, sacs caoutchoutés, etc.)[1].

Quand le cube de rocher à enlever est considérable, on peut recourir au procédé employé à New-York[2].

On pénètre, à l'aide d'un puits, dans l'intérieur du massif, qu'on évide par des galeries de mines et en ne ménageant que le moindre nombre possible de piliers pour soutenir le toit ; une partie des piliers est remplacée, au besoin, par des poteaux de bois. L'épaisseur du toit doit être assez grande pour en assurer l'imperméabilité sous la pression de l'eau.

On dispose des charges de poudre dans des sacs étanches sur des points convenablement choisis de l'excavation, puis on laisse pénétrer l'eau dans celle-ci et on enflamme, par l'électricité, toutes les mines à la fois.

Le toit s'effondre dans l'excavation, qui doit être assez grande pour recevoir les débris de la roche et laisser au-dessus d'eux la profondeur d'eau reconnue nécessaire.

On drague au besoin les matériaux brisés par l'ex-plosion qui restent au-dessus du niveau que le fond de la passe doit atteindre.

313. Observation sur l'importance d'une bonne entrée pour un port. — Une entrée commode et profonde est devenue, aujourd'hui, d'un intérêt capital pour un port, car le tonnage des navires croît sen-

---

1. *Annales des ponts et chaussées*, 1854, 1er semestre, Notice de M. Legrand sur l'extraction des roches dans les passes de New-York.
2. *Annales des ponts et chaussées*, 1883, 2e semestre, et *Génie civil* (15 octobre 1883, 29 août et 21 novembre 1885), Enlèvement des bancs de roches qui obstruaient la rivière de l'Est, à New-York.

siblement comme le cube de leur tirant d'eau normal, et, actuellement, la navigation n'est économique
qu'avec de très grands bâtiments.

L'objectif qu'on doit avoir en vue aujourd'hui est
d'admettre, à toute heure ou au moins à toute haute
mer, des navires calant de $7^m,50$ à 8 mètres.

Mais tous les travaux destinés à améliorer, à
approfondir et à entretenir l'entrée d'un port coûtent
fort cher ; on ne peut donc les entreprendre que
lorsque l'importance du commerce justifie de pareilles dépenses.

Quand on a assuré à un port une bonne entrée, il
y a sans doute encore beaucoup à faire pour le
rendre complet ; mais le reste, si important qu'il
soit, viendra toujours naturellement et par surcroît,
pour ainsi dire.

BIBLIOGRAPHIE

TRAVAUX MARITIMES

PHÉNOMÈNES MARINS — ACCÈS DES PORTS

SUPPLÉMENT

BIBLIOGRAPHIE SUPPLÉMENTAIRE

CONCERNANT L'OUVRAGE INTITULÉ

TRAVAUX MARITIMES

DU MÊME AUTEUR

TRAITÉS GÉNÉRAUX — COLLECTIONS
OUVRAGES PÉRIODIQUES

Giornale del genio civile. — Roma, typographia del *Genio civile*, Via Torre Argentina, 47.

PHÉNOMÈNES MARINS — ACCÈS DES PORTS

CHAPITRE PREMIER
MOUVEMENT DE LA MER

Dausse. — *Sommaire d'une collection de mémoires présentés à l'Académie des sciences sur l'endiguement des fleuves.* — Paris, Gauthier-Villars, 1864, 1 cahier in-4.

Mémoire sur les travaux d'amélioration et d'achèvement exécutés au Danube par la Commission européenne. — Leipzig, 1865 à 1873, 3 vol. in-fol.

CHAPITRE II
RÉGIME DES CÔTES

Béraud. — *Les dunes du sud-ouest de la France.* — Le Mans, imprimerie Monoyer, 1 vol. in-8.

Laveleye. — *Envasement des fleuves et des côtes dans les temps historiques.* — Paris, 1859, 1 vol. in-8.

Delavaud. — *Les côtes de la Charente-Inférieure, leurs modifications anciennes et actuelles.* — Rochefort, 1880, 1 vol. in-8.

Lacroix. — *Système hydraulique de la Néerlande; Dunes.* — *Annales des ponts et chaussées*, 1846, tome II.

Marès. — *Note sur la formation des dunes, et Étude sur le mouvement des sables.* — *Annuaire de la Société météorologique*, 1864, page 284.

Vasselot de Regné. — *Étude sur les dunes de la Coubre (Charente-Inférieure).* — Paris, 1878, 1 vol. in-4.

Demontzey. — *Étude sur les travaux de reboisement et de gazonnement; Dunes.* — Imprimerie Nationale, 1878, 2 vol. in-folio (texte et planches).

Nadault de Buffon. — *Étude sur la fixation et la mise en valeur des dunes.* — *Journal d'agriculture pratique*, 25 septembre 1879.

Bouquet de la Grye. — *Notes sur les dunes de l'Océan.* — *Bulletin de la Société centrale d'agriculture*, 1871-1872, tome VII, page 36.

Delforterie. — *Mémoire sur les dunes de Gascogne.*
     1° *Revue des Travaux scientifiques*, juin 1881.
     2° *Actes de la Société linnéenne de Bordeaux*, 4e série, tome III, 1re livraison, 1879.

Lalesque. — *Coup d'œil rétrospectif sur les dunes mobiles du golfe de Gascogne.* — Bordeaux, Gounouilhou, 1884, 1 vol. in-8.

Sokoloff. — *Expériences et résultats sur les dunes.* — *Comptes rendus de l'Académie des sciences*, 1885, tome I, page 472.

Chaumont (G. de). — *Les landes de Gascogne.* — Tours, imprimerie Galtier, 1886, 1 vol. in-8

CHAPITRE III

ACTION DE L'EAU DE MER
SUR LES MATÉRIAUX DE CONSTRUCTION

Emmery. — *Traductions et notes sur divers mémoires sur la question du cuivre-bronze employé à la mer.* — *Annales des ponts et chaussées*, 1832, tome I, page 142; 1833, tome I, page 225.

CHAPITRE IV

ATTERRAGE, ENTRÉE DES PORTS, JETÉES

Étude générale sur les digues et brise-lames d'Angleterre. — *Ingénieurs civils de Londres*, tome XXXIX.

Cay. — *Breakwater at Aberdeen.* — *Ingénieurs civils de Londres*, tome XXXIX.

Procédés pour faire sauter les roches; détermination de la charge de dynamite. — *Engineering*, 14 mai 1881.

Cerbelaud. — *Emploi de la dynamite pour faire sauter les grosses mines.* — *Ingénieurs civils de France*, 27 novembre 1885.

Haynal. — *Album des plans et travaux du port de Fiume, en Hongrie.*

BIBLIOGRAPHIE

PORTS MARITIMES

TOME PREMIER

PORTS MARITIMES

CHAPITRE PREMIER

DARSES. — PORTS D'ÉCHOUAGE. — BASSINS A FLOT. — QUAIS.

Mackenzie. — *Travaux de ports et de bassins à flot.* — *Ingénieurs civils de Londres,* tome LV.

Hurtzig. — *Description du bassin à flot Alexandra, à Hull.* — *Ingénieurs civils de Londres,* tome LXXXXII.

Étude sur l'agrandissement récent du bassin à flot de Liverpool. — *Ingénieurs civils de Londres,* tome C.

Bassin à flot du port de Boulogne (Livr. 13 du *Portefeuille de l'École des Ponts et Chaussées*).

Pocard-Kerviler. — *Documents sur le bassin de Penhouët, du port de Saint-Nazaire.* — Saint-Nazaire, 1880, un dossier in-4, de 5 pièces.

Widmer (E.). — *Note sur le 9e bassin à flot du Havre.* — *Annales des ponts et chaussées,* 1881, tome II.

Desprez. — *Notice sur le bassin Bellot, au port du Havre.* — *Annales des ponts et chaussées,* 1889, tome I.

Crahay de Franchimont. — *Description du bassin à flot de Rochefort : Congrès international des Travaux maritimes.* — Un fascicule.

Murray. — *On the progressive construction of the Sunderland Docks.* — London, 1856, une brochure in-8.

Kingsbury (W.-J.). — *On the Victoria London Docks.* — London, 1860, une brochure in-8.

Harrison. — *On the Tyne.* — *Docks at South Shields.* — London, 1860, une brochure in-8.

Vernon-Harcourt. — *Description of the new south Dock.* — *Mémoires des Ingénieurs civils de Londres,* tome XXXIV.

Cantagrel. — *Port de Dublin.* — *Procédés de fondation des murs de quai par grands blocs.* — *Ingénieurs civils de France,* 1881, tome I.

Fleury et Molinos. — *Études sur la construction et le fonçage des blocs artificiels.* — *Mémoires des Ingénieurs civils,* novembre 1884.

Construction des murs des quais de Bône. — *Portefeuille des Conducteurs,* série 11.

Étude générale sur les murs de quais employés dans les travaux maritimes. — *Engineering,* 2 juillet 1869.

Martin. — *Étude sur les quais du port de Galatz.* — *Annuaire des Arts et Métiers,* 1876.

Gariel, Poulet et **Luneau.** — *Murs de quais de Glascow.* — *Annales des ponts et chaussées,* 1876, tome I.

Port de Rotterdam. — *Construction des quais.* — *Zeitch für Bauwesen.* — Berlin, 1881, n°ˢ 11 et 12.

Étude sur la construction des quais de Rotterdam :
    1° *Génie civil,* 16 juin 1886 ;
    2° *Annales des Travaux publics,* juillet 1886.

Construction des murs de quais du port de Rouen. — *Annales des Travaux publics,* février 1882.

Consolidation des murs de quais. — *Annales des Travaux publics,* octobre 1882.

Types généraux des murs de quais. — *Annales des Travaux publics,* octobre 1884.

Description des quais du port de New-York. — *Annales des Travaux publics,* septembre 1884.

Wilmer (E.). — *Note sur la construction des murs de quais de la darse ouest du grand bassin à flot du Havre.* — *Annales des ponts et chaussées,* 1885, tome I.

Pasqueau. — *Les nouveaux quais de Bordeaux.* — *Annales des ponts et chaussées,* 1887, tome II.

Description des travaux du port de Brême. — **Quais.** — **Écluses.** — *Zeit. Arch. Hanover,* 1889.

Fondation des nouveaux quais de Bordeaux. — *Annales industrielles,* 16 juin 1889.

Étude générale sur le port de Nantes. — **Quais.** — *Engineering,* 26 juillet 1889.

Saenz. — *Construction d'un appontement sur la plage de Chiavari.* — *Annales des ponts et chaussées,* 1887, tome I.

Chevallier (V.). — *Pieux et corps morts à vis de Mitchell.* — *Annales des ponts et chaussées,* 1885, tome I.

Croizette-Desnoyers. — *Fondations dans les terrains vaseux de la Bretagne.* — *Annales des ponts et chaussées,* 1864, tome I.

Bernard (H.). — *Batardeau en béton du bassin national, à Marseille.* — *Annales des ponts et chaussées,* 1880, tome I.

Fondations par puits en maçonnerie dans le port de Cork, Angleterre. — *Annales des Travaux publics,* juillet 1882.

Séjourné. — *Étude générale sur les fondations à l'air comprimé.* — *Annales des ponts et chaussées,* 1883, 1ᵉʳ semestre.

Cadart (C.). — *Jetée sur pieux à vis à l'embouchure de la Delaware.* — *Annales des ponts et chaussées,* 1884, tome II.

Crahay de Franchimont. — *Fondation par havage du troisième bassin à flot du port de Rochefort.* — *Annales des ponts et chaussées,* 1884, tome I.

Richon. — *Fondation de puits au moyen de fonçage par une injection d'eau.* — *Génie civil,* octobre 1889.

CHAPITRE II

ÉCLUSES DES BASSINS A FLOT

Fondation dans les terrains de sable des quais de l'écluse de Calais. — *Congrès des travaux maritimes*, 1889.

Alexandre. — *Amarrage des navires dans les ports.* — *Annales des ponts et chaussées*, 1883. tome I.

Chevallier (V.). — *Établissement d'un sas dans un port à marée.* — *Annales des ponts et chaussées*, 1853, tome II.

Plocq. — *Écluse du port de Dunkerque.* — *Annales des ponts et chaussées*, 1866, tome I.

Écluses à sas du bassin Freycinet, à Dunkerque. — Livraison 20 du *Portefeuille de l'École des Ponts et Chaussées.*

Chevallier (V.). — *Note sur les écluses tronquées en maçonnerie.* — Paris, 1867, une brochure in-8.

Strootman (J.). — *Traité théorique et pratique sur la construction d'écluses de mer de grande largeur et sur les portes en tôle.* — Assen, 1874, un cahier in-4.

Alexandre. — *Construction de l'écluse d'aval du bassin de mi-marée du port de Dieppe.* — *Annales des ponts et chaussées*, 1887, tome II.

Préaudeau (De). — *Étude sur la stabilité des écluses de grande ouverture. Application des courbes de pression.* — *Annales des ponts et chaussées*, 1888, tome I.

Grandes écluses projetées à Panama :
    1° *Engineering*, 1er novembre 1889 ;
    2° *Génie civil*, 18 février 1888.

Écluses du bassin à flot de Saint-Nazaire. — Livraison 3 du *Portefeuille de l'École des Ponts et Chaussées.*

Description de l'écluse du 9e bassin du Havre. Portes. Machines hydrauliques. — *Portefeuille de l'École centrale*, 1886-1887.

Description de l'écluse de la Citadelle, au Havre. — Livraison 8 du *Portefeuille de l'École des Ponts et Chaussées.*

Machine à épuiser, dite suçon, employée au port de Saint-Nazaire. *Nouvelles Annales*, mars 1889.

Clark. — *Great-Grimsby Dock.* — *Ingénieurs civils de Londres*, tome XXIV.

Appareil hydraulique employé à l'écluse de Bougival :
    1° *Portefeuille des machines*, décembre 1889 ;
    2° *Portefeuille de l'École des Ponts et Chaussées*, livraison 22.

CHAPITRE III

PORTES D'ÉCLUSES

Chevallier (V.). — *Expériences sur la construction des portes d'écluses.* — *Annales des ponts et chaussées*, 1850, tome I.

Lavoinne. — *Flexion des entretoises dans les portes d'écluses.* — *Annales des ponts et chaussées*, 1867, tome I.

Périssé (S.). — *Étude sur les portes d'écluses à la mer, en France et en Angleterre (Liverpool).* — Paris, Lacroix, 1872, une brochure in-8.

Galliot. — *Étude sur les portes d'écluses en tôle.* — *Annales des ponts et chaussées*, 1887, tome II.

Laroche. — *Calcul des portes d'écluses.* — *Annales des ponts et chaussées*, 1888, tome I.

Browne. — *Étude sur la résistance des portes d'écluses.* — *Ingénieurs civils de Londres*.

Broekhans. — *Note sur le bordage en tôle des portes d'écluses.* — *Annuaire des Travaux publics de Belgique*, tome XXXI.

Blandy. — *Portes d'écluses à la mer. Étude et calculs.* — *Ingénieurs civils de Londres*, tomes LVIII et LIX.

Leferme. — *Portes d'écluses du bassin à flot de Saint-Nazaire.* — *Annales des ponts et chaussées*, 1861, tome I.

Pocard-Kerviler. — *Portes du bassin à flot de Saint-Nazaire*
　　1° *Armengaud : Publication industrielle*, tome XVIII ;
　　2° *Annales des Travaux publics*, janvier 1883.

Carlier. — *Portes du bassin à flot de Fécamp.* — *Annales des ponts et chaussées*, 1869, tome II.

Portes de flot en fer, de 18 mètres, de l'écluse du canal d'Amsterdam à la mer. — *Portefeuille de l'École centrale*, 1878.

Regnauld (Paul). — *Rapport de l'ingénieur ordinaire sur le projet de construction des appareils du bassin à flot de Bordeaux.* — Bordeaux, 1874, une brochure in-4, lithographiée.

Cadart (C.). — *Portes roulantes de l'écluse de Davis-Island sur l'Ohio.* — *Annales des ponts et chaussées*, 1885, tome I.

Étude sur les portes métalliques de Saint-Malo. — *Annales des Travaux publics*, juin 1886.

Description des grandes portes de l'écluse d'Anvers. — *Portefeuille de l'École centrale*, 1886.

Widmer (E.) et **Deprez** (H.). — *Mémoire sur les nouvelles portes en tôle de l'écluse des Transatlantiques, au Havre.* — *Annales des ponts et chaussées*, 1887, tome II.

Portes du canal de Tancarville. — Livraison 24 du *Portefeuille de l'École des Ponts et Chaussées*.

Portes en tôle de l'écluse de Huskisson, à Liverpool. — Livraison 3 du *Portefeuille de l'École des Ponts et Chaussées*.

Portes de l'écluse du barrage du port de Dunkerque. — Livraisons 5 et 6 du *Portefeuille de l'École des Ponts et Chaussées*.

CHAPITRE IV

PONTS MOBILES

Price (James). — *Movable bridges.* — *Ingénieurs civils de Londres*, tome LVII.

Gaudard. — *Movable bridges.* — *Ingénieurs civils de Londres*, tomes XXXXVII et LVII.

Gaudard. — *Études sur les conditions de résistance des ponts tournants.* — Paris, Lacroix, 1877, in-8.

Plocq. — *Mémoire sur le pont tournant à deux volées, construit en 1857, à Dunkerque.* — *Annales des ponts et chaussées*, 1859, tome I.

Pont tournant en tôle sur l'écluse du barrage du port de Dunkerque. — Livraison 3 du *Portefeuille de l'École des Ponts et Chaussées.*

Aumaitre. — *Pont tournant de Brest.* — *Annales des ponts et chaussées*, 1867, tome II.

Dyrion. — *Pont tournant sur la darse de Missiessy, à Toulon.* — — *Annales des ponts et chaussées*, 1872, tome II.

Foucaud de Fourcroy. — *Pont roulant de Saint-Malo.* — *Annales des ponts et chaussées*, 1874, tome II.

Pont roulant de Saint-Malo. — Livraison 20 du *Portefeuille de l'École des Ponts et Chaussées.*

Barret. — *Bassin de radoub de Marseille. Pont tournant.* — *Annales des ponts et chaussées*, 1875, tome I.

Pont tournant de la Joliette, à Marseille. — *Portefeuille de l'École centrale*, 1886-1887.

Pont tournant de l'Abattoir, à Marseille. — Manœuvres hydrauliques, détails. — *Portefeuille des machines*, décembre 1887.

Description du pont tournant de Marseille. — Étude sur les appareils hydrauliques. — *Annales des Conducteurs*, janvier 1888.

Pont tournant du bassin de radoub de Marseille et pont de la Joliette. — Livraison 15 du *Portefeuille de l'École des Ponts et Chaussées.*

Alexandre. — *Passerelle roulante sur l'écluse Duquesne, à Dieppe.* — *Annales des ponts et chaussées*, 1881, tome II.

Boutan. — *Appareil hydraulique pour la manœuvre des ponts du bassin à flot de Bordeaux.* — *Annales des ponts et chaussées*, 1881, tome I.

Pocard-Kerviler. — *Le pont roulant de l'écluse de Penhouët, à Saint Nazaire.* — *Annales des ponts et chaussées*, 1885, tome II.

Étude du pont roulant construit sur le bassin de radoub de Saint-Nazaire. — *Portefeuille de l'École centrale*, 1886-1887.

Étude sur le pont tournant de Harlem River. — Appareils hydrauliques :
    1° *Génie civil*, 20 mars 1886 ;
    2° *Scientific American*, 2 janvier 1886.

Description du pont tournant de la baie de Newark. — *Génie civil*, 30 juillet 1887.

Étude générale sur le pont tournant de l'Arsenal de Tarente :
    1° *Nouvelles Annales*, janvier 1888;
    2° *Annales des Ingénieurs de Rome*, 1887, n° 3 ;
    3° *Engineers*, 28 octobre, 11 novembre 1887 ;
    4° *Portefeuille de l'École centrale*, 1888-1889.

Pont tournant à double voie ferrée sur le Thames River, à New-London. — *Génie civil*, 27 juillet 1889.

Description du pont tournant de Dripoll, à Hull. — *Génie civil*, 8 février 1890.

Études sur les divers types de ponts tournants. — *Génie civil*, 9 mars 1889.

Notice sur le pont roulant de l'écluse maritime de Kattendyk, à Anvers :
    1° *Annales des Travaux publics de Belgique*, tome XL. ;
    2° *Annales des Travaux publics de Belgique*, tomes XLVI et XLVII, années 1889 et 1890.

CHAPITRE V

MOYENS D'OBTENIR ET D'ENTRETENIR LA PROFONDEUR
A L'ENTRÉE DES PORTS

CHASSES NATURELLES. — CHASSES ARTIFICIELLES. — DRAGAGES.
ENDIGUEMENTS.

Griffith. — *Amélioration de la barre du port de Dublin par le balayage du courant.* — *Ingénieurs civils de Londres*, tome LVIII, pages 104, 139.

Chevallier (V.). — *De la direction que prennent les portes tournantes dans les écluses de chasse.* — Paris, Dalmont, 1854, 1 brochure in 8. — *Annales des ponts et chaussées*, 1854, tome II.

Note sur l'emploi de guideaux pour opérer les chasses dans le port de Dunkerque. — *Nouvelles Annales de la Construction*, août 1867.

Note sur l'écluse de chasse du port de Honfleur. — *Génie civil*, 15 octobre 1881.

Silva-Freire. — *Description de l'écluse de chasse du port de La Rochelle.* — *Nouvelles Annales*, juillet 1887.

Bassin de retenue des chasses du port de Honfleur, avec déversoir à hausses mobiles pour le remplissage. — Livraison 19 du *Portefeuille de l'Ecole des Ponts et Chaussées.*

Guillaume. — *Curage de la rade d' Toulon.* — *Annales des ponts et chaussées*, 1856, tome II.

Duponchel. — *Ville de Marseille.* — *Assainissement du vieux port par aspiration directe des vases de fond.* — Marseille, imprimerie Camoin, 1868, 1 brochure in-8.

Monteil et Cassagne. — *Travaux de l'isthme de Suez.* — *Description des travaux et ouvrages d'art. — Machines à dragues.* — Paris, 1870 à 1880, 2 vol. in-folio.

Robertson. — *Éjecteur avec application d'un courant d'eau ou de vapeur, pour l'enlèvement de vases, sables, etc.* — *Portefeuille des machines*, 1869.

Leferme. — *Envasement et dérasement du port de Saint-Nazaire.* — *Annales des ponts et chaussées*, 1869, tome II.

Castor, Couvreux et Hersent. — *Travaux de dragage exécutés pour la régularisation du Danube à Vienne*, 1873, 1874, 3 vol. in-4.

Bateau-dragueur opérant par système d'injecteur aspirant, employé au port de Dunkerque. — *Portefeuille des machines*, 1875.

Lesseps (De). — *Dragages de la rade de Port-Saïd.* — *Annales des ponts et chaussées*, 1876, tome I.

Castor. — *Recueil de machines à draguer, de machines élévatoires.* — Paris, 1878, 1 vol. in-folio.

Malézieux. — *Les travaux publics en Amérique.* — *Dragues.* — 2 vol. in-4 : Paris, Dunod, 1875.

Lavoinne. — *Procédés de dragage de l'Amérique du Nord.* — *Annales des ponts et chaussées*, 1880, tome I.

Étude générale sur les dragues, système Bazin :

1° *Ingénieurs-mécaniciens de Londres*, janvier 1882;

2° *Engineering*. 10 février 1882.

Mémoire sur les prix des travaux de dragage du Danube. — *Nouvelles Annales*, juillet 1882, page 101.

Dragues employées sur le canal du Nord (Hollande). — *Annales des ponts et chaussées*, 1884, tome I.

Dragues diverses employées au Panama :

1° *Journal des ingénieurs américains.* — *Transaction*, décembre 1888;

2° *Engineering*, 18 août 1888;

3° *Génie civil*, 12 avril 1884, 10 mai 1884, 30 janvier 1885, 14 novembre 1885;

4° *Revue industrielle*, 4 juin 1885, 14 novembre 1885;

5° *Annales des Travaux publics*, mars 1885.

Drague-pompe à sable, employée au port de Dubuque :

1° *Génie civil*, 11 octobre 1884;

2° *American engineer*, 12 septembre 1884.

Dragues-bateaux porteurs à trémies pour le transport des sables au large. — *Portefeuille des machines*, décembre 1884.

Drague à distributeur centrifuge, employée au canal de Tancarville :

1° *Génie civil*, 17 octobre 1885;

2° *Portefeuille des machines*, septembre 1884.

Description de la drague Atlas, construite en Amérique. — *Portefeuille des machines*, juin 1885.

Hersent. — *Débarquement flottant employé pour les dragues de Saigon.* — *Portefeuille des machines*, novembre 1885.

Huntes. — *Grandes dragues employées dans les ports.* — *Engineering*, 11 décembre 1885.

Bodgis. — *Description de la pompe à sable :*

1° *Annales des Travaux publics*, octobre 1886;

2° *Génie civil*, 10 avril 1886.

Cadart (C.). — *Machines à draguer et excavateurs employés dans l'Amérique du Nord.* — *Annales des ponts et chaussées*, 1885, tome I.

Grande drague employée dans le port d'Auckland (New-Zélande). — *Engineering*, 11 juin 1886.

Étude générale sur les dragages. — *Annales des Travaux publics*, septembre, octobre, novembre et décembre 1887.

Étude sur le dragage des sables de la Mersey. — *Annales industrielles*, 9 octobre 1887.

Étude sur les dragues américaines à succion. — *Revue industrielle*, 13 janvier 1887.

Hagen-Dampfbagger. — *Baggerphrahin und Dampflte.* — Berlin, 1887, 1 vol. in-folio.

Étude comparative sur les travaux et appareils de dragage. — *Annales industrielles*, 15 janvier 1888.

Port de Bordeaux. — **Approfondissement de la Garonne et de la Gironde. Dragages.** — *Génie civil*, 16 octobre 1888.

Préverez. — *Note sur le suçon à vases, employé à Saint-Nazaire.* — *Annales des ponts et chaussées*, 1888, tome II.

Dragages par succion pour le transport des déblais à grande distance, système Vernander. — *Génie civil*, 23 octobre 1888.

Série d'expériences pour connaître la force nécessaire au dragage. — *Génie civil*, 29 décembre 1888.

Drague aspiratrice de Lerdner. — *Génie civil*, 15 décembre 1888.

Description de la drague double du port de Dublin. — *Ingénieurs-mécaniciens de Londres*, juillet 1888.

Dragues à succion, employées au desséchement de la baie de Gloriette (Californie). — *Génie civil*, 24 août 1889.

Dragage des sables sous le débarcadère de Liverpool. — *Génie civil*, 2 mars 1889. — *Annales des Travaux publics*, mai 1888.

Dragues hollandaises employées au port de Libau. — *Enginecring*, 11 janvier 1889.

Grue-locomotive et chaland dragueur et porteur de 35 tonnes pour le port de la Vera-Cruz. — *Revue industrielle*, 26 janvier 1889.

Bateaux-pompeurs pour l'enlèvement des vases du port de Saint-Nazaire. — *Portefeuille de l'École des Ponts et Chaussées*, livre V.

Cavé. — *Cloche à plonger avec double drague pour l'enlèvement des vases.* — Armengaud : *Publication industrielle*, tome XV.

Note sur le dragage du port d'Anvers. — *Annales des Travaux publics de Belgique*, tome XIX.

Dragage de l'estuaire de la Clyde. — *Ingénieurs-mécaniciens de Londres*, août 1887.

Weboter. — *Machines à draguer pour les ports. — Ingénieurs civils de Londres*, tome LXXXIX.

Brown. — *Etude générale sur les dragues. — Applications. — Annales industrielles*, 6 juillet 1890.

Matériel pour les dragages de la Weser. — *Génie civil*, 3) août 1890.

www.ingramcontent.com/pod-product-compliance
Lightning Source LLC
Chambersburg PA
CBHW031400210326
41599CB00019B/2835